国家社科基金
后期资助项目
GUOJIA SHEKE JIJIN HOUQI ZIZHU XIANGMU

近代中国"科学"概念的生成与歧变（1896~1919）

The Generation and Variation of the Concept of "Science" in Modern China 1896-1919

张　帆　著

社会科学文献出版社
SOCIAL SCIENCES ACADEMIC PRESS (CHINA)

国家社科基金后期资助项目
出版说明

      后期资助项目是国家社科基金设立的一类重要项目，旨在鼓励广大社科研究者潜心治学，支持基础研究多出优秀成果。它是经过严格评审，从接近完成的科研成果中遴选立项的。为扩大后期资助项目的影响，更好地推动学术发展，促进成果转化，全国哲学社会科学规划办公室按照"统一设计、统一标识、统一版式、形成系列"的总体要求，组织出版国家社科基金后期资助项目成果。

全国哲学社会科学规划办公室

目　录

导　论　近代中国"科学"概念溯源

　　现代学者讨论近代"科学"时，常常喜欢引用胡适在 1923 年为《科学与人生观》作序时说的一句话："这三十年来，有一个名词在国内几乎做到了无上尊严的地位；无论懂与不懂的人，无论守旧和维新的人，都不敢公然对他表示轻视或戏侮的态度。那个名词就是'科学'。这样几乎全国一致的崇信，究竟有无价值，那是另一问题。我们至少可以说，自从中国讲变法维新以来，没有一个自命为新人物的人敢公然毁谤'科学'的。"① 以此来证明"科学"在近代中国的重要程度，但很少有人质疑胡适话语的确凿程度。若严格考证胡适所说，从 1923 年倒推 30 年，也就是1893 年，以现有的材料来看，作为近代学术名词的"科学"尚未在中国出现，胡适的"科学"应该是一个后发的概念。用后出的概念诉说前史，立论的基础已经令人生疑，后学者又多以胡适的话为定论，这难免混淆历史本相。

　　如果将胡适所说的"科学"理解为以科学知识为主体的西学体系，大致是成立的。宏观而言，近代西学在中国至少有两个面相：一个是来自域外，虽然通过不同渠道，经过不同程度的翻译与筛选，但大体保留了西学的原貌，变化较小的学术种类，主要指自然科学与技术；另一个是中国人选择性吸收的西学，一般遵循有益者采之、无益者置之、择善从之的标准，衡量的尺度亦因时、因地、因人存在差异。曾经滥觞于近代中国的"格致学""实学""新学"乃至"科学"等，指称西学的学术名词大多

---

① 胡适：《〈科学与人生观〉序》，欧阳哲生编《胡适文集》第 3 册，北京大学出版社，1998，第 152 页。

是两种面相共存。近代所谓的 "学战" 从一开始便不是中西学术的直接对弈，而是希望通过中学的 "西化"，以应对来势汹汹的西学大潮。中学 "西化" 的初衷或许只是郑观应期待的 "以西学化为中学"①，但从结果看，中国学术走上的是一条 "以西学化中学" 的不归路。不过，尽管西学所占比例一再增加，但形成的各学终究还是梁启超所说的 "不中不西、即中即西"② 的学术混合体，固有学术体现出强大的生命力与延展性。

问题在于，同为西学，何以诸学之名逐渐褪去，"科学" 一词发展到 20 世纪 20 年代却 "做到了无上尊严的地位"，至今成为治国方略，且越发显得仰之弥高？今日所谓的 "科学" 或有别于晚清民国时的 "科学" 含义，但 "科学" 一词沿用至今，说明它已经扎根现代人的观念，在中国的政治、文化、制度和行为方式上留下深刻印记，且持续地发挥作用。"科学" 概念的生成衍化及其一路走来何以得步进步，吸引了不少史学研究者的好奇目光，将 "科学" 视为整体，探求其输入、传播与运用的全过程日益成为史学研究的重要课题。

从字面上看，"科学" 一词在中国古已有之，特指 "科举之学"。③ 至 19 世纪末 20 世纪初，"科""学" 二字连用指代科举的用法并不普遍。目前语言学界基本达成共识，认为近代 "科学" 一词来自日本，为日本的原语汉字借词。④ 严格而论，它与科举之 "科学" 绝非一事，⑤ 而是一个中国前所未有的新概念。

已有研究显示，日本用 "科学" 译 science，是因为 "科学" 有 "分科之学" 的意义。⑥ "科学" 一词最早出现在 1832 年，著名的兰学医生和翻译家高野长英在其著作《医原枢要内编》中说 "解剖学乃医学之一科

① 郑观应：《考试下》，夏东元编《郑观应集》上册，上海人民出版社，1982，第 301 页。
② 梁启超：《清代学术概论》，氏著《饮冰室合集·专集之三十四》，中华书局，1989，第 71 页。
③ 刘禾：《语际书写：现代思想史写作批判纲要》，上海三联书店，1999，第 426 页。
④ 〔意〕马西尼（Federico Masini）：《现代汉语词汇的形成：19 世纪汉语外来词研究》，黄河清译，汉语大词典出版社，1997，第 225 页。
⑤ 沈国威：《原创性、学术规范与 "躬试亲验"》，《九州学林》第 3 卷第 4 期，复旦大学出版社，2005，第 247 页。
⑥ 金观涛、刘青峰：《 "科举" 和 "科学"：重大社会事件和观念转化的案例研究》，氏著《观念史研究：中国现代重要政治术语的形成》，法律出版社，2010，第 423 页。

学"①，该词即有专门之学的意思。明治维新后，出现不少在"分科之学"意义上使用"科学"一词的日本学者。1871 年，井上毅讨论学校制度时，让学生跟外国教师首先学习作为学问的"语言学"，然后再"科学化"；文章中出现的"农科学"一词，特指学术专业化。1873 年，福泽谕吉将"科学"与"文学"一词连用，指称"文学学科"。1874 年，西周在《明六杂志》上发表的《知说》一文中出现"科学"字样。② 但据沈国威的翻译，science 仅对应"学"，"学之旨趣唯在于讲求真理，而不可论究其真理于人类有何利害得失"。与"学"相对的为"术"，"据真理为吾人兴利去害、使之被失向得者是也"，"至于所谓科学，有两者相混，不可判然区别者"。③ 日本学者岭木修次认为《明六杂志》的例子根据上下文判断有"学科"之误的可能性，属于孤例、疑例。④ 科学史家吴国盛也认为英文的 science 并没有分科之义，作为分科之学的英文应是 discipline。日本人把 science 译为"科学"，是针对当时西方科学正处于职业化、专业化、分科化阶段而言的，突出了 19 世纪中期这一特定历史时期的科学特征，但遮蔽了它所生长出来的知识论传统。⑤

　　日本"科学"一词的首见书证一般以《哲学字汇》为确。⑥ 1881 年，井上哲次郎等主编的《哲学字汇》初版，把"科学"一词与日本理学（自然科学）并列，成为 science 的译词，与"哲学"相对。在以后出版的《附英图解英和字汇》（1886）、《英和双解字典》（1886）、《和译字汇》（1888）等工具用书中，science 的译词当中不但出现了"科学"字样，同时存在"学""艺""知识""学问""智慧""理学"等诸多译词。⑦ 随着日本教育近代化的发展，指向近代自然科学的"科学"一词渐

① 转引自樊洪业《从"格致"到"科学"》，《自然辩证法通讯》1988 年第 3 期，第 46 页。
② 周程：《新文化运动兴起前的"科学"——"科学"的起源及其在清末的传播与发展》，《哲学门》第 16 卷第 2 册，北京大学出版社，2015，第 215 页。
③ 沈国威：《原创性、学术规范与"躬试亲验"》，《九州学林》第 3 卷第 4 期，第 247 页。
④ 转引自沈国威《原创性、学术规范与"躬试亲验"》，《九州学林》第 3 卷第 4 期，第 248 页注释 4。
⑤ 吴国盛：《中国人对科学的误读》，《基础教育论坛》2015 年第 4 期，第 60 页。
⑥ 沈国威：《原创性、学术规范与"躬试亲验"》，《九州学林》第 3 卷第 4 期，第 248 页。
⑦ 王彩芹：《"理科""理學"在中日詞彙中的意義變遷與交流研究》，《東アジア文化交涉研究》2010 年第 3 号，第 310 页。

渐普及，在大正时代民主主义时期大体上固定。"科学"概念最终形成广狭二义：广义指具有一系列近代科学特性的学术整体，狭义指自然科学与技术。

"科学"一词初入中国，在两个意义上同时得以体现。1899 年，《清议报》登载大量日人文章。有文章指出："凡人种增进，及其争夺之事，关系不小，而将为万国民之大战场，殆不容疑也。及于彼时，则其动机所起，有二个之现象：一曰科学之进步，一曰列强之均势是也。"[①]并举例说明"科学"进步与开苏伊士运河、西比利亚（西伯利亚）的铁道、尼加粒瓦（尼加拉瓜）的运河，以及铺就太平洋海底的电缆和希马拉耶（喜马拉雅）横亘以铁道相关联。此"科学"指科学技术的发展，以及所引发的世界格局的变化。又如，井上哲次郎著《心理新说序》，说"电线、火船与自鸣钟，无一不本于科学。然而科学原出于哲学，而心理学实为哲学之根基矣"[②]。此"科学"就不特指自然科学，而是已论及欧洲学术的发展次第。

多数学者认为，近代中国首次使用"科学"一词的人是康有为，他在《日本书目志》卷二《理学门》中列有普及社译的《科学入门》和木村骏吉著《科学之原理》。[③] 这一观点见于 20 世纪 80 年代樊洪业的研究。[④] 但据朱发建考证，樊文在引证时没有顾及版本问题。在张伯桢《万木草堂丛书目录》中记载，该书最早的版本"《日本书目志》，丁酉印于上海，戊戌八月、庚子正月，两奉伪旨毁版"[⑤]，具体内容不得而知。今本《日本书目志》收入姜义华等人所编的《康有为全集》第 3 集，所据刻本为 1912 年刻印的万木草堂丛书本，因此这一推测尚且存疑。[⑥] 但是，即便樊文所论确实，据沈国威考证，康有为不懂日文，依靠其女康同薇的翻译对日书略有了解。《日本书目志》中存在的大量日语词语和表现方式，是康

---

① 《论太平洋之未来与日本国策》，《清议报》第 13 册，1899 年 4 月，第 11～12 页。
② 〔日〕井上哲次郎：《心理新说序》，《清议报》第 18 册，1899 年 6 月，第 5 页。
③ 康有为：《日本书目志》，姜义华、张荣华编校《康有为全集》第 3 集，中国人民大学出版社，2007，第 279 页。
④ 樊洪业：《从"格致"到"科学"》，《自然辩证法通讯》1988 年第 3 期，第 46 页。
⑤ 中国史学会主编《戊戌变法》（四），上海人民出版社，2000，第 41 页。
⑥ 朱发建：《最早引进"科学"一词的中国人辨析》，《吉首大学学报》（社会科学版）2005 年第 2 期，第 60 页。

有为原封不动地照抄过来的，他本人对于这些新知识的了解非常有限。诸如"科学""美学"等词只不过是作为书名的一部分加以引用，它们对于康有为来说充其量只是一种符号，而不存在实际意义。① 至于康有为在戊戌变法之年，在上清帝的《请废八股、试帖、楷法试士，改用策论折》中首先使用"科学"一说，因该奏稿被证明本有代拟原件，经日后篡改内容大异而无法成立。② 不过，从康有为将《科学入门》列入《理学门》，可推测"科学"应作自然科学解。他本人对于自然科学的态度十分明确，曾说"尝考欧洲所以强者，为其开智学而穷物理也，穷物理而知化也。夫造化所以为尊者，为其擅造化耳。今穷物理之本，制电、制雨、制冰，制水，制火，皆可以人代天工，是操造化之权也。操造化之权者，宜其无与敌也"③。或许康有为并不知道日本"科学"的详情，但至少清楚"科学"属于自然科学的范畴，意义与"理学"相当。

汪晖推测中国最先使用"科学"一词的是严复，认为他的《国计学甲部》残稿应作于《天演论》之前。④ 文章中严复说："群学之有公例，而公例之必信，自我观之，且由心志之自繇。……故即使治此学者，祈向之不灵，前言之不验，亦不过见（此）学之（未）精，原因之未得，不可谓人事为无因果，抑科学之无此门也。"⑤ 赞同者认为此稿译于1894年或1894年之前；⑥ 反对者如王天根，他于2004年撰文表示严复此文当作于1909年前后，⑦ 但后来不再坚持这一观点，将之存疑。⑧ 因此，判定严复是否最早使用"科学"一词的关键在于确定《国计学甲部》的翻译时间，目前学界对此并无确论。根据严复在文章中将"科学"明确解释为

---

① 沈国威：《康有为及其〈日本书目志〉》，《或问》（WAKUMON）2003年第5期，第51～68页。

② 宋德华：《〈戊戌奏稿〉考略》，《华南师范大学学报》（社会科学版）1988年第1期，第58页。

③ 康有为：《日本书目志》，姜义华、张荣华编校《康有为全集》第3集，第280页。

④ 汪晖：《"赛先生"在中国的命运——中国近代思想中的"科学"概念及其运用》，陈平原、王守常、汪晖主编《学人》第1辑，江苏文艺出版社，1991，第64页。

⑤ 严复：《国计学甲部（残稿）按语》，王栻主编《严复集》第4册，中华书局，1986，第847页。

⑥ 李培林等：《20世纪的中国学术与社会·社会学卷》，山东人民出版社，2001，第11页。

⑦ 王天根、朱从兵：《严复译著时间考析三题》，黄瑞霖主编《中国近代启蒙思想家——严复诞辰150周年纪念论文集》，方志出版社，2004，第309页。

⑧ 王天根：《严复与近代学科》，《清史研究》2007年第1期，第30页注释16。

"分科之学"，本书倾向于认为严复使用"科学"一词应当在20世纪初期。

朱发建认为王国维是近代中国明确使用"科学"一词的第一人。[①]1899年，王国维为《东洋史要》作序时写道："自近世历史为一科学，故事实之间不可无系统。抑无论何学，苟无系统之智识者，不可谓之科学。中国之所谓历史，殆无有系统者，不过集合社会中散见之事实，单可称史料而已，不得云历史。"[②]王国维此说与其东文学社老师籐田丰八相同，籐田谓"人类之史迹前因后果，如连珠之不绝，若不明其中之关系，则数千年已往之陈迹，幻梦耳，浮云耳，何意义之足云。盖零碎之智识，不足称为科学故也"[③]。因此，王国维的"科学"认识来自日本确定无疑。

考证何人最早使用"科学"固然重要，但更重要的是在什么意义上使用该词。在1902年之前使用"科学"一词的中国人并不多见，他们大部分在国内接受教育，并受到日本学术或多或少的影响。1900年，章太炎的《訄书》刊行，该书在《王学第十》与《忧教第五十》两篇中出现"科学"字样。其中《忧教第五十》是1898年初版中的第43篇，原文说"景教者，物理学士之所轻，其政府亦未重也"[④]，文中的"物理学士"后改为"诸科学"。[⑤]《王学第十》是1900年版本中新增的内容，文中说"是故古之为道术者，'以法为分，以名为表，以参为验，以稽为决，其数一二二四是也'《庄子·天下篇语》《周官》《周书》既然，管夷吾、韩非犹因其度而章明之。其后废绝，言无分域，则中夏之科学衰"[⑥]，"科学"表示以古代名学为基础的分类治学的方法。[⑦]《訄书》中的"科学"一词应该是1899年章太炎东渡日本后受到日本学术的影响而有所增改。

1901年，章太炎著《征信论》，谓史学不能为"科学"。"史本错杂之书，事之因果，亦非尽随定则，纵多施平议，亦乌能合科学耶？"今世平

---

① 朱发建：《最早引进"科学"一词的中国人辨析》，《吉首大学学报》（社会科学版）2005年第2期，第60页。
② 王国维：《〈东洋史要〉序》，姚淦铭、王燕编《王国维文集》第4卷，中国文史出版社，1997，第381页。
③ 〔日〕籐田丰八：《序泰西通史》，《政艺通报》壬寅第13期，1902年9月，第19张。
④ 章炳麟：《訄书原刻手写底本》，上海古籍出版社，1985，第179页。
⑤ 章炳麟：《訄书详注》，徐复注，上海古籍出版社，2000，第670页。
⑥ 章炳麟：《訄书详注》，第111页。
⑦ 唐文权、罗福惠：《章太炎思想研究》，华中师范大学出版社，1986，第160页。

议者，"上者守社会学之说而不能变，下者犹近苏轼《志林》、吕祖谦《博议》之流，但词句有异尔"，他们只是"藉科学之号以自尊，斯所谓大愚不灵者矣！又欲以是施之史官著作，不悟史官著书，师儒口说，本非同剂"①。章太炎的这一观点与王国维的"自近世历史为一科学"②的判断不同，尽管他们对于"科学"的认识没有大异，但他与严复的"历史不自成科"③的判断大体相近。但是细究之下，史学不必合"科学"与不能成为"科学"，看似结果相同，性质却有天壤之别。有学者根据版本学的研究，认为章太炎此文始作于1901年，成文不早于1908年，特别是《征信论》下篇应是全新内容。④ 如果结论确凿，至少说明1901年的章太炎仅是初涉"科学"，可以运用，却未必有独立的见解，而他关于历史学的认识究竟成于何时便有了重新探讨的必要。事实上，自"科学"概念进入以后，类似史学是不是"科学"等一系列的学术问题纷至沓来。随着学术标准的转变，固有学术被迫置于更广阔的范围内完成自我身份的再认定。

1900年杜亚泉辑《亚泉杂志》，"揭载格致算化农商工艺诸科学"⑤，其时杜亚泉亦能直译日籍而无阻。⑥ 文章中，杜亚泉把今天所说的科学技术称为"艺术"，"科学"则为"艺术"根底，因此他的"科学"应理解为纯粹的自然科学学理。与杜亚泉交好的蔡元培在为其《化学定性分析》一书作序时说，"《礼记大学》称：格物致知。学者类以为物理之专名，而不知实科学之大法也。科学大法二：曰归纳法，曰演绎法。归纳者，致曲而会其通，格物是也。演绎者，结一而毕万事，致知是也。二者互相为资，而独辟之智必取径于归纳"⑦。1901年，蔡元培写《学堂教科论》，谓"道家者流，亦近世哲学之类，故名、法诸家，多祖述焉。刘氏谓其出于

① 章太炎：《征信论下》，《章太炎全集》第4卷，上海人民出版社，1985，第59～60页。
② 王国维：《〈东洋史要〉序》，姚淦铭、王燕编《王国维文集》第4卷，第381页。
③ 严复：《国计学甲部（残稿）按语》，王栻主编《严复集》第4册，第847页。
④ 陈汉玉：《章太炎手稿用纸》，《文津流觞》2003年第10期，第232页。
⑤ 杜亚泉：《〈亚泉杂志〉序》，许纪霖、田建业编《杜亚泉文存》，上海教育出版社，2003，第230页。
⑥ 许纪霖、田建业编《一溪集：杜亚泉的生平与思想》，生活·读书·新知三联书店，1999，第245页。
⑦ 蔡元培：《〈化学定性分析〉序》，中国蔡元培研究会编《蔡元培全集》第1卷，浙江教育出版社，1998，第299页。

史官，则如近世进化学家，固取材历史矣。以其与孔氏宗旨不同，故夷之科学，所谓别黑白而定一尊也"，并表示所举学目"皆取易于识别，故或采译语，或用日本人所定"①。可见蔡元培的"科学"概念亦源自日本，意为分科之学，而且初具方法论上的认识。

综上所述，1901 年前后出现在中国的"科学"概念大多出自日本，且未溢出日文本义。一是指分科的系统之学，以追求因果理法为鹄的的学术均为"科学"，如王国维、蔡元培、章太炎等人所论。二是指对于自然的研究与运用。总体而言，当时的"科学"仅被少数人知晓，基本停留在简单引用的阶段。

但是，严复是众人之外的一个特例。1901 年，严复亦言"科学"，《原富》译本中首次出现"科学"一词。经过中英文比照，严复的"科学"意为专科之学，并不完全与 science 对译，有时也从 arts and sciences，② 或是 The parts of education③ 翻译而来。而且学科范围广泛，凡分科者都可以称为"科学"，并没有附加更多意义，如伦理学对应的是 The science of general principles of good and bad reasoning。④ 亚当·斯密的《国富论》出版于 1776 年，原文中 science 并没有明确的界域，严复的译文也只是表达出分科之义。

与译文不同的是，严复在《计学》例言中表达的"科学"意义相当明确。如他所说，"科学"以追求事实公例为鹄的，"科学所明者公例，公例必无时而不诚"。"科学"为客观之学，与主观上的伦理道德无涉，"科学之事，主于所明之诚妄而已。其合于仁义与否，非所容心也"。"计学于科学为内籀之属。内籀者，观化察变，见其会通，立为公例者也。"⑤

① 蔡元培：《学堂教科论》，《蔡元培全集》第 1 卷，第 337~338 页。
② 原文为："If in each college the tutor or teacher，who was to instruct each student in all arts and sciences，should not be voluntarily chosen by the students，but appointed by the head of the college." 见 Adam Smith，The Wealth of Nations（London：J. M. Dent and Sons Ltd.，1975），p. 248. 译文为："其中课授科学之师常不许学者自择，而必由管予者之历命，即至情劣无检，非馈于管学者，犹不得去之而事他师。" 见严复译《原富》，商务印书馆，1981，第 622 页。
③ 原文中"The parts of education"对译为"至于国学所教之专门科学"中的"专门科学"。见严复译《原富》，第 628 页。
④ Adam Smith，The Wealth of Nations，p. 253.
⑤ 严复：《译斯氏〈计学〉例言》，王栻主编《严复集》第 1 册，第 97~102 页。

且与中国之贫富、黄种之盛衰有密切关系，"欲违其灾，舍穷理尽性之学，其道无由；而学矣，非循西人格物科学之律令，亦无益也"。诸如此类的言论显然不是亚当·斯密原著中的本意，也比他人的"科学"表述得更为周详。严复的"科学"意义从何而来？追溯至 1897 年他在《国闻汇编》上发表的《劝学篇》，可见端倪。

《劝学篇》是《群学肄言》的初译本，严复在《天演论》的译本中称之为《天人会通论》。所说之事为"举天、地、人、形气、心性、动植之事而一贯之，其说尤为精辟宏富。其第一书开宗明义，集格致之大成，以发明天演之旨。第二书以天演言生学。第三书以天演言性灵。第四书以天演言群理。最后第五书，乃考道德之本源，明政教之条贯，而以保种进化之公例要术终焉"①。《劝学篇》只连载了《砭愚》和《倡学》两篇，《倡学》是作者斯宾塞解释何为"科学"最为详细的一篇，但在初译本中严复将其称为"格致"。1902 年，《群学肄言》翻译完成，次年由上海文明编译局出版足本，新译本中的"格致"一词全部置换为"科学"。其实，早在 1895 年发表的《原强》《救亡决论》《论世亟之变》，以及 1898 年发表的《西学门径功用》等文章中，严复已经陆陆续续把斯宾塞关于"科学"的分类、性质以及"科学"的精神与方法分别阐发，而且说只有符合"西学格致"之例者，才可谓之为"学"。② 因此，如果不强以"科""学"二字并列为标准，而以今天所认知的"科学"意义来衡量，严复应该是中国最早完整表述近代科学体系的第一人，但严复将"科""学"二字连用应该不早于日本"科学"的出现。

遗憾的是，严复阐发的"科学"内涵远没有他的《天演论》影响广泛，③ 也没有他的群学那么激荡人心④。20 世纪初，援引严复"科学"论说的人并不多见，社会上充斥的几乎都是来自日本的"科学"。中国出现的第一份以"科学"命名的杂志——《科学世界》，第一个含有"科学"

---

① 严复：《天演论》，王栻主编《严复集》第 5 册，第 1325 页。
② 严复：《救亡决论》，王栻主编《严复集》第 1 册，第 40～54 页。
③ 欧阳哲生：《中国近代思想史上的〈天演论〉》，《广东社会科学》2006 年第 2 期，第 105 页。
④ 姚纯安通过对"社会学"的分析，发现晚清学人对于斯宾塞学说的兴趣多在"修齐治平"的层面，严复强调的社会学的科学性并没有为当时国人所接受。见姚纯安《社会学在近代中国的进程（1895～1919）》，生活·读书·新知三联书店，2006，第 101 页。

字样的组织——科学仪器馆，第一部归入"科学"类的翻译小说，乃至杂志中出现的第一个"科学"类栏目，以及讨论"科学"的文章，无不与日本相关。对此严复相当不满，认为东学的侵扰将造成国人思想上的混乱，甚至引发政治上的骚乱。他曾规劝友人"无以东学自误"，"须知今日天下汹汹，皆持东学；日本人相助以扇其焰。顷赵仲宣为京师大学总办，以主西学宗旨与人异同，几为人人所欲杀，顷已自劾去矣。罗、吴倡之于南，张、李持之于北，而长沙、南皮为之护法。年少子弟名入学堂，四五载枵然无所得，又不肯以无所知自居，则鹜然立名，号召徒众，以与腐败之官人旅距。此番南洋公学之事即其类也。往者高丽之事起于东学，中国为之续矣，可悲也夫！"[1]

　　但是，日本在甲午战争中的胜利及其成功的政教转型比严复的担忧更具说服力。中国朝野人士在战后几乎一致地向东看齐，兴起的"学战"思潮也多以东学作为学理支撑。即便是那些对东学有所抵牾之人，其思想来源也还是日本转贩的西学。《新世界学报》多次讽刺梁启超拾东学唾余，而不识西学精旨，[2] 但刊物上的新学译介，大多却也是从东文转译。当时，东文东学在地理上、语言上以及功用上所提供的便利的确是欧美学术所不能比肩的。

　　与此同时，在"政学为要"的指导思想下，日本"科学"体现出的普适性也比严译"科学"更具亲和力。从19世纪30年代开始，在华西人曾经使用"格致学""实学""新学"等一系列学术概念，从不同角度诠释西学。但他们的学术概念总体上还是以近代实证科学为根基，中国人又固守"中体西用"的格局，各个学术范畴相继陷入体/用、虚/实、新/旧的二元对立之中，中学式微无法挽回。日本"科学"的出现似乎暂时缓解了中西学术的内在紧张，为中学走出困境提供了想象空间。

　　日本"科学"在中国滥觞的另一个原因是清末新政后留日学生的激增。1900年前后，"科学"一词的运用多只是个人行为，影响并不广泛，随着留日学生数量的激增、传播媒介的扩展，"科学"迅速成为趋新士人的普遍用语。不过，当"科学"字眼越来越多地出现在报纸杂志之上时，

---

① 严复：《致熊季廉函》，孙应祥、皮后锋编《〈严复集〉补编》，福建人民出版社，2004，第237页。
② 马叙伦：《中国无史辨》，《新世界学报》壬寅第9期，1902年12月，第81页。

"科学"的意义却越来越难以把握。在大多数人尚无辨别能力的情况下，口口相传的"科学"很难辨明它的真义。随着民族危机日益紧迫，即便对"科学"概念有所领会之人，也多在救国图存的层面上加以运用。不论是严译"科学"还是日本"科学"，在实际的传播与运用过程中都发生了意义上的转变，生成中国特有的"科学"形态。

"科学"一词在中国从无到有，究竟经历了怎样的意义转换。这一问题在 20 世纪 80 年代开始引起国内学者的关注。樊洪业追溯了"格致"与"科学"之间的关系，提出了一系列的相关思考：一是"科学"进入中国与传播的途径；二是"格致"与"科学"并存的原因与取代；三是西方"科学"源流的差异以及在中国的体现；四是"分科"与"科学"在中国结合的逻辑。① 文章虽然没有对以上问题做出全面回答，结论亦有可商榷之处，但他的研究无疑具有开拓性，后学者也多在此文的基础上研究立论。

自 90 年代始，中国学术界迎来了一个概念史研究的高潮。研究从译介西方，尤其是德国的概念史起步，一些有着西学背景的学人搭建起中西概念史研究对接的理论平台。方维规解析、比较了英、美、德、法等国的"历史语义学"的基本观点和主要特色。② 李宏图等先后主编"剑桥学派思想史译丛"和"剑桥学派概念史译丛"，对斯金纳、波考克等剑桥学派学者的思想史和概念史研究做了成规模的译介。诸多学人从概念史的意义、方法、研究对象以及具体案例等多个侧面展现了欧美概念史的发展历程。③

在西方理论的导入下，一些学者开始尝试构建与近代中国历史情境相契合的概念史研究路径。④ 金观涛、刘青峰于 1997 年着手创建"中国近现代思想史专业数据库"（1830～1930），并以此为依据研究中国现代重要政治术语的形成。冯天瑜等提出了"历史文化语义学"的研究方法，以关键术语和核心概念为关注点，通过对概念做历史性考察，探析概念背后蕴藏

---

① 樊洪业：《从"格致"到"科学"》，《自然辩证法通讯》1988 年第 3 期，第 49～50 页。
② 方维规：《历史语义学与概念史——关于定义和方法以及相关问题的若干思考》，冯天瑜等主编《语义的文化变迁》，武汉大学出版社，2007，第 12～19 页。
③ 李宏图、周保巍、孙云龙、张智、谈丽等：《概念史笔谈》，《史学理论研究》2012 年第 1 期，第 4～21 页。
④ 参见李里峰《概念史研究在中国：回顾与展望》，《福建论坛》（人文社会科学版）2012 年第 5 期，第 95～97 页。

的丰富历史文化意涵。① 刘禾提出了概念"跨语际实践"的研究范式。②
黄兴涛认为概念史是认知转型期整体历史的一种独特视角或方法，对清末
民初大量涌现的新名词、新概念的追溯可提供与"一般思想史"研究接榫
的可能。③ 孙江采用德国概念史的研究方法，着手"东亚近代知识的考
古"的研究实践，提出在近代中国特殊语境之下，概念、文本、制度是展
开中国概念史研究的三个切入口，④ 认为概念史和社会史的结合是帮助我
们接近不在场而具有实在性的过去的方法。⑤

　　同时，也有学者对于把概念史方法引入中国近代史研究有所保留，担
心西学理论"橘逾淮而为枳"，反使中国研究者的观念视野落入西方中心
主义的陷阱。⑥ 桑兵认为近年兴起的概念史研究，方法多是向外洋求助，
以新自诩，实则是削足适履地以外来间架为框缚，强古人以就我的偏
蔽。研究中至少存在四弊：一是用后出外来名词重新定义以前物事，导
致似是而非的误读错解；二是忽略同一时期的同一名词可能具有不同含
义，而同一时期的不同名词反而表达同一概念；三是未能注意分别考究
同一名词随着时空变动而产生的含义变化，以及这些变化与具体的时空
变动的相关性；四是简单孤立地追求概念的形同，使得所谓关键词脱离
文本、学说、流派的整体，变成抽象的含义，再据此以重新连缀史事。⑦

　　时下学人关于概念史研究方法的讨论，不论是大力推介的西方理论，
还是坚守本国立场，对于本研究而言都具有指导意义。其实，二者的矛盾
在于是否能以概念作为切入历史研究的视角。在中西社会的转型时期，概
念发挥出的构建作用同样重大，其历史的镜像作用不可否认。问题在于，

---

① 冯天瑜、余来明：《历史文化语义学：从概念史到文化史》，《中华读书报》2007 年 3 月
　 14 日，第 15 版。
② 李陀：《序》，刘禾：《语际书写：现代思想史写作批判纲要》，序第 6～7 页。
③ 黄兴涛：《近代中国新名词的思想史意义发微——兼谈对于"一般思想史"之认识》，
　 《开放时代》2003 年第 4 期，第 70～82 页。
④ 孙江：《概念、概念史与中国语境》，《史学月刊》2012 年第 9 期，第 11 页。
⑤ 孙江：《切入民国史的两个视角：概念史与社会史》，《南京大学学报》（哲学·人文科
　 学·社会科学版）2013 年第 1 期，第 107 页。
⑥ 贺照田：《橘逾淮而为枳？——警惕把概念史研究引入中国近代史》，《中华读书报》
　 2008 年 9 月 3 日，第 11 版。
⑦ 桑兵：《求其是与求其古：傅斯年〈性命古训辨证〉的方法启示》，桑兵、赵立彬主编
　 《转型中的近代中国：近代中国的知识与制度转型学术研讨会论文选》上卷，社会科学
　 文献出版社，2011，第 309 页。

经过数十年的理论探讨和研究实践，形成于西方的一整套概念史的基本内涵、理论预设和研究方法于中国而言是否可以且可能照单全收。如果有研究涉及概念含义的辨析，因为与德国和英美的概念史研究没有全然的切合，便不具有"概念史"的身份，那这身份反成牢笼。本书确以"科学"概念为基点寻绎历史，不排斥借鉴任何来自西方的理论方法，但亦不会画地为牢，以西方意义上的概念史而自囿。

理论后发于事实，中国概念史的研究理论亦当由实践而后得。桑兵认为，1940 年傅斯年在《性命古训辨证》一文中的研究对象与做法，与今日所谓概念史相近甚至相同，而其对欧洲相关学术方法的理解运用，以及对历代各类文籍材料和学人见识等的把握，则较今人更为深入贴切。① 其实质在于准确把握了"求其是"与"求其古"的分别以及做法："求其是"采用语言学的方法，从定义出发求字面上的解释；"求其古"采用历史研究的基本方法，依照时空的联系探寻事物的发生及其演化，然后参合陈寅恪"了解之同情"之法，或可见那些无实证而可能有的实事。此套方法立意甚高，若研究中时刻高悬于心，则可以内化为思想与行动上的自觉。

具体到"科学"一词的研究，2000 年以后逐渐有学者表现出研究的兴味，但至今专门性、系统性、整体性的研究并不多见。2004 年，金观涛、刘青峰利用"中国近现代思想史专业数据库"对近代"科学"一词使用的频度进行了检索，认为 1900～1916 年"科学"的用法绝大多数（90% 以上）是泛指或特指现代意义的"科学"（如近世科学、科学刊物、科学社团、科学史、科学精神、科学方法、科学家等）；在某些场合泛指社会人文科学（包括文史哲及政治学、社会学等）；而"历史科学""政治科学""社会科学""人文科学"这类词组出现的时间较晚。值得注意的是，在 20 世纪头几年，"科学"一词用于指涉各种实用技术知识的例句非常少，也很少用于反对纲常，主张平等或建立公德等。由此得出结论：除了个别的言论外，"科学"一词基本上价值中立，与道德价值（终极关怀）呈二元分裂状态。② 该研究的价值在于通过对"科学"概念的计量统计展示概念含义的多样化，

① 桑兵：《求其是与求其古：傅斯年〈性命古训辨证〉的方法启示》，桑兵、赵立彬主编《转型中的近代中国：近代中国的知识与制度转型学术研讨会论文选》上卷，第 297 页。
② 金观涛、刘青峰：《从"格物致知"到"科学"、"生产力"——知识体系和文化关系的思想史研究》，氏著《观念史研究：中国现代重要政治术语的形成》，第 342～343 页。

梳理了近代思想的主体走向，展现了"科学"概念参与社会思想活动的积极样态。但不可否认，这种将概念抽离具体语境的方法，看似线索清晰，却是在用后来的、外出的观念与历史上的"科学"强行对应，文中所说的"科学"意义究竟是与生俱来，还是形成于后世，文中没有明确说明。这种稍显笼统、简单的概括有可能掩盖"科学"意义流变中的多元样貌，更无从窥见言说者的立场与真实意图。

近代中国的科学文化史是美国学者本杰明·艾尔曼的研究旨趣之一。2000 年，艾尔曼发表了《从前现代的格致学到现代的科学》一文。2009 年，其英文著作中译本《中国近代科学的文化史》（*A Cultural History Modern Science In China*）出版。2010 年，他整理的北美学者关于中国科学史的研究成果在国内编译出版。2012 年，他发表论文梳理了"格致"与"科学"的关系。在艾尔曼的研究中，"格致"与"科学"[①]，"中国科学"与"近代科学"[②] 等词偶尔会加注双引号，表明其意义的特殊性。但就整体而言，其研究范畴定格于 1600 年到 1900 年之间的中国自然研究和文人对欧洲自然知识的掌握情况，[③] "科学"一词限定在自然科学的范围之内。[④] 这一内涵具有高度的稳定性，且与社会政治活动保持一定的距离，学术实践与社会政治的勾连暂时不在他的研究视野之中。[⑤] 当然，类似的研究并非无足轻重，不同时代实体科学的发展构成了"科学"话语体系的现实语境，"科学"概念的任何变动与歧出都是中国科技水平的真实映射，并导致了思想上的波动。美国学者史书美强调，中国语境从来就不曾独立于基本的全球等级体系而存在，[⑥] 世界科技的发展水平为中国"科学"概

① 〔美〕本杰明·艾尔曼：《为什么 Mr. Science 中文叫"科学"》，《浙江社会科学》2012 年第 5 期，第 99～104 页。
② 〔美〕本杰明·艾尔曼：《科学史，1600～1900——北美学者中国科学史研究成果综述》，张海惠主编《北美中国学——研究概述与文献资源》，中华书局，2010，第 245～246 页。
③ 〔美〕本杰明·艾尔曼：《中国近代科学的文化史》，王红霞等译，上海古籍出版社，2009，第 3 页。
④ 〔美〕本杰明·艾尔曼：《从前现代的格致学到现代的科学》，《中国学术》第 2 辑，商务印书馆，2000，第 4 页。
⑤ 〔美〕本杰明·艾尔曼：《为什么 Mr. Science 中文叫"科学"》，《浙江社会科学》2012 年第 5 期，第 104 页。
⑥ 〔美〕史书美：《现代的诱惑：书写半殖民地中国的现代主义（1917～1937）》，何恬译，江苏人民出版社，2007，第 18 页。

念的传播与流衍提供了全球性的先进/落后的参照体系。中国语境下的思想能动是以对抗西方武力以及文化霸权为前提的抗辩。

此外，一些讨论近代中国语言学、哲学、史学、文学的相关论著①虽涉及"科学"概念的意义追溯，但囿于对象不同，"科学"概念并未作为研究主体而存在，往往借助"科学"意义的诠释，为研究提供一个近现代学术思想发生、发展的历史场景。这恰恰说明，"科学"概念活跃于近代中国的各个思想层面，且作为现代思想的基本特征，整体性地作用于近代中国学术体系、思维方式、价值观念的转型。相关的研究成果也清楚地表明，自 20 世纪初开始，"科学"的含义出现了言人人殊的情况，概念的多歧样态提供了多元的历史语境与思想维度，国人其实是在形同实异的话语结构中塑造着各自不同的社会理想。

1905 年，严复在《政治讲义》中说，"应知科学入手，第一层工夫便是正名"，"既云科学，则其中所用字义，必须界线分明，不准丝毫含混"。② 显然，严复所谓的"正名"之法并不适用于"科学"概念自身，反而是"科学"的难以正名才更接近纷繁复杂的历史本相。"名者，实之宾也。"近代中国"科学"概念之实可体现为三：一是实体科学与技术的发展；二是作为词语符号的语义之实；三是在特定的社会政治语境下概念的意义实践。前两个层面的"科学"内涵虽有变化，但意义与使用范围相对稳定，唯后一种"科学"在前两者发展变化的基础上凝聚了实体性的思想意志，为社会提供了一定的意义和指向功能，反映了人们认知、思想和观念的转变，甚至能动性地塑造了历史。本书欲为"科学"正名，寻求"科学"概念与其历史语境下的名实相符，更多的是在后一个层次上的学术努力。

---

① 相关著作有冯天瑜《新语探源：中西日文化互动与近代汉字术语生成》，中华书局，2004；汪晖：《现代中国思想的兴起》第 1 部下卷，生活·读书·新知三联书店，2004；罗志田：《国家与学术：清季民初关于"国学"的思想论争》，生活·读书·新知三联书店，2003；刘为民：《科学与现代中国文学》，安徽教育出版社，2000。

② 严复：《政治讲义》，王栻主编《严复集》第 5 册，第 1247 页。

第一章　从"格致"到"科学"的过渡
（1896～1905）

从 19 世纪 30 年代开始，新一轮的西学东渐在中国出现。传教士借用"格致"一词传达了全新的西方近代学术体系，它至少包括今人所说的哲学、自然科学以及物理学三层含义。甲午战争以后，严复运用"西学格致"一词引入英国的实证主义科学体系，一些趋东学人另辟蹊径，借用"科学"一词输入日本近代学术。1900 年前后，严复改用"科学"取代"西学格致"。1905 年以后，"格致"一词逐渐淡出学术视野，"科学"概念开始确立其在中国学术界中的话语地位。宏观上看，晚清学术经历了从"格致"到"科学"的转型过程，但若进一步析微察异，可以发现从"格致"到"科学"并不是单一向度的简单替代，二者之间的意义过渡经历了相当的曲折。

第一节　晚清"格致学"意义的流变

1. 从 philosophy 到 science 的西学"格致"

"格物致知"原本是中国理学中一个形而上学的命题，明末耶稣会士选取"格物致知之学"对应西学的 philosophia，① 嫁接域外西学，使之成为中国化的学识。"格致"由此发生知识论与方法论意义上的转换，成为一种附属于经学、不同于传统的"格致学"，西学也借此获得了正

---

① 〔美〕本杰明·艾尔曼：《中国近代科学的文化史》，第 25 页。

当性。① 由于推行闭关锁国的政策，康熙晚期中西文化交流被迫中断，直到晚清洋务运动前后，"格致"一词被大量使用而重新焕发光彩。有研究显示，传教士在所办机构、杂志和科学著作中，极力保持"格致"在明末清初涵盖自然科学各门学科的含义，而当时办洋务、习科技的士大夫则把"格致"等同于制造之理和实用技术。② 可见，"格致"是一个尚未统一、变化中的概念，且在新知识的引进者与解读者之间存在差异。

这种差异首先来自西学自身定义的模糊，并在与中文对译的过程中产生了进一步的隔阂。黄克武检索早期英华字典后发现，19 世纪初到 20 世纪初的一百年间，philosophy 与 science 的解释在"致知""格物"等传统语汇上重合。③ 事实上，西欧从中世纪到十七八世纪，philosophy 与 science 就被认为是同义词。培根著作中的 the sciences 的原意就是知识、学术，而不是今天所谓的 science。④ 语义学的梳理表明，philosophy 与 science 在"格物致知"的范畴内共存，但未能解释三者之间的关系。反之，从"格致"一词的角度进行追溯，或可呈现概念之间的交叉与互动。

新一轮的西学东渐开始于 19 世纪 30 年代，50 年代逐渐兴盛，直至 90 年代都以传教士所办刊物及其著作作为传播主流。1822 年，英国人马礼逊编著的《英华字典》在澳门出版，字典中出现的 physical science 被译作"学格物"；⑤ 1866 年，德国人罗存德在香港编著的《英华字典》中，"格物"与 natural science 对译；⑥ 1853 年、1858 年，王韬与英国传教士艾约瑟"译格致新学提纲，凡象纬、历数、格致、机器，有测得新理或能出

① 徐光台：《藉"格物穷理"之名：明末清初西学的传入》，哈佛燕京学社、三联书店主编《理性主义及其限制》，生活·读书·新知三联书店，2003，第 196 页。
② 金观涛、刘青峰：《从"格物致知"到"科学"、"生产力"——知识体系和文化关系的思想史研究》，氏著《观念史研究：中国现代重要政治术语的形成》，第 335 页。
③ 黄克武：《近代中国英华字典中翻译语汇的变迁：以"科学"、"哲学"、"宗教"、"迷信"为例》，第三届"近代文化与近代中国"国际学术研讨会，北京，2015 年 10 月，第 48 页。
④ 〔英〕梅尔茨：《19 世纪欧洲思想史》第 1 卷，周昌忠译，商务出版社，1999，第 79 页。
⑤ 黄克武：《近代中国英华字典中翻译语汇的变迁：以"科学"、"哲学"、"宗教"、"迷信"为例》，第 29 页。
⑥ 钟少华：《中文概念史论》，中国国际广播出版社，2012，第 53 页。

精意创造一物者，必追纪其始。既成一卷，分附于《中西通书》之后"①；1860 年前后，伟烈亚力、傅兰雅与李善兰合译牛顿的《数理格致》；②1866 年，丁韪良著《格物入门》一书，内容包括水学、气学、火学、电学、力学、化学、算学七卷。以上书中的"格致"应为"格致学"的省词，与 natural philosophy 对译。由此可见，英语中的 physical science、natural science 与 natural philosophy 的意义相当，虽然包含数学，但侧重于指称物理、化学的范畴，是"格致"一词的狭义用法。③ 但该学的内容并不确定，有时兼赅物理与化学，如丁韪良将二者合称为"格物"；有时仅指物理学，如谓"近来泰西新学分为二门：一为格致学、一为化学"，"格致云万物一理，化学云万物各有各理"④。指代物理时，"格致"与"格物"意义相同，如谓"格物以知万物之理性，化学以分万物之原质，天文以测三光之运旋，此三者谓之物理"⑤。但"格物"多被用于狭义，"格致"一词的运用相对广泛，如在林乐知翻译的《格致启蒙》中，广义的科学知识被称为"格致"，物理学被区别为"格物学"。潘慎文译史砥尔（斯宾塞）的著作时，名之《格物质学》，以区别"格致"，"格致者，格物致知之谓，是举宇内各种学问而尽赅之矣。是书专论物质体变诸事，为格致学中首要之一门。按西名之意，当称质学或体学乃可，而前人译此学之书，以格物名之者，嫌其未符实义，爰颜之曰格物质学"⑥。

19 世纪 70 年代以后，"格致"的意义发生了变化。1876 年，傅兰雅创办《格致汇编》，英译名为 *The Chinese Scientific Magazine*，一年后改为 *The Chinese Scientific and Technological Magazine*，主要是介绍基础性科学知识，偏重于工艺技术，"格致"与 science 对译，并延伸至工艺。同时，傅

① 张志春编著《王韬年谱》，河北教育出版社，1994，第 182 页。
② 王冰：《明清时代（1610～1910）物理学译著书目考》，《中国科技史料》1986 年第 5 期，第 5 页。
③ 一般认为丁韪良的《格物入门》泛指自然科学总体，包括数学、物理、化学；王冰的研究表明该学只包含物理和化学，数学则是关于其余各卷的一些计算。见王冰《明清时代（1610～1910）物理学译著书目考》，《中国科技史料》1986 年第 5 期，第 13 页。
④ 《光热电气新学考》，《万国公报》第 7 年第 323 卷，1875 年 2 月，第 321 页。（《万国公报》于 1868 年在上海创刊，早期为周刊，1883 年因故停刊，1889 年复刊后改为月刊。公报前后编撰体例有所变更，本书注释沿用刊物原有体例，此后不再一一注明）
⑤ 〔英〕李佳白：《创设学校议》，《万国公报》第 84 册，1896 年 3 月，第 4 页。
⑥ 〔英〕史砥尔著、谢洪赉笔述《格物质学》，潘慎文译，上海英华书馆，1898，凡例第 1 页。

兰雅强调了"格致"在方法论上的意义，如"格致之学即由各种测试、辩论得知绳束万物之条理"；"观看、试验，以求物理，谓之格致学"①。并努力区分"博物学"与"格致学"的差别，如谓"知者非仅多识名物，诩诩然夸渊博已也，必深究夫物之终始，其常也若何，其变也若何，其合也若何，其离也又若何，洞澈夫物之精粗本末，而后微之扩之，并之析之，而皆适于用。此之谓'格'，此之谓'致'。非然者能识物而不能用物，能夸博学而无补于世"②。以上"格致学"对应的是 natural philosophy 或是 physics，后发展成为 science。它的范畴相对明晰，一般包括物理、化学、光学、电学、力学、天文、地质、矿物、动物学、植物学、人体解剖学、生理学、医学、几何、算术、代数等自然学科，偶尔也可以看到欧洲学术的新成员，如 1885 年艾约瑟著《西学略述》，格致类中出现了稽古学和风俗学。③

与此同时，"格致"一词还在更广阔的范围内被使用，超出 natural philosophy 的范围。1882 年傅兰雅开始编译《格致须知》，其中有气学、声学、重学、力学、水学、热学、电学、天文、地理、地志、地学、量法、算法、三角、代数、曲线、微积、画器、化学、矿学、全体、植物、动物、富国、理学（哲学）、西礼、戒礼等各种学科，虽然仅具启蒙性质，程度不深，但几乎涵盖了西方的所有学术门类。按照傅兰雅的计划，这套丛书准备出 10 集，每集 8 种，共 80 种。初、二、三集是自然科学；四、六集为工艺技术；五集属于社会科学；七集"医药须知"；八集"国志须知"和九集"国史须知"，介绍西方各大国的地理和历史；十集"教务须知"介绍世界各大宗教。④ 书名中的"格致"一词大致对应英文中的 philosophy，⑤ 甚至超出了

---

① 这两句话分别出自艾约瑟译《格致总学启蒙》和罗亨利、瞿昂来译《格致小引》，是对于"Science: the Knowledge of the Laws of Nature obtained by Observation, Experiment, and Reasoning"的不同翻译。见王扬宗《赫胥黎〈科学导论〉的两个中译本——兼论清末科学译著的准确性》，《中国科技史料》2000 年第 3 期，第 211 页。

② 〔美〕林乐知：《记上海创设格致书院》，《万国公报》第 7 年第 306 卷，1874 年 10 月，第 83 页。

③ 〔英〕艾约瑟：《西学略述》，上海图书集成印书局，1898，目录第 2 页。

④ 王扬宗：《傅兰雅与近代中国的科学启蒙》，科学出版社，2000，第 102 页。

⑤ philosophy 是古老英国对于知识的称呼，它反映的是各门学科尚未从哲学中分化出来的传统哲学观。直至 19 世纪上半叶，这种哲学观还是很流行的。凡是建立在思维经验上的普遍原则，以及被表明为有必要的和有用的任何知识，在英国人那里，都可被叫作哲学。见〔德〕黑格尔《哲学史讲演录》第 4 卷，贺麟、王太庆译，商务印书馆，1956，第 163 页。

philosophy 的范畴，指称西方学术的总和，或称为"学问"。这一用法一方面显示了西方进行中的学术分化的轨迹，有关自然、社会、人文的知识无不分化为系统知识，按照性质归置类别；另一方面延续了明末清初的"格致"意义，凡天地间之物、事、器、心、性、命、天地甚至宗教皆为可格之物，表明传统一元化的"格物致知"的观念仍在承上启下地发挥作用。

1886 年，艾约瑟所译《格致总学启蒙》出版，翻译的原本是赫胥黎的《科学导论》（*Introductory Science Primers*），[①] "格致"对译 science。全书分为三卷，"上曰总论，乃发明人之性灵有知有觉，由此以极吾知足以虚灵不昧；中卷有体质为化成类，曰死物质，后论有质体为生长物，曰生物质；下卷，论无形象之物即论人之心灵以及七情六欲之学"[②]。其中"有体质之物"是自然之物，"无形象之物"的研究为心性学，[③] 即心理学。书中所述的心理学非常简略，只是表明人的情感和心理变化都是格致学的研究对象。但是，书中使用大量文字讲述格致方法，谓"格致入门之路，即在人所共知之事理，其格致工之得有进境，亦在乎于精详者复加精详，验试者更加验试而已。陈述其各类事理时，应寻得一详明细切之分析法，布列为绳束万物井井有条之纲领"[④]。在这些方法限定下的"格致学"，由物质延伸到心性，不再是简单的学问增加，而是在实验方法支撑下欧洲学术版图的扩张。

综上所述，传教士所言"格致学"的范畴并不狭隘，在 19 世纪末它至少存在三个层次的含义：狭义"格致"的范畴相对固定，对应英语中的 physical science、natural science 与 natural philosophy；广义"格致"对应 philosophy，正从混沌一元的与道德价值裹挟的"格物穷理"之学向分化成科的西学形制转化；中层"格致"对应 science，属于以科学方法为支撑，从自然科学向社会人文科学不断扩张的实证科学的范畴。

在一些译作中，以上用法常常混用。有学者发现在 1877 年《格致汇编》所载英人慕维廉写的《培根格致新法》一文中，原书凡有哲学

---

① 王扬宗：《赫胥黎〈科学导论〉的两个中译本——兼谈清末科学译著的准确性》，《中国科技史料》2000 年第 3 期，第 208 页。
② 《批阅西学启蒙十六种说：格致总学启蒙》，《格致汇编》第 6 年第 2 期，1891 年，第 48~49 页。
③ 〔英〕艾约瑟译《格致总学启蒙》，上海图书集成印书局，1898，目录第 2 页。
④ 〔英〕艾约瑟译《格致总学启蒙》上卷，第 6 页。

(philosophy)、科学（the sciences）之处，慕氏皆译为"格学"或"学"。在颜永京所译《心灵学》（原书名为 *Mental Philosophy*，美国约瑟夫·海文著，颜译出版于 1889 年）中，将 philosophy、human knowledge、natural science 也都译作"格致学"。研究者对此不禁猜测，认为译者别有用心，以"格致学"名哲学，是为了强调和提高"科学"，或是在"中学为体、西学为用"的思想律令下借"格致"之名以渗入某些西方哲学思想。① 此推测可自成其理，但事实或许并没有那么复杂。如果参考 19 世纪欧洲科学的发展过程，英国学术正经历着从 natural philosophy 到 science 的转变，英语中的"自然哲学"与"科学"差别并不大，philosophy 有时就是 the science 的同义词等一系列的相关信息，也就不难理解"格致学"语义的多歧性了。

"格致学"的意义是明末清初以来传教士自觉赋予的，晚清之时出现意义上的混淆，主要是因为中西之间存在语言文字上交流的窒碍。传教士能够找到的接榫中西学术的话语资源十分有限，著者或译者也许知道 philosophy、natural philosophy 和 science 之间的差别，却苦于找不到适合的汉语用词给予表达，最终不得不在"格致"一词上层层叠加。欧洲发展了 200 多年的学术成果在短短 20 年间涌进中国，没有时间顺序，仅以"格致"一词全部涵盖，难免会产生时空错乱之感。林乐知解释说，这是因为"阅者未经深究，即难明晰，以其非熟习也"②。

然而，混乱并未就此终结，除了英国科学复杂的状况外，中国"格致学"的另一个源头是德国。1873 年德国传教士花之安著《德国学校论略》，书中介绍了德国大学（"太学院"）学科的区分和课程的设置。院内学问分列四种：一经学、二法学、三智学、四医学。其中智学分八课，格物学属其一，具体包括物理、化学、天文、地质、生物等自然科学，但不包括数学，是单纯地对自然界物质规律的探究。③ 德国学术的特点在于格物学与其他各学统一于"智学"（哲学、理学）之下，如谓"盖理者，统

---

① 陈启伟：《"哲学"译名考》，《哲学译丛》2001 年第 3 期，第 64～65 页。

② 〔美〕林乐知、范祎：《新名词之辨惑》，《万国公报》第 184 册，1904 年 5 月，第 23 页。

③ 肖朗：《花之安〈德国学校论略〉初探》，《华东师范大学学报》（教育科学版）2000 年第 2 期，第 89 页。

天地人物而包之，则谓之理"；"夫西国最重者理学，虽各等智慧分散无穷，贵乎能将各等智慧会归于一理，乃不至泛滥而无统纪，所谓握其原也"；它与中国理学不同，"若中国以宋儒性理大全为尚，而西国不以为至善，以其说理多杂耳"①。在德国的教育体系中，"格物学"分立为两个统系：有关工艺制造的技术由各类中等或高等技术学校承担，如"技艺院""格物院"等分科院校；学理的探究属于德国综合大学的学术鹄的。英国"格致"与德国"格物"的意义差异，当时的中国人难以领会，也无须理会，这与他们当时的自强诉求关系不大，但这种差异在未来的日子里越发凸显。1905 年王国维站在德国哲学的立场上评价严复，"严氏所奉者，英吉利之功利论及进化论之哲学耳"，"严氏之学风，非哲学的，而宁科学的也，此其所以不能感动吾国之思想界者也"②。

此外，法国对"格物"也有不同表述。在法国天主教会创办的杂志《汇报》中，"泰西之学分天人二类。天学者，超乎物性之理，渊妙不能穷，终身读之而不竟。……人学者，人力能致之学，种类纷繁，难于悉举"。揭其要则有：格物学（论性理之原委）、天文、气候、地理、地学、形性学（形物之功用）、化学、艺学、算学、博物、医学、律学、兵学、文学（词章）、史学等；矿学归地学，光电声磁重热气水等归形性学，农与商西国从无专学，乃近今维新之徒以光电等各列一学，而加以农商业学名目，强作解入。③ 其中"形性学"即物理学；"格物学"则是"性理之学"，为哲学的一种，称原物学（ontologia），或原物（metaphysica，译言形上）。1904 年，《汇报》转载的震旦学院的"科学"课程分为三部分：一是格致（philosophia），包括原言（logica）、内界（subjectiva）、外界（objectiva）、原物（metaphysica）等；二是象数；三是形性学。④ "形性学"才是物理学的指称，凡重学、水学、电学、磁学、光学等学科属之，⑤ 但这种用法在中国并不普遍。

19 世纪 70 年代至 90 年代是新教传教士传播西学最旺盛的时期。他们

---

① 〔德〕花之安：《自西徂东》，上海书店出版社，2002，第 161 页。
② 王国维：《论近年之学术界》，姚淦铭、王燕编《王国维文集》第 3 卷，第 37 页。
③ 《汇报序》，《汇报》第 100 号，1899 年 8 月 17 日，李楚材辑《帝国主义侵华教育史资料·教会教育》，教育科学出版社，1987，第 394 页。
④ 《震旦学院章程》，《汇报》第 560 号，1904 年 3 月，第 480 页。
⑤ 参见李杕译著《形性学要》，格致译文报馆，1898。

借用中国传统的"格致"一词覆盖了广阔的却又不尽相同的学术范畴，蕴含同时也掩盖了西方学术发展进程中的不确定性和国家差异性，导致近代再次兴起的"格致学"从源头上就是一个多歧的，且处于变化之中的概念。

2. 中西"格致"辨义

甲午战争前，学习西方、寻求富强是时代主题。"格致学"的出现为维新士人在不背离传统的情况下打开了西学大门。国人虽不能完全体会传教士传达的丰富而细腻的学术内涵，却对这些新学问表现出极大的兴趣。蔡尔康说，"余初以为中国讲求格致之人极少，且即有不拘陈见，深慕西学，知化学、算学之精，汽机制造之利，而事征诸书，不能历试其妙，则亦阅后辄忘，束之高阁已耳"，但后来发现《格致汇编》书出数日，即已售完，由此感慨"中国之人于格致之学，已日新其耳目，深信而爱慕之，详阅而考究之矣"①。

1861年，冯桂芬建议广采西学，"如算学、重学、视学、光学、化学等，皆得格物至理"②，此说被认为是中国"格致学"高扬的肇端。算学由于中西皆有，成为接引"格致"的榫点。从1867年恭亲王奕䜣提议在同文馆内设天文算学馆起，到1896年清政府整顿书院，礼部设算学门，凡天文、地理、格致、制造属之，③ 算学的范畴远远超出今人的理解。近人以算学兼赅格致，表面上看是因为算学为各学基础，实际上是借算学采取迂回之策，使"格致"不再被视作奇技淫巧而被拒之门外。算学与"格致学"的学术关系，在兴学之初就被混淆了。

随着西学的渗透，无论是提倡新学者，还是保全经学者，都无法认同以区区"格致"一词可囊括全体的中西学术。在反复区别辨义的过程中，"格致"的意义被切割，中西"格致"逐渐两立，二者也不可避免地被拿来比照。有学者发现在1888年出版的《皇朝经世文续编》中，格致各学

---

① 蔡尔康：《读〈格致汇编〉第二年第四卷书后》（光绪三年五月二十日），陈谷嘉、邓洪波主编《中国书院史资料》下册，浙江教育出版社，1998，第2344页。
② 冯桂芬：《校邠庐抗议》，戴扬本评注，中州古籍出版社，1998，第209页。
③ 《礼部议复整顿各省书院折》，朱有瓛主编《中国近代学制史料》第1辑下册，华东师范大学出版社，1986，第157页。

混杂于算学卷中，而算学卷从属于"文学"目，其边缘地位可见一斑。在
1897 年出版的《皇朝经世文三编》中，"格致"已在"学术"纲下单独
成目。该目分为上、下两卷，两卷所收文章基本没有涉及具体的自然科学
知识，几乎全是围绕"格致之学"和"格致之理"展开话题，内容集中
强调了学习"格致之学"的必要性和紧迫性，以及如何认知广泛意义上的
中西"格致"的异同。① 可见，"格致学"在十年间渐趋独立，"格致"
一词的辨义发展成为近代学人讨论中西学术的话语平台。

　　中西"格致"的比较始于 19 世纪 70 年代。1874 年，在格致书院创
办之初，徐寿表达了其对中西"格致"不同的理解，"惟是设教之法，古
今各异，中外不同，而格致之学则一。然中国之所谓格致，所以诚正治平
也；外国之所谓格致，所以变化制造也。中国之格致，功近于虚，虚则常
伪；外国之格致，功征诸实，实则皆真也"②。张树声认为，"格物致知，
中国求诸理，西人求诸事；考工利用，中国委诸匠，西人出诸儒。求诸理
者，形而上而坐论易涉空言；委诸匠者，得其粗而士夫罕明制作"③。他
们在中西"格致"之间初步构建了虚/实、真/伪、"格致之理"/"格致
之事"等形上/形下的二元格局。

　　略观格致书院的课艺，可以从中找寻到"格致"意义切割的过程与中
西学术地位的变迁。1887 年、1889 年，格致书院先后有三道命题是有关
中西"格致"对比的。④ 在作答 1887 年的课艺命题"格致之学中西异同
论"时，学生大多认为中西"格致"道艺兼备，如谓"格致之理，固无
不同，而格致之事各有详略，精粗之不同"⑤；或曰"中人以身心性命、
三纲五常为格致之根原"，"西人以水火光声化算电热为格致之纲领"⑥。

---

① 章可：《论晚清经世文编中"学术"的边缘化》，《史林》2009 年第 3 期，第 71～72 页。
② 徐寿：《拟创建格致书院论》，《申报》第 574 号，1874 年 3 月 24 日，第 1 页。
③ 张树声：《建造实学馆工竣延派总办酌定章程片》，朱有瓛主编《中国近代学制史料》第
　 1 辑上册，华东师范大学出版社，1983，第 477 页。
④ 课艺命题第一是《格致之学中西异同论》（1887）；第二为《问大学格致之说，自郑康成
　 以下无虑数十家，于近今西学有偶合否？西学格致始于希腊之阿卢力士托德尔，至英人
　 贝根出尽变前说，其学始精，逮达文、施本思二家之书行，其学益备，能详其源流欤？》
　 （1889）；第三为《泰西格致之学与近刻翻译诸书详略得失何者为最要论？》（1889）。
⑤ 葛道殷答卷《格致之学中西异同论》丁亥卷，上海图书馆编《格致书院课艺》（1），上
　 海科学技术文献出版社影印本，2016，第 169 页。
⑥ 赵元益答卷《格致之学中西异同论》丁亥卷，《格致书院课艺》（1），第 187 页。

比较而言，"中国风气重道而轻艺，西洋风气重艺而轻道，然自古至今，治乱安危，恒系乎道之隆污，不系乎艺之巧拙也。今天下中外周通，强邻窥伺，挟其所长，以傲我所短，中国于是欲师其长技以制之，此西学之讲求，所以难已也"①。学生普遍以道/艺二元区分中西"格致"异同，认为西学格致虽不优于中学格致，却为中国当下之急务。

1889 年，李鸿章是课艺的命题者，他要求学生分析西学格致的源流并与中学格致进行比较。题目本身就否定了西学中源说，学生的答卷也出现了不同以往的声音。王佐才认为，中学格致"乃义理之格致，而非物理之格致也"，"格致"之学"中西相合者，系偶然之迹；中西不合者，乃趋向之歧。此其故由于中国每尊古而薄今，视古人为万不可及，往往墨守成法而不知变通；西人喜新而厌故，视学问为后来居上，往往求胜于前人而务求实际，此中西格致之所由分也"②。钟天纬超越道/艺二元论的框架，认为"格致"虽有物理与义理之分，但"言道而艺未尝不赅其中，言艺而道亦究莫能外，其源流固无不合也"。中学格致以义理为主，与西学只有无心之暗合；西学格致也仅为西国"理学"之一端，从亚里士多德发展到斯宾塞，渐从"物理"进于"人学"，学术中的"确可知者"不过是"确不可知者"的"外见之粗质"③。钟天纬的认识事实上已经触摸到西学的发展历程与本质，明确区分中西"格致"为"义理"与"物理"两种根本不同的知识体系。④ 1890 年，在《西学储才说》的课艺问答中，学生杨家禾说"格致之道，中国素所不讲，自洋务兴而西学尚矣"⑤。至此，"格致学"成为中国素所未有的独立的西学体系。格致书院是近代中国最

① 彭瑞熙答卷《格致之学中西异同论》丁亥卷，《格致书院课艺》（1），第 167 页。
② 王佐才答卷《问大学格致之说，自郑康成以下无虑数十家，于近今西学有偶合否？西学格致始于希腊之阿卢力士托德尔，至英人贝根出尽变前说，其学始精，逮达文、施本思二家之书行，其学益备，能详其源流欤？》乙丑（上），《格致书院课艺》（2），第 29、31 页。
③ 钟天纬答卷《问大学格致之说，自郑康成以下无虑数十家，于近今西学有偶合否？西学格致始于希腊之阿卢力士托德尔，至英人贝根出尽变前说，其学始精，逮达文、施本思二家之书行，其学益备，能详其源流欤？》乙丑（上），《格致书院课艺》（2），第 59 页。
④ 经考证，"王佐才"是钟天纬的化名，他曾以"李龙光""朱震甲""李培禧""商霖"等化名参加课艺，获得奖励 14 次。见薛毓良编《钟天纬传》，上海社会科学院出版社，2011，第 55～56 页。
⑤ 杨家禾答卷《西学储才说》庚寅（下），《格致书院课艺》（2），第 560 页。

早教授科学知识的教育机构之一，与一般国人相较具有明显的超前意识。

1890 年，《万国公报》以"问格致之学泰西与中国有无异同"为题长期征文，所载文章与格致课艺略有不同。论者多数认为中西"格致"小异而大同，如谓"泰西之格致学于耶稣，中国之格致学于孔孟"，二者确有不同，但中西之人"其体则以仁义礼智之性"，"其用则有恻隐羞恶恭敬是非之情"，"此心此理之同，固合泰西与中国同归于一辙"①。有人说中国汉儒训"物"为"物理"，宋儒训"物"为"事理"，西学"不外乎化合、采练、推算及一切制造之术"；"中西之言物虽异，而穷理之功无异"，西国"格致""正中国彻上彻下之道也"，"盖其道有二，一从本原下究乎万物，而万物无不包举，此上彻下之道也。一从万物上推本原，而万物咸有归宿，此下彻上之道"；中西相较，西学上阐天道大原，下明福国利民之策，"尤为切于世用"，"中国之格致虚言心性，非深通理，学者不能知。即或知之，要亦不切于世用，而又分其力于训诂辞章，萦其情于功名富贵，则其为学亦若存若亡而已"②。或言中西"格致"原本"义理"与"物理"兼具，如今中学止于"义理"，"物理"为西人独擅。还有人认为中国异于泰西者，无专学，无考试而已。③ 概括而言，征文普遍认为中西"格致"体用兼备，唯中学"格致"在器物的层面有所欠缺。文字对于西学"义理"多有肯定，当是《万国公报》的宗教背景使然。

张之洞也有过类似的区分，结论却有不同。他把"中学格致"分为《中庸》与《大学》两种，"《中庸》'天下至诚'、'尽物之性'，'赞天地之化育'，是西学格致之义。《大学》'格致'与西人'格致'绝不相涉，译西书者借其字耳。"他抽取《周礼》《中庸》《礼运》《论语》《大学》等各篇文字中关于民生的字眼比附西学，认为"圣经皆已发其理，创其制"，尚未能"习西人之技，具西人之器，同西人之法"。由于中西之理同，因而不必溺于自塞、自欺、自扰之弊，以"中学为内学，西学为外

① 胡汉林：《问格致之学泰西与中国有无异同》，《万国公报》第 57 册，1893 年 10 月，第 17～18 页。
② 吉绍衣：《问格致之学泰西与中国有无异同》，《万国公报》第 19 册，1890 年 8 月，第 17～18 页。
③ 富济逸人：《问格致之学泰西与中国有无异同》，《万国公报》第 53 册，1893 年 6 月，第 19 页。

学，中学治身心，西学应世事，不必尽索之于经文，而必无悖于经义"①。换言之，张之洞认为中学"格致"兼具形上形下，"物理"方面不及西学，有必要采补；但形上精义唯中学独有，包含于《大学》"格致"之中。刘锡鸿甚至认为西方工艺制造之学以"格致"名之，"殆假《大学》条目以美其号，而号众以来学也。虽然，此岂可假借哉？""所谓西学，盖工匠技艺之事也。易'格致书院'之名，而名之曰'艺林堂'。聚工匠巧者而督课之，使之精求制造以听役于官，犹百工居肆然者，是则于义为当"②。

由此可见，在义理/物理的二元结构中，国人对于中西"格致"的评价至少存在三种态度。第一种认为中学"格致"仅为"义理"，而无"物理"，"格致之学中西儒士皆以为治平之本，但名虽同而实则异也。盖中国仅言其理，而西国兼究其法也"③。第二种认为中学"格致"兼具"物理"与"义理"，只是"物理"略有缺失；西学"格致"有"物理"，而无中国精深之"义理"。第三种认为中西"格致"兼赅"物理"与"义理"，"义理"之上没有短长，唯"物理"或缺。三种判断对西学"义理"的评价有所不同，但都肯定了中学"格致"在道德上的价值，且在器物方面存在不足。于是，暂时忽略"义理"上的纷争，致力于"物理"上的补苴罅漏成为当时国人的共同目标。

以上所谓的"格致"在学术层面上采纳的是中层"格致学"的含义，且"学""艺"一体，"学"为"艺"的基础，但"艺"的实用价值被特别强调。1883 年，王韬拟在艺学门类下设"格致学"。④ 1897 年在教育改革的议论中，有人建议大学设格致科，"水火光声力化电无不赅，所以学为艺，备农工商兵之用也"⑤。官书局开办时提议将学问分立十科，制造

---

① 张之洞：《劝学篇·会通》，上海书店出版社，2002，第 69～71 页。
② 刘锡鸿：《观格致书院后》，氏著《英轺私记》，岳麓书社，1986，第 50～51 页。
③ 《〈申报〉评〈格致汇编〉》（1876），陈谷嘉、邓洪波主编《中国书院史资料》下册，第 2342 页。
④ 王韬在《变法自强》（中）将科举科目分为文学、艺学两类，格致属艺学，"格致能知造物别器之微奥，光学、化学悉所包涵"。见王韬《弢园文录外编》，上海书店出版社，2002，第 32 页。
⑤ 都友：《熊编修亦奇条议大学堂课程》，《集成报》第 2 册，1897 年 5 月，第 2 页。

格致各学附属于工学科。① 可见，国人兴学的目的相当明确。但传教士使用的、涵盖西方所有学术门类的广义"格致"少有人提及，仅孙维新观察到艾约瑟的《西学启蒙》，"其书于格致学外多讲理学，为他书所不及"②。艾尔曼将格致学院的英文直接译为"上海综合工学院"③，这大概更能体现当时国人对于"格致"意义的取舍。

中国人对于现代物理学的知识早有接触，但确立物理学为独立学科的时间相对较晚。④ 在甲午战争以前，国人对西学认识程度有限，在使用狭义"格致"的概念时，基本上涵盖理化。郑观应建议考试分六科，其一为格致科，凡声光电化皆属。⑤ 张之洞设自强学堂，分方言、格致、算学、商务四门，"格致兼通化学、重学、电学、光学等事，为众学之入门"⑥。同文馆的"格致学"不赅化学，却包括了动植物学。⑦ 在晚清教育改革还未完成之前，作为物理学的"格致"多体现在提倡新学者的言论中，较少为普通民众所知。

总体而言，国人在甲午战争之前对于"格致"的理解趋向于"格致之学"，即今天所说的科学与技术。在求富求强思想的指导下，"格致学"主要落实在民族工业与军事制造业的发展上。"中学为体、西学为用"为中西学术的调和提供了理论前提。由于过多的目光聚焦于现实需求上，被强调"为体"的中学"格致"在实际操作中，往往被整体性地束之高阁。⑧

3. "西学格致"体系的形成

1895 年后，国人在甲午战争的失败中醒来，认识到日本战胜中国的法宝是"学"而非"艺"，洋务派单纯的技术追求实非救国正轨。由此提出

---

① 《官书局议复开办京师大学堂折》，《时务报》第 20 册，1897 年 3 月，第 6 页。
② 孙维新答卷《泰西格致之学与近刻翻译诸书详略得失何者为最要论?》乙丑（上），《格致书院课艺》（2），第 91 页。
③ 艾尔曼:《从前现代的格致学到现代的科学》，《中国学术》第 2 辑，第 30 页。
④ 蔡铁权认为，中国有近代意义的"物理"一词最早出现在郑观应 1895 年出版的《盛世危言》中，但真正确立当在 1905 年前后。见蔡铁权《"物理"流变考》，《浙江师范大学学报》（自然科学版）2001 年第 1 期，第 4 页。
⑤ 郑观应:《盛世危言·考试下》，第 130 页。
⑥ 《两广总督张之洞片》，朱有瓛主编《中国近代学制史料》第 1 辑上册，第 306 页。
⑦ 《〈清会典〉记同文馆各科课程内容》，朱有瓛主编《中国近代学制史料》第 1 辑上册，第 78 页。
⑧ 罗厚立（罗志田）:《原来张之洞》，《南方周末》2004 年 6 月 17 日。

"学""艺"分立，中国的"学战"拉开了序幕。不过，在求"学"的道路上各有轨辙。

1895 年，悲愤的严复连续发表《论世亟之变》《原强》《救亡决论》三篇文章，为国人呈现了一个以"西学格致"为核心的学术体系。其中，《原强》一文表述得最为清晰。文章中，严复对斯宾塞的群学推崇有加，认为此学"宗其理而大阐人伦之事"，"约其所论，其节目支条，与吾《大学》所谓诚正修齐治平之事有不期而合者，第《大学》引而未发，语而不详"，"自生民以来，未有若斯之懿也。虽文、周生今，未能舍其道而言治也"①。这一观点突破中西"格致"的二元结构，不但认为群学与《大学》契合，甚至超越中国的"格致之理"，蕴含其未发之覆。

群学的特点在于"持一理论一事也，必根柢物理，征引人事，推其端于至真之原，究其极于不遁之效而后已"，于是打通了"格致之学"与"格致之理"，将"物理"与"人事"贯通为一个整体。如谓治群学，必以"格致"为先，若"格致之学不先，褊僻之情未去，束教拘虚，生心害政，固无往而不误人家国者也。是故欲治群学，且必先有事于诸学焉"。诸学以"名数力质"为根基，"非为数学、名学，则其心不足以察不遁之理，必然之数也；非为力学、质学，则不知因果功效之相生也"。随着"名数力炙〔质〕四者已治矣，然其心之用，犹审于寡而荧于纷，察于近而迷于远也，故非为天地人三学，则无以尽事理之悠久博大与蕃变也，而三者之中，则人学为尤急切"。"人学"又析而为二：曰"生学"，曰"心学"。"生学者，论人类长养孳乳之大法也。心学者，言斯民知行感应之秘机也。盖一人之身，其形神相资以为用；故一国之立，亦力德相备而后存；而一切政治之施，与其强弱盛衰之迹，特皆如释民所谓循业发现者耳，夫固有为之根而受其蕴者也。"诸学之上为群学，"群学治，而后能修齐治平，用以持世保民以日进于郅治馨香之极盛也"②。由此，严复阐述了一个完整的从"格致"到群学的学术递进的轨迹，大致对应今人所说的自然科学、社会科学，以及统摄各学的、具有实证主义哲学性质的社会学体系。

---

① 严复：《原强》，王栻主编《严复集》第 1 册，第 6～7 页。
② 严复：《原强》，王栻主编《严复集》第 1 册，第 6～7 页。

在《救亡决论》中，严复对比中西学术的差异，指出"西学格致"之优在于"凡学之事，不仅求知未知，求能不能已也。……其绝大妙用，在于有以炼智虑而操心思，使习于沈者不至为浮，习于诚者不能为妄"①。所成之"学"是"部居群分，层累枝叶，确乎可证，涣然大同，无一语游移，无一事违反；藏之于心则成理，施之于事则为术；首尾赅备，因应厘然，夫而后得谓之为'学'"②。故而，"格致学"不但是艺学根本，更是治平之基，"品物理简，民群理繁，世未有不精于格物，而长于治国者"③。对于中国而言，"西学格致，非迂涂也，一言救亡，则将舍是而不可"④。在外患凭陵之下，国家唯有继今以往"皆视物理之明昧，为人事之废兴"⑤。

1898 年，严复在《西学门径功用》一文中提及治学方法。他说"大抵学以穷理，常分三际"：考订、贯通与试验。"格物穷理之用，其涂术不过二端：一曰内导；一曰外导。""内导者，合异事而观其同，而得其公例"；"学至外导，则可据已然已知以推未然未知者"。"学问之事，其用皆二：一为专门之用；一为公家之用。"所谓"专门之用"指核数、测量、制造、电工、栽种等实际用处。但比较而言，"公家之用最大"，"举以炼心制事是也"。"为学之道，第一步则须玄学"，包括"一名、二数"；继之以"玄著学"，"一力""二质"；后"考专门之物者也。如天学，如地学，如人学，如动植之学"；此后"必事生理之学"，"又必事心理之学"。"生、心二理明，而后终之以群学。群学之目，如政治，如刑名，如理财，如史学，皆治事者所当有事者也。……至如农学、兵学、御舟、机器、医药、矿务，则专门之至溢者，随有遭遇而为之可耳。夫惟人心最贵，故有志之士，所以治之者不可不详。而人道始于一身，次于一家，终于一国。故最要莫急于奉生，教育子孙次之。而人生有群，又必知所以保国善群之事，学而至此，殆庶几矣。"⑥ 概括而言，严复所论"格致"实有广狭二义：狭义"格致"特指名、数、力、质诸学；广义"格致"是

---

① 严复：《救亡决论》，王栻主编《严复集》第 1 册，第 45～46 页。
② 严复：《救亡决论》，王栻主编《严复集》第 1 册，第 52 页。
③ 〔英〕斯宾塞：《群学肆言》，严复译，商务印书馆，1981，第 3 页。
④ 严复：《救亡决论》，王栻主编《严复集》第 1 册，第 45 页。
⑤ 严复：《救亡决论》，王栻主编《严复集》第 1 册，第 48 页。
⑥ 严复：《西学门径功用》，王栻主编《严复集》第 1 册，第 92～95 页。

指孔德式的，是建立在自然科学基础之上的社会学体系，涵盖了完整的学术范围、方法、功用以及学术路径，特别强调了实证主义科学必须具备的真实性、致用性、精确性以及系统性。

同年，在正式出版的《天演论》中，严复转述斯宾塞的观点，认为道德的出现是人类适应自然进化的结果。民群间的"善相感通之德，乃天择以后之事，非其始之即如是也"，"天演之事，将使能群者存，不群者灭；善群者存，不善群者灭"，"经物竞之烈，亡矣，不可见矣"①。因此，就道德而言，应该是"人能宏道，非道宏人"②。"宏道"之法，也应从"西学格致"入手，即如斯宾塞所言的学术次第，以名、数二学为始基，格物如力、质诸科次之，再进而为天文、地质，再进而治生学，后进以心灵之学，最后乃治群学，而以德行之学终焉。③对于人类的未来，严复相当乐观，认为"民群任天演之自然，则必日进善，不日趋恶，而郅治必有时而臻者，其竖义至坚，殆难破也"④。至此，严复仿照斯宾塞的社会有机体理论，建立了一个以"格致"为基础、群学为指归、德行为终结的学术/道德一元化体系。1896年，吴汝纶作为《天演论》的第一个读者敏感地觉察到《天演论》对中国自强的现实功用。他致信严复称，"尊译《天演论》，计已脱稿，所示外国格致家谓顺乎天演，则郅治终成。赫胥黎又谓不讲治功，则人道不立，此其资益于自强之治者，诚深诚邃"⑤。可见，严复的"西学格致"从一开始吸引国人的就不是它的学科体系，而是直达"群治"的政治合理性。

基于斯宾塞的由"智"入"德"的进化观点，严复提出在"鼓民力、开民智、新民德""三民"思想中，"以民智为最急"⑥。他批判中国的八股学"锢智慧、坏心术、滋游手"，汉学"繁于西学而无用"，宋学"高于西学而无实"，词章"一及事功，则淫遁诐邪，生于其心，害于其政矣；苟且粉饰，出于其政者，害于其事矣"⑦。在1898年的保国、保教、保种

---

① 严复：《天演论》（上），王栻主编《严复集》第5册，第1347页。
② 严复：《原强》，王栻主编《严复集》第1册，第14页。
③ 严复：《原富按语》，王栻主编《严复集》第4册，第905页。
④ 严复：《天演论》（下），王栻主编《严复集》第5册，第1392页。
⑤ 《吴汝纶致严复》（一）（二），王栻主编《严复集》第5册，第1560页。
⑥ 严复：《原强》，王栻主编《严复集》第1册，第14页。
⑦ 严复：《救亡决论》，王栻主编《严复集》第1册，第41～45页。

孰为先后的讨论中，严复认为白种人二百年以来，因民智益开而教化大进；黄种人由于文化未开、教养失宜，而民德日漓。① 概而言之，中国人因"无智"而"无德"，只有等"从事西学之后，平心察理，然后知中国从来政教之少是而多非，即吾圣人之精意微言，亦必既通西学之后，以归求反观，而后有以窥其精微，而服其为不可易也"②，待"我辈砥节砺行，孔教固不必保而自保矣"③。

不过，当严复目睹戊戌维新的现实斗争之后，隐约感到理论与现实之间的差距，中国问题似乎不仅仅是"开智慧"能够解决的。1898 年，他在《论中国之阻力与离心力》一文中探讨了欧人富强的原因，认为在学问肇端之始，必有"一童子之劳，锲而不舍，积渐扩充，遂以贯天人之奥，究造化之原焉"；在善政实施之初，亦有"一二人托诸空言，以为天理人心，必当如此，不避利害，不畏艰难，言之不已"。但中国人不但自己"听天下之言，无疾言也；观天下之色，无遽色也；察天下之行事，无轻举妄动也"，还会将这些特立独行之人视为"兽子""病狂"，以"沮丧天下古今人材之进境"，于是感慨"政教既敝，则人心亦敝而已"④。他将"人心之弊"解释为来自中国内部的"离心力"，这股力量的危害比来自西方的阻力更令人畏惧。同年 5 月，严复又作《论中国教化之退》一文，言语中对中国的"民智"与"民德"都充满了绝望，认为"今支那之民，非特智识未开也，退化之后，流于巧伪，手执草木，化为刀兵，彼此相贼，日趋于困"⑤，不知进取的世俗人心或许才是国家的灭亡之由。

在此后修订的《原强修订稿》⑥ 中，严复开始明确表示智识与道德之间没有必然的因果关系。为强且富的西洋并没有因为智识进步而达到"至治极盛"，"测算格物之学大行"虽有益于民生交通，但"亦大利于奸雄之垄断"；"垄断既兴，则民贫富贵贱之相悬滋益远"，"是以国财虽雄而民风不竞，作奸犯科、流离颠沛之民，乃与贫国相若，而于是均贫富之党

① 严复：《保种余义》，王栻主编《严复集》第 1 册，第 86～87 页。
② 严复：《救亡决论》，王栻主编《严复集》第 1 册，第 49 页。
③ 严复：《有如三保》，王栻主编《严复集》第 1 册，第 82 页。
④ 严复：《论中国之阻力与离心力》，王栻主编《严复集》第 1 册，第 466 页。
⑤ 严复：《论中国教化之退》，王栻主编《严复集》第 1 册，第 483 页。
⑥ 《原强修订稿》写作时间不详，最初见于 1901 年刊刻的《侯官严氏丛刻》。见王栻主编《严复集》第 1 册，第 5 页注释。

兴，毁君臣之议起矣"，这显然离他理想中的社会相去甚远，甚至背道而驰。他所理解的"太平"社会应该是"家给人足""比户可封""刑措不用"，"其民之无甚富亦无甚贫，无甚贵亦无甚贱"，如若是"贫富贵贱过于相悬，则不平之鸣，争心将作，大乱之故，常由此生"。因此，民智大开未必会使道德日进，只有民力、民智、民德"三者既立而后其政法从之"才可以塑造完全的社会。① 不过，尽管严复看到西方"贫富之差，则虽欲平之而终无术"，但他仍然保持了斯宾塞式的乐观态度，认为社会进步将是一个渐进的过程，最终达到至善。

"西学格致"是严复在甲午战争以后构建起的一个完整的西学体系，"开民智"被赋予沟通政治的功能，超越了学术本体走向政治与道德的层面。至此，从19世纪30年代开始被赋予新义的"格致学"，在经过与传统学术道德的步步疏离，与传教士传达的含混意义层层剥离之后，基本上具备了近代西方实证主义的学术雏形，附着其上的进化论与群学体系是"西学格致"当中最具社会影响力的部分。

需要说明的是，严复的"西学格致"只是当时众多"格致"意义中的一种，大多数人对它的理解没有如此精确完备，但"学""艺"分离基本已成共识。1902年，在《政艺通报》第一年的"西艺丛钞"一栏中，编者选辑了如《论格致学缘起》《论格致新器》《论格致大略》《格致浅理》《中西格致异同考》等考究学理的文章，所述"格致"多是缘起于培根，讲求新法、实效的西方现代科学技术。但在以后的几年中，论学的文章逐渐减少，直至绝迹，杂志主要以"艺事"为主，西艺与西学不再混为一谈。

随着"格致学"的西学属性越发明显，渐呈独立的学术形态，以"格致"名之显得圆凿方枘。1902年，有人认为"格致二字，非西人之本名也。其名曰斐洛苏非，译华言曰要知"，时下之人对于中西"格致"的理解都过于狭隘，"吾儒本不以象数形质为陋而置之不格，且西学亦不尽沾沾于象数形质"②。西方理学与儒家理学亦有不同，以三代教民之法和以儒宋讲学之言来比较西学并不合适。1903年，章太炎认为近创名词多名

---

① 严复：《原强修订稿》，王栻主编《严复集》第1册，第24~25页。
② 《中西格致异同考》，《政艺通报》壬寅第10期，1902年7月，第38张。

不副实，其中"最可嗤鄙者，则有格致二字。格致者何？日本所谓物理学也"。而一孔之儒，见《礼记·大学》有格物致知一语，"以为西方声光电化有机无机诸学，皆中国昔时所固有，此以用名之误，而䰈缪及于实事者也"①。该文虽不以斥"格致"之谬为主旨，但至少认为"格致"一词已名实不符。1906 年，宋恕指出，"我国译人用'格致'二字，既背古训，且谬朱谊，远不如日人用'物理'二字之为雅切。按今日本于大学之理学一科，用课声、光、电、天、地、动、植诸学，'理'字深合字谊。而我国虽名士犹多习于洛、闽以性为理之谬说，反斥其用字不妥者，可慨甚矣！"② 章太炎与宋恕的呼声表明中国人模仿的对象有所改变，中国学术开始步入"东学时代"。

第二节　从"格致学"到日本"理学"

1895 年以后，中国的东学势起，相当一部分人认为中日同文同种，学西文不如学东文，译西书不如译东书，于是一些被赋予了新含义的汉语书写形式重返本土，这样的情况一直持续到 1919 年，被语言学家称为"日本语导入期"③。章太炎与宋恕等人所说的"理学""物理学"就是其中一例。

1. 日本"理学"溯源

"理学"一词起源于中国南宋，盛行于明代，当时是指宋明儒家围绕着天道性命、理气心性、格物穷理等问题进行探讨和论争的哲学思潮。1623 年，艾儒略著《西学凡》，将理科之学称为"理学"，即"斐禄所费亚之学"。该学包括五大分支：一是"落日加"（logical），即逻辑学；二是"费西加"（physics），即物理学或自然哲学；三是"默达费西加"

---

① 章太炎：《论承用维新二字之荒谬》，汤志钧编《章太炎政论选集》上册，中华书局，1977，第 242 页。

② 宋恕：《致孙仲容书》（1901 年 6 月），胡珠生编《宋恕集》上册，中华书局，1993，第 609 页。

③ 原载于沈国威《近代日中語彙交流史——新漢語の生成と受容》，笠間書院，1994；转引自徐一平、〔日〕佐藤公彦、北京日本学研究中心编《日本学研究》（12），世界知识出版社，2003，第 64 页。

(metaphysical)，即形而上学；四为"马得马第加"（mathematical），即数学；五为"厄第加"（ethical），今译伦理学。但此处之"厄第加"含义甚广，是所谓的"修齐治平之学"，实际上涵盖了伦理、经济、政治诸学。①此后，"理学"成为西方哲学在中国的专有译名，在傅兰雅的《格致须知》、艾约瑟的《西学略述》中均有介绍，但是它的学科范围比艾儒略之时大大缩小，与"格致"等学科并列，表现了西方学术正从哲学中逐渐分离的过程。故而，在1895年以前，"理学"在中国有两个基本含义：一是宋明理学，一是西方哲学。同时，西方哲学还有其他的译词，诸如"智学""格致"等。②

日本"理学"最初的用法与中国极为相似。江户时代，兰学家把physical或是natural philosophy译作"穷理学"，或曰兰学即"穷理学"。除了接受西方技术外，日本对于"穷理学"的认知程度并不高，且存在认识范围与边际的差异，③ 其内容以医学、植物学、化学、兵学、炮术为主，后成为解剖学、眼科、妇产科、外科等医学术语。

幕府末期，新一代的启蒙思想家打破西洋"穷理"即形而下学低劣的偏见，直率地承认西洋的文明制度优于儒家的传统理想社会，从根本上否定了"东洋道德，西洋艺术"观。1870年，西周在《百学连环》和1872年起草的《美妙学说》《生性发蕴》中，开始使用"哲学"翻译philosophy，但也称之为"理学或穷理学"，或"直译为理学理论"。他自谓发明"哲学"的意义在于区别中国传统的"理学"，"使之能与东方的儒学区分开来"④。在《百学连环》中，西周将学术分为"普通学"和"殊别学"，"普通学"有历史、地理学、文学、数学；"殊别学"分成"物理上学"和"心理上学"。"物理上学"借鉴中国传统意义阐发为自然科学知识，包括格物学、天文学、化学、造化史等各类学科。"心理上学"为"自有人类而行的理"，它属于"后天的"，"不行一定无二"，但这种

---

① 陈启伟：《"哲学"译名考》，《哲学译丛》2001年第3期，第60页。
② 陈启伟：《"哲学"译名考》，《哲学译丛》2001年第3期，第64页。
③ 〔日〕水田广志：《日本哲学思想史》，陈应年、姜晚成、尚永清等译，商务印书馆，1983，第260页。
④ 龚颖：《"哲学"、"真理"、"权利"在日本的定译及其他》，《哲学译丛》2001年第3期，第69页。

理也依然不外乎天然。① 他认为不仅自然界是有规律的，而且人类社会生活也是有规律可循的。在西周的认识里，"心理上学"和"物理上学"都应该属于"哲学"或是"理学"的范畴。1874 年，西周的《百一新论》刊行，书中明确"把论明天道、人道、兼之教法的 philosophy 译名哲学"②。

当西周以"哲学"取代"理学"，突出其形而上作用的同时，"理学"一词渐趋于形下，与单纯的"物理上学"靠近。1870 年，日本建立大学制度，设立"穷理学"科目，其宗旨为以"西洋的格物穷理，开化日新之学"③。1872 年，福泽谕吉在《改正增补英语笺》和《训蒙穷理发蒙》两书中使用了"穷理"一词。其含义相当于今天的自然科学与技术，④ 是探究自然的普遍性原理的学问，不是以发现自然的法则为目的，而是以应用于生产发展振兴事业为鹄的。1873 年，西周在自然科学或物理学的意义上使用了"理学"一词。1881 年的"哲学字汇"中"理学"与"科学"同时对应 science。⑤ 因此，在日本明治维新时期，日本的"理学"与"物理学"在一定范围内重叠。

近代物理学在日本最初被称为"格物"。1861 年，西周在津田真造著的《性理论》一书跋文中说"西土之学传之已百余年，至于格物、舍密、地理、器械等科，有尽窥其室者"⑥。《百学连环》也是如此称呼。1872 年日本颁布《学制》，推行现代教育制度，文部省刊行片山淳吉的《物理阶梯》作为统一教科书分发，"物理"作为学校科目被确定下来。此后，"物理"一词在日本使用的频率越来越高，所包含的内容由博返约，渐渐变成近代意义上的"物理学"。1877 年东京大学成立，理学部中就设有物理学科，后成为日本物理学教育与研究中心。⑦

---

① 贾纯：《试论近代日本哲学家西周》，《外国哲学》第 2 辑，商务印书馆，1982，第 320～321 页。

② 龚颖：《"哲学"、"真理"、"权利"在日本的定译及其他》，《哲学译丛》2001 年第 3 期，第 64 页。

③ 渡边几治郎：《明治天皇的圣德教育》，千仓书房昭和 16 年版，第 6 页，转引自杨晓、杨飏《矛与盾：近代日本民族教育之管窥》，知识产权出版社，2015，第 39 页。

④ 冯天瑜：《侨词来归与近代中日文化互动》，《武汉大学学报》（哲学社会科学版）2005 年第 1 期，第 36 页。

⑤ 王彩芹：《"理科""理学"在中日词汇中的意义变迁与交流研究》，《东アジア文化交涉研究》2010 年第 3 号，第 307 页。

⑥ 郑彭年：《日本西方文化摄取史》，杭州大学出版社，1996，第 243 页。

⑦ 蔡铁权：《"物理"流变考》，《浙江师范大学学报》（自然科学版）2001 年第 1 期，第 4 页。

　　如果忽略曲折的转化过程，单从结果来看，日本的"穷理学"则至少分流出三个概念："哲学"、"理学"与"物理学"。"哲学"导向形而上；"物理学"具化为单一的学科类别；"理学"讲求自然科学的整体。也有人把与哲学相对的学科都称为"理学"，如井上甫水的"理学"概念中包含了社会科学的成分。概念的流变体现的是近代日本学术走出"穷理学"的混沌状态，逐渐分化与具化的转型过程。当日本学术以东学的面目输入中国本土时，除了"哲学"一词相对陌生之外，其他两词虽然熟悉，却已是同名异质。

　　中国人对于日本词汇上的变化早有觉察，问题在于要拿什么样的汉语词汇与之对应。1884年，郑观应介绍日本的分科大学，"科分三部：第一部为法科、文科，第二部为理（即格致）、农、工，第三部为医学"①；理科又分目为六："曰数学，曰物理，曰化学，曰动物，曰植物，曰地质。"②郑观应将"格致"与日本"理科"对应，并引出新的概念"物理"。1897年，《译书公会报》登载日人翻译的日本女子高等师范课程，"功课十三门……理学包括动植物科、矿物科、生理科、格致科（百物体性质动力外，兼论光、热、磁、气、电各学）"③，"理学"概念出现，"格致"指涉物理。1901年，蔡元培理解的"物理学"与"理学"同义，指自然科学，如谓"物理学，以西学启蒙十六种中之生理学、地质学、动植物学、化学为课本，略购仪器，以备试验"④。因此，"格致学"与日本的"物理学"都存在意义上的广狭之分，"理学"往往仅指自然科学的整体。考察近代中国期刊目录，可以发现"理学"（或理科）与"物理"在中国的大量使用是在1902年之后，1902年到1905年之间存在一个混用转换的过程。值得一提的有二事：一是不论"理科"还是"理学"，都是作为日本教育的一部分进入中国，表明教育成为东学输入的首要管道；二是近代国人在翻译日本教育规制时，大多直接照搬日本"理学"及其科目，反而存在日本学者自觉使用"格致"替代"理学"的现象。⑤国人求进的心态可见一斑。

---

① 郑观应：《盛世危言·学校》，第89页。
② 郑观应：《盛世危言·学校》，第98页。
③ 〔日〕安藤虎雄译《日本女子高等师范章程》，《译书公会报》第7号，1897年12月，第41页。
④ 蔡元培：《绍兴东湖二级学堂章程》，《蔡元培全集》第1卷，第321页。
⑤ 辻武雄：《清国两江学政方案私议》，璩鑫圭、唐良炎编《中国近代教育史资料汇编·学制演变》，上海教育出版社，1991，第195页。

在这一过程中，或因"物理"一词较少与形而上的问题发生关联，"物理学"的过渡自然而平和，伴随着近代学制的改革很快确定下来。1900 年，籐田丰八翻译了饭盛挺造的《物理学》，该书是中国最早系统介绍"物理学"的教科书。1902 年，京师大学堂在格致科下设"物理学"。同年，《新世界学报》出现以"物理学"为题的文章。在此之前，论学期刊多设格物门（栏）、格物学科或艺学栏，并与其他学科并立，讲述各种科学技术常识、知识，并非单纯物理学。1903 年，《童子世界》设"格致"栏，刊载《论气质》一文；同月 30 日改为"物理"栏，收录《物理浅说》。[①] 1900～1912 年，"物理"一词出现后，"格致"与"物理"并存，"格致"已很少指称单纯的物理学，多指科技知识总和。"物理"间或与"化学"连用，称为"理化学"，包含物理、化学、生物、植物等学科，范围比"理学"狭窄。

有研究者注意到，日本"格物"与中国"格致"一词的含义有所不同。"格物"是"穷至事物之理"，认识自然的过程；"格致"是"格物"与"致知"的综合，不但要认识自然，还要将所得知识用于实践，改造自然，意义相当于今天的"科技"（科学与技术），由此认为日本比中国更早地明白"科学"与"技术"的区别。[②] 但是，如前所述，"格致"并非只含一义，除了科技之外，有时也指单纯的自然科学、物理学或是哲学，甚至与中国传统"格致"有千丝万缕的联系。如此对比稍显简单，模糊了概念的转化过程。中国近代的"格致学"与日本"穷理学"的混沌状态颇为相似，直到日本"理学"与"物理学"进入中国，分流其在学术上的部分内涵，"格致"的意义才日趋单一。但是，类似的概念分割只存在于热衷东学者的观念中，不少国人对于日本新汉语相当抵触，他们之间的分歧主要体现在对"理学"意义的取舍上。

2. 中日"理学"辨识

从艾儒略开始，中国"理学"便有了西方哲学的意味。日本"理学"

---

① 两文出自同一作者，该刊还设化学门，"格致"应仅指物理。见《童子世界》1903 年第 16、23 期。

② 陈寿祖：《关于"科学"一词的考证》，《山东工业大学学报》（社会科学版）1996 年第 1 期，第 28 页。

由"穷理学"分化而来，体现为形而下的自然科学。它们都是宋明"理学"的意义延伸，枝分叶散之后背道而驰。在以中学为主流的学术时代，这样的背离尚不构成威胁，当西学大潮涌入后，传统"理学"在日本"理学"与西方"理学"的夹击下日渐式微。

近代以来，中国学人曾经尝试突破传统，在原有"理学"的基础上开出新花。1897 年，梁启超一方面采纳"穷理"新义，即"西人一切格致制造之学"①；另一方面试图将所有学术涵盖于"穷理"范畴之下。他在《万木草堂小学学记》中区别"穷理学"有三种。一是六经诸子之理，"六经诸子，古者皆谓之道术，盖所以可贵者，惟其理也"。二是西人之理，积至近世，究其致用有二大端："一曰定宪法以出政治，二曰明格致以兴艺学。"三是晚近公理之学，"取天下之事物，古人之言论，皆将权衡之，量度之，以定其是非，审其可行不可行。盖地球大同太平之治，殆将萌芽矣"②。前两种学术分别代表中学与西学，或称古学与今学，二者并没有高下之别，第三种是他最为期待的融会中西古今的"实学"。

1902 年，梁启超心目中中西"理学"的地位已有所改变。他认为"朱子之释《大学》也……其论精透圆满，不让倍根。但朱子虽能略言其理，然倍根乃能详言其法。倍根自言之而自实行之，朱子则虽言之，而所下工夫仍是心性空谈，倚于虚而不征诸实。此所以格致新学不兴于中国而兴于欧西也"③，语气中已是褒贬有别。孙宝瑄对此并不赞同，认为西方"理学"并没有比宋明"理学"更为高明，如谓"倍根之学，以为苟非验诸实物而有征者，吾弗屑从也。笛卡儿之学，以为无论大圣鸿哲谁某之所说，苟非反诸本心而悉安者，吾不敢信也"；"笛卡儿之学，与我国王阳明先生宗旨无二"，"倍根颇似朱考亭，考亭素以即物穷理为主"④。

同年，《新民丛报》上载文指出《新世界学报》的学术分类有误，设心理学门言哲学，颇欠妥惬，应立哲学一门，以心理、伦理入之。⑤ 文章虽未署名，但从行文方式、学术思想可推测为梁启超所作，且学报的反驳

① 梁启超：《湖南时务学堂学约》，《饮冰室合集·文集之二》，第 26 页。
② 梁启超：《万木草堂小学学记》，《饮冰室合集·文集之二》，第 34 页。
③ 梁启超：《近世文明初祖二大家之学说》，《饮冰室合集·文集之十三》，第 4 页。
④ 孙宝瑄：《忘山庐日记》（上），上海古籍出版社，1983，第 558 页。
⑤ 《新世界学报第一、二、三号》，《新民丛报》第 18 号，1902 年 10 月，第 100 页。

也多针对梁启超个人，亦可作为佐证。学报随即登文辩解，表示自知其名未当，但因"不欲人尽废古书，故不敢遂从东译"。他们曾经设想用"理学"取代"哲学"，"以周秦汉宋各学，暨东西哲学家尽入之"，但是"终以世人误解理学已久"，不得不将该门类定名为"心理学"，但此学并非英文的 psychology，[①] 意义更为广阔。此时身在日本的梁启超已将西方式的学术分科看作理所应当，而学报仍停留在变法时期梁启超的思想层面，试图创造新的词汇以囊括中西。尴尬的是，学报虽然不甘心追随东洋学术，但清楚地认识到传统"理学"已经无法涵盖中西。为了避免入主出奴，他们创造发明的"心理学"门最终不取的仅是"哲学"之名，采纳的仍是西方分科之实。[②] 更有甚者，"心理学"原本就是西学种类，以"心理学"兼赅中西似乎更不恰当。

1904 年清政府出台《学务纲要》，拟在大学堂设立理学专科，又于高等学堂及优级师范学堂设人伦道德科，专讲宋、元、明、清朝诸儒学案，及汉、唐诸儒解经论理之言与理学家相合者。[③] 王国维斥责此说甚隘，因日本称自然科学为"理学"，"哲学"才是中国的"理学"。[④] 张之洞拟设的理学专科在内容上仅限于宋以后的哲学，忽略了宋以前的中国哲学和西方哲学，在范围上忽略了形而上学。王国维给出的理学科科目为：哲学概论；中国哲学史；印度哲学史；西洋哲学史；心理学；伦理学；名学；美学；社会学；教育学；外国文。而且，在文科大学所有学科门类都是以哲学为基础。[⑤] 王国维借鉴的是德国的哲学传统，将"理学"与"哲学"对等，试图用哲学的统一性解构中国传统理学。

---

① 《答新民丛报社员书》，《新世界学报》壬寅第 8 期，1902 年 12 月，第 1～2 页。
② 《新世界学报》是中国较早的学术期刊，所论大多为中国传统学术，分目却为典型的西学模式。其涉学十八门：曰经学、曰史学、曰心理学、曰伦理学、曰政治学、曰法律学、曰地理学、曰物理学、曰理财学、曰农学、曰工学、曰商学、曰兵学、曰医学、曰算学、曰辞学、曰教育学、曰宗教学。见《新世界学报序例》，《新世界学报》壬寅第 1 期，1902 年 9 月，第 2 页。
③ 《学务纲要》，朱有瓛主编《中国近代学制史料》第 2 辑上册，华东师范大学出版社，1987，第 92 页。
④ 王国维：《哲学辨惑》，姚淦铭、王燕编《王国维文集》第 3 卷，第 3 页。
⑤ 王国维：《奏定经学科大学文学科大学章程书后》，姚淦铭、王燕编《王国维文集》第 3 卷，第 73～74 页。

另外，蔡元培引用日本井上甫水（圆了）的理论，称"理学"为"与哲学相对的各门具体学科"①。如谓学术可分别为三：有形理学、无形理学（亦谓有象哲学）和哲学（亦谓元象哲学，又曰实体哲学）。②"凡称理学者，施研究于种种之事物，举存于其间之条理而组织之，以构成有系统之学者也。"其中，通常称呼的"理学"专属于有形理学，如物理学、化学、生物学、天文学、地质学、生理学等，即自然科学；无形理学包括了心理学、论理学、社会学等学科。蔡元培在性质上将无形理学归入哲学，"其研究之体无形，其研究之方亦与有形理学有所异，而与纯正哲学有所同，而入无形理学于哲学中"；在组织上，将其归入理学，"对于统合学，不得不入于理学之中"，因其统合有形理学所考定之规则，以组成具规则，而于无形理学所定之规则，又为有形理学之原则。③ 蔡元培所谓的"理学"超出了自然科学的范畴，讨论的是除自然科学与哲学之外的诸学科的性质。它们脱胎于哲学，受到自然科学治学方法的影响渐次独立，即今人所说的社会科学的属性问题。

1905 年，严复翻译的《穆勒名学》中出现大量的"理学"字眼，但意义不一。有时指广义哲学，如谓在笛卡尔以前，"泰西理学"包括"形气"之学（"裴辑"，即物理学或自然哲学，physics）和"超夫形气之学"（"美台裴辑"，即形而上学，metaphysics）。有时仅指形而上学，如"理学其西文本名谓之出形气学"（即 metaphysics）。严复更偏向于后一种用法，认为哲学为"理学"，实即形而上学，应当把长期作为各门自然科学共名的"形气"之学（"物理学""自然哲学"）分离出去，理学应"与格物诸形气学为对"④。

进入 20 世纪以来，中国传统理学不敷致用，东西方的"理学"用法渐成趋势。由于西学的分科进程尚未完成，"理学"的性质、范畴以及学术归属都还在讨论之中，主要是在哲学和自然科学之间徘徊。学人模糊地知道中国"理学"、哲学的"理学"与日本"理学"之间的差别，主观上对于概念意义的取舍折射出各自的学术趋向。传统卫道者多取宋明理学之

---

① 蔡元培：《哲学总论》，《蔡元培全集》第 1 卷，第 363 页。
② 蔡元培：《学校教科论》，《蔡元培全集》第 1 卷，第 334 页。
③ 蔡元培：《哲学总论》，《蔡元培全集》第 1 卷，第 359～361 页。
④ 陈启伟：《"哲学"译名考》，《哲学译丛》2001 年第 3 期，第 66 页。

意，崇尚西学者多取哲学之意，追随东学者更多地落实在自然科学之上。不过，无论哪一种"理学"都被看作独立的学科，哲学与自然科学意义上的"理学"本就是学术分科的结果，中国"理学"被纳入专门化的教育系统的同时，就意味着将被裁剪与重构。《奏定大学堂章程》设定的经学科大学理学门科目有：理学研究法，程朱学派，陆、王学派，汉唐至北宋朱子以前理学诸儒学派，周秦诸子学派等。① 已是西方分科体系下的新门类。不过，外来"理学"在中国存在的时间并不长，"理学"形而上的功能很快被"哲学"取代。"科学"一词出现后，日本"理学"（或理科）被排挤到教育一隅，仅指代包括数学在内的教学科目。

第三节　从"格致学"到"科学"

1. "格致学"、"理学"与"科学"辨义

"科学"一词出现在"理学"之后，进入的方式主要有两种：一是教科书的翻译，二是报纸杂志的传播。前者在学制改革的过程中发挥了巨大作用，报纸杂志则直接反映了中国社会思想的流向。检索 1900～1905 年，近代期刊上出现的以"科学"为题的杂志、文章或是栏目，仅搜集浮于文字表面的"科学"字样，暂不追究隐含在话语中的其他意义，"科学"一词的样貌可窥见一斑。

当时"科学"一词的出处分为三类：第一类出现在较早创办的，与日本直接相关的杂志中；第二类出现在西人杂志上；第三类出现在国内创办的各类杂志中。后两者出现时间较晚，一般在 1904 年前后。

与日本直接有关的杂志，以其发行地而言可细分为二。一是直接在日本出版发行的杂志。除了流亡日本的梁启超创办的《新民丛报》《新小说》之外，其余多是日本留学生创办。此类杂志表达"科学"的文体主要是科普短文，以介绍日本的新理、新知为主。如 1903 年创办的《浙江潮》《江苏》等刊物在学术栏下设"科学"一目，专论自然科学之理。二是由国内学人主理，不在日本发行，但杂志的创办人或杂志内容与东学有

---

① 《奏定大学堂章程》，朱有瓛主编《中国近代学制史料》第 2 辑上册，第 775 页。

着直接关联。这一部分杂志因其主持者的知识背景又可细分为三。一是直接由留日归国学生所办，如林獬创办的《中国白话报》，戢翼翚、杨廷栋等人主持的《大陆报》等。二是在文字中明确表明"科学"来源于日本。如杜亚泉在《亚泉杂志》中翻译转载了日本理学、数学、化学等书目，并自述从1897年在绍兴执教以来，对理化等学颇得研究之乐，"惟以仅借数种译籍为脚本，如沟之无源，如邱之无脉。时塾中同志延日人课东文，予从游焉。条理其文典，稍有一得，乃购日文之化学书读之，渐得熟其学名与规则，而世界普通之化学乃略窥其范［樊］篱"①。《科学世界》由科学仪器馆主办，主笔虞和钦早年入上海东文学堂，曾创办理科传习所，在《亚泉杂志》《普通学报》上翻译或撰写科学论文，担任过爱国学社的理科教师。②《教育世界》的主持者多是东文学社的学生，内容以转载日本各项教育法规条例、教科书、教育学及教育史专著为主。以上两类杂志由于主创者都有一定的日文基础，可直接阅读日文，他们接触的基本上都是第一手的日本"科学"。三是没有明确资料显示主创者的学术背景，但从杂志的具体内容来看，可推测其以日本"科学"为源头，如《女子世界》。③

　　西人笔下的"科学"一词出现较晚，目前可以检索到的是1904年《万国公报》与《华美保教》二种，其登载的短文内容相同，从发表时间上看，应是《华美保教》转载了《万国公报》的内容。文章称"近日人种学日益发达，西国学校中新兴一种科学"④，且将此学归于格致类。比照《万国公报》中的其他文章可知，该报中"科学"与"格致"二词并用，"科学"指的是学科名词总汇，"格致"是 science 的对译。⑤"科学"与"格致"并非一事，传教士借用"科学"一词表明学问的分科形式，习惯用"格致"表达具体的学术类别。

---

① 丁守和主编《辛亥革命时期期刊介绍》第1集，人民出版社，1982，第83～84页。
② 蔡元培：《我在教育界的经验》，《蔡元培全集》第8卷，第506页。
③ 《女子世界》于1904年创刊，前期在上海编辑，后移至常熟，早期由上海大同书局发行，后由小说林社负责发行。目前没有确切资料表明主编丁初我有东学背景，但撰稿人如蒋维乔则熟知日文。参见夏晓虹《晚清女报的性别观照——〈女子世界〉研究》，《晚清女性与近代中国》，北京大学出版社，2004，第68、73页。
④ 林乐知译，范祎述《科学新名》，《万国公报》第188册，1904年9月，第26页。
⑤ 林乐知著，范祎述《新名词之辨惑》，《万国公报》第184册，1904年5月，第24页。

1904 年以后，《广益丛报》《鹭江报》《教育杂志》等国内报纸杂志上登载的奏折文牍中相继出现"科学"字样，从内容上看与教育相关，从时间上看几乎与中国的学制改革同步。"科学"的意义稍有延伸，显现教科之义。

总体而言，"科学"一词作为日本学术的载体从 19 世纪末进入中国，最初表现为自然科学或分科之学，仅由少数人使用。至 20 世纪初，"科学"开始频繁地出现在中国的报纸杂志上，除了原义之外，似乎有溢出本义的趋势。应该说，1905 年以前，日本"科学"的本义是中国传播的主流，拥有日本学术背景的学人担纲了传播的重任。随着东学在中国的渗透，运用者的身份日渐复杂，"科学"的形象变得日益模糊。

在"科学"的众多意义当中，指代自然科学的部分确定无疑。但在当时指代自然科学的不只是"科学"一词，还有"格致学""物理学""理科""理学"，它们的意义在某些部分重合，但也包含了互相无法重叠的部分。不深入文本，很难从字面上加以区分。

检索 1900～1905 年近代期刊上各词的用法，仅从字面上看，可以发现各词都不只有一义，且因人而异。1900 年以后的"格致学"意义已见收缩，基本固定在中层意义之上，主要指自然科学，很少涵盖学问总类或物理学科，但意义仍比"理学"或"理科"更为宽泛。较多使用"格致"一词的是传教士和国内学人，他们习惯从中学的角度理解西学。1903 年的《万国公报》《中西教会报》等教会刊物仍旧使用"格致"指称自然科学，1905 年的《直隶白话报》《广益丛报》《北直农话报》等刊物把有关"理学"和"理科"的文章置于"格致"栏目之下。

东西方的"理学"在哲学意义上部分重叠，传统"理学"与日本"理学"已是不同的话语系统。《教育世界》《游学译编》《大陆报》等有着东学背景的刊物使用"理学"一词对应自然科学，《中国白话报》《国粹学报》等同样与日本学术有着不解之缘的刊物继续谈论着中国"理学"，其中的缘由显然值得进一步深究。1905 年的"物理"一词仍有广狭之别，在华西人喜用广义用法，大多新学士人采用日本的狭义概念。而"理科"完全是日本新词，与教育密切相关。

"科学"一词进入时，难免与以上各词发生纠葛。"物理学""理科"的意义相对明确，较易分辨，容易混淆的是"理学"与"格致学"。"格致学"与"科学"在自然科学的范畴内重合，梁启超作《格致学沿革考略》专门言及。1903 年，有东学背景的《科学世界》虽然名为"科学"，但登载的文章多用"理学"一词而非"科学"，"理学"即"理科之学"①。因此，当代学者谈及"科学"概念的历史时，往往拿"格致"与之对应，更有人认为近代中国学术经历了由"格致"到"科学"的过渡。如果专言自然科学，此言大致不差。但拓宽视野后会发现，"格致"与"科学"虽然都包含了自然科学，却为两个不同的学术体系。

1902 年，留日学生编辑发行《新尔雅》②，书中"科学"与"格致学"就是两个不同的概念。"考究物体外部形状之变化者谓之格致学"③，包括重学、声学、光学、热学、磁气学、电学、气象学，它更接近今人所说的现代物理学，与日本"格物"同义。"科学"一词设在"释教育"的纲目下，"研究世界之现象与以系统的知识者，名曰科学"④，其中有自然科学、记述科学、理论科学、规范科学、经验科学、演绎科学、精神科学、普遍科学等不同种类。吴汝纶曾在日记中转载日本教习西山荣久所译的"科学"内容，谓"今世硕学，如德国博士翁特、美国博士克丁极司、日本大学教授之中岛博士，皆分科学为三种：自然科学、社会科学以及心理科学"。除自然科学外，社会科学包括法理学、经济学、财政学、计学、政治学、历史学；心理科学包括伦理学、论理学、教育学、宗教学、言语学、审美学。此三科外，又分三种：记述科学，如动物、植物、矿学、地理学；发明科学，如物理学、心理学、社会学、经济学；规范科学，如政治学、伦理学、教育学、论理学。三种外又分两种：理学，凡物理学、化学、心理学、社会学皆是；智学，仅指论理学。哲学种类凡九：宗教、审美、道德、法理、社会、心理、天然、认识、纯正。⑤ 1905 年，《江苏》

---

① 林森：《发刊词》，《科学世界》第 1 期，1903 年 3 月，第 4 页。

② 《新尔雅》并无明确底本，改编自各种日本书籍与教材，通过意义界定的方式介绍日本制的译词，是一本艰涩、难懂的术语集。详见沈国威编著《新尔雅：附解题索引》，上海辞书出版社，2011，第 3～4 页。

③ 汪荣宝、叶澜：《新尔雅》，上海明权社，1903，第 121 页。

④ 汪荣宝、叶澜：《新尔雅》，第 59 页。

⑤ 吴汝纶：《吴汝纶全集》（四），施培毅、徐寿凯校点，黄山书社，2002，第 548～549 页。

杂志译《哲学概论》，记载的"科学"类别更为翔实。① 以上均是近代学人对于"科学"形态囫囵吞枣式的简单罗列，但从学术的从属关系中可以看出"科学"的范畴比"格致学""理学"更为广阔。"科学"往往根据研究范围、研究对象、研究方法等特性而划分成不同的学术部类，"科学"二字成为某种学术类别的后缀，以表明其专门性与系统性。总体而言，"科学"囊括了一切可分科研究的学术种类，是不断壮大的学术总汇。

艾尔曼认为日本学者在明治初期（1860 年代），把德语的 wissenschaft 译为"科学"，字面意思是"基于技术训练的分类学问"，在新式科学和"穷理"的自然研究之间划清了界限，而中国留学生和学者采纳了这样的二分法，用"格致"总体指称各种"科学"的集合，单独的技术学科则被命名为"科学"。② 这一理解稍显狭隘。以上罗列的"科学"种类已经远远超出科学技术的范畴，加上国人对于概念的理解尚且懵懂，大多数人简单地以为它就是分科形式下的学问集合，单独的学科往往用"一科学""一种科学"来称呼，甚至将"科学"理解为所有新学的总归。1904 年，北洋官报局增辑《学报汇编》，"以辅助教科，保存国粹"③。《学报汇编》分甲、乙、丙三编，甲编为学术部，多言教育之事；乙编为政艺部；丙编名为"科学丛录"，目的是"刺取新书新报中的精理名言，分门别类，采西益中，力屏空谭，专重实业"，下分四集：曰杂志、曰学说、曰文编、曰调查。④ 事实上，这是一个以"科学"为名的大杂烩，凡泰西学说、中学新说，适合时势或抨击时弊的论学文章都归属之，"科学"成为所有新理新知的代名词。

同时，对于"格致学"的分层理解依然存在。日本留学生习惯把它等同于物理学或自然科学，传教士以及国内学人依旧愿意在更空泛的意义上使用它。刘师培说学问有"下学"与"上达"之分，"下学，即西人之实科，所谓形下为器也；上达，即西儒之哲学，所谓形上为道也。《大学》

---

① 侯生：《哲学概论（续前稿）》，《江苏》第 4 期，1903 年 6 月，第 47～49 页。
② 〔美〕本杰明·艾尔曼：《从前现代的格致学到现代的科学》，《中国学术》第 2 辑，第 37 页。
③ 北洋官报局编印《科学丛录二：甲辰学报汇编提要》，《学报汇编》第 27 期，1905 年，第 1 页。
④ 《科学丛录二：甲辰学报汇编提要》，《学报汇编》第 27 期，1905 年，第 23 页。

言'格物致知'，亦即此意。其曰'致知在格物'者，即上达基于下学之意也"①。同时有人批评说，"自同光以来，海禁大开，翻译西方书籍，每以'格致'二字为泰西科学之代名词。固与《大学》所谓'格致'者渺不相涉"②。直到 20 世纪初，"格致"一词的多歧意义依然存在，国人从不同角度摭取他们需要的意义，但概念的莫衷一是在使得现代科学易于接受的同时，也显得面目模糊。

研究者通过关键词检索，发现 1901～1905 年，"格致"与"科学"两个词普遍出现，可称为并用期；1906 年是一个转折点；1906 年以后，"格致"不再和"科学"并存，并迅速消亡。③"格致"消亡已是一个不争的事实，但"格致"是否被"科学"取代，以及"科学"是否替代"格致"而存在，其实是两个不同的问题。如果把近代"格致""理学""科学"想象为三个各自独立的、处在变化之中的概念，则它们在近代中国特殊语境下发生了交汇、渗透，产生了交集，但相交的仅仅是自然科学的部分，除此以外，各自都存在一个相对独立的学术空间。因此，近代中国并不存在一个从"格致"到"科学"的单一向度的发展过程，但宏观的发展趋势清晰可见，即传统的学术概念逐渐退出历史舞台，越来越多的来自东西洋的新概念涌进中国的学术视野。"格致"一词的淡出，意味着国人不再需要借用传统词汇诠释西学，而是过渡到用外来词汇表述中学，从"格致"到"科学"是一整套学术范式的转移。

2. 从"西学格致"到严译"科学"

20 世纪初，严复开始借用"科学"一词取代"西学格致"。1901 年，《原富》的翻译中出现了"科学"字样。1902 年，《群学肄言》的翻译足本中出现了大量的"科学"。从内容上看，书中的"科学"即是原来的"西学格致"。如他解释"科学"为："夫科学者，所以穷理尽性，而至诚

①　转引自刘光汉《国学发微（续）》，《国粹学报》第 1 年第 2 号，1905 年 3 月，第 2 页。

②　刘声木：《陈元龙已误用格致二字》，《苌楚斋随笔续笔三笔四笔五笔》下册，中华书局，1998，第 994 页。

③　金观涛、刘青峰：《从"格物致知"到"科学"、"生产力"——知识体系和文化关系的思想史研究》，氏著《观念史研究：中国现代重要政治术语的形成》，第 342 页。

者可以前知。顾前知于物有品量之互殊，于术有内外籀之相异，故其可以前知，而所前知之等次乃不同也。但使有可前知，斯将成其科学，不得以所前知者之尚泛，不能具满证，而以得物情之所遁者，遂可勒学之名，摈之使不得列于专科也。"① "科学"包括"玄""间""著"三科。"名理算数者，玄科也"；"玄与著之间，是为间科，则质力诸学之所有事也"；"天地人物诸学"为著科；而"群学者，一切科学之汇归也"②。1903 年，严复在草拟的《京师大学堂译书局章程》中将所译课本按照西学通例分为三科：一曰"统一科学"，二曰"间立科学"，三曰"及事科学"。即"玄""间""著"三科的别名，但"哲学、法学、理财、公法、美术、制造、司帐、御生、御舟、行军之类"不属于三科。③ 以上"科学"分类的称谓或有不同，但都是由"西学格致"发展而来，内容上并无二致。它也存在广狭二义：广义上言，它是一个以自然科学为根基，包括了自然科学与社会科学在内的学术整体；狭义上言，专指自然科学。

此时，严译"科学"的学术体系变动不大，但政治志向稍有转变，试图在日益激烈的新旧之争中保持理性的中立。1900～1903 年，严复多次在文章中指出，甲午、庚子以后，中国"党论朋兴，世俗之人从而类分之：若者为旧，若者为新"。新旧之间皆爱国之士，但对于国情不察，"其皆有所明，而亦各有所忽"，唯有如斯宾塞所言"士必有宁静之智，而后有以达其宏毅之仁"④。他自述译《群学肄言》是因为该书"实兼《大学》、《中庸》精义，而出之以翔实，以格致诚正为治平根本矣。每持一义，又必使之无过不及之差，于近世新旧两家学者，尤为对病之药"⑤；译《群己权界论》是因为"吾国考西政者日益众，于是自繇之说，常闻于士大夫。顾竺旧者既惊怖其言，目为洪水猛兽之邪说。喜新者又恣肆泛滥，荡然不得其义之所归"，由此而明"己与群之权界"，⑥ 而后可知自由精义之所存。但是，新旧相较，严复坚持认为中国应以"治愚"为最急，并对张之洞的教育观念一一进行批驳。他以

---

① 斯宾塞：《群学肄言》，第 31 页。
② 斯宾塞：《群学肄言》，第 243 页。
③ 严复：《京师大学堂译书局章程》，王栻主编《严复集》第 1 册，第 130 页。
④ 严复：《主客平议》，王栻主编《严复集》第 1 册，第 115～119 页。
⑤ 严复：《〈群学肄言〉译余赘语》，王栻主编《严复集》第 1 册，第 126 页。
⑥ 严复：《译〈群己权界论〉自序》，王栻主编《严复集》第 1 册，第 131～132 页。

"牛体马用"为喻，讽刺张之洞的"中体西用"，认为中西之学"分之则并立，合之则两亡"，且"政艺"并出于"科学"，无所谓本末之分。他自述理想中的变法应该是"统新故而视其通，苞中外而计其全"，但中国眼下最急的是本无的"科学"，不必斤斤于旧有的"经义史事"①。

比较严复1895～1902年的言论，从中可以发现不小的差异。在此期间，"开民智"一直是他优先考虑的问题。不过，1895年"开民智"是为了变科举、新民德、贵自由，具有鲜明的革新色彩。1902年前后的"开民智"则是为了给自由立界说，以"真西学"开辟群学之路，体现出肯定传统、会通中西的精神，调适思想初步形成。② 1905年，胡汉民评价"严氏之学"，既非急张躁进，又非温和保守，"其意以一群之存在，犹生物之存在，必与其所遭值之境象宜，然后可竞争以求胜。而所谓宜者，固非摭拾世之良法善政强附之之谓，故必滋养培殖，俟其群之自蒸，其于民智之开发三致意焉"③。1918年，严复自己检讨说，近代革命风气的形成"当日维新之徒，大抵无所逃责。仆虽心知其危，故《天演论》既出之后，即以《群学肄言》继之，意欲锋气者稍为持重，不幸风会已成，而朝宁举措乖缪，洹上逢君之恶，以济其私，贿赂奔竞，跬步公卿，举国饮醒，不知四维为何事"④。

严译"科学"的出现表明严复译词在与日语新词的生存竞争中落败。⑤ 探究原因，沈国威推测是受到《清议报》等日本资源的影响。⑥ 其他研究多将"科学"作为和制汉语的一种，分析严复译词不敌和制汉语的原因有三：一是清末以来，译自日本的书刊垄断了出版界，和制汉语约定俗成后，形成语言系统上的优势；二是严复译文执意渊雅，与近代语言文字的通俗化、大众化逆向而动；三是严复好用单音词、音译，无法充分表

---

① 严复：《与〈外交报〉主人书》，王栻主编《严复集》第3册，第557～565页。
② 黄克武：《严复与梁启超》，《严复与中国近代文化》，海风出版社，2003，第248页。
③ 汉民（胡汉民）：《述侯官严氏最近政见》，张枏、王忍之编《辛亥革命前十年间时论选集》第2卷上册，生活·读书·新知三联书店，1978，第146页。
④ 严复：《与熊纯如书》，王栻主编《严复集》第三册，第678页。
⑤ 〔美〕史华兹：《寻求富强：严复与西方》，叶凤美译，江苏人民出版社，1995，第88页。
⑥ 沈国威：《严复与"科学"》，《东アジア文化交涉研究》2009年第4号，第152页。

达概念的精确性与丰富性。① 但是，以上结论仅仅是语言学意义上的解释，具体到"科学"一词还要有更深入的考察。

3. 严译"科学"与日本"科学"辨义

自从严复译著中出现"科学"字样，严译"科学"便与日本"科学"在"科学"概念的范畴内并存，二者在自然科学的内容上几乎重合。以《科学世界》为例，虞和钦在发表的《原理学》一文中，叙述了自然科学的原理与应用价值。他说世界上有至大至广无限量的事物，随之至大至广无限量的现象，而穷究这些事物和现象的道理和本原正是"理科"或"理学"（即自然科学）的任务。而且，"理学者，乃以至广至渺之世界观念，而与社会以直接之益者也。其目虽多，而以有实用之智识为尤要"②。林森讲述了西方科学的发展历程以及"科学"对于精神道德的促进作用。"欧洲理科之学，在前世纪不别为专家，惟推寻概要，包函于哲学之内"。中世纪以还，学术为之一变，"尊观察，重实验，自然科学渐自哲学分离，而一切心理、人群、政法、经济，且浸蒙间接之助，而一新理解焉"。理学的价值也因此而延伸，"考自然，穷物化，抉迷信，治怪谈，其要切人生，固足以辨类知方，供实际生活之需用"；"而其至纯也大，又足以动感情，陶品性，发高尚优美之趣，而起进取活泼之风"。进而推论，"今者，我国多难，风潮恶烈"，绝非放论空言能抗来日大难，唯有"极意研求企实业之改良，而图种性之进步"③。《科学世界》为上海科学仪器馆创办，更关注实业救国，但在"科学"的理解上与严复可谓志同道合。

问题在于，除了自然科学部分重叠之外，严译"科学"与日本"科学"还存在根本性差异。在严复的实证主义科学体系中，自然科学是构建天演学与群学的基石，各学之间有着严格的次第与等级。而广义的日本"科学"是建立在分科形态之上的混沌的学术集合，自然科学虽是集合体中不可或缺的一部分，但各学之间缺乏严译"科学"的系统性。实业救国

---

① 参见王中江《中日文化关系的一个侧面——从严译术语到日译术语的转换及其缘由》，《近代史研究》1995 年第 4 期，第 152～154 页；黄克武《新名词之战：清末严复译语与和制汉语的竞赛》，《中央研究院近代史研究所集刊》第 62 期，2008 年 12 月，第 34～35 页。

② 虞和钦：《原理学》，《科学世界》第 10 期，1904 年 12 月，第 2 页。

③ 林森：《发刊词一》，《科学世界》第 1 期，1903 年 3 月，第 4～5 页。

只是接引日本"科学"的一种路径，"以政学为主义，以艺学为附庸"①则是更具社会影响力的思想导向，它与严复的以"科学"为先导，以群学为指归的学术指向反向而行。

甲午之后，鉴于洋务运动的失败，一些爱国之人致力于探究日本成功的法则。梁启超认为，"泰西诸国，首重政治学院，其为学也，以公理公法为经，以希腊罗马古史为纬，以近政近事为用。其学成者授之以政，此为立国基第一义。日本效之，变法则独先学校；学校则独重政治，此所以不三十年而崛起于东瀛也"。他将"政学"与"艺学"对比，认为"政学之成较易，艺学之成较难，政学之用较广，艺学之用较狭。使其国有政才而无艺才也，则行政之人，振兴艺事，直易易耳。即不尔，而借材异地，用客卿而操纵之，无所不可也。使其国有艺才而无政才也，则绝技虽多，执政者不知所以用之。其终也必为他人所用。今之中国，其习专门之业稍有成就者，固不乏人，独其讲求古今中外治天下之道，深知其意者，盖不多见。此所以虽有一二艺才而卒无用也"②。1897年，梁启超在上海创办大同书局，即"以东文为主，而辅以西文；以政学为先，而次以艺学"③。次年，张之洞也主张"大抵救时之计，谋国之方，政尤急于艺"④。

趋东士人所说的"艺学"同指洋务运动中兴盛的科技之学，但他们提倡的"政学"，范围广泛，内容有别。梁启超的大同书局首译之书以各国变法之事、宪法事、功课书、章程书以及商务书为主；⑤张之洞固守"中体西用"原则，所倡"政学"主要指学校、地理、度支、赋税、武备、律例、观工、通商各别项，⑥以西方的各种应用制度为主。⑦据日本学者村田雄二郎研究，康有为在《日本变政考》中表现出对《教育敕语》的漠视，最关心西方文明对于中国文化的挑战。⑧换言之，康有为更关注日

---

① 梁启超：《与林迪臣太守书》，《饮冰室合集·文集之三》，第2页。
② 梁启超：《与林迪臣太守书》，《饮冰室合集·文集之三》，第2～3页。
③ 梁启超：《大同译书局叙例》，《饮冰室合集·文集之二》，第58页。
④ 张之洞：《劝学篇·设学》，第41页。
⑤ 梁启超：《大同译书局叙例》，《饮冰室合集·文集之二》，第58页。
⑥ 张之洞：《劝学篇·设学》，第41页。
⑦ 罗志田：《张之洞与"中体西用"》，《南方周末》2004年6月17日。
⑧ 〔日〕村田雄二郎：《康有为的日本研究及其特点——〈日本变政考〉、〈日本书目志〉管见》，《近代史研究》1993年第1期，第38～39页。

本变法维新的一面，忽略了日本传统发挥的作用。但在清政府的教育构想中，中体是不可动摇的根基，"独特的日本学校教育，以儒家道德为本的修身教育与近代诸学科结合起来，已成为中国的理想楷模"①。在共同的东学指向上，维新派与当政者的初衷并不一致。

"科学"一词随着东学大潮进入中国，最初仅被少数人提及，除了简单的科学知识介绍外，借以表达的多是社会人文方面的观念。1898 年，王国维借用"科学"为中国引入日本实证史学的观念。1900 年，章太炎在删改后的《訄书》中运用"科学"反宗教，② 批王学，③ 以表达他革命的意愿。"科学"从字面上可理解为自然科学，或是以古代名学为基础的分类治学的方法，④ 但贯穿始终的是实证科学提供的唯物主义的批判精神。1901 年，蔡元培在《学堂教科论》中运用"科学"一词表达分科治学，他借鉴日人井上圆了的学术分科体系，欲以哲学统筹其他各学，充满了唯心主义色彩。据日本学者后藤延子研究，蔡元培之所以对井上圆了的思想产生兴趣，是因为当时的蔡元培正在为中国寻找行之有效的宗教资源，以作为团结国民的精神纽带。井上提供的佛学思想是建立在自然科学与哲学基础上的新宗教，⑤ 宗教与"科学"并行不悖。同年，杜亚泉对于"政学为要"表示担忧，说"今世界之公言曰，二十世纪者，工艺时代"。政治的发达与进步皆借"艺术"以成，如今国人嚣嚣然争于政治，而忽略了"争存于万国之实"⑥。杜亚泉的"艺术"是指可以转化为生产力的科学技术，"艺术"的根底在于"格致算化农商工艺诸科学"，此说恰从反面证明"政学为要"已成趋势。杜亚泉本人在绍兴中西学堂任教时，一边传授科学知识，一边提倡新思想，提倡"物竞争存之进化论"，并因此与思想守旧的教员发生冲突。⑦ 由此可知，在"西艺非要，西政为要"⑧ 的思想

---

① 〔美〕任达：《新政革命与日本—中国：1898～1912》，李仲贤译，江苏人民出版社，1998，第 159 页。
② 章炳麟：《訄书详注·忧教五十》，第 698 页。
③ 章炳麟：《訄书详注·王学第十》，第 110 页。
④ 唐文权、罗福惠：《章太炎思想研究》，第 160 页。
⑤ 〔日〕后藤延子：《蔡元培〈佛教护国论〉探源》，丁石孙等著、中国蔡元培研究会编《纪念蔡元培先生诞辰 130 周年国际学术讨论会文集》，北京大学出版社，1999，第 449～461 页。
⑥ 杜亚泉：《〈亚泉杂志〉序》，许纪霖、田建业编《杜亚泉文存》，第 230 页。
⑦ 蔡元培：《书杜亚泉先生遗事》，《一溪集：杜亚泉的生平与思想》，第 6 页。
⑧ 张之洞：《劝学篇·序》，第 1 页。

引导下，"科学"一词的运用体现出以"政学"为主，或是为"政学"服务的特点，虽然包含了自然科学的内容，但有被边缘化的趋向。恰如王国维所说，"数年以来，形上之学渐入于中国，而又有一日本焉，为之中间之驿骑，于是日本所造译西语之汉文，以混混之势，而侵入我国之文学界"①。

从学术角度而言，以上各家的"科学"认识并不一致，都是转自东西学术的一鳞半爪而不成体系。按照严复的"科学"标准衡量，它们既不精确，也不系统，更不可信，不足以称"科学"。严复评价说："日本之所勤苦而仅得者，亦非其所故有……彼之去故就新，为时仅三十年耳。今求泰西二三千年孳乳演迤之学术，于三十年勤苦仅得之日本，虽其盛有译著，其名义可决其未安也，其考订可卜其未密也。乃徒以近我之故，沛然率天下学者群而趋之，世有无志而不好学如此者乎？"② 梁启超等人提出的以"政学为主义，艺学为附庸"更是颠倒错乱，本末倒置。"其所谓艺者，非指科学乎？名、数、质、力，四者皆科学也。其通理公例，经纬万端，而西政之善者，即本斯而立"，"中国之政，所以日形其绌，不足争存者，亦坐不本科学，而与通理公例违行故耳。是故以科学为艺，则西艺实西政之本。设谓艺非科学，则政艺二者，乃并出于科学，若左右手然，未闻左右之相为本末也"③。严复反对梁启超以其成之难易、其用之广狭来判定"政学"与"艺学"的轻重缓急，说："今世学者，为西人之政论易，为西人之科学难。政论有骄嚣之风，如自由、平等、民权、压力、革命皆是。科学多朴茂之意，且其人既不通科学，则其政论必多不根，而于天演消息之微，不能喻也。此未必不为吾国前途之害。故中国此后教育，在在宜著意科学，使学者之心虑沈潜，浸渍于因果实证之间，庶他日学成，有疗病起弱之实力，能破旧学之拘挛，而其干图新也审，则真中国之幸福矣！"④ 在与曹典球的信中，他表示："大抵翻译之事，从其原文本书下手者，已隔一尘，若数转为译，则源远益分，未必不害，故不敢也。颇怪近世人争趋东学，往往入者主之，则以谓实胜西学。通商大埠广告所

① 王国维：《论新学语之输入》，姚淦铭、王燕编《王国维文集》第 3 卷，第 41 页。
② 严复：《与〈外交报〉主人书》，王栻主编《严复集》第 3 册，第 561 页。
③ 严复：《与〈外交报〉主人书》，王栻主编《严复集》第 3 册，第 559 页。
④ 严复：《与〈外交报〉主人书》，王栻主编《严复集》第 3 册，第 564～565 页。

列，大抵皆从东文来。夫以华人而从东文求西学，谓之慰情胜无，犹有说也；至谓胜其原本之睹，此何异睹西子于图画，而以为美于真形者乎？俗说之悖常如此矣！"①

其时，凡主张自然科学者，多持与严复相同的观点。王本祥在《科学世界》上强调说，美国立国距今仅 130 年，因实行"工商竞进，内力充实"乃成世界上第一等国。②究其根本，固然是因为"有华盛顿、林肯、麦荆来诸大总统之汗血，从事力争经营而得者"，但"非有物质上的文明助其焰而扬其波，亦安能庶而富，富而教，若今之极盛也。前有傅兰克令，后有爱提森，遂演成北美新大陆之锦绣世界。孰谓形而下学不足重乎？"③那些"闻卢骚、达尔文之学，而遗其自然科学，是失实也"④。杜亚泉也认为，"今世界之公言曰，二十世纪者，工艺时代"，政治的发达与进步皆借"艺术"以成，如今国人嚣嚣然争于政治，忽略了"争存于万国之实"。⑤以上各人皆由东学获取"科学"，由此可见日本"科学"内部的多样性。

当严复指责东学政论太过浮泛，不本"科学"时，梁启超则认为严复译著"文笔太务渊雅，刻意模仿先秦文体，非多读古书之人，一翻殆难索解。夫文界之宜革命久矣。欧美、日本诸国文体之变化，常与其文明程度成正比例，况此等学理邃赜之书，非以流畅锐达之笔行之，安能使学僮受其益乎？著译之业，将以播文明思想于国民也，非为藏山不朽之名誉也"⑥。严复反驳道，"仆之于文，非务渊雅也，务其是耳"，"若徒为近俗之辞，以取便市井乡僻之不学，此于文界，乃所谓陵迟，非革命也。且不佞之所以从事者，学理邃赜之书也，非以饷学僮而望其受益也，吾译正以待多读中国古书之人"⑦。可见因面对的受众不同，译著的学术性与通俗性一时无法兼顾。

与严译"科学"强调的实证性、准确性、系统性相比，日本"科学"

①　严复：《与曹典球书》，王栻主编《严复集》第 3 册，第 567 页。
②　王本祥：《电气大王爱提森传》，《科学世界》第 5 期，1903 年 7 月，第 69 页。
③　王本祥：《电气大王爱提森传续》，《科学世界》第 8 期，1903 年 10 月，第 49 页。
④　钟观光：《祝词》，《科学世界》第 1 期，1903 年 3 月，第 8 页。
⑤　杜亚泉：《〈亚泉杂志〉序》，许纪霖、田建业编《杜亚泉文存》，第 230 页。
⑥　《绍介新著：原富》，《新民丛报》第 1 号，1902 年 2 月，第 115 页。
⑦　严复：《与梁启超书》，王栻主编《严复集》第 3 册，第 516～517 页。

的多样性、模糊性、通俗性自然成了严复指责的"轻佻浮伪，无缜密诚实之根"①。导致日本"科学"面目模糊的原因有二：一是"科学"本是日本西化的产物，其不但糅合了西学特征，且保留了日本民族思维方式与语言习惯的痕迹，西学的内化经历了外人不可切实了解的复杂过程；二是"科学"概念进入中国后，其不自明性造成国人理解上的隔膜，又因各人际遇不同，思想诉求存在差异，"科学"含义承载了更多的意义。因此，"科学"概念进入中国后的混沌状态，不仅是因为其本土样貌模糊不清，更是因为国人在此基础之上叠加了个性化的误读与附会。吊诡的是，日本"科学"在严复的指责下显得不够"科学"，而严译"科学"又何尝不是日本"科学"的意义歧出。

历史的发展往往耐人寻味，看起来更接近西方近代科学本质的严译"科学"反不如日本"科学"受到国人关注。从目前掌握的资料来看，严复的"科学"体系在晚清时期应者寥寥，迄今为止，只发现1907年蛤笑曾经引用他的玄、间、著三科的分类方法，其间还有细微的不同，如他所说的"著科"列有生理动物，却落下了严复所说的"人物"之学。② 事实表明，不仅严译词汇在与日语新词的存亡竞争中落败，借助"科学"一词输入的实证科学体系也在"科学"概念内部的竞争中败下阵来。

日本学者在分析本国教育从西洋化转向日本化的过程后认为，非西方的后进国家在西学的道路上，推动历史前进的最基本的力量仍旧是国内的政治、文化、经济因素，西洋化起到的不过是刺激与样板作用。③ 后进国家在转型的过程中，面临着道路选择与传统转化两大历史任务，转化后的日本"科学"已经不是西方 science 的本义，而是一个经过了选择以及与传统结合后的本土"科学"。同理推测，作为后发展国家的中国在严译"科学"与日本"科学"之间的取舍同样是各种思想碰撞后的结果。20世纪初，随着"科学"一词的普及，概念的意义流向将逐渐揭示语义竞争蕴含的真实目的。

---

① 严复：《与曹典球书》，王栻主编《严复集》第3册，第567页。
② 蛤笑：《劝学说》，《东方杂志》第4卷第12期，1908年1月，第218页。
③ 〔日〕永井道雄：《近代化与教育》，王振宇、张葆春译，吉林人民出版社，1984，第50、82页。

第二章　从"分科之学"到教科之"科学"的歧出（1901～1905）

19 世纪末 20 世纪初，"科学"概念进入中国后有广狭二义，广义"科学"指称以分科治学为特点的学术形态。研究者通过关键词检索后发现，20 世纪初中国的"科学"意义，开始在某些时候指涉新学堂的学科建制，[①] 后来发展成为"教科"或是"学科"的代名词，有时也指分科设教的学堂。虽然日本"科学"蕴含了分科治学的意义，也与教育密切相关，但学术分科并不等同于教科，"科学"含义从分科治学延伸至分科教学，其间应是发生了某种意义的转换。从理论上推测，概念的生成必后发于事实存在，教科之"科学"意义的形成一方面表明国人普遍接受了教育分科的新形式，另一方面也表明国人在教育层面上，对"科学"概念可能引发的社会效用有所期许。本章旨在寻绎中国教育与日本"科学"概念结合的过程，展现晚清教育体系中的"科学"样态，挖掘概念歧出的背后缘由。

第一节　从科举到分科教育的观念转换（1900 年以前）

1. 传教士与分科教育初立

与西方近代教育相比，中国传统教育以科举为鹄的，教学内容不分

---

① 金观涛、刘青峰：《"科举"和"科学"：重大社会事件和观念转化的案例研究》，氏著《观念史研究：中国现代重要政治术语的形成》，第 425 页。

科，或曰分科方式不同。近代以来，窘迫的中国现实使得中西教育优劣互现。早在"科学"概念出现之前，近代学人对于教育分科的形式早有揣摩，部分学人在传教士的引领下初步完成了从科举到分科教育的观念转变。

明朝天启年间，意大利传教士艾儒略撰《职方外纪》，记载了欧洲的教育制度。他称"欧罗巴诸国皆尚文学，国王广设学校。一国一郡有大学、中学，一乡一邑有小学"。小学曰文科，学有四种：古贤名训、各国史书、各种诗文、文章议论。学者自七八岁学至十七八岁，学成而优者进于中学。中学曰理科，学有三家：初学"落日加"（logica），二年学"费西加"（physica），三年学"默达费西加"（metaphysica）。学成而优者进于大学，乃分四科：医科、治科、教科、道科。① 文章介绍了西方学校分门别类的教育内容，也叙述了完整的教育次第。

1839 年，中国第一所基督教学校马礼逊学校在澳门开办。该校采用班级授课形式，课程除英语外，还有地理、历史、天文、算术、代数、几何、力学、生物、音乐、伦理学和圣经讲解等，② 这是中国私塾未曾有过的教学形式。从 19 世纪 60 年代初到 1876 年，教会学校数量发展到大约 800 所，学生人数达到两万人左右，学校以小学教育为主，存在少量的中学。③ 1877 年第一次基督教传教士大会召开后，教会学校的制度化进程加快。学校进而为中学，乃至大学，初步展现了近代学制的雏形。1890 年前有四所教会大学出现，分别是山东广文大学、北京汇文大学、华北协和学院、上海圣约翰大学，教会学校的教育程级在逐步完善之中。

与之相配套的是教学内容的完备。由于早期教会的福音传播受到中国人的抵制，教会教育曾经不得不向中国的价值观念妥协，改变基督教课程的形式和内容以顺应中国的要求。④ 但在 19 世纪 70 年代以后，传教士转变了观念，认为仅仅依靠中国的传统教育来谋取地位和发挥影响既不实

① 艾儒略：《职方外纪》卷 2，中华书局，1985，第 42～43 页。
② 吴义雄：《在宗教与世俗之间：基督教新教传教士在华南沿海的早期活动研究》，广东教育出版社，2000，第 350～352 页。
③ 孙培青主编《中国教育史》，华东师范大学出版社，2000，第 318 页。
④ 〔美〕伊芙林·罗斯基：《19 世纪基督教在华传教事业中的基础教育》，尹琳译，《学术研究》2003 年第 9 期，第 113 页。

际，也不可取，应该依靠西方科学知识在民众中取得好名声与好影响。①
1877 年，在华基督教传教士组织了学校教科书委员会，有目的地将道德训
练的基督教与智力训练的教育活动紧密联系，"要对学生进行智力的、道
德的与宗教的教育，不仅使他们皈依上帝，而且使他们在信仰上帝后能够
成为上帝手中捍卫和促进真理事业的有效力量"。智力教育的内容是"19
世纪重建的科学"（对应原文中的 science），"各门科学虽然还没有达到完
美的地步，但是我们确信科学的伟大原理是建立在不可动摇的真理的基础
上的"②。

　　Science 成为打开中国教育领域的先行者，教科书则是知识传播的外
在形式。1879 年，学校教科书委员会采用中文名"益智书会"，决定按照
分科治学的形式有选择地编译初级与高级两套教材。内容涉及算术、几
何、代数、测量学、物理学、天文学、地质学、矿物学、化学、植物学、
动物学、解剖学和生理学；自然地理、政治地理、宗教地理；以及自然
史、古代史纲要、现代史纲要、中国史、英国史、美国史；西方工业、语
言、文法、逻辑、心理哲学、伦理科学和政治经济学；声乐、器乐、绘画
等诸多课程，并要求书籍在具有严格的科学性的同时，尽可能地引导读者
关注上帝、罪孽、灵魂拯救的全部事实。③ 根据傅兰雅在 1890 年第二次基
督教在华传教士大会的报告中记载，益智书会共计出版或审定认可的教科
书 105 种 188 册，④ 其中科学类书被称作"格致制器等书"⑤。

　　由此可见，science 最初是作为分科教育的一部分进入中国的。教会学
校的发展与教科书的编写都向国人传达了 science 与教育结合后应有的形
态：分门别类的教学内容；大学、中学、小学三个程级的教育次第；学以
致用的教育实效。于中国人而言，他们或许不清楚 science 是什么，但已经直

---

① 狄考文：《基督教会与教育的关系》，陈学恂主编《中国近代教育史教学参考资料》下
　册，人民教育出版社，1987，第 8 页。
② 狄考文：《基督教会与教育的关系》，陈学恂主编《中国近代教育史教学参考资料》下
　册，第 2～3 页。
③ 韦廉臣：《学校教科书委员会的报告》，陈学恂主编《中国近代教育史教学参考资料》下
　册，第 86～88 页。
④ 张龙平：《益智书会与晚清时期的教科书事业》，《转型中的近代中国：近代中国的知识
　与制度转型学术研讨会论文选》上卷，第 267 页。
⑤ 王扬宗：《傅兰雅与近代中国的科学启蒙》，第 30 页。

观地感受到西方教育是一整套围绕着新知识建立起来的分科教育体系。

为了更大范围地影响中国人，传教士不断寻求机会与清王朝的统治上层合作，并提供了洋务运动时期中国最需要的"格致之学"。在传教士的协助下，1862 年，同文馆在京师创办，馆内《章程》规定了"分设教习以专训课"①。1876 年，总教习丁韪良制定了八年制课程表，② 教学内容由浅入深，逐年递进。为了落实教学内容，同文馆专设一支由教师组成的翻译队伍，进行了不同学科教材的翻译。历年翻译的书籍 20 余种，③ 大致分为国际公法、历史学、天文学、数学、格致学、化学六类，并不局限于科学技术。同期，江南制造局发行的一些格致基础理论被某些学堂采用为教材，他们也翻译了少量数学与自然科学的教科书，如白起德的《运规约指》（1855 年版），鲍曼的《实用化学入门》（1866 年版），田大理的《声学》（1869 年版），等等。④

继同文馆之后，洋务派兴办了各类新式学堂，主要有外语学堂、军事学堂、军事技术和其他技术学堂。各类学堂基本按照分科以及班级授课制的原则开展教学，但多是满足特殊需求的专门教育，用以培养洋务活动所需要的翻译、外交、工程技术、水路军事等方面的人才，教学内容相对狭隘，教育层次单一，缺少普遍意义的基础教育。郑观应曾批评说："至如广方言馆、同文馆，虽罗致英才，聘师教习，要亦不过只学言语文字，若夫天文、舆地、算学、化学，直不过粗习皮毛而已。"⑤ 可见，设立洋务学堂是清政府的应时之举，反映了时局之下国家最迫切的需要，但对于西方分科教育并没有完全理解与接受。

2. 中西"学校"的沟通与变通

1874 年，德国传教士花之安出版《德国学校论略》一书，该书被称为西方近代教育制度的开山之作。⑥ 国人由此书而知德国教育与政治得失、

① 《总理各国事务奕䜣等折》，朱有瓛主编《中国近代学制史料》第 1 辑上册，第 7 页。
② 《光绪二年（1876）公布的八年课程表》，朱有瓛主编《中国近代学制史料》第 1 辑上册，第 71～73 页。
③ 《〈同文馆题名录〉记翻译书籍》，朱有瓛主编《中国近代学制史料》第 1 辑上册，第 153～154 页。
④ 费正清：《剑桥中国晚清史》，中国社会科学出版社，1985，第 591 页。
⑤ 郑观应：《郑观应集》上册，第 280 页。
⑥ 肖朗：《花之安〈德国学校论略〉初探》，《华东师范大学学报》2000 年第 2 期，第 87 页。

教化兴废、民生利弊之间的必然联系，遂使得西国的学校制度成为西学的一部分，为国人所关注。

该书的一大特点在于采用中国传统词汇对应西方教育译词。花之安对于中国文字颇有钻研，被西方著名的传教士史学家赖德烈称为19世纪"造诣最深的中国学学者"。① 他将德国初等教育译为乡塾和郡学院，中等教育译为实学院和仕学院，高等教育则称太学院。斌椿在1866年的《职方外记》中还沿用艾儒略的用法，称各级学校为小学、中学、大学。② 但是，这些词在中国语言中都另有所指，"小学"乃中国传统的语言学，"中学"是与"西学"相对的学术体系，"大学"则是儒生士子耳熟能详的古代经典，将它们与西方教育对应，理解起来难免会有隔膜。花之安改用中国人惯常使用的传统词汇，使得西方教育与中国教育次第暗合。

花之安还采用了中国传统词汇对应德国教育内容。如称太学院四科为"经学""法学""医学""智学"。"智学"一词对于国人而言相对陌生，但不难理解为"智慧之学"，它们分别对应 theology、law、medicine、philosophy。③ 有研究指出，"益智"一词在晚清使用频率很高，特别是在一些西学传播的介质之中，如将学校教科书委员会命名为"益智书会"。目前尚无证据表明"益智"一词与花之安的"智学"直接关联，但以"明格致以增见识"为"益智"应是时人共见。④ "法学""医学"二词在中国古已有之，以宗教教义附会传统"经学"，也拉近了中西教育的距离。在此之前，能够在语言上沟通中西学术的只有"算学"与"格致"。花之安创造的教育新词在一定程度上消除了国人理解上的障碍，使得整个西方教育从表面上看与中国传统没有大的不同。

此后，书中内容被中国学人反复征引。郑观应在《易言》中以"论洋学"⑤ 和"西学"⑥ 为题转述该书，王之春的《广学校篇》⑦、薛福成的

---

① 孙邦华：《评德国新教传教士花之安的中国研究》，《史学月刊》2003年第2期，第46页。

② 斌椿：《职方外记》，朱有瓛主编《中国近代学制史料》第2辑上册，第1页。

③ 王彩芹：《试论〈德国学校论略〉学科术语及其对日影响的可能》，《东アジア文化研究科纪要》2012年创刊号，第54页。

④ 邹弢：《益智会弁言》，《万国公报》第10册，1889年11月，第5页。

⑤ 郑观应：《郑观应集》上册，第106~109页。

⑥ 郑观应：《郑观应集》上册，第201~202页。

⑦ 王之春：《广学校篇》，朱有瓛主编《中国近代学制史料》第2辑上册，第4页。

《出使四国日记》①都曾引用，梁启超将此书收入《西学书目表》。传教士论及西方教育时，也大多照此办理，只是表述上略有不同。丁韪良在《西学考略》中称西国学校分为五等，"曰孺馆，曰蒙馆，曰经馆，曰书院，曰太学"②。也有称各级学校为乡院（小院）、国院（大书院）和圣会书院的，③但都没有超出花之安的影响。直到甲午战争以后，传教士的文字中才重新出现蒙学馆、中学堂、大学堂、总学堂等字样。④

花之安运用"撷取中国圣贤之籍以引喻而申说，曲证而旁通"⑤的巧妙方式贯通中西教育，无非希望中国人尽快接受这一新鲜事物。但是，在中国学人的笔下，传统教育的形象在无形中被放大，西方学校的特质被转化为本国的自有之物。倡导兴学者在切入改革正题之前几乎必说三代之制，以表明改革之议绝不是西化，而是复古。郑观应说："今泰西各国犹有古风，礼失而求诸野，其信然欤！迹其学校规制，大略相同，而德国尤为明备。"⑥言下之意西国学校之制中国古已有之。盛宣怀筹设南洋公学时说："西国人才之盛皆由于学堂。然考其所为学堂之等，入学之年，程课之序，与夫农工商兵之莫不有学。往往与曲台之礼，周官之书，左氏公羊之传，管墨诸子之说相符。盖无人不学，无事不教，本三代学校之制。特中国去古既远，浸成文具。而泰西学堂，暗合道妙，立致富强，益以见古圣人之道，大用大效，小用小效，文轨虽殊而莫能外也。"⑦如今中国兴学立校虽仿泰西，不过是复归古圣人之道罢了。何启等则直接把"宏学校以育真才"列为"复古七事"之一。⑧

梁启超将复古之意表达得最为完整。他在《变法通议·学校总论》中说："学校之制，惟三代为最备。家有塾，党有庠，术有序，国有学，乃立学之等；八岁入小学，十五而就大学，乃入学之年；六年教之数与方

① 薛福成：《出使四国日记》，朱有瓛主编《中国近代学制史料》第2辑上册，第5页。
② 丁韪良：《西学考略》，转引自肖朗《〈西学考略〉与中国近代教育》，《华东师范大学学报》1999年第1期，第7页。
③ 探报万国者：《论崇实学而收效》，《万国公报》第13年第650卷，1881年7月，第442页。
④ 李佳白：《创设学校议》，《万国公报》第84册，1896年1月，第4～5页。
⑤ 花之安：《性海渊源自序并目录》，《万国公报》第53册，1893年6月，第2页。
⑥ 郑观应：《郑观应集》上册，第265页。
⑦ 盛宣怀：《奏请筹设南洋公学》，朱有瓛主编《中国近代学制史料》第1辑下册，第508～509页。
⑧ 何启、胡礼垣：《新政论议》，朱有瓛主编《中国近代学制史料》第1辑下册，第37页。

名，九年教之数日，十年学书计，十有三年学乐诵诗，成童学射御，二十学礼，乃受学之序；比年入学，中年考校，以离经辨志为始事，以知类通达为大成，为课学之程。《大学》篇，言大学堂之事；《弟子职》一篇，言小学堂之事；《内则》一篇，言女学堂之事；《学记》一篇，言师范学堂之事。管子言农工商，群萃而州处，相语以事，相示以功，故其父兄之教不肃而成，其子弟之学不劳而能，是农学、工学、商学，皆有学堂。孔子言以不教战，是谓弃；晋文始入而教其民，三年而后用；越王栖于会稽，教训十年，是兵学有学堂。其有专务他业，不能就学者，犹以十月事讫，使父老教于校室，有不帅教者，乡官简而以告，其视之重而督之严也如此。故使一国之内，无一人不受教，无一人不知学。"①

　　梁启超所说的"立学之等""入学之年""受学之序""课学之程"无一不是西方近代学制的特点，大学堂、小学堂、女学堂，以及农、工、商、兵各学堂也无一不是产自西方的教育种类，至于"一国之内，无一人不受教，无一人不知学"则是西方义务教育的表达，这一切似乎在中国上古时代已经美备。今天看来，梁启超的比附显然荒唐，但在当时却鼓起无数人的改革热情。今人或许很难揣测梁启超的真实想法，是托古之辩，还是将信将疑，或真的是笃信不已，但追究起来，不能不说是传教士为改革提供了话语资源，创造性地将西学思想转化为中国人贯通古今的概念工具，以承载他们的经世理想。但是，托古改制一方面为改革提供了理论依据，另一方面也造成了认识上的混乱。梁启超的激情之语难免使人产生错觉，以为中国古代完全具备了近代西方分科教育的形制，从而混淆了中西教育之间的本质差异。

　　托古改制是近代中国接榫西方的普遍话语方式，但所托之古或同，所改之制未必相同。1903 年，罗振玉与友人论教育，认为中国古代教育与欧美各国的教育相契合。其一，中国古代学制中的家塾党庠与今日欧美谋求普及教育相合；其二，欧美教育中的德、智、体"三育之说"，与《礼记》《中庸》中的智、仁、勇"三达德"相符，"六艺"中的礼乐育德、射御育体、书数育智均与欧美相似；其三，欧美德育分为公德与私德，中国先儒所说的"亲亲而任民，任民而爱物"，与欧美所谓的伦理相合；其

---

　　①　梁启超：《变法通议·学校总论》，《饮冰室合集·文集之一》，第 14～15 页。

四，中国古代施教育之等差，也与西人的教育次第相合；其五，《尔雅》一书即古代的理科教本，中学"六艺"即西人的普通学科，《诗经》《尚书》中亦有地理、动植、历史、文学各科。[①] 罗振玉作为学制改革的倡导者，此说的目的是为改革提供方向，使之不背离传统。

1904 年，《东方杂志》转载《警钟报》的一篇文章，认为中国古代教育先智育、后体育，终以德育。"教有定程，课有定业，无过与不及之患也"[②]，与西方教育无异。文章推崇古代教育的目的却是批评现时教育改革之弊，认为改革之后复生二弊：一曰崇欧化而遗国粹，二曰轻实科而重理论。《警钟报》是鼓噪革命的期刊，与罗振玉忠实于清朝的政见迥异，但他们都从传统中找到了看似相同的思想依据，却赋予了"传统"不同的价值。

如果说花之安从语言学的角度为中国教育改革开启了沟通中西、贯通古今的枢机，那么狄考文在 1881 年发表的《振兴学校论》则为中国教育提供了一整套实践方案。该文包括四部分："本意"、"错误"、"考试"、和"新法"。"新法"一章中，狄考文首论学校为变民风、培国脉之大事，但泰西立学之法虽优，"以中国计不能全以西法代之"。比较之下，中国应该先兴"童蒙学"和"文会学"。泰西学馆分为"特学"和"公学"。"特学"是各门独立的学问，"公学"则是公用的学问。"公学"又分大小。小者为"童蒙学"，相当于初等教育，国家宜于各城乡普遍设立童蒙学馆，容纳所有适龄男女儿童入学，由当地人士共同参与管理。设童蒙学馆可缩小贫富差距，使出身于不同阶层的儿童都有受教育的机会。大者为"文会学"，相当于中等教育，总集天下学问之大要，以培养既具有一定学问，又有一定功名者。文会学应在一府或两三府设立一处。设立这类学校，应先有合格的教习、先进的课程、完善的实验设备和图书。两学相较，以"文会学"为要，"如民识知皇上之心，以文会学为要事，又欲假此赏人功名，并拟其管理之法，则不数年必有以国家为心之士"。"特学"由"文会学"而入，设立之法与"文会学"相等，但各门皆不如"文会学"重要，因为"特学"出自"文会学"，而"文会学"分布于各"特学"之中。"近

---

① 罗振玉：《与友人论中国古代教育书》，《教育世界》第 53 号，1903 年 7 月，第 1 页。
② 《论中国古代教育之秩序》，《东方杂志》第 1 卷第 5 期，1904 年 7 月，第 108 页。

来中华已知特学之利，尚不知特学以文会学为本，以童蒙学为根。"各学之上还有"总学"，即上一等的"文会学"，又兼各种"特学"，合并一处为"大书房"。但于中国而言，"总学"不必先立，可待学问广兴之后而自立。①

　　文章中狄考文表达了两个基本观点：一是西方教育不一定全部适合中国，应当有选择地效仿；二是"文会学"的作用被特别强调。"文会学"大致相当于中等程度的基础教育，在"童蒙学"之后进行，为升入"特学"（即各种专门技术学校）和"总学"（即大学）的前期准备。在中国以"文会学"为最要，这样既可以尽快使有"中学"（中国传统的学问）基础的学人士子接受西学分科的教育，尽早有用于国家，同时也可为"特学"和"总学"培基。狄考文此说颇具系统，但从目前掌握的材料来看，应者寥寥。以后人的眼光来看，大概是因为他的教育落点程度太高，对于缺乏普通常识的中国人而言，陡然进入中等教育不切合实际。事实上，在1893年益智书会内部已有人表示担忧，认为该会出版的书籍集中在自然科学与高级学校，不合中国程度，建议出版更多的初级教科书，以适合中小学使用。但是，这一问题到了1896年仍没有改观。② 这或许便是稍后日本普通教育通行中国的缘由之一，梁启超到了日本才发出中国普通学太过缺乏的感慨。③

　　1889年，李提摩太在《万国公报》上发表《新学（并序）》一文，并于1892年单独成册出版，名曰《七国兴学备要》。该书在序言中将教育之事总结为"横竖普专"四事：横者即教学内容普适化，"我国所重之要学学之，即各国所重之要学亦学之"；竖者即教学内容本土化，"一国要学中有当损益者知之"；普者即教育范围普及化，"斯人所需之要学无不兼包并举，可以详古人之所略，并可以补近今之不足"；专者即学术研究专门化，"专精一学而能因事比类，出新解至理于所学之中"。④ 学问借由教育完成了从"国别性"向"普适性"的转变，⑤ 但于中国人而言，如此完整

---

① 狄考文：《振兴学校论续》，《万国公报》第14年第656卷，1881年9月，第46～48页。
② 张龙平：《益智书会与晚清时期的教科书事业》，《转型中的近代中国：近代中国的知识与制度转型学术研讨会论文选》上卷，第271～272页。
③ 梁启超：《东籍月旦》，《饮冰室合集·文集之四》，第84页。
④ 李提摩太：《新学（并序）》，《万国公报》第2册，1889年3月，第14～15页。
⑤ 章清：《〈采西学〉：学科次第之论辩及其意义——略论晚清对"西学门径"的探讨》，《历史研究》2007年第3期，第118页。

的新学体系显得过于宏大。

概括而论，甲午战争之前，西方传教士的教育言论与思想影响着中国教育的发展方向。教会学校以学校为载体，有目的地向中国人传播有类别、有学序、有学程的分科教育，并通过中西学校文字概念上的沟通与变通，使得新式教育不再只是异域之物，而成为源于中国上古、适用当下的"自有"之物。但是，教会教育的局限性显而易见，伴随着坚船利炮，夹杂着"基督教救中国"说的教会学校难免造成国人心理上的障碍。

3. 从科举到"学校"的融合与替代

中国教育改革的最大障碍是科举制度。科举制的弊端进入清季后越发明显，要求对其进行改造之声从未间断。鸦片战争前后，变革之法有二：一是废八股，试策论；二是另立科目，拓宽仕途。但都局限于传统学术的范围之内。从冯桂芬的《校邠庐抗议》开始，变科举的设想中夹杂了西学内容。冯桂芬建议"特设一科"，"招内地善运思者"从学于夷人，"工成，与夷制无辨者，赏给举人，一体会试；出夷制之上者，赏给进士，一体殿试"，科举"分其半，以从事于制器、尚象之途，优则得，劣则失，划然一定"，"时文、试帖、楷书"可与是科并行不悖。① 洋务运动初期，洋务派屡次奏请将西学另外设科，同时设同文馆等新式学堂以培养西学人才，但科举与学校始终分为二途，学校只是科举之外的补苴罅漏，主要培养科技人才。

进入 19 世纪 80 年代，另设之科不再局限于艺学。王韬建议设十科，"所以考试者，曰经学、曰史学、曰掌故之学、曰词章之学、曰舆图、曰格致、曰天算、曰律例、曰辩论时事、曰直言极谏"②，属于传统科目的是"经学"，与"艺学"相关的只有三科，其他皆是讨论时政之科。陈虬认为"夫科目者，人材之所出，治体之所系也。今所习非所用，宜一切罢去"。他提议改设五科，曰艺学科、曰西学科、曰国学科、曰文学科、曰古学科。古学中"经为五经、周礼、记、孟八经，子则管、孙、墨、商、吕氏五家，试以墨义"③，经学退减为古学科的一部分。科举考试中西学

---

① 冯桂芬：《校邠庐抗议》，第 199 页。
② 王韬：《变法自强》（中），朱有瓛主编《中国近代学制史料》第 1 辑下册，第 8 页。
③ 陈虬：《经世博议·变法三》，朱有瓛主编《中国近代学制史料》第 1 辑下册，第 15 页。

成分的增加，意味着学校教育渐受重视。

大多在华传教士认为科举之制"立意甚良"，但"惟以文章试帖为专长，其策论则空衍了事也。无殊拘士之手足而不能运动，锢士之心思而不能灵活，蔽士之耳目而无所见闻矣"①。他们提出三种改造的方法，或仿行唐代科举多设科目，或参照古代的乡举里选，更多的是建议在科举考试中引入西方科学。② 乡举里选制度被国人采纳的不多，另外两种方法差别不大，与洋务派的论调基本一致，即增加科举内容，将西学纳入其中。以上建议尚不涉及制度层面的改造，关注的多是考试内容的变革，清政府也于 1887 年将西学正式列入科举考试。但是，参加科举的人数毕竟有限，能够考取的更是凤毛麟角，通过现行教育体制选拔出来的人才只能是少量的"异才"③，于内忧外患的中国而言不过是杯水车薪。只要学校教育的边缘地位没有改变，大规模的人才终不可出。但是如何在现有的科举制度下与学校教育接轨，实为改革者的一大难题。

1884 年，郑观应试图打破制度禁锢，提出新的选举办法。他意识到在文武正科之外另设西学一科"恐未必能与正科并重"，且"仍糜〔靡〕费而无实效"，最好能够"广科目以萃人材，则天下之士皆肆力于有用之学"。他设想中国各州、县、省会、京师的学宫、书院，皆仿照泰西程式，稍为变通：文武各分大、中、小三等，设于各州县者为小学，设于各府省会者为中学，设于京师者为大学。凡文学分文学科、政事科、言语科、格致科、艺学科等六科，凡武学分陆军科与海军科两科。每科必分数班，岁加甄别，以为升科。延聘精通中西之学者为学中教习，详定课程。三年拔其优者，由小学而升中学；又三年拔其优者，由中学而升大学；然后分别任使进用之阶，文武一律无所轻重。④ 如此一来，科举考试的选拔层级与学校的教育次第相吻合，考试科目也与教学内容的分类趋同，科举选拔与普及教育可逐渐达到从内容到形式的统一。

1896 年，梁启超提出变科举三策。上策是"合科举于学校"。自京师

---

① 《中西关系论略：论谋富之法》，《万国公报》第 8 年第 358 卷，1875 年 10 月，第 105 页。李天纲推测为林乐知所作，见李天纲编《万国公报文选》，生活·读书·新知三联书店，1998，第 183 页。

② 杨齐福：《科举制度与近代文化》，人民出版社，2003，第 88 页。

③ 桑兵：《晚清学堂学生与社会变迁》，学林出版社，1995，第 46 页。

④ 郑观应：《郑观应集》上册，第 299～301 页。

以迄州县，依次立大学、小学。入小学者比试生，入大学者比举人，大学学成比进士，选其尤异者出洋学习，比庶吉士。其余归内外户刑工商各部任用，比部曹。庶吉士出洋三年，学成而归者，授职比编检。学生业有定课，考有定格，在学四年而大试之，以教习为试官，不限额，不糊名。凡自明以来，取士之具，取士之法，千年积弊，一旦廓清而辞辟之，则天下之士，靡然向风，八年之后，人才盈廷。① 在梁启超的设想中，科举制度最后仅保留"进身之阶"，丧失了教育功能，教育之事将完全被学校取代。

梁启超的中策是，如"科举学校，未能遂合，则莫如用汉唐之法，多设诸科，与今日帖括一科并行"。各科如下：明经科，以畅达教旨，阐发大义，能以今日新政，证合古经者为及格；明算一科，以通中外算术，引申其理，神明其法者为及格；明字一科，以通中外语言文字，能互翻者为及格；明法一科，以能通中外刑律，斟酌适用者为及格；使绝域一科，以通各国公法，各国条约章程，才辩开敏者为及格；通礼一科，以能读《皇朝三通》《大清会典》《大清通礼》，谙习掌故者为及格；技艺一科，以能明格致制造之理，自著新书，制新器者为及格；学究一科，以能通教学童之法者为及格；明医一科，以能通全体学，识万国药方，知中西病名证治者为及格；兵法一科，以能谙操练法程，识天下险要，通船械制法者为及格。② 中策中所立九科并非科举科目之外的简单叠加，而是杂糅中西、以西学分科方式整体改造后的新学体系。

梁启超此说与老师康有为的"孔门四科"已有本质不同。1891 年康有为在万木草堂讲学时，自称以孔门四科为目，分学术为义理之学、经世之学、考据之学、词章之学。其中，义理之学包含了泰西哲学，考据之学包含了万国史学、数学和格致学，经世之学包含了政治学原理、万国政治沿革得失、政治实用学及群学，③ "每论一学，论一事，必上下古今，以究其沿革得失，又引欧美以比较证明之"④。相比之下，康有为是以中学门类兼赅西学，梁启超则是将科举之"科"移花接木地转换为教科之"科"，以西学门类兼赅中学。在梁式语言的转换下，即便科举制度不改，

① 梁启超：《变法通议》，《饮冰室合集·文集之一》，第 28 页。
② 梁启超：《变法通议》，《饮冰室合集·文集之一》，第 28 页。
③ 康有为：《长兴学记》，广东高等教育出版社，1991，第 35 页。
④ 梁启超：《康南海先生传》，《饮冰室合集·文集之六》，第 62 页。

其考试内容除经学一科外，其余全部被置换为融合中西、以西方分科形式存在的新学，科举与学校至少在内容上一致。至于梁启超所谓的下策没多少新意，与其他改革者思想雷同。

梁启超的暗度陈仓之法化解了科举与学校在形制上的冲突，为教育改革提供了理论依据与实际操作的可能。不过，这样的调和也曾招致非议。吴汝纶认为"科举与学校并行不悖"实为谬论，科举易、学校难，谁肯舍易从难？① 应径废科举以兴学校。总之，无论是"科举与学校并行"，还是"兴学校、废科举"，学校优于科举已是大多数人的共识，且认为中国的教育改革势在必行。1896 年前后，中国基本完成了从科举过渡到分科教育的思想准备。

需要说明的是，从教会学校到梁启超融合中西这一路走来，他们讨论的都是具体的教育分科问题。science 是教学内容中的一个重要类别，大多时候表述为"格致学"，并不是"科学"。教育分科的观念是先于"科学"一词进入中国、浸入中国人头脑的。

第二节　从分科之"科学"到教科之"科学"

甲午战争以后，维新士人开始向日本学习。"科学"一词出现之前，国人对于日本教育已经有所了解。1897 年，针对中国的科举弊端以及缺乏普及教育等问题，林乐知将森有礼的《文学兴国策》翻译刊行。中国人从书中看到西方教育的美盛，以及日本继美国之后的种种努力，② 但思想上的冲击远没有甲午战争的失败来得强烈。战争结果以最直接的方式把日本明治维新的政治实效摆在了国人面前，教育则是其中重要的一环。

1. 教科之"科学"初现

"科学"二字初入中国时，多出现在与教育相关的论说之中。1897年，康有为在《日本书目志》卷二《理学门》中所列普及社译的《科学

---

① 吴汝纶：《驳议两湖张制军变法三书》，《吴汝纶全集》（四），第 621 页。
② 邹振环：《影响中国近代社会的一百种译作》，中国对外翻译出版公司，1996，第 115 页。

入门》和木村骏吉著的《科学之原理》即是有关自然科学的教科书。①
1901 年蔡元培在《学堂教科论》中使用"科学"一词，表示教育应区别
学科畛域，分而治之。② 1902 年马相伯订《震旦学院章程》，课程遵守
"泰西国学功令"，分文学（literature）、质学（science）两科，并注明质
学就是日本的"科学"，是以自然科学为主体的教学内容。③ 该文相继被
《新民丛报》《政艺通报》《大陆报》等杂志转载，延用这一用法。1903
年，《新尔雅》在日本出版时，"科学"一词列在"释教育"的分目之下。
据沈国威研究，该书并非某一种图书的真实翻译，而是参考了各种书籍，
特别是中国留学生使用的教材改编整理完成的。④ 以上"科学"的含义多
指分科教学的内容或形式，就词义而言没有超出自然科学与分科之学的范
畴，但都与教育有着天然的、内在的联系。

  1901 年，樊炳清编译的"科学丛书"由教育世界出版社出版。⑤ 据罗
振玉回忆，是年"（东文学社）所授历史、地理、理化各教科，由王、樊
诸君译成国文，复由予措资付印，销行甚畅，社用赖以不匮"⑥。樊炳清
当时是东文学社的学员，学社于 1898 年在上海创办，起初是培养日语翻
译人才，主要工作是翻译农学书籍。开始仅授日语，后来因农书内容常涉
及物理、化学、数学，又添置了这几门及英语课程，均用日语讲授。维新
变法失败后，学社农报馆濒临倒闭，于是决定将学社讲义译成中文，筹款
付印，发行后销路甚畅，基本解决了经费问题。因此，严格意义上说，
"科学丛书"并不是系统的教科书，只是东文学社教学用书的结集。当时
东文学社学员习惯将学校的课程科目称为"教科目"或"学科目"。1901
年，由他们编辑的共 18 卷的《教育世界》中均未出现以"科学"称教科

---

① 康有为：《日本书目志》，姜义华、张荣华编校《康有为全集》第 3 集，第 279 页。
② 蔡元培：《学堂教科论》，《蔡元培全集》第 1 卷，第 337～338 页。
③ 马相伯：《震旦学院章程》，朱维铮主编《马相伯集》，复旦大学出版社，1996，第 41
   页。
④ 沈国威编著《新尔雅：附解题索引》，第 4 页。
⑤ "科学丛书"共出两集。第一集于 1901 年出版，包括《万国地志》三卷、《心理学》一
   卷、《博物教科书》一卷、《动物教科书》一卷、《伦理书》一卷、《理化示教》一卷、
   《植物教科书》一卷、《小物理学》一卷。第二集于 1903 年出版，包括《化学教科书》
   三卷、《势力不灭论》一卷、《物理卫生学》一卷、《生理卫生学》二卷、《中国史要》
   一卷、《朝鲜近世史》二卷。
⑥ 罗振玉著、黄爱梅编选《雪堂自述》，江苏人民出版社，1999，第 13 页。

的先例，这至少说明在他们看来，"科学"与教科应是两个不同的概念。

何谓"科学"，樊炳清没有特别说明，但同窗好友王国维曾经有过明确的解释，称"凡学问之事，其可称科学以上者，必不可无系统。系统者何？立一系以分类是已"①。同在东文学社受教的樊炳清对于"科学"的理解应该与王国维大体相当。此外，"科学丛书"中也多次出现"科学"字样。如丛书第二集收录《中国史要》一书，该书在第三编"近古史"的第十章论明代文化时，列有"文艺科学"一项。其中"文艺"指明初的诗文、戏曲小说以及书画；"科学"指"本草一学，至明颇进步，李时珍费三十余年之力而编本草纲目。又天文、地理、历法、炮术等，自明末清初基督教宣讲师之力大改其面目"②。第四编"近世史"中论清初文化时，单列"科学"一项："史学及地理学上之良著，有御批通鉴辑览、明史二十四史札记、大清一统记、十八省统志、天下郡国利病书、读史方舆记要等。又梅文鼎，以数学、历法称，斟酌西洋之法，著历算全书，颇行于世。"③ 书中"科学"一词应作专门之学解，作为编者的樊炳清不会不知。由是，以王国维、樊炳清、沈纮为主体的东文学社学人群体接受的应该是从日本而来的"科学"概念。这个"科学"虽然是分科的，但须是有系统的学术体系。

据理推测，单就樊炳清的本意而言，并没有把"科学"与教科等同。他将编译的教科用书称为"科学丛书"，应该是认为这些日本教科书符合"科学"标准，称之为"科学"没有不妥。不过，混乱或许由此而生。由于樊炳清没有对"科学"进行解释，而大多读者尚不知"科学"究竟为何物，将他们看到的教科书即认定是"科学"书在所难免。令发行者始料未及的是，该丛书发行后"销行甚畅"。"科学丛书"的篇首不得不登载了一篇官府告示，上面说"上年四月间办设教育世界报专讲求教育之事，聘请翻译精译东书东报，并译各种教科书为科学丛书及日本史，已陆续印行。不肖商贾往往任意翻印更换名目"④，特出此告示以示警诫。官府告

---

① 王国维：《欧罗巴通史序》，《王国维先生全集》初编（五），大通书局有限公司，1976，第 1985～1986 页。

② 日本普通教育研究会编《中国史要》，罗福成译，教育世界出版社，1902，第 33 页。

③ 《中国史要》，第 41 页。

④ 《告示》（光绪二十八年三月），"科学丛书"第 2 集。

示明确把"各种教科书"称为"科学丛书"，无异于强化了"科学"与教科对等的认识，同时揭示了"科学"传播的另一个路径，即那些"不肖商贾"的推波助澜。

樊炳清将"科学"与教科直接对应或属偶然之举，但东文学社以及日本教科书的编译发行，且"销行甚畅"，都说明甲午战争以后，日本教育对中国的影响日益加深。在此之前，京师同文馆已率先增设东文社，梁启超在上海创办大同书局，首译之书也包括"功课"书。① 樊炳清编译"科学丛书"不过是顺势而为，在语言文字上推动了"科学"一词与教育的结合，而真正促成"科学"概念与教科意义重合的应是清政府实施的教育改革。

2. 中国教育与日本"科学"的结合

1901 年，清政府宣布实行"新政"，其中与教育直接相关的举措有二：一是废科举，兴学堂；二是派遣留学生出国。实藤惠秀认为清末留日教育有两大特征：教授的内容是普通学科而非专门学科；教育的性质是速成教育而非正式教育。② 李喜所进而分析留日学生的特点有四：第一，学习科目广泛，几乎包括所有的学科；第二，学习社会科学与文学的占绝大多数；第三，由于受新政政策影响，法政、军事成了当时热门的学科；第四，留日学生 90% 以上进入中等学校学习，许多学生只想尽快取得证书，回国求职，以至于学问较深的专业人才百无一二。③ 由此可知，由于受到学识程度的限制，留日学生能够回馈祖国的知识基本集中在普通学科与浅近的法政学两方面。

赴日留学后，留学生最大的感触是中国普通学的缺乏。东新译社认为"我国学界之幼稚其原因虽不一，然不知普通学为病根之根，本社有慨于是，特将日本富山房最新最善之普通学全书开译，以供我国普通学教科书之用"④。"普通学"是一个在晚清频繁出现，却颇令人费解的词语。该词

① 梁启超：《大同译书局叙例》，《饮冰室合集·文集之二》，第 58 页。
② 〔日〕实藤惠秀：《中国人留学日本史》，谭汝谦、林启彦译，生活·读书·新知三联书店，1983，第 57 页。
③ 李喜所：《近代中国的留学生》，人民出版社，1987，第 143～144 页。
④ 转引自邹国义《梁启超新史学思想探源》，《社会科学》2006 年第 6 期，第 7 页注释 3。

有时也被称为"普通科学"，狭义上指从中学开始教授的基础学科，如译书汇编社于1902年组建"教科书译辑社"，专门翻译中学教科书。[①] 广义上几乎包含了所有教科，意为一般知识。

1903年，范迪吉等译《普通百科全书》100册。全书的底本分别是日本富山房的初级读物、中学教科书和大专程度的教学参考书，按照政治、法律、哲学、历史、地理、数学、理学、工学、农学、经济学、山林学、教育学等学科分类，三个系列由浅入深地编排。[②] 全书以"普通"命名，书内"中篇"又专立普通学类特指中等教育课程，"普通学"的广狭二义在此都有体现。在他们看来，"普通学"就是"科学"，其编译宗旨"以开通民智、养成世界人民的新知识为公责"，要"凡关于学理与政术与种种科学有影响于诸科学之发达进步者，皆在是书范围内涵容无遗"。但是，"普通学"与"专门科学"又有程度上的差别，如书中收录的均为"日本最有力学者之名著，且系最新最近出之书，有学皆臻，无科不备，拾级以进，足供一般学者之取吸，足为专门科学之立足点"[③]。郑绍谦在该书序言中说，自中兴以来，同文方言诸馆三四十年来所译之书，大多只是"一鳞一角，窥豹未全。夫学界之有进步，必有学皆臻，无科不备，宏篇巨帙，餍饫士林，俾博考广证，旁通触引，普通之既备，科学之渐精，始文明富强，国势隆盛焉"[④]。

因此，"科学"不但是分门别类的学术集合，亦存在从普通到专门的学程次第。留日学生选择编译教科书作为传递"科学"的方式，且强调普通学的重要性，是因为它可以把学问表达得有系统，浅近易懂，符合国人的认知水平。从1901年樊炳清编译"科学丛书"，到留日学生投入极大热情编译普通教科书，大多出自这样的心理。但是，对于大多数国人而言，在基本无法接触到其他种类"科学"的情况下，这种教科式的"科学"自然成为他们不多的选择之一。

与留日学生遥相呼应的是国内刚刚兴起的传播业。1903年，以商贾身份出现的汪孟邹在安徽芜湖长街徽州码头开设科学图书社，主要经营学校

① 〔日〕实藤惠秀：《中国人留学日本史》，第222页。
② 邹振环：《译林旧踪》，江西教育出版社，2000，第113页。
③ 邹振环：《译林旧踪》，第113页。
④ 邹振环：《译林旧踪》，第115页。

课本与文具。汪孟邹以"科学"为图书社命名，表明"科学"与教科书之间存在某种必然的联系。汪氏同时借用"科学"一词表达了其追求进步的意愿，以此究"天演之公例，辟人群之义务，洞环球之全局，澈教育之根源"①。其时，芜湖当地人大多不知"科学"一词，往往把科学图书社喊成"科学图——书社"，认为是一家与众不同的"洋书店"。② 可见，了解汪孟邹"科学"深意的当地人寥寥无几，其造成的最直接的后果，恐怕还是让更多不识"科学"之人认为"科学"与教科等同。第二年，从日本回来的陈独秀与科学图书社合作发行了《安徽俗话报》。该报"表面普及常识，暗中鼓吹革命的工作"③，使原本具有进步色彩的"科学"一词又蒙上了革命的光辉。由于报纸主要用"俗话"传播新知，"科学"的内容越发走向"常识"，靠近民众。

1904 年，不遗余力鼓吹革命"排满"的《中国白话报》在解释"教科"时说，"现在要将小孩子送到学堂里而受教科。'教科'两字不是教他们干科举的事，现在的教科有十几种，是各色各样的学问罢了"④。到了 1905 年，以上所说的教科几乎全部被理解为"科学"，甚至最浅近的蒙学课本也被称为"科学"。该年文明书局编辑出版了《蒙学科学全书》，内容包括蒙学阶段的修身、经训修身、文法、中国历史、东洋历史、西洋历史、中国地理、外国地理、地文、地质、天文、植物、生理、卫生、动物、矿物、格致、化学、心算、笔算、珠算、体操、毛笔习画帖、毛笔新习画帖、铅笔新习画帖、简明中国地图等 20 多种。⑤ 至此，至少在民间，"科学"与教科的意义已经没有太大的区别了。

与此同时，清政府也在紧锣密鼓地筹备学制改革，政府的参与更加紧密地将"科学"一词与教育之事联结起来。从 1902 年开始，清政府的官方文牍中出现了教科意义上的"科学"字样。该年 8 月，张百熙主持完成的《钦定学堂章程》颁布，在《钦定中学堂章程》中列有课程门目：修

---

① 汪原放：《亚东图书馆与陈独秀》，学林出版社，2006，第 2~3 页。
② 安徽省政协安徽著名历史人物丛书编委会编《科坛名流》，中国文史出版社，1991，第 179 页。
③ 蔡元培：《〈独秀文存〉序》，《蔡元培全集》第 7 卷，第 428 页。
④ 白话道人：《小孩子的教育》，《中国白话报》第 3 期，1903 年，第 35 页。
⑤ 《文明书局蒙学科学全书提要》，《直隶教育杂志》第 1 年第 10 期，1905 年 8 月，第 29~34 页。

身第一、读经第二、算学第三、词章第四、中外史学第五、中外舆地第六、外国文第七、图画第八、博物第九、物理第十、化学第十一、体操第十二。并统称以上十二门为"科学"。① 言语中，凡在中学堂设为课程者均为"科学"，如国文、经史，甚至是骑马射御。如论及体育锻炼时说，"盖古者，文武本不分途，射御列为科学，出则为陆军之将，居则为六官之卿"②。又如，在《会商学务折》中说京师大学堂无真正合格的学生，是因为"从前未经科学艰苦，粗习译书，妄腾异说，弊由于未入学堂之故"③，入学堂即是习"科学"之义。张百熙的"科学"似乎仅限于中学课程，这一用法或是受到吴汝纶的影响，因同年在日本进行教育考察的吴汝纶曾寄书张百熙，说"中学校普通科学为之阶梯"④。关于"普通科学"的范围，吴氏并没有说明。

　　1904 年，清政府颁布的学制法令延续了张百熙的用法，且在更大的范围内使用。仅在《学务纲要》一文中就出现"科学"一词 20 多处，且大、中、小学校的所有教科均称其为"科学"。从此，晚清中国论及教育时，无论朝野，"科学"多与"学科""教科"混用，有时也直接指涉学堂。1907 年，中书黄运藩称"地方贫困不能多设完全学堂以资教育，官府苟为敷衍，人才坐见消亡，又况有学生之习气风潮，潜为构陷，父兄更甘令子弟废学以免以外之惊，故欲科举与科学并行，中学与西学分造"⑤，其中"科学"即指以西学内容为主体的学堂教育。1889 年，李提摩太将教育之事总结为"横竖普专"四事。如今使用的"科学"一词可谓与"新学"同义，其内部"横竖普专"四事兼备。日本教育借由"科学"一词完成了在中国的整体移植，"科学"几乎成为晚清新教育模式的代名词。

　　如果仅从内容考察，清政府在各种教育章程奏折中所说的"科学"就

① 《钦定中学堂章程》，朱有瓛主编《中国近代学制史料》第 2 辑上册，第 375 页。
② 《管学大臣张（百熙）遵旨议奏湖广总督张（之洞）等奏次第兴办学堂折》，朱有瓛主编《中国近代学制史料》第 2 辑上册，第 67 页。
③ 《管学大臣张百熙、荣庆请派重臣会奏学务折》，朱有瓛主编《中国近代学制史料》第 2 辑上册，第 71 页。
④ 吴汝纶：《致张尚书》，《吴汝纶全集》（三），第 435 页。
⑤ 《议复中书黄运藩请复科举折》（光绪三十三年九月初一日），《学部官报》第 2 册第 35 期，台北，"故宫博物院"影印版，1980，第 44 页。

是日本教育的学科内容，它与留日学生主导的以教科书为载体的"科学"内容基本同源。在共同的东学道路上，他们一致选择教育作为"学战"的起点，清政府在上以法规的形式确立了"科学"教育的体系，留日学生在下通过翻译教科书充实了"科学"教育的内容。正是在朝野一致的努力之下，"科学"才与教育并为一事，教科意义上"科学"最终得以生成和普及。但是，虽然同时使用"科学"一词导入日本教育，中国朝野却借助该词表达了全然不同的政治理想。日本教育的多样性通过"科学"一词影响着中国政治的走向。

3. 概念生成的政治初衷

从历史上看，学术与教育的结合往往是后发展国家寻求进步的共同路径，日本的"科学"概念就是伴随着分科教育的发展逐渐生成了一整套的学术体系。1832 年，高野长英说"解剖学乃医学之一科学"①，当时他正在江户开设私塾，教授医学。② 1871 年，井上毅在讨论学校制度时，提出了学问"科学化"的问题。③ 1872 年，福泽谕吉在《劝学篇》中介绍了地理、物理、经济、历史、伦理等新学科的性质和内容，以"一科一学"表示学术研究分门别类的概念。④ 1874 年，西周发明"科学"一词时，与福泽谕吉同为明六社的成员，该社宗旨即是从事有关教育的文学、技术、物理、事理等问题的研究和探讨，以达到"会合同志、交谈意见、增长知识"，增进人的品德之目的。⑤ 因此，日本"科学"乃是近代教育"西洋化"的产物，具有天然的教育属性。

当时作为比日本更为"落后"的中国，又是通过狭窄的教育管道接引西学，使得中国的"科学"概念与教育结合得更为紧密，而且出现内容上的变异。比较两国学术输入的顺序，日本先从兰学入手，科技与医学为之主体，教育为之普及，自然而然地在教育体系内完备了分科形态。教育分

---

① 樊洪业：《从"格致"到"科学"》，《自然辩证法通讯》1988 年第 3 期，第 46 页。
② 伊文成、汤重南、贾玉芹编《日本历史人物传·古代中世篇》，黑龙江人民出版社，1984，第 427 页。
③ 周程：《新文化运动兴起前的"科学"——"科学"的起源及其在清末的传播与发展》，《哲学门》第 16 卷第 2 册，第 215 页。
④ 王克非编著《翻译文化史论》，上海外语教育出版社，1997，第 344 页。
⑤ 浙江大学日本文化研究所编著《日本历史》，高等教育出版社，2003，第 186 页。

科仅仅是学术分科的外在形式，并不等同于"科学"本身。中国输入西学先从格致入手，遗憾的是，传统教育还没来得及与"格致学"或"新学"进行同步的转化与整合，便遭遇甲午战败，西学最终通过日本教育管道才得以完成整体转型。日本学术与教育共同涵盖于"科学"概念之下作为一个整体进入中国，分科之学与教科之学几乎同源同质。国人将二者混同，出现教科意义上的用法便在情理之中了。

问题在于，除了教育属性之外，日本"科学"还具备了某些政治属性，这在进入之初就为国人提供了不同的思想进路。考察日本的学术史，从兰学时期开始，西方科学提供的就不只是科学技术，也体现为思想的进步，包含了研究西方形势的各种知识。[①] 发生在1839年的"蛮社之狱"意味着兰学的发展超出了学术范畴，渗透到社会政治领域。明治初年，以福泽谕吉为代表的洋学家以充沛的启蒙精神投身于洋学的普及，他们惊叹于西方发达的物质文明，但更想传递的是物质文明背后自然科学的精髓。[②]洋学家们普遍缺乏专门的自然科学知识，却积极从事着科学思想的启蒙工作。《明六杂志》是日本社会思潮的启蒙杂志，几乎不含探索自然的内容；[③] 福泽谕吉和西周等人发明"科学"一词也不过是借此开人智识，缔造日本新的思想体系。因此，日本"科学"或以自然科学为主体，但与生俱来地蕴含了超越科学与技术的启蒙精神。

随着日本教育的逐步健全，启蒙思想家很快退居二线，取而代之的是一批官立教育下的职业学者。明治初年，日本官立教育开始经历从"西洋化"到"日本化"的过渡。从1872～1890年将近20年的动荡中，日本先后经历了法国、美国以及德国教育的熏染，最终建立起德国式的教育体系。德国教育对于日本的影响体现在两个方面。一是学术方面的专业化程度加深，特别是文科大学的专门研究得到重视。[④] 为了配合制宪的需要，日本一度出现了"法科万能"的现象。至20世纪，帝国大学的文科学生

---

① 〔日〕杉本勋编《日本科学史》，郑彭年译，商务印书馆，1999，第196页。
② 〔日〕杉本勋编《日本科学史》，第319页。
③ 〔日〕杉本勋编《日本科学史》，第343页。
④ 德语中"科学"的范围要比英、法等国家的广泛，是指用系统形式联系起来的知识，并不单指自然科学。日本受其影响。见〔英〕梅尔茨《19世纪欧洲思想史》第1卷，周昌忠译，第80页注释1。

要高于理科学生两成。① 二是普通教育强调道德培养，加强政治对教育的影响，从而成为培育国家主义与军国主义的土壤。② 官立教育体制下自然科学的研究相对独立，而人文社会科学在通过学理的建构完成其系统化过程的同时也在意识形态的限制下，成为政治的工具。学人往往被纳入官僚体系，他们在学识上超过前人，却缺少了前人的政治热情，思想的独立性与批判性随之减弱。不过，部分私学仍旧存在。当时与官立学校对抗的有大隈重信的东京专科学校、福泽谕吉的庆应义塾、新岛襄的同志社，三所学校在教育上各有侧重，但同为"自由主义派"学校。③ 因此，在19世纪末20世纪初，各种社会政治思潮充斥日本教育，它们外化为分科学术设学立教，内化为教学理念影响社会人心，"科学"一词直接映射出日本在学术思想上的移植性、启蒙性，以及多种思想并存的复杂性。恰逢此时，中国人开始了东学历程，朝野双方共借教育渠道输入"科学"，同时也将形色各异，甚至互为冲突的思想资源引入国内。

清政府移植日本官办教育，无疑是希望通过学制改革构建政教合一的教育形式。日本教育在"同文"与"体用"两方面都为中国的教育改革提供了便利。"同文"是指两国具有共同的价值观，能使中国最快地达到日本"已经做到的东西方融合"；"体用"则意味着依据日本明治维新的成功经验，可以把西方的制度移植于儒家模式的价值基础之上，以实现"中体西用"的完美结合。④ 正是这种预期中的实效性，使得清政府掌控下的教育改造，循着日本官办教育模式亦步亦趋。

1904年，《奏定学堂章程》的颁布意味着中国教育最终确立了分科形制，成为"科学"的教育。新学制是一个有科别、有程级的完整教育形态，内容涉及普通教育、师范教育、实业教育及学务管理等，规定了各级各类学校的目标、年限、入学条件、课程设置及其相互衔接关系，基本上是日本教育的整体移植。但是，在此后的实施过程中，新的教育形态在体用两端都显得圆凿方枘，皇权帝制非但未能巩固，反而在改革中自我消解，政权更加摇摇欲坠。

---

① 〔日〕杉本勋编《日本科学史》，第349页。
② 〔日〕永井道雄：《近代化与教育》，第80页。
③ 〔日〕永井道雄：《近代化与教育》，第103页。
④ 任达：《新政革命与日本—中国：1898~1912年》，第155页。

　　提倡教育改革的在野者构成相对复杂。他们中间的一部分人心慕私学，提倡国民教育，反对清政府主导的学制改革。马君武称之为"奴隶"教育，"吾国虽日日言开学堂，日日言兴新学，而莫非标明奴隶之宗旨，敷衍奴隶之学问，与旧教育无私毫之异，以致全国之内，奴隶充斥"，"欲其国之不可侵不可攻不可裂不可亡，则莫如使其国中之奴隶，变为国民，是非施国民之教育，不为功矣"①。

　　提倡国民教育者多是留日学生中的激进分子，他们将国民的智识教育与民族自决的政治目的相勾连。1900 年底，郑贯一、冯自由、郑斯荣等人在横滨创立开智会，以《开智录》作为机关报，述其宗旨为"争自由发言之权，及输进新思想以鼓盈国民独立之精神为第一主义"②。最早编译教科书的译书汇编社聚集了留日学生团体励志会中的激进分子，他们中间的一部分人在汉口自立军起义失败后，组建国民会，③ 创办《国民报》。该会宗旨为"革除奴隶之积性，振起国民之精神，使中国四万万人同享天赋之权利"④，清晰地表达了革命"排满"的政治倾向。

　　同一时期，部分国内学人开始仿行日本私学，实践国民教育。私学同样使用"科学"字样指代分科的教学内容，且与公学并无大异，其教育程度尚不及公学完备，多为普通学堂。1902 年，蔡元培述爱国学社宗旨为"略师日本吉田氏松下讲社、西乡氏鹿儿私学之意，重精神教育，重军事教育，所授各科学，皆为锻炼精神，激发志气之助"⑤。"科学"分寻常与高等两级：寻常级包括修身、算学、理科、国文、地理、历史、英文、体操；高等级包括伦理、算学、物理、化学、国文、心理、论理、日文、英文、体操、社会、国家、政治、经济、法理等课程。后来又增设了蒙学馆，实行内部自治。1903 年，湖南明德学校因慕福泽谕吉的庆应义塾欲以教育救国，⑥ 初立时"科学仅分六门，皆普通初级必须之学问"⑦。

---

① 马君武：《论公德》，莫世祥编《马君武集》，华中师范大学出版社，1991，第 160 页。
② 转引自桑兵《清末新知识界的社团与活动》，第 159 页。
③ 据桑兵考证，国民会并没有真正成立，见桑兵《晚清学堂学生与社会变迁》，第 158 页。但此"国民"之意义在当时确实存在。
④ 彭国兴、刘晴波编《秦力山集》，中华书局，1987，第 39 页。
⑤ 蔡元培：《爱国学社章程》，《蔡元培全集》第 1 卷，第 406 页。
⑥ 陈学恂主编《中国近代教育史教学参考资料》中册，第 58～59 页。
⑦ 《湖南明德学堂规则》，朱有瓛主编《中国近代学制史料》第 2 辑上册，第 440 页。

　　但是，两所学校均不是单纯的教育场所。当时的明德学校是新旧势力交锋之地，有革命党人在这里鼓吹革命思想，隐为革命中心，又有立宪分子常活动于此。① 爱国学社的革命意图更为明显。它是中国教育会的自立学校，中国教育会从一开始就存在一个秘密的革命核心，建立学社的目的是凭借当时最为风行的兴办教育的名义，为革命培养力量。② 因此，学社所授教育多灌注精神而非"科学"。蔡元培说："近今吾国学校日月增设，其所授科学诚非可一笔抹杀者，然其精神上之腐败，之卑猥，决不能为之讳。此如人之有官体而无神经，则土偶傀儡之类耳。吾辈今既以制造神经为主义，则有三希望焉：一曰纯粹其质点，则沉浸学理以成国民之资格是也；二曰完全其构造，则实践自治以练督制社会之手段是也；三曰发达其能力，则吾学社不惟以为雏形，而以为萌芽，以一夫不获之责，尽万物皆备之量，用吾理想普及全国，如神经系之遍布脑筋于全体是也。"③

　　1902 年 11 月，受南洋公学学潮的鼓噪，浙江浔溪公学发生学生风潮。风潮起因多为细枝末节，蔡元培所撰《浔溪公学第二次冲突之原因》一文有详细记录。④ 文章中，蔡元培将"科学"与教科混用，二者含义无甚差别。如他说："我国此时欲延一科学教习，甚不易也。惟学校中非独以教科灌入知识于学生而已，教师之热心与公德，其类化学生之力甚大，关系甚重。"通过铺陈冲突各方的思想，可见时代中人在教育与革命之间的权衡与取舍。

　　浔溪公学冲突中直接对立的双方，一为总教习杜亚泉，一为学生黄为基（黄远庸）。文章中被称为"某辛者，文笔颇佳，尤工辩论，其科学程度则未得为第一流"的黄远庸是这次风潮的"主动者"，他代表学生投诉总教习杜亚泉"恣其私意"，辞退分教数人，"误我辈之前途"，由是不得不"为学问前途计"而与学堂抗争。

　　杜亚泉表示无法理解学生的行为，指其"殆全为上海近日之风潮所激动耳。余甚不以上海助长学生之气焰者为然，余平日愿此间学生韧性朴

①　陈学恂主编《中国近代教育史教学参考资料》中册，第 61 页。
②　桑兵：《清末新知识界的社团与活动》，第 197 页。
③　蔡元培：《爱国学社开校祝辞》，《蔡元培全集》第 1 卷，第 404 页。
④　本段及以下五段引文见蔡元培《浔溪公学第二次冲突之原因》，《选报》第 35 期，1902
　　年 11 月，第 26～30 页。

学，别树一帜于政论风潮之外，以故高明偏宕之材，不能不以渐裁抑之。余费苦心半年矣，以为几达目的，而不意以外界之激动，一旦付之水泡。余今已槁灰其心，不愿复委身于教育。然余不惜牺牲余名，将著一书，专攻击若辈助长之议论。固不免若辈唾骂，然数十年后，必有思余言者"。

蔡元培则向杜亚泉详细地解释了当下学界的现状。他说，"吾尝分学生为三派"，其突出者为甲、乙两派。甲派学生"性质喜理论恶实验，喜涉猎恶记诵，喜顿悟恶训致，喜自检束，不喜受人检束，喜自鞭辟，不喜受人鞭辟。此其人宜自集其同志为一学社，延其所心服若吉田松荫、西乡南洲之流而师之，不拘拘于学科之常例，而要以淬厉其志气，增长其识见为主义，则他日必当为我国革新之先导者"。若此派学生"不审量于选择学校之始"，误入官立学校或普通私立学校，"日日以其政治思想、权利思想，欲小试之于学校之中。其人必工文词，长舌辩，能鼓动非甲派之学生以盲从之。而政界之影响，即非甲派之学生亦受之，而不能不微动者也，以故恒不免为所鼓动。此各处学校冲突之大原因也"。

乙派学生多"稳练而坚忍，以为世界强权，必当在学问家之手。我辈惟当以学问为目的。诚知吾学之成，不保不在国墟人奴之后，然吾之不学，则决非可以救此墟焉奴焉者。是故我孜孜为学而已。外界之冲因，苟非于我目的之学问有直接大关系者，或应之；而反（于）我所目的之学问有障碍者，我皆慎避之而不为所动"。"其性质喜专一，喜研求，喜守规则，喜循课程，得寸得尺，日知而月无亡。若此者，于兹之公学为最宜。不观外国之苦学界乎？其充苦工也，受屈辱夺时间，其与吾国学校之所谓压制凌侮者何如乎？而然且为之。"

蔡元培进一步评论说，若将教育譬为"铁道营业"，则甲派学生为"爆裂之材料"，乙派学生犹"造轨造车之材料"。二者相较，"其所最要者在轨道汽车之材料固也。虽然，车轨所经，或阻以巨岩，则不可不先求爆裂之药轰去之。制造爆裂之药，决非可假诸轨材车材之工若器者也。使其为之，则微特其药不成，且将并其所以为轨焉车焉者，而悉受其累，故其事不可以不分职"。

以上三人的言说代表了其对待学问与学潮的不同态度。笃信"科学"教育者如杜亚泉，鼓动风潮者为黄远庸，蔡元培表面上看似中立，其实心中早已将教育与革命分出轻重缓急，认为爱国学社应为甲派学生特殊的会聚之所。

爱国学社初创时，"科学"教育虽然无足轻重，但还是办学的必要条件。1903年拒俄运动爆发后，"留日学生为东三省俄兵不撤事，发起军国民教育会，于是爱国学社亦组织义勇队以应之。是时，爱国学社几为国内惟一之革命机关"①。随后，革命"排满"之说即起，民族主义的矛头从外敌转向清政府，爱国学社的性质为之一变。他们认为："革命止有两途，一是暴动，一是暗杀。在爱国学社中竭力助成军事训练，算是下革命种子。又以暗杀于女子更为相宜，于爱国女校预备下暗杀的种子。"② 至此，"科学"教育已被搁置不论。

1904年，与华兴会暗通声气的湖北张难先等人组织科学补习所。其对外宣称是一个文化补习学校，招收在校学生进行课余补习，但"标明科学，实则掩蔽官府耳目，而以革命排满为密约"③。欧阳瑞骅回忆说，组织科学补习所的原因在于"睹甲午庚子两次之变，愤清廷茸阘无为，外祸日亟，知救国大计，惟在革命"，且准备以"运动军队入手"④。由此一来，革命者不过借教育之名伪装身份，实与"科学"无涉。

面对青年学生普遍高涨的革命情绪，《奏定学堂章程》出台时，明文规定私学堂禁专习政治法律，希望学生一意"科学"。"近来少年躁妄之徒，凡有妄谈民权自由种种悖谬者，皆由并不知西学西政为何事，亦并未多见西书。耳食臆揣，腾为谬说。其病由不讲西国科学而好谈西国政治法律起……除京师大学堂、各省城官设之高等学堂外，余均宜注重普通实业两途。其私设学堂，概不准讲习政治法律专科，以防空谈妄论之流弊。"⑤

但是，越来越多的且不限于私学范围的青年学生选择了革命而不是"科学"，甲午战争以后形成的"学战"逐渐演变为学潮，那些求学之人反而显得与时代格格不入。据胡适回忆，他因在南洋公学的三年半始终没有人强迫他剪辫子，也没有人劝他加入同盟会而感到诧异，最后得到的解释是大家都认为他将来可以做学问，为了爱护他而不劝他革命。⑥ 1925

---

① 高乃同编著《蔡孑民先生传略》，商务印书馆，1943，第4页。
② 蔡元培：《我在教育界的经验》，《蔡元培全集》第8卷，第507页。
③ 贺觉非、冯天瑜：《辛亥武昌首义史》，湖北人民出版社，1985，第72页。
④ 陈学恂主编《中国近代教育史教学参考资料》中册，第54页。
⑤ 《学务纲要》，朱有瓛主编《中国近代学制史料》第2辑上册，第88页。
⑥ 胡适：《四十自述》，欧阳哲生编《胡适文集》第1册，第77页。

年，章士钊回忆说："钊弱冠即言革命，为孙逸仙一书，号《孙国魂》，推崇倍至；时天下只知有海贼孙文也。一击不中，亡命海外，则顿悟党人无学，妄言革命，将来祸发不可收拾，功罪必不相偿，渐谢孙、黄，不与交往。"① 但同盟会成员，乃至好友章太炎都不能理解他为什么不肯加入同盟会，② 于是他在"废学救国论"转变到"苦学救国论"的过程中颇感落寞。曾经鼓动学生风潮的黄远庸在民国以后反思中国政界种种腐败现象，把原因归咎为从南洋公学开始的"罢学"现象。革命之前，"此时学生风气，以罢学为一大功名"，"革命之后，不从政治轨道为和平进行，乃一切以罢学式的革命之精神行之，至于一败涂地，而受此后种种恶果"③。"罢学"之人往往只有感情而无理性，只有破坏而无建设。他曾致书友人，"谓曩时年少气盛，不受师训，杜师之言，皆内含至理，切中事情，当时负之，不胜追悔云"④。

20世纪初，中国教育界废学、罢学风潮四起，出现整体激进化的趋势，学问与革命非此即彼，几乎不能两全。共借教育构建政治话语的朝野各方各自为据，互为冲突，导致与教育改革捆绑为一体的"科学"一词出现意义上的分流。在官办教育中，"科学"体现为保守的、去政治化的知识体系；在激进主义者的口中，则表现为鼓动革命的精神动力，与教育实体渐行渐远。前一种固守知识的樊篱，限制国人思想于专制体制之内；后一种超越知识范畴，多是以教育之名，倡社会变革之实。当然，除此之外也会有其他专注于教育本身的各类学堂，"科学"与教科混用，不掺杂政治色彩的状况普遍存在。

概括而论，20世纪初教科之"科学"概念的生成与流变，一方面显示了教育改革是近代中国接榫新学新知的必由之路，几乎无可替代；另一方面也表明教育的政治功能被强化，"科学"沦为不同政治诉求下的概念工具。虽然"科学"概念的工具性是日本教育中的本有之物，但在近代中国却酝酿出更为强烈的政治冲突。如果说日本明六社的"科学"意义具有

---

① 章士钊：《答稚晖先生》，章含之、白吉庵主编《章士钊全集（1925.2.1～1925.12.27）》第5卷，文汇出版社，2000，第548页。

② 白吉庵：《章士钊传》，作家出版社，2004，第46页。

③ 远生：《忏悔录》，《东方杂志》第12卷第11号，1915年10月，第8页。

④ 蔡元培：《杜亚泉传》，《蔡元培全集》第8卷，第459页。

天然的启蒙性质，那么中国"科学"概念则肩负着启蒙与救亡的双重使命。按照时序，日本"科学"先于官立教育出现，官立教育在经历了 20 多年的实验后才选择了专制色彩浓厚的德国模式。最终形成的教育体系虽然存在启蒙与专制的紧张，但在政权稳固的情况下，并没有造成严重的统治危机。

与日本不同，近代中国内外交困，朝野各方的教育实践都具有强烈的使命感与紧迫感，在日本教育提供的启蒙与专制的两条道路上，他们都走得格外急切，却又背离初衷。革命者面向普罗大众，希望通过"科学"教育启蒙思想，激发下层民众的政治觉悟，结果却使得"科学"与知识本体相剥离，走上有"战"无"学"的救亡道路。清政府试图通过教育改革巩固政权，但它培养出来的学生群体多受启蒙思想的感染，寻求民族革命与民主革命的双管齐下，无疑给摇摇欲坠的清政府造成更大的威胁，从而酿成专制与反专制之间愈演愈烈的思想冲突。在共同的救亡道路上，中国思想界中启蒙与专制之间的紧张与对立是日本无法比拟的，日益尖锐的对抗之中，暴力革命的"科学"话语由此而生。

第三节　晚清"科学"教育的构想与困境

20 世纪初，"科学"一词指代学堂教育，表明教育改革是人心所向，清政府也以实际行动表达出循着日本道路走向富强的强烈愿望。任达称 1904 年《奏定学堂章程》的颁布，是"不同的领导者朝着共同的方向前进"，"最终结果是意外无惊无险地对教育问题达致全国一致的共识"[1]。作者使用了"意外"的"无惊无险"来形容这一过程，暗示此前人们的思想冲突相当激烈，章程最终得以出台实属不易。当时关于教育改革的分歧主要体现在三个方面：一是教科设置中"科学"与中学的配置问题；二是教科书的编译；三是设学次第的选择。

1. "科学"与中学的配置

罗振玉是近代中国讨论教科问题的启沃者，所呈学制"乃中国议设学堂之始"，"然后来奏定学堂章程莫能外也"[2]。罗振玉对于西式学制的认

---

① 任达：《新政革命与日本—中国：1898～1912 年》，第 154 页。

② 罗继祖：《庭闻忆略：回忆祖父罗振玉的一生》，吉林文史出版社，1987，第 25 页。

识早年得力于东文学社的日本友人，后通过考察日本学务逐渐完善。1901
年冬，江鄂两省奏派罗振玉赴日考察教育，同行者六人，次年正月归国。
在日期间，罗振玉的主要任务是"考求中小学堂普通学应用新出教科书
本，董理编译事宜"①，共收集相关规章110多份。归国后，各项规程陆续
在《教育世界》上介绍，②他本人也多次与张之洞会晤，畅谈日本见闻。③

罗振玉以个人名义发表的教育文章有九篇，集中讨论教科设置的有
《教育赘言八则》《日本教育大旨》《学制私议》三篇。罗振玉论教育时很
少使用"科学"一词，但当初樊炳清把日本教科统称为"科学"应该是
得到了他的首肯。暂且假定以罗振玉为首的，以樊炳清、王国维、沈纮为
主创人员的《教育世界》杂志表达的是共同的"科学"认识，且致力于
日本式教育的输入与建设。

关于教科的设置，罗振玉针对某些"谋教育者"所说的"东西各国通行
各学科中，某科可省，某科宜增"颇感不惬，认为他们不知教科乃"合地球
各国教育家智识，然后定此各国不能移易之学科"。今日欲世界各国国力平等
必教育齐等，"凡教育制度及各级科目无不齐等，不得以意变更其次序，增损
其学科"。且各国教育最重视德育，"其修身诸书多隐合我先哲之遗训"，但其
设教之法优于我国，"必相儿童之年龄为深浅之程度，不似我之以极高深之圣
训，施之极幼稚之儿童"。他主张"从世界各国公用之学科，不加增损，而以
先圣遗训别人中等以上之道德教育，而先刈取其精义为浅语，编高等小学国民
读本，以授幼学，不当仍袭从来不考程度但取高深之习惯"④。罗振玉之意是
将教科分为两部分：一部分全采西制，将外国学科囊括其中；一部分保留
中国圣教，但需改造为教科形态，使内容与教学次第相一致。⑤

具体而言，罗振玉设想中西并立地设置教科。西学部分悉以日本教科
书为蓝本，或用全书，或依其体例编辑，或翻译日本书而修改用之。中学

---

① 《札罗振玉等前赴日本编译教科书并派刘洪烈赴日本考察教法、管学事宜并咨会出使日
　本大臣》（光绪二十七年十月二十五日），《张之洞全集》第6册，河北人民出版社，
　1998，第4155页。
② 任达：《新政革命与日本—中国：1898～1912年》，第152页。
③ 王晓秋：《近代中日启示录》，北京出版社，1987，第232页。
④ 罗振玉：《教育赘言八则》，璩鑫圭、唐良炎编《中国近代教育史资料汇编·学制演变》，
　第153～154页。
⑤ 罗振玉：《学制私议》，朱有瓛主编《中国近代学制史料》第2辑上册，第11页。

以经学为主体，"宜定孔教为国教，其他各教若不碍法令亦得自由崇拜，但不得喧宾夺主"①。他建议将"五经""四书"分配给大、中、小各学校，定寻常小学第四年授《孝经》《弟子职》；高等小学校授《论语》《曲礼》《少仪》《内则》；寻常中学授《孟子》《大学》《中庸》，并仿汉儒专经之例，专修一经；其余诸经为高等及大学校研究科。教学以本国语言维系，"学校所授一切学科务以本国语言讲授，以本国文字记述，而外国语言文字不过为中等教科之一端，为研究专门学科及供外交之地步而已。若偏重外国语言文字，用西书教授，不但程效苦迟，久且生厌弃本邦语言文字之心矣"②。

罗振玉关于中学设置的想法最初源自日本。他在《集蓼编》中回忆说，日本之行当记者有三，其中一件便是"保存国粹"之事。在日期间，日本贵族院议员伊泽修二曾经来访，"为言变法须相国情，不能概法外人，教育尤为国家命脉。往者日本维新之初，派员留学，及归国，咸谓不除旧不能布新，遂一循欧美之制，弃东方学说于不顾，即现所行教育制度是也。其实东西国情不同，宜以东方道德为基础，而以西方物质文明补其不足，庶不至遗害。我国则不然，今已成难挽之势。贵国宜早加意于此。新知固当启迪，国粹务宜保存，此关于国家前途利害至大"。罗振玉于是将"保存国粹"之说揭橥于《教育世界》，畅言其理，而后"保存国粹"四字，一时腾于众口，只是"文襄定学堂章程，仅于课表中增'读经'一门，未尝以是为政本。后学部开教育会，野心家且将并此而去之，致芒芒禹甸，遂为蹄迹之世矣"③。可见，罗振玉设置教科的关键在于统筹东方道德与西方文明之间的"配置"，西学部分全采日本现行官立教育模式，道德部分置换为传统经学。

时人对于罗振玉的设学主张赞否不一，虽未正面相对，但于言语之中可见端倪。赞同者如张百熙，有研究者以为罗振玉对初等教育的看法，本质上只是1900年日本《小学校令》的翻版，罗的版本几乎一字不易地成为1902年《初等教育章程》。④ 有赞否各半者，夏偕复认为教科"似可取

① 罗振玉：《教育五要》，《教育世界》第9号，1901年9月，第1页。
② 罗振玉：《教育五要》，《教育世界》第9号，1901年9月，第1～2页。
③ 罗振玉著、黄爱梅编选《雪堂自述》，第18～19页。
④ 任达：《新政革命与日本—中国：1898～1912年》，第154页。

日本现行之教科，师其用意，略为变通，颁而行之，作为底稿，然后视所当增减，随时修改，以致于宜"①，不必全盘接受。张元济认为中小学校无须读经，"四书五经虽先圣遗训，而不宜于蒙养"，"论孟二子只宜中学，其他诸经必列专门，非普通毕业者不令讲授"②。其中意见最为相左者是吴汝纶。

1902 年初，吴汝纶在管学大臣张百熙的劝说下赴日考察。考察期间，吴汝纶"思之至困"的问题正是中西教育如何调配。他曾寄书贺松坡诉说苦恼，悲观地认为"新旧二学，恐难两存"。因为中学、西学教法不同，不能混同分科。"西学但重讲说，不须记诵，吾学则必应倍诵温习，此不可并在一堂"，"若西学毕课，再授吾学，则学徒脑力势不能胜"。面对日本教育人士的诸多意见，"或劝暂依西人公学，数年之后再复古学；或谓若废本国之学，必至国种两绝；或谓宜以渐改，不可骤革，急则必败"，他竟不能折中一是。眼见中国"至深极奥之文学"，既不能寓达于"学堂程课之浅书"，又无术以西学外并营之，甚至成为"众口之所交攻者"，他无奈地感慨："西学未兴，吾学先亡，奈之何哉？奈之何哉？"③

事实上，吴汝纶在中西学术交汇的问题上一直处于情理交困之中。一方面担心西学无师、无款，不兴于中国；另一方面又患西学既行，中国文字废绝于世。早在戊戌变法之时，朝廷令书院改学堂，兼习中西之学，在保定莲池书院执教的吴汝纶立即请求辞馆南归，自嘲"书院已改，则巢痕已扫"，"此后海内更无地能容吾辈废物矣"④。当西学之兴成为必然，吴汝纶对中学的担忧更加强烈，认为中学、西学势难并进。如西学强盛，"谁复留心经史旧业"，中学又"非专心致志，得有途辙，则不能通其微妙"，于是"立见吾周孔遗教，与希腊、巴比伦文学等量而同归澌灭"⑤。在这场中西学术的混战中，中学几乎是必然的失败者。

对于日本"科学"的配置，吴汝纶也不认为完全妥帖。"某窃疑日本

---

① 夏偕复：《学校刍议》，璩鑫圭、唐良炎编《中国近代教育史资料汇编·学制演变》，第 183 页。
② 张元济：《答友人问学堂事书》，氏著《读史阅世》上编，新世界出版社，2012，第 25 页。
③ 吴汝纶：《答贺松坡》，《吴汝纶全集》（三），第 406～407 页。
④ 吴汝纶：《答郑薪如》，《吴汝纶全集》（三），第 199 页。
⑤ 吴汝纶：《答方伦叔》，《吴汝纶全集》（三），第 381 页。

科学太多，每日教肄时刻太少，学徒无甚进益。而论者并谓此乃欧美所同，不可缺少。昨询之文部菊池君，君谓此事尚无善法。今天下各国学校，皆师法德国，德国之中学，亦未完善。"如何在有限的学时内合理配置中西教科，他提议"今各国教育家皆以为学年限过久为患，群议缩短学期。今我又增年限一倍，此乃教育之大忌。然则欲教育之得实效，非大减功课不可。减课之法，于西学则宜以博物、理化、算术为要，而外国语文从缓。中等则国朝史为要，古文次之，经又次之，经先《论语》，次《孟子》，次《左传》，他经从缓"①。

吴汝纶曾经试图设计一种新的教育系统，以保存中学独立。1901 年，袁世凯呈《奏办山东大学堂折》，有研究以为袁世凯本人对于学校教育和学术无独特的见解，他的教育建议多受吴汝纶影响。② 结论是否确当尚待考证，不过奏折中的确可以看到吴氏思想的痕迹，如在正规学程外另设蒙养学堂。考虑到正规学程中各级学堂虽以"四书""五经"为体，以历代史鉴及中外政治、艺学为用，但是中国经史精深广博，如与各国政治、艺学同时并习，"既虑致功无序，泛涉不精；又恐髫龄子弟，血气未定，见异思迁，或至忽其本根，歧其趋向"，故"另设蒙养学堂，挑选幼童，自七岁起至十四岁止，此八年内专令讲读经史，并授以简易天文、地舆、算术，毕业后选入备斋。除随时温习经史外，再令讲求浅近政治，加习各种初级艺学，俟入正斋，再加深焉。庶先明其体，后达其用，功程递进，本末秩然"③。简言之，就是学童在 14 岁以前主要接受中学教育，14 岁以后以西学为主。与罗振玉的课程设置相比，虽然同是"中学为体"，但从教育时序上言，存在中西叠加与中西并立的差别。此举保障了中学的教学时间，不必与西学争抢学时，维护了中学体系的完整与独立。反而不似罗振玉将"中学"悬于形而上，在学科设置中却不得不以西学为重，事实上挤压了中学的教学空间。只是中学独占蒙童 8 年时间，西学程度必然减弱，这其中的矛盾该如何解决，奏折并没有解释，这几乎是一个必然的顾此失彼的问题。

《山东大学堂章程》一时影响广泛，成为各地书院改学堂效法的榜样，

① 吴汝纶：《与张尚书》，《吴汝纶全集》（三），第 436 页。

② 祝安顺：《从张之洞、吴汝纶经学课程观看清末儒学传统的中断》，《孔子研究》2003 年第 1 期，第 76 页。

③ 袁世凯：《奏办山东大学堂折》，朱有瓛主编《中国近代学制史料》第 1 辑下册，第 790 页。

但并未照章进行。开办之时，受生源所限，先开办了备斋和正斋，第一批录取300名学生，他们从全省各府、州、县的秀才中选拔而来，1904年山东大学堂更名为山东高等学堂，计划中的蒙养学堂没有实施。如果此奏折确有吴汝纶的参与，事实或已证明现实社会没有接纳他的主张，除采罗氏之法外，似乎别无良方。

类似的担忧不是吴汝纶独有。1897年，梁启超曾言"昔之蔽也，在中学与西学分而为二，学者一身不能相兼"①。也曾感慨"风气渐开，议论渐变，非西学不兴之为患，而中学将亡之为患，至其存亡绝续之权则在于学校"②，拳拳之心与吴汝纶并无二致。但时务学堂的课程计划"兼学堂、书院二者之长，兼学西文者为内课，用学堂之法教之；专学中学不学西文者为外课，用书院之法行之"，中学与西学始终无法真正兼容。张之洞亦言"不讲新学则势不行，兼讲旧学则力不给。再历数年，苦其难而不知其益，则儒益为人所贱"。张氏提出补救之法：学生15岁以前读一般新旧书，自15岁开始，用缩约法读"经史、诸子、理学、政治、地理、小学各门"；缩减后的内容"美质五年可通，中材十年可了。若有学堂专师，或依此纂成学堂专书，中材亦五年可了，而以其间兼习西文。过此以往，专力讲求时政，广究西法"③。设学思路与《山东大学堂章程》本质相同。以上言论表明，自晚清士人有意识地采纳西方教育模式以来，西学的导入并不是最大难题，如何在新教育中保障中学并存才是他们孜孜以求的鹄的，虽然各取其法，但最终的关怀是一致的。

严复将讨论"中国旧学之将废"者概括为破坏与保守两派：一是"其轻剽者，乃谓旧者既必废矣，何若悉弃一切，以趋于时，尚庶几不至后人，国以有立"；二是"长厚者"，谓"先圣王之所留贻，历五千载所仅存之国粹也，奈之何弃之，保持勿坠，脱有不足，求诸新以弥缝匡救之可耳"。他乐观地以为，"破坏保守，皆忧其所不必忧者也。果为国粹，固将长存。西学不兴，其为存也隐；西学大兴，其为存也章。盖中学之真之发现，与西学之新之输入，有比例为消长者焉"④。因此认为，"今日国家

---

① 梁启超：《与林迪臣太守书》，《饮冰室合集·文集之三》，第2页。
② 梁启超：《与林迪臣太守书》，《饮冰室合集·文集之三》，第2页。
③ 张之洞：《劝学篇·守约第八》，第24页。
④ 严复：《〈英文汉诂〉卮言》，王栻主编《严复集》第1册，第156页。

诏设之学堂，乃以求其所本无，非以急其所旧有"。中国所本无者，西学也；且既治西学，自必从西文西语始。吾国旧有的经籍典章又未尽废，学者自入中学堂，以至升高等，攻专门，中间约十余年耳。是十余年之前后，理其旧业，为日方长。"迨夫廿年以往，所学稍富，译才渐多，而后可议以中文授诸科学，而分置各国之言语为专科，盖其事诚至难，非宽为程期，不能致也。"① 但是，1912 年当他执掌北大时，已经完全改变心意，"欲将大学经、文两科合并为一，以为完全讲治旧学之区，用以保持吾国四、五千载圣圣相传之纲纪彝伦道德文章于不坠，且又悟向所谓合一炉而冶之者，徒虚言耳，为之不已，其终且至于两亡。故今立斯科，窃欲尽从吾旧，而勿杂以新；且必为其真，而勿循其伪，则向者书院国子之陈规，又不可以不变，盖所祈响之难，莫有踰此者"②。历史看起来的确在朝着吴汝纶预计的方向发展。

最终，《奏定学堂章程》折中了罗、吴二人的意见。一方面采用罗振玉中西并立之说，以不妨碍西学为前提，将经过筛选的经学纳入各级教育之中，且设文学一科以保国粹。"现拟各学堂章程，于中学尤为注重。凡中国向有之经学、史学、文学、理学，无不包举靡遗。"③ 另一方面按照吴汝纶的建议，减少了西学科目。"此次课程，既仿照外国办法，亦体察中国情形，较诸外国学堂课程减省已多。查每一科学教授之书不过一两本，合计三四年之中，每日所占时刻有限，实不得谓为繁难。"④

不过，折中后的章程并没有达到所谓的"全国一致"，指摘的声音此起彼伏，矛盾的焦点仍集中在对经学的定位上。按照新学制的设想，学堂教科体系内中西学术并立，在不妨碍西学的前提下，将经学、文学、史学等内容纳入"科学"以为智育，同时保留经学中的教化以为德育，由此将经学与"科学"妥善安置。此举以日本德育模式为模板，在教学内容与重点上有所调整，日本政教合一的教育形式得以保留。其中"科学"体现为去政治化的知识体系，学生的道德教化由经学承担。"科学"中的西学部分几乎全部从日本拿来，不存在太多争议，问题在于中学如何与"科学"

---

① 严复：《〈与外交报〉主人书》，王栻主编《严复集》第 3 册，第 562～563 页。
② 严复：《与熊纯如书》，王栻主编《严复集》第 3 册，第 605 页。
③ 《奏请递减科举注重学堂折》，朱有瓛主编《中国近代学制史料》第 2 辑上册，第 107 页。
④ 《学务纲要》，朱有瓛主编《中国近代学制史料》第 2 辑上册，第 90 页。

融会贯通。张之洞秉持一贯的"为此一新一旧之状态，以中立于两间"的做法，① 一边强调"中国之经书，即是中国之宗教"，要求从小学到高等学堂开设读经、讲经课程；② 一边在"各科学"的分科大学堂以及通儒院内，将经学列为专门。③ 经学被割裂为"圣教"与"科学"，分置于体用两端。

张之洞的骑墙之论随即遭到维新者的反对，反对的声音集中在中小学读经的问题上。据记载，1904 年 1 月，商务印书馆编译所开会讨论《奏定初等小学堂章程》，章程中列有学生每周读经 12 小时、中国文字 4 小时等条例。夏瑞芳欲从之，决定按照这一标准编订教科书。张元济、高梦旦、蒋维乔与日方专家长尾桢太郎和小谷重均认为"新定章程所定小学科全然谬戾，不合教育公理"，不愿遵办。④ 1905 年，《东方杂志》有文章讨论读经非幼稚所宜，认为贸然于童稚之年授以"六经"，汩没儿童性灵，闭塞天下人的智慧。"六经者参考书也，非教科书也，中学以上之学生所学之事。"中小学德育只需采用其中合乎今日情势的格言，编入修身教科书即可，没有必要立读经一科。读经与修身并立，反而混淆了教育次序。⑤ 文章说经学宜为专门而非普通，六经为参考书而非教科书实为一事，即经学不必列为普通教科中的必修课，而是高等教育中的专门学，实则肯定了经学的学术身份，否定了其为圣教的道德地位。

即便是肯定经学教化作用的学人，也认为普通教育中经学无读本之程文，不似外国修身课条分缕析，秩序井然，可以明道德进化之理。如徒株守古义，授以枯燥无味的动静虚实之字，则无法达到教育目的。如果不能删去读经讲经一科，则或可将经籍要义归并于修身科，或可分类纂辑，使学生易有所率循；如嫌失经学本来面目，或可减去数小时。但最良之法还是删去经学，新编读本。⑥ 此说看似认为经学程度太深，不适宜普通教科，

---

① 《张文襄公事略》，辜鸿铭、孟森等著《清代野史》第 1 卷，巴蜀书社，1998，第 1468 页。
② 《学务纲要》，朱有瓛主编《中国近代学制史料》第 2 辑上册，第 82 页。
③ 《奏定大学堂章程》，朱有瓛主编《中国近代学制史料》第 2 辑上册，第 770 页。
④ 张树年主编《张元济年谱》，商务印书馆，1991，第 48 页。
⑤ 竹庄：《论读经非幼稚所宜》，《东方杂志》第 2 卷第 10 期，1905 年 11 月，第 192～195 页。
⑥ 《奏定小学堂章程评议》，朱有瓛主编《中国近代学制史料》第 2 辑上册，第 202 页。

实则是在用西方教科的形式规范经学，欲使之成为有类别、有次第、有层级的教学系统。换言之，作为教化的经学必须符合普通"科学"的分科原则。

当然，也有人赞同经学在普通教育中的必要性。盛宣怀认为："中学博而寡要，在于成人以后，不在蒙学之初；其不适当世之用者，于科举之课程不具，非由经籍之义理太深也。教西学者于格化识其精蕴，于政法观其会通，其得力在象勺之年。至于髫龄之初，苟无《小学》、《孝经》、《四书》预固其根基，成人以后，放僻邪侈，流极不知何底。近日学堂新论，不知谋学课于成人之后，而务凿童真于蒙养之初，拾西土之唾余，谓中国文法太深，谓《四书朱注》无用，俚文俗语造作短长，于西学未有入门发轫之功，而于中学已启拔本塞源之弊，群盲相引，实骇听闻。"① 其实学生在学，自12岁至25岁，来日方长，不必担忧无暇完成经书之业，更不必遽求速化，转滋流弊。

经学究竟为圣教还是学术，这也是王国维诟病大学堂章程之所在。王国维认为张之洞将经学别立一科，以"扶翼世道人心"，此志至善，但经学非宗教，尊经当以研究而益明，不必"徒于形式上置经学于各分科大学之首"。而且"群经之不可分科"，张之洞分经至十一科②是割裂经典，若"合经学科于文学科大学中，则此科为文学科大学之一科，自不必分之全析"。但是，考察王国维为经学科列出的科目：哲学概论；中国哲学史；西洋哲学史；心理学；伦理学；名学；美学；社会学；教育学；外国文。为理学科列出的科目：哲学概论；中国哲学史；印度哲学史；西洋哲学史；心理学；伦理学；名学；美学；社会学；教育学；外国文。满眼竟看不到一个"经"，或是一个"理"字，全部都是来自西方的学科名目。可见，同是经学设科，别为"科学"，张之洞只是在形式上纳经学入教科，沿用的仍是传统学术的类别，王国维则完全以西学的分科形式解构了经学。不过，按照王国维的标准，经学尚不是"科学"，只是有成为"科学"的可能，亦有在高等教育中研究的必要。如他说"泰东之

---

① 盛宣怀：《奏陈南洋公学翻辑诸书纲要折》，朱有瓛主编《中国近代学制史料》第1辑下册，第519页。
② 分别为：周易学门、尚书学门、毛诗学门、春秋左传学门、春秋三传学门、周礼学门、仪礼学门、礼记学门、论语学门、孟子学门、理学门。

伦理，则重修德之实行，不问理论之如何"，不如"泰西之伦理，皆出自科学，惟骛理论，不问实行之如何"，但"泰东之伦理"仍可以科学方法研究之。[①]

远在日本的梁启超从根本上否定了张之洞强列经学入教科的政治努力。他说："张之洞之注意国学言诚是矣。虽然，吾不知其所谓经学者果为何种之经学也。我国经学之颓弊也，非无人治此学也，徒以治此学者，务为支离破碎，无与于大道而能损人之神智，故承平之世尚有人焉，消耗其无用之精力，以遣有涯之生。及今事变日殷，外学骤盛，一比较而此为不切用则遂为世所诟，而其学骤衰，盖优胜劣汰，天演公例，非人力所能强争者也。今诚能阐明大义，标撷精华，使学者无苦于繁文而晓然于精义之所在，则溉惠学徒必有裨补，若仍出其数十年前所钻嚼之琐碎断烂之考据训诂，而觍然号于众曰经学，而欲人之縻有用之材力以从事，则张之洞虽抱经当衢而泣，焦唇敝舌而号，吾恐人之掉头不顾，虽列于学课，亦必无丝毫之效力。"[②] 1902 年以来，梁启超理解的"科学"多体现为公理公例，与进化相关。以他的"科学"认识相衡量，经学显然不是"科学"，也不必列为教科。但梁启超并没有全然否认经学的学术价值，如他说："苟有好学深思之士拨櫘而光晶之，再接媾以西洋文明合一炉以陶冶，则必烂然放一异彩，且将有突出于西洋文明学问之外，而别孕一特色之文明者，文学复兴时代其在斯乎！"[③]

至 1909 年顾实再论小学堂读经之谬时，对于经学的态度已然不同。他认为读经不合"科学"原则，其所谓"科学"并无教科之意，而是划分为自然科学与规范科学（又称人为科学）的科学总体。他认为，应将"科学"二分，不但研究对象不同，其目的也各有不同，一为守旧，一为维新。由于"古今中外心同理同"，"是以即今科学之大原则以绳六经，无异即六经本有之大原则还以自绳"，因此孔子之六经亦可二分：一为"文章"，诗书礼乐属之，即人为科学；一为"性命与天道"，即自然科学。属于自然科学部分的中国旧学不值一晒，不惜舍旧而图新；诗书礼乐为宗法社会之轨道，施之军国社会也有不合，主张读经者不过是"强今日

---

① 王国维：《孔子之学说》，姚淦铭、王燕编《王国维文集》第 3 卷，第 107～108 页。
② 《北京大学堂之国学问题》，《新民丛报》第 34 号，1903 年 6 月，第 62 页。
③ 《北京大学堂之国学问题》，《新民丛报》第 34 号，1903 年 6 月，第 61 页。

之世循古之法"，违背了科学原则。但六经不可不重视，重视之道在于用人为科学的办法取六经为修身伦理的资料编纂之，适用于今日的取之，不适者去之，以期教育无古无今，无中无外，以时为主。① 顾实的"科学"可以理解为学术总体，经学可以为"科学"，却已是不合时宜的"科学"，在学术上无甚价值，唯古圣先贤之言行还有存在的必要，但也须经过筛选才能用于教科。

统观清政府教育改革的举措，其特点是把"科学"概念曲解为单纯的设教入科的教育形制，误以为将中学纳入教科，即可成为"科学"，由此接引新学，保全旧学，维持圣教不坠。按照章程所说，"现定各学堂课程，于中国向有之经学、史学、理学及词章之学并不偏废。且讲读研求之法，皆有定程，较向业科举者尤加详备。查向来应举诸生，平日师无定程，不免泛骛，人事纷杂，亦多作辍，风檐试卷，取办临时。即以中学论，亦远不如学堂之有序而又有恒，是科举所尚之旧学，皆学堂诸生之所优为。学堂所增之新学，皆科举诸生之所未备。则学堂所出之人才，必远胜于科举之所得无疑矣"②。

但是，经学一旦纳入教科体系，便不得不按照西方的教育形式进行改造。张之洞将经学分为"圣教"与"科学"，幻想着二者不必偏废，但互构为整体的知识本体与意识形态一旦分离，便再也难以黏合。经学中的知识体系进一步分解为教科，他们散落于，并与西学混融于立学之等、受学之序、课学之程的教学系统中。以顾实之语对比张之洞的初衷，可见经学最终沦落为非教、非学的境地。中学教科化在客观上从内部消解了经学的主体地位，中体事实上已经无所依托。同时，教科之"科学"还面临其他"科学"意义的挑战。王国维、梁启超、顾实关于经学的讨论，即基于他们的"科学"认识，判定教科中的经学"非科学"。如果按照他们的"科学"标准改造经学，经学的一元化形态将荡然无存。这些来自外部的"科学"的冲击，在主观上进一步弱化了经学在教育体系内的影响力。

有鉴于此，1907年张之洞提倡建立存古学堂。存古学堂避开了中学分

---

① 顾实：《论小学校读经之谬（续完）》，《教育杂志》第 1 年第 5 期，1909 年 6 月，第67～70 页。

② 《学务纲要》，朱有瓛主编《中国近代学制史料》第 2 辑上册，第 94 页。

科的矛盾，试图以书院这一旧有的教育形式保存学术完整，但是人心日益趋向西学，存古学堂最终不了了之。①

2. 关于教科书的编译

教科的范围既定，教科书的编译就成为当务之急。从京师同文馆、上海制造局翻译局到日本教科书如潮水般涌入，这是国人认识教科书的初步阶段，以翻译为主。随着认识的加深，仿照西学体例编写本国教科书势所必然，一些零星的自编教材逐渐出现。学制颁布后，制度变革引发了教育的全面推进，自编教材成为教育改革中关键的一环。

从词汇入手研究近代教科书，语言上的微妙差别展现了近代国人丰富的内心活动。"教科书"一词最初由传教士的"text book"翻译而来，1900 年以前被民间学者采用。1901～1911 年，出现于官方文牍中，与"课本"等词混用。② 但研究者往往忽略了另一个近义词——"科学书"，单从字面上理解，人们会以为这些是讲述有关自然科学和社会科学的专业书籍。但是，自从樊炳清沟通了日本"科学"与中国教科，"科学书"一词便有了教育上的寓意。

《学务纲要》的编写者把大、中、小各学堂课程统称为"科学"，"现定各学堂课程科学，皆量学生之年齿精力而定，实可无竭蹶之虞"③。大学为专门教育，称课程为"科学"或许无疑，但将普通教育的所有科目称为"科学"的确是晚清教育中的特殊现象。《学务纲要》中，初等小学堂教授科目凡八；④ 高等小学堂教授科目凡九，增加了图画一科；⑤ 中学堂科目凡十二，增加了外国语（东语、英语或德语、法语、俄语）、法制及理财三科，分格致一科为专门的博物、物理化学两科。⑥ 各种"科学"皆按照东西各国学堂通例同时并讲，相间讲授，以求互相补助之益。"学堂考核学生，均宜于各科学外，另立品行一门。"《学务纲要》将经学与西

---

① 参见罗志田《国家与学术：清季民初关于"国学"的思想论争》第三章。
② 毕苑：《建造常识：教科书与近代中国文化转型》，福建教育出版社，2010，第 5 页。
③ 《学务纲要》，朱有瓛主编《中国近代学制史料》第 2 辑上册，第 90 页。
④ 《奏定初等小学堂章程》，朱有瓛主编《中国近代学制史料》第 2 辑上册，第 176 页。
⑤ 《奏定高等小学堂章程》，朱有瓛主编《中国近代学制史料》第 2 辑上册，第 191 页。
⑥ 《奏定中学堂章程》，朱有瓛主编《中国近代学制史料》第 2 辑上册，第 383 页。

学并立，"经学课程简要，并不妨碍西学"，且设中国文学一科以保国粹。① 种种迹象表明，《学务纲要》中的"科学"一词涵盖了教科全体，并没有排除西学以外的中国学术。该词不仅用来表示具备完整的立学之等、入学之年、受学之序、课学之程的教学体系，而且预示着中国学术必将跻身于"科学"行列的未来走向。

同时，改革者清楚地知道晚清教育的真实情状。《学务纲要》中列有"选外国教科书实无流弊者暂应急用"的专门条目："各种科学书，中国尚无自纂之本。间有中国旧籍可资取用者，亦有外国人所编，华人所译，颇合中国教法者。但此类之书无几，目前不得不借用外国成书以资讲习。现订各学堂教科门目，其中有暂用外国科学书者，或名目间有难解，则酌为改易，仍注明本书名下，俾便于依类采购。俟将来各科学书中国均自编有定本，撰有定名，再行更正。至现所选录之外国各种科学书，及华人所译科学书，均由各教员临时斟酌采用。"② 该条目里所说的"科学书"，多指"外国科学书"或是"西国科学书"，中国少有可资取用者，必假以时日才可能出现完备的自编教材。

晚清处于教育改革的初级阶段，以模仿为主，不足为过，缺少符合分科标准的自编教材也在情理之中。由于"学堂既立，学科既分，则课书必须预备"，应急之策只能是采用翻译或是编译的西学课本，"若理化、动植、图算等学，可译东、西洋成书充用。若读本地理、历史、乐歌、修身等，则必从事编撰，但须依东、西洋教科书为蓝本耳。有以私资编译者，检查合格予以版权，或格外奖励之。至实业、政治等书，亦宜分门翻译以资应用"③。因此，"科学书"不但对应东西各国已经分门别类、撰写发行的教科书，是教育分科成型后的一种样态；也代表了各种学问由教科发展到"科学"的系统化进程。教育改革的发轫意味着本国学术将义无反顾地踏入"科学化"的门槛，但与真正的"科学"还有相当距离。《学务纲要》字里行间显露的即是这种教科初立，尚不够"科学"的自识。

当时社会上还存在其他意义的"科学书"。有专指自然科学者，刘师培曾批评"西学中源说"牵强附会，"近人喜以中国旧籍，与西国科学书

① 《学务纲要》，朱有瓛主编《中国近代学制史料》第2辑上册，第82～84页。
② 《学务纲要》，朱有瓛主编《中国近代学制史料》第2辑上册，第93页。
③ 罗振玉：《教育私议》，璩鑫圭、唐良炎编《中国近代教育史资料汇编·学制演变》，第149页。

相证。如《格致古微》诸书是也"①。也有指西方分科学术之全体者，沈祖荣在 1918 年 3 月曾对全国 33 所图书馆进行问卷调查，多数图书馆新旧书籍并存，旧籍以四部分类，新籍依各"科学"编次。② 但不论含义如何，均指外国书籍，这几乎是国人心目中不言而喻的共识。换言之，不论是教科、自然科学，还是其他各种科学，有资格称为"科学"的都还只是西方学术，甚至日本学术也与之存在差距。如谓"至于科学书，西人程度极严正，可按等而译。日本教科书文法太劣，可师其意而不可泥其辞"③。近代"科学书"一词的多义指向，恰恰表明"科学"概念具有宽泛的内涵。

新学制颁布之前，中国教科书以翻译为主，特别是日本教科书"充斥于市肆，推行于学校"④。同时，中国自编教材悄然出现。1898 年，无锡三等学堂的创办者俞复、丁宝书、杜嗣程和吴稚晖等人，在教学过程中历经数年编就《蒙学课本》，表露了国人对改良教科书以及分科设学的初步设想。⑤ 随着教育改革的深入，自编教科书自然分为二事：一是翻译引进外国教科书，二是模仿西学体例自编教材。1902 年，京师大学堂设编书处，该处分设编书处与译书处，编书处专司中学教科书的编纂之事，译书处则以翻译西书为主，遵循中学、西学分门办理的原则。

比较而言，引进相对简单，但翻译过程中存在一些难解的矛盾。科学定名是西学移植中的基本问题，传教士创办教科书委员会之初便开始讨论，但收效甚微。大规模翻译教科书时，困难凸显。其中又可析为二事：一是中国旧有，但与他国不同的名词当如何定名；二是中国从所未有的新名词当如何采用。但不论是直取为用，还是适当贯通，"然门类纷繁，苟非习业专精，断难臆决从事"⑥。权衡之下，国人普遍认为中国科学智识

① 刘师培：《周末学术史序·理科学史序》，劳舒编《刘师培学术论著》，浙江人民出版社，1998，第 35 页。
② 沈绍期：《中国各省图书馆调查表》，《教育杂志》第 10 卷第 8 号，1918 年 8 月，第 44 页。
③ 《浙江屈牺上直隶学务处编译课本条陈（附：直隶学务处复函）》，《四川学报》乙巳第 16 册，1905 年，第 5 页。
④ 诸宗元、顾燮光：《译书经眼录序例》，张静庐辑注《中国近代出版史料二编》，中华书局，1957，第 95 页。
⑤ 毕苑：《建造常识：教科书与近代中国文化转型》，第 86 页。
⑥ 《山东学务研究所分会条议（续完）》，《广益丛报》第 105 号，1905 年 5 月，第 7 页。

尚在幼稚时期，若"融化东西各名家，言一炉而冶之，则所定名词势必多般歧异，或仅采日本字义以图省便"①，因其定名"经专门名家数十辈之考究，数十年之改正，而后著为定名，讨论即详，名义多确"，但仅限于"治科学者言之耳，若夫普通名词，中国语言文字已给于用，无取新奇"②。不过，科学定名在晚清时期并没有得到很好的解决，③ 并由此引发了关于中国语言文字改造的一系列论争。④

困难之二在于译本的选择。有论者主张课本以译为主，当译之书为师范用书、教科书与参考书，"如此十年以后，乃可望完全矣"⑤。也有人认为普通教科时译已多，"唯中小学校，各国教育程度不同，晋用楚材，未必悉合。应就本国情势所宜，斟酌删定，此编辑之任，非编译之事也"。或曰"今言教育者，多谓学问务在普及，高深学理非中国今日所能及，故极力推广小学，而于中学以上不甚加意。此语虽是而实有未尽"。中国欲行教育，小学固所必先，但高等教育尤宜讲求，国家抵御外患，养成人才，端赖于此。"方今中国学堂大率取二十岁以上成年有造之士，教以外国中小学校普通浅近之学"，其于国家危难仍无分毫裨益。⑥ 相关讨论的实质是中国教育应以普通为先，还是以高等为重，这关系到设学次第的轻重缓急。由此说明，教科设置、教学次第的安排以及教科书的编译，三者互构为一个整体，都是"科学"教育必要的组成部分。

但是，如果教科书仅以译本为主，易生流弊。时人总结弊端为八：（1）宗旨不划一；（2）用书无分类；（3）分配不调均；（4）分量不精审；（5）方针无定向；（6）级度无层次；（7）连贯无系统；（8）材料无选择。而且认为教育为国民之精神，而教科书为教育之精神，西方教科书可以直译，"关于精神之教科书必审己国之程度而熔铸之，不可直译"。中国的自

---

① 《浙江屈牺上直隶学务处编译课本条陈（附：直隶学务处复函）》，《四川学报》乙巳第16册，1905年，第4页。
② 《新学名词》，《四川学报》乙巳第9册，1905年，第2～3页。
③ 张剑：《近代科学名词术语审定统一中的合作、冲突与科学发展》，《史林》2007年第2期，第27页。
④ 参见罗志田《国家与学术：清季民初关于"国学"的思想论争》第四章。
⑤ 罗振玉：《教育赘言八则》，璩鑫圭、唐良炎编《中国近代教育史资料汇编·学制演变》，第154页。
⑥ 《山东学务研究所分会条议（续完）》，《广益丛报》第105号，1905年5月，第8～9页。

有之学，如修身、国文、历史、地理四科"皆振发国民之要素者也"，尤为教科书之精神，[①] 必仿西学体例以自编教材为主。

编辑本国教科书又可分为二事：一是整齐外国各种学科以投合程度，二是采掇古今百家传记以取便诵讲。"两事均非仓卒可办，唯就今日情形论之，则前者较易，后者信难。"关于前者，"方今学制初立，外国科学向来讲求，均须从初级下手，而外国教科典籍，具有定本，取资仿效，不患无从，唯斟酌吾国情势适宜而已"。此等工作是"编辑之任非编译之事"，主要涉及历史与地理二科。至于后者，则是编辑旧书，但是中国旧书"浩如渊海，纵横并列，从未折中审定鉴裁，谈何容易？挂漏之讥，灭裂之消，均恐不免"[②]。编书二事讨论的仍旧是中国学术如何被纳入教科体系，只不过涉及的问题更为具体。

早在戊戌时期，教育界对此已有探讨，话题虽不完全相同，却是现有议题的认识基础。梁启超曾诟病洋务学堂有西学无中学，学术无本，在他草拟的时务学堂章程、京师大学堂章程中均有中西兼备之说。并在《代总理衙门奏议京师大学堂章程》中拟设编译局，编中西教科书。西学以译为主，取东西各国教科书加以润色，勒定为各级学堂教本。中学"四库七略浩如烟海，穷年莫殚"，宜"荟萃经子史之精要，及与时务相关者编成之，取其精华，弃其糟粕"[③]。但此说一出，遂招致吴汝纶的不满，他认为："总署所议大学堂章程，多难施行"，其中"有荟萃经、子、史，取精华去渣滓，勒为一书，颁发各学堂等语，皆仿日本而失之，此东施捧心，以效西子者也。……中国旧学深邃，康梁师徒，所得中学甚浅，岂能胜删定纂修之任，斯亦太不自量矣！"[④]

随后，孙家鼐在《奏筹备京师大学堂大概情形折》中调整梁说。他认为如果"谨按先圣先贤著书垂教；精粗大小无所不包，学者各随其天资之高下以为造诣之浅深，万难强而同之。若以一人之私见，任意删节，割裂

---

① 《论编辑教科书之关系》，《长沙日报》1906年3月30日，黄林编《近代湖南出版史料》（2），湖南教育出版社，2012，第1524～1525页。

② 《山东学务研究所分会条议（续完）》，《广益丛报》第105号，1905年5月，第7页。

③ 梁启超：《代总理衙门奏议京师大学堂章程》，夏晓虹辑《〈饮冰室合集〉集外文》上册，北京大学出版社，2005，第33页。

④ 吴汝纶：《与李季皋》，《吴汝纶全集》（三），第201页。

经文，士论必多不服。盖学问乃天下万世之公理，必不可以一家之学而范围天下"。他提议"经书断不可编辑，仍以列圣所钦定者为定本，即未经钦定而旧列学官者，亦概不准妄行增减一字，以示尊经之意"；"史学诸书，前人编辑颇多善本，可以择用，无庸急于编纂"。原奏中称普通学门类太多，中才以下断难兼顾，拟每门各立子目，仿专经之例，多寡听人自认。其中理学可并入经学为一门，诸子文学皆不必专立一门，子书有关政治经学者附入专门，听其择读。①

在孙家鼐的基础上，梁启超将之进一步具体化。其一，"查原章溥通学第一门为经学，原奏亦有将经史等书撮其精华之语，唯六经如日中天，字字皆实，凡在学生，皆当全读，既无糟粕可言，则全体精华，何劳撮录？"建议将经学一门提出，不在编译之例；其二，"理学门功课书"，分类纂成，以成修身一科；其三，"掌故学拟略依'三通'所分门目而损益之"；其四，"诸子中与西人今日格致、政治之学相通者不少"，专择此类加以发明。② 与之前所拟章程相比，梁启超的书生意气有所收敛。经史子集各部中，经学得以保存全体，史学体例可依旧籍，子部入西学门类，诸子文学不立专门，寓于各学之中。

吴汝纶对此改变亦有回应，认为"管学大臣驳议此节，持论自正"，但折中之后尤有未尽之处，"未筹西学新徒应读何书"。照他看来，如果"遍读四部，决为精力所不及"，既要解决学堂功课过多，又要兼及中西兼备的问题，只能是西学生徒减少中学内容，"但读论语、孟子、及曾文正杂钞中左传诸篇，益之以梅伯言古文词略，便已足用"；"史则陈榕门所辑纲鉴正史约，但与讲论，不必读也"③。至于中学全体如何保存，吴汝纶没有明示，按照他的一贯主张，应该是另设机构专门维系，中学、西学各守专门，不必贯通，特别是中学不必化解于西学之中。但是精简之后的中学当学什么，吴汝纶的建议难免带有门户之见。

可见，教科书编纂之难在办学伊始便已显露，意见分歧大致有三：一是

---

① 孙家鼐：《奏筹备京师大学堂大概情形折》，汤志钧、陈祖恩编《中国近代教育史资料汇编·戊戌时期教育》，上海教育出版社，1993，第 138 页。
② 梁启超：《拟译书局章程并历陈开办情形折》，夏晓虹辑《〈饮冰室合集〉集外文》上册，第 42～43 页。
③ 吴汝纶：《与廉惠卿》，《吴汝纶全集》（三），第 206 页。

荟萃经史子集，去粗取精；二是四部中保全经学，其他各部可稍加择取；三是中学、西学各为一体，学西学者可择中学之要选入教科。三方意见都是在纳中学入教科的既定前提下开展讨论，区别在于传统四部之学的取舍与安置。康、梁的意见对于四部带有明显的批判性，吴汝纶的不满即体现于此，他认为中学减读法适用于西学生徒。孙家鼐的折中是在分解中学的基础上完成的，对待经学与其他各部的态度不同，经学必须尊之，其他各部留有选择的余地。

对待经学的态度既定，第二个问题随之显现，即经学以外的中学如何编入教科。在孙家鼐与梁启超的改革方案中，理学可编纂为修身学；历史仍依旧例，但可参考西学；子学可按照西学分之。但吴汝纶仍认为中西功课过多，还可以继续精选。不过，当吴汝纶斥责康梁师徒太不自量时，他所列出的功课同样难免被人讥为"以一人之私见"来推行天下。

如此，第三个难题也随之而出，不论中学教科如何确立，都有一个由谁来立的问题。由此，编书之事步步推进，至少面临三大困境：中国的传统学术是否可以编为教科。四部之书如何编为教科，以及由谁，按照什么标准编为教科。

新政初期，虽然各家观点不同，但都没有超出这三个范畴。大多数人采取的是孙家鼐的方法，将中西并立，中学除经学之外，其他各科参仿西制。如《江楚会奏变法三折》所设学堂办法：八岁入蒙学，习识字，正语音，读蒙学歌诀诸书，除"四书"必读外，"五经"可择一二部；十二岁以上入小学，习普通学，兼习"五经"；十五岁以上入高等小学，校解经书，较深之义理；十八岁入中学校，温习经史地理，仍兼习策论词章；后入高等专门，分七科：一经学，中国经学、文学皆属；二史学，包括中外史学、地理；三格致；四政治；五兵学；六农学；七工学。例设农工商矿四专门学校。① 罗振玉提供的设学方案也是"将小五经四子书分配大、中、小各学校"，择其适合程度者授之。依日本教科书体例编译本国历史地理，学校所授一切课程，以本国语言讲授为本。② 张元济则认为教科书之事，最上为速自译编，其次是集通儒取旧有各本改订。③

_____

① 刘坤一、张之洞撰：《江楚会奏变法三折》，沈云龙主编《近代中国史料丛刊续编》第471辑，台北，文海出版社，1977，第12～16页。
② 罗振玉：《学制私议》，朱有瓛主编《中国近代学制史料》第2辑上册，第11页。
③ 张元济：《答友人问学堂事书》，《读史阅世》上编，第25页。

1902 年，时任管学大臣的张百熙再次提出设翻译局，以编辑课本为第一要事。各学之中，"今学堂既须考究西政西艺，自应翻译此类课本，以为肄习西学之需"。经学必读，"至中国《四书》、《五经》，为人人必读之书，自应分年计月，垂为定课"。除此之外，"百家之书，浩如烟海，亦宜编为简要课本，按时计日，分授诸生。盖编年纪传、诸子百家之籍，固当以兼收并蓄，使学子随意研求；然欲今教者少有依据，学者稍傍津涯，则必须有此循序渐进、由浅入深之等级"①。自编教科书的范围已然确定。

京师大学堂编书处计划编纂中小学课本凡七：经学、史学、地理、修身伦理、诸子、文章、诗学。其中，"经学课本，除四书五经分年诵习外，其诸家注释，拟编纂《群经通义》一书，略仿《尔雅》之例，天地人物，礼乐政刑，类别部居，依次序列，务取简赅，不求繁富。其大意微言，师承派别，亦区分门目，略加诠次，要必符乎普通之意，取资诵习，为通经致用之先，无取乎汉宋专家探微骋博之业也"。"史学课本，拟以编年为主，删除繁琐，务存纲要。史家论断，所以明是非而别嫌疑，于人事至为切要，拟就先哲史论文集精为择取，或逐条系附，或另卷编列。""地理课本，拟区分行省、府、厅、州、县。凡经纬度数，山川形势，户口丁漕，驿传道路，关権税款，物产工艺，备载大略。""修身伦理，拟分编修身为一书，伦理为一书，均略取朱子《小学》体例分类编纂。""诸子课本，考周秦诸子为后世各种学派所自出，犹泰西学术必溯源于希腊七贤。今拟提要钩元，汇为一集，支条流别，灿然具陈。至古书诘屈，通晓非易理董，则文字取之国朝校勘诸家。""文章课本，溯自秦汉以降，文学繁兴，揽其大端，可分两派：一以理胜，一以词胜。凡奏议论说之属，关系于政治学术者，皆理胜者也。凡词赋记述诸家，争较于文章派别者，皆词胜者也。兹所选择，一以理胜于词为主，部析类从以资诵习，冀得扩充学识，洞明源流。凡十家八家之标名，阳湖、桐城之派别，一空故见，无取苟同。""诗学课本，拟断代选择。自汉魏以迄国朝，取其导扬忠孝，激发性情，及寄托讽喻，有政俗人心之关系，撰为定本，以资扬扢。"② 以上七类，并没有完全按照西学分类，但确是以分科面目出现，且除了四书五经

① 张百熙：《奏京师大学堂疏》，朱有瓛主编《中国近代学制史料》第 2 辑上册，第 835 页。
② 《京师大学堂编书处章程》，《中国近代出版史料初编》，第 207～208 页。

之外，都有一定程度的删繁就简，遵循了戊戌以来的设学原则。

学制颁布后，编辑教科书进入实际操作阶段，首要之事为仿照西学体例编辑教科书。时人建议"教育宗旨之不可无定向。谓我国自古无教育者，瞀妄之说也。唯我国自古普通之教育无一定向，守一师说，从一家言，互相争扰，故教育不能平均。今若编教科书，宜力矫此弊，务使一教科书之首尾及此科与他科之宗旨同符合节，而其结果乃得良好"①。其所谓教科书有"定向"是指学问须从家学转向有定则的分科之学；其所谓有"首尾"，就是学问须有自身的统系，以及与他科之关联。教育分科已有西学成例，不难仿行，难度较大的是如何使中国学术有系统。此事直接关涉历史与地理二科，"西史西地犹可取资外国，本邦事实，断难转乞邻醢"②。

以史学为例，困难之一在于史学编写的体例。依照翻译局的意见，历史教科书应以编年为主，史家论断以人事为要，终以明是非而别嫌疑。但有不同意见者，如浙江屈牺曾上书直隶学务处认为中国历史宜分类编译。他说中国二十四史浩如烟海，编为教科必须删繁就简，但每苦无从下手。如欲融会贯通，抉择精言，则必须先订明条例，纲举目张。从前旧史家或争正统，或争褒贬，或掌体例，凌乱芜杂；现下通行中国历史教科书，应多取诸日本。论者拟将史学分为四类：一曰"时"，中国数千年之统系，如历代帝王世系、中国年数、中国大事等，上下纵横，考实列表，有此一书，则读史者自清界限；二曰"地"，中国版图之拓展，略分统一时代、分割时代以及山海形势并附精确之图，有此一书，则读史者自明方域；三曰"法"，典章制度为治世之龟鉴，略分历代刑政史、军政史、财政史以及农史、工史、商史、礼乐史等，各为一编，有此一书，读史者于历代制度沿革得以淹博贯通；四曰"学"，"中国学派繁多，周秦迄汉，百家杂出，为中学最盛时代，晋魏之老学，六朝隋唐之佛学，宋元明之理学，同朝之考据词章，以及近时之新学，莫不各有所长，是宜详其派别，分类编纂。有此一书，则读史者于学术纯驳自可披寻，而学界源流一线到底，于中国国粹关系匪轻。若徒斤斤于个人之善恶，一事之是非，

①　《论编辑教科书之关系》，黄林编《近代湖南出版史料》（2），第1524页。
②　《山东学务研究所分会条议（续完）》，《广益丛报》第105号，1906年5月，第7页。

似不当列于史学一科"。① 但是直隶学务处复函曰：我国旧史以体例分类者多，如编年、纪传、纪事本末体；以事业分类者少，如农、工、商业各史；文明史、进化史、论理史、教育史、哲学史在我国更是绝无仅有之作。我国之史大抵只有兵事史、政治史，因此"我辈若欲研究史学，宜取中西各史，按事编纂，庶足以广宇宙之知识，以振起国民之精神，未可拘拘于法学二门，以故步自封也。普通史学虽不易分类，然宜在此处着眼"②。言下之意是中国史学尚不存在如西方史学那么多的门类，不能以西方史学门类概括之，如生搬硬套将会造成中国旧史的缺漏。

但是，即便以编年为主，仍存在争论。从1903年至1906年短短几年间，有数十部历史教科书出版。其中较有代表性的是曾鲲化的《中国历史》上中册（1903～1904）、夏曾佑的《最新中学中国历史教科书》三册（1904～1906）和刘师培的《中国历史教科书》三册（1905～1906）等，这些教科书的内容和体例与传统史书有很大差别。夏曾佑的《最新中学中国历史教科书》是当时同类书中创新最多的一部。该书借鉴了西方和日本新式史书的章节体例，运用社会进化观将中国古代历史进行了分期：自草昧时代到清代分为上古、中古和近古三大时期，而每一时期又细分为传疑、化成、极盛、中衰、复盛、退化、更化七个小时期。这套书虽然只完成了隋以前的写作，但由于新颖的体例和见解，在当时很有影响力。③ 不满者恰恰认为该书体例不合中国实际，"说者谓宜仿西史体裁，重编新例"，但"所谓上古、中世、文明、黑暗等名词自是西史事例，苟欲研究中史，则中邦自有之制度，自有之典实，要自不可不知，未宜舍己芸人，习焉俱化"；"且上古、中古，进化、退步，究应若何分别，一人私见，殆难强用通行，与其凭空结撰，徒学秦优，不如掇拾陈编，较有根据，未宜以新旧之见，轩轾其间也。要之衡量古今至为难事……历史课本之难定也"④。

---

① 《浙江屈牺上直隶学务处编译课本条陈（附：直隶学务处复函）》，《四川学报》乙巳第16册，1905年，第2页。
② 《浙江屈牺上直隶学务处编译课本条陈（附：直隶学务处复函）》，《四川学报》乙巳第16册，1905年，第5～6页。
③ 刘俐娜：《由传统走向现代：论中国史学的转型》，社会科学文献出版社，2006，第60～61页。
④ 《山东学务研究所分会条议（续完）》，《广益丛报》第105号，1905年5月，第7页。

编写历史教科书看似体例难定，实则是衡量古今的标准发生了变化。分歧体现为二：一是中国历史是否可以采用西方的按事业类分的方法；二是中国历史是否如西方一样遵循进化规律。即便二者皆可试行，还存在更深层次的担忧。假若中国历史可以在形式上以上古、中古，进化、退步来区别，又该如何做到像西方历史一样客观有据，而不沦为"一人私见"。当然，西方历史是否真的客观有据值得商榷，但至少在时人眼中它比本国的家学师说显得凿凿有据，更接近所谓的"科学"。历史教科书的编纂体现了近代学人的思想两难，一边是向西方看齐的渴望，一边是舍己从人、入主出奴的忧虑。

此外，经学体系中一些溢出历史、地理之外的部分当如何在教科中安置，论者意见纷繁杂芜。这个问题其实超出了教育分科的范畴，是近代中国学术转型的核心枢纽，应在更广泛的学术层面加以讨论。但问题的本质没变，依旧是中国传统学术该如何纳入西方学术的分科体系。

3. 关于教育次第的安排

论及晚清教育，还需追究"普通"一词的含义。19世纪末20世纪初，"普通"一词在教育领域中频繁出现，往往与"专门"相对。甲午战争以前，中国教育多提倡"专门"之学，对于基础教育重视不够，即便言及，也多采用传教士的说法，谓之"乡塾""郡学"等。甲午战争前后，中国采用日本教育的称法，将各级学校分为普通和专门两类。"普通各学校者，乃植为人之始基，开各学之门径，盖无地不设，无人不学，故曰普通"，包括寻常小学校、高等小学校、寻常中学校、寻常师范学校、高等师范学校。专门各学校凡分六科：曰文科、曰法科、曰理科（乃格物诸学）、曰工科、曰农科、曰医科。其中尚各有专科中之专科，不能相通为用。其学校凡分两种：曰预科学校，即高等学校；曰正科学校，即大学校。大学校之上，尚有大学院。① 日本的普通教育应是指高等以下（除高等师范外）的各级学校。

但这一概念传入中国后，使用上有了偏差。张謇将传教士介绍的欧洲

---

① 姚锡光：《上张之洞查看日本学校大概情形手折》，朱有瓛主编《中国近代学制史料》第2辑上册，第27～28页。

教育与日本比照，称东西各国，学校如林，"端其基础，首在正蒙"。日本普通以及高等小学校，即各国乡塾；其寻常中学校及寻常高等师范学校，即各国郡学院；陆军及各专门学校，即各国实学仕学院；大学校即太学院。① 比较而言，罗振玉理解的"普通"，范围相对狭窄，仅将初等小学，即日本所谓的寻常小学认定为"普通"，特指义务教育。日本的义务教育为寻常小学四年，"其教育方针在令全国人民悉受学，备具普通知识与国民资格也"②。但无论如何理解，从"普通"到"专门"含有程度上的差异，相当于由低级到高级的教育进阶。由于各阶段的教育重点不同，普通教育以基础知识为主，专门教育以高级科学为重。

另一种"普通"指中学阶段的教育分支，通常用来指代普通中学堂，"意在使入此学者通晓四民皆应必知之要端"。与之相对的是专门教育，如实业学堂"意在使人具有各种谋生之才智技艺，以为富民富国之本"；如师范学堂"意在使全国中小学堂各有师资，此为各项学堂之本源，兴学入手之第一义"③。它们与普通中学在初等教育结束后选择了不同的进学阶梯。这种区分相当于一般与特殊的关系，学科程度一致，学科门类出现分野。"普通"与"专门"不以程度分，而以类别分。

因此，晚清的"普通"教育至少有三义：一是包括小学、中学以及师范学校在内的教育范畴；二是专指初等义务教育；三是指与特殊教育相对的正规教育。但近代国人言及"普通"时，大多没有加以说明，后人很难单纯以"普通"二字揣测本义，非从上下文加以鉴别不可。

同时，教育论说中还流行着"溥通学"的用法，如今多写作"普通学"。如郑观应介绍泰西学制时说，"小学成后，选入中学堂。所学门类甚多，名曰普通学"④。又说中国设小学堂应仿德国小学堂章程，学分十课：经学、读中国书、算学、地舆、史学、生物植物学、格致学、图学、体操、习中国字。课程"为本国通用之学而设，故不及外国文字功课。其欲子弟大成者，则有中学堂与溥通学在"⑤。二者应同指外国中学所授的文字功课。

---

① 张謇：《变法平议》（1901），朱有瓛主编《中国近代学制史料》第 2 辑上册，第 9 页。
② 罗振玉：《日本教育大旨》，璩鑫圭、唐良炎编《中国近代教育史资料汇编·学制演变》，第 224 页。
③ 《学务纲要》，朱有瓛主编《中国近代学制史料》第 2 辑上册，第 80 页。
④ 郑观应：《郑观应集》上册，第 266 页。
⑤ 郑观应：《郑观应集》上册，第 271 页。

1897 年，时务学堂章程分功课为"溥通学"与"专门学"两种："溥通学"凡学生人人皆当通习，"专门学"每人各占一门。"溥通学"条目有四：经学、诸子学、公理学、中外史志及格算诸学之粗浅者。"专门学"条目有三：公法学、掌故学以及格算学。凡出入学堂六个月以前皆治"溥通学"，至六个月以后，乃各认专门；既认专门之后，"溥通学"仍一律并习。① 此时"溥通学"已经特别指出中国学术中学程度应授的课程。

在梁启超代拟的"京师大学堂章程"中，"溥通学"的内容有所增加，包括经学第一、理学第二、中外掌故学第三、诸子学第四、逐级算学第五、初级格致学第六、初级政治学第七、初级地理学第八、文学第九、体操学第十，"溥通学"毕业后每人选修一到两门专门学。② "溥通学"不再只是中学阶段的课程，它在中等教育与高等教育中兼授，是专门教育的基础，相当于今天高等教育中的通识科目。此外，章程中的"溥通学"还有另外一义，"今宜在上海等处开一编译局，取各种溥通学尽人所当习者，悉编为功课书，分小学、中学、大学三级，量中人之才所能肄习者，每日定为一课"③。此处"溥通学"包括各级学校的分科内容，凡设学之科，除专门肄习之外均为普通学，大致相当于各级教育中的必修课。因此，章程中的"普通学"包含广狭二义：广义几乎包含了所有教科，意为一般知识；狭义者，专指从中学开始教授的基础学科。但不论广狭，其特点在于中西兼备。梁启超诉其设学深意，目的在于"力矫流弊"，使"中西并重，观其会通，无得偏废"④。

1901 年，杜亚泉在《亚泉杂志》结束后继办普通学书室，出版《普通学报》。其所谓"普通学"，"如经学、史学、文学、算学、格致之类。无论将来欲习何业，皆有用处"，与梁启超的广义"普通学"同义。后人也如是理解，认为杜亚泉的"普通学"已是当时的流行名词，意为通常知识，无固

---

① 梁启超：《时务学堂功课详细章程》，夏晓虹辑《〈饮冰室合集〉集外文》上册，第 22 页。

② 梁启超：《代总理衙门筹拟京师大学堂章程》，夏晓虹辑《〈饮冰室合集〉集外文》上册，第 35 页。

③ 梁启超：《代总理衙门筹拟京师大学堂章程》，夏晓虹辑《〈饮冰室合集〉集外文》上册，第 33 页。

④ 梁启超：《代总理衙门筹拟京师大学堂章程》，夏晓虹辑《〈饮冰室合集〉集外文》上册，第 35 页。

定范围。但主要指数理化和社科基本知识，不及伦理、文学、图画等。①

1902 年，张之洞在与张百熙的通信中言及"普通学"，认为各国教育以小学堂为第一层根基，"普通学"为第二层根基。"普通学"即寻常中学，外国文武官，下至农工商，无不习之。② 在《奏定译学馆章程》中，确定"普通学之曰九：曰人伦道德，曰中国文学，曰历史，曰地理，曰算学，曰博物，曰物理及化学，曰图画，曰体操"。译学馆招收的学生"应考取中学堂五年毕业者方为正格"，创办初期可暂允考取文理明通及粗解外国文者入堂，或择大学堂现设之简易科及渐次设立之进士科中略通外国文者，调取入馆。③ 由此可知，译学馆的程度相当于高等预科学校，"普通学"则意为专门学科中的基础学科，并由此泛化为寻常中学。

这期间还出现了"普通科学"一词。1902 年，在吴汝纶给张百熙的信函中，称"中学校普通科学为之阶梯"④。吴汝纶没有说明"普通科学"的范围，察其言语应该理解为日本中学设置的分科之学。随后，张百熙致书张之洞使用了"普通科学"一词，谓"中学四年所习皆普通之学，除本国文、经史纯用国文外，其他科学亦大半用译本"⑤。虽然，张百熙没有将"普通"与"科学"连用，但二者显然可以连接成为一个专有名词，其意义与吴汝纶的稍有不同，中学教科里已经涵盖了中国的国文与经史。

1903 年，张謇也言及"普通科学"，称："今言教育者，乃欲于初等小学儿童普通科学外，更责以读经，岂今世乡里儿童之才，皆过于七十二人，而小学教员之为教，又皆过于孔子耶？"⑥ 此处的"普通科学"不存在学级差别，基本等同于学校的设教之科。

1905 年，"普通科学"甚至被泛化为中学程度的新式学堂。该年的《直隶教育杂志》曾登载一则消息，名为"拟改校士馆为普通科学馆"，

---

① 汪家熔：《"鞠躬尽瘁寻常事"——杜亚泉和商务印书馆与文学初阶》，《商务印书馆一百年：1897～1997》，商务印书馆，1998，第 670 页。
② 张之洞：《致京张冶秋尚书》，璩鑫圭、唐良炎编《中国近代教育史资料汇编·学制演变》，第 136 页。
③ 《奏定译学馆章程》，朱有瓛主编《中国近代学制史料》第 2 辑上册，第 877 页。
④ 吴汝纶：《致张尚书》，《吴汝纶全集》（三），第 436 页。
⑤ 《管学大臣张（百熙）遵旨议奏湖广总督张（之洞）等奏次第兴办学堂折》，朱有瓛主编《中国近代学制史料》第 2 辑上册，第 67 页。
⑥ 张謇：《学制宜仿成周教法师孔子说》，璩鑫圭、唐良炎编《中国近代教育史资料汇编·学制演变》，第 172 页。

说保定总校士馆近年来增加了东文算术等科，欲厘定规制，加习重要学科，以培养各级师范及中学以下的修身、经史、国文等科教员。于是将原来的校士馆改名为"普通科学馆"，招收 50 人，增设科学一年，参照中学学堂和初级师范教科酌定课程。①

如此排比，基本可以获知："普通学"往往表达为"普通科学"的省词，二者没有本质差别。由此也再次印证，20 世纪初，教育领域中的"科学"一词已经延伸为教科之义。问题在于，按照中国的语言习惯，行文中经常使用省词，不论是"普通"教育、"普通学"还是"普通科学"，在晚清士人的文字中多以"普通"或者"普通之学"替代。"普通"一词在晚清教育领域中频繁出现，表明国人通过不断地转述东西方教育的成例，咀嚼消化着意义含混且丰富的"普通"一词，从中寻找着切实可行的改革落点。

罗振玉曾清楚地表达过中国设学的两难处境。他说今日兴教育，有正当办法，也有急就办法。正当办法是先求行政而后谋教育，先养成教员而后兴学校，先立小学校而后及中等以上之学校。急就办法是一面兴学校，一面考求行政；一面造就师范之速成者，一面开学校；一面创小学校，一面即立中等学校及专门学校。二者途径迥殊，但在今日必须兼管并务。如果教育不从正当办法入手，教育终无秩序。但如果仅依秩序，则考求行政、养成教习者不知需要多少人，由小学而进中学、专门学者又不知需要多少年，屈指计之，最速之期，则立小学校当在三年以后，由小学入中学在十年以后。而国家正值育材孔亟之时，不能采用正当办法的原因即在于此。变通之法是，先设速成师范科，一年内可得小学校教员；中等及专门之学校亦与小学校同时并立，而先立补习科，补习普通学一年。此为速成之法，但有学术不能完全之弊，不能专恃急就办法的原因即在此也。若折中二者，立速成科以应目前之急用，立正当科以育将来之人才，乃为两得之策。②

在正当科中，罗振玉自谓"守教育普及之主义"。办学顺序为"先教

---

① 《本处拟改校士馆为普通科学馆呈请核示并批》，《直隶教育杂志》第 1 年第 3 期，1905年 3 月，第 7 页。

② 罗振玉：《教育赘言八则》，璩鑫圭、唐良炎编《中国近代教育史资料汇编·学制演变》，第 152 页。

道德教育、国民教育之基础及人生必须之知识技能（即小学教育）。驯而进之以高等普通教育（即中等教育）。再进之以国家必要之学术技能之理论与精奥（即大学教育）。循序渐进，勿紊其序。定小学前四年为义务教育"①。因为，"有道德与国民之基础，而后知尊爱之方；有知识与技能，而后得资生之具。譬如今日各省专心于高等教育，虽每省学校遽增千百所，而教育不及齐民，则义和拳匪及闹教之案仍必不免。若从事于普及教育，则功效必溥矣"②。

具体而言，罗振玉主张先立小学、中学、专门学校。令十岁上下者入小学校；二十岁内外者入中学校、寻常师范学校；三十岁内外中学较优、普通学略有门径者，令受高等学及高等师范及专门学；至大学校则宜稍待再图之。但这仍只是权宜之计，将来的正当办法应该是由六岁至九岁入寻常小学；十岁至十二岁入高等小学；由十三岁至十六岁受中等学四年，或受寻常师范学四年；由十七岁至十九岁受高等学三年，或受专门学三年，或受高等师范学四年。③ 二者相比，现在的学生年纪普遍稍长，普通学程度较低，从小学到中学都不合程度而为破格录用，而大学更是由于程度不够，不得不暂缓。

张謇论设学次第，也是由小学而中学，进而专门学校。他认为各府州县宜先立一小学堂于城，小学堂令先特立寻常师范一班；第二年四乡分立小学堂，府州县大者四十区，中三十区，小二十区；第三年即以先立之小学堂为中学堂，仍并寻常师范学堂于内，兼教西文，而别立高等师范学堂；第四年各省城立专门高等学堂；第五年而京师大学堂可立矣。其应分立者，各府州县督察法理、农业、工艺学堂，高等商业学堂，女子师范学堂。其可和缓者，高等师范、音乐学堂、盲哑学堂。④

持论相同者还有梁启超。他认为"求学譬如登楼，不经初级而欲飞升绝顶，未有不中途挫跌者"。他以留日学生为例，"吾国之游学日本者，其始亦往往志高意急，骤入其高等学、专门学、大学等，讲求政治、法律、经济诸学；然普通学不足，诸事不能解悟，卒不得不降心以就学于其与中

<hr />

① 罗振玉：《学制私议》，朱有瓛主编《中国近代学制史料》第2辑上册，第11页。
② 罗振玉：《日本教育大旨》，朱有瓛主编《中国近代学制史料》第2辑上册，第37页。
③ 罗振玉：《学制私议》，朱有瓛主编《中国近代学制史料》第2辑上册，第11～12页。
④ 张謇：《变法平议》（1901），朱有瓛主编《中国近代学制史料》第1辑下册，第127页。

学相当之功课"。因此，"今中国不欲兴学则已，苟欲兴学，则必自以政府干涉之力强行小学制度始"。中国的大学"最速非五年后不可开"，"虽其已及大学之年者，宁减缩中学之期限，而使之兼程以进，而决不可放弃中学之程度，而使之躐级以求也"①。张元济亦说，中国正值教育初期，"勿存培植人才之见"，"今设学堂，当以使人明白为第一义"，"本此意以立学，则必重普通而不可言专门，则必先初级而不可亟高等"②。

也有持不同意见者，如吴汝纶认为设学应先建大学，次立小学，再次中学。在日本期间，吴汝纶寄书贺松坡、张百熙，多次论证三者的轻重缓急。先建大学为救急之法，"惟有取我高材生教以西学，数年之间，便可得用"，"今所开师范学校，适与符契。即明年开大学堂，恐仍须扼定此旨。此等学徒，中国文学业已成就，入学功课，宜专主西学，俾可速成"。次为小学，"欲令后起之士与外国人才竞美，则必由中、小学校循序而进，乃无欲速不达之患。而小学校不惟养成大、中学基本，乃是普国人而尽教之，不入学者有罚。各国所以能强者，全赖有此"。再次为中学校，因欧日各国设中学均无善法，中国亦可缓办。概括而言，设学第一义以造就办事人才为要，政法一也，实业二也；其次则义务教育，即小学校所以教育全国男女者是也；至文化渐进，再立中学校。吴汝纶设学之初念来自日本，受菊池的影响甚深，自谓各国初行教育，"菊池之言如此，某窃深服其言"③。两广总督陶模奏设广东大学堂时也说，"查外国之法，无不由小学中学以递升大学，惟是时事日棘，在在需材，势难从容，从待中小成材之后，方设大学堂。以目前办法，固宜广兴小学，以树不拔之基，亦不能不先设大学，以收速成之效"④。

犹有折中一说，建议设立全部学校。如谓"我今日之言立学校者，约有二说：甲曰立大学校，注意于高等教育者也。乙曰立小学校，注意于普通之教育者也。是二说者，皆有用意。盖非立大学，不足以振教育之精神，崇学校之体制，亦无以陶育已成之材；非立小学，则基础不立，国脉

---

① 梁启超：《教育政策私议》，《饮冰室合集·文集之九》，第33～36页。
② 张元济：《答友人问学堂事书》，《读史阅世》上编，第23页。
③ 吴汝纶：《与张尚书》，《吴汝纶全集》（三），第435～436页。
④ 《两广总督陶模奏设广东大学堂请废科举折并附片》，朱有瓛主编《中国近代学制史料》第1辑下册，第465页。

不张，事无能为。二者当同时并起，而尤当注意于普通之教育"①。

学制颁布之前，设学次第的讨论集中于初等与大学的先后次序。多数人从国家境况考虑，认为在现有的办学条件下应先着力于初等小学。久而久之，各人言语中的"普通教育"渐与普及教育靠近，多涉义务教育的范畴，而不是日本的由小学到中学，再到高等师范的普通教育。这种意义的转换最初乃无意之举，呼吁者往往从教育上着眼，寻求教育利益最大化。但是，这种主张被王国维斥为"平凡主义""苟且主义""颠倒主义"，以"知力上之贵族主义"相反对。② 他说如果按照"苟安之政治家"所言，教育仅限于六七龄之儿童，或将聚成童以上未学之人而悉以教六七龄之儿童者教之，会使十岁以上人无就学之地，而二十年内国家无可用之人。即使小学遍立全国，愚民之知识当稍胜前日。教育应当初等、中等、高等三者并行而不偏废，由初级至高级只是生徒入学之次序，而非国家设学之次第。高等乃普通教育之根本，无高等即无专门，不会有中小学之师，更不足以为国家造英雄与天才。③"以力之不瞻，人之不得，教学系统之未成，师资、书籍之未备，故言兴学数十年而完全无缺之学校，予盖未之见也。"④ 王国维的"贵族主义"与他当时信奉尼采的哲学思想有关，看似主张完全教育，实际是在强调高等教育的重要性，不满中国教育整体下行的现实状况。

严复对于这种求全责备的立场颇不赞同，他说今日教育之通病在于中小学无经费、无教员，高等学堂但具形式而无实功。医学界之病宜在普及，"欲普及，其程度不得不取其极低，经费亦必为其极廉，而教员必用其最易得者"。唯有如此才能改变社会不识字人民处处皆是的现状，否则"上流社会，纵极文明，与此等终成两橛，虽有自他之耀，光线不能射入其中。他日有事，告之则顽，舍之则嚣，未有不为公事之梗者"。其言"颇怪今日教育家，不言学堂则已，一言学堂，则一切形式必悉备而后快。夫形式悉备，岂不甚佳，而无如其人与财之交不逮"。至于高等、师范各

① 夏偕复：《学校刍言》，璩鑫圭、唐良炎编《中国近代教育史资料汇编·学制演变》，第181页。
② 王国维：《教育小言十二则》，姚淦铭、王燕编《王国维文集》第3卷，第77～78页。
③ 王国维：《论平凡之教育主义》，姚淦铭、王燕编《王国维文集》第3卷，第65～67页。
④ 王国维：《崇正讲舍碑记略》，姚淦铭、王燕编《王国维文集》第3卷，第96页。

学堂，在精而不在多。"聚一方之财力精神，而先为其一二，必使完全无缺，而子弟之游其中者，五年以往，必实有可为师范之资。夫而后更议其余，未为晚耳。"① 王、严二人的观点看似对立，其实只是立场不同。从学术上言，王国维的追求纯粹高远；就现实而言，严复的态度更为理性务实，但恰恰是这种非此即彼、无法两全的踌躇折射出晚清教育改革的困境。

以上讨论尚且局限在教育本身，教育程度的下行更多是客观因素导致的。与此同时，一些更为激进的近代学人完全出于政治的考量提倡普通教育，而不是高等教育。当时有人直接称教育为"有目的之科学"，教育不必言高远，不必辞简单，一言以断之曰国民教育而已。他们说"吾之所以为教，吾之所以为学，不知其他，知吾国而已。可以培养吾国民性者，必由种种方面而发挥之，而光大之，否则摧陷之，廓清之"② 有人甚至将普通教育等同于救亡教育，说"中国须求救亡之教育，我中国教育特别之处在于教育寓救亡之道"③。普通学堂之作用在于造就普通国民，正其蒙养，端其根本，使之成为社会中之一分子。至于高深教育，讲求的是学问精益求精，为少数之国民而设立，于救亡而言不为当务之急。以上言论多受德国国家主义的影响，对此清政府不无担忧，认为教育改革徒求其形似而已，"夫以近数年间，稍有志识之士，熟闻维廉毕思君臣雪耻自强，归功学校，共相趋慕，颇著信从，于是内自京师，外而行省，官立民立，先后相望，要之普及之功，千百未得什一，弊害之著，秦越如在一堂"④。

由是，不论是客观条件所限，还是主观意愿所选，中国的教育重心多落在基础教育上，而且是基础教育中的初等教育。虽然这样的结果大多是情势使然，非当事人可以左右，但整个中国教育水平的低下是无法否认的事实，"科学"概念也是在较低水平上被接受的。民初酱海评价晚清教育时说："清之季世，新教育之风潮大起，科举卒废。于是有学堂分类之科目，递进之年级，秩然有条理。由表面论之，固遥胜于前日之私塾，与夫成材肄业之书院。然而考其内容，则学堂学生之所研习者，仅有不完全之

---

① 严复：《论教育与国家之关系》，王栻主编《严复集》第 1 册，第 169～170 页。

② 《论统一学制》，《东方杂志》第 3 卷第 1 期，1906 年 2 月，第 3 页。

③ 《普及教育议》，《东方杂志》第 3 卷第 3 期，1906 年 4 月，第 35～36 页。

④ 《戴、端两大臣奏陈教育事宜折》，《寰球中国学生报》第 3 期，1906 年 10 月，第 38 页。

坊刻小册教科书，与其教习东抄西撮之讲义，较其品格比于科举时代之高头讲章，庸恶陋劣相去无几。"①

更有甚者，"科学"被泛化为凡是分科的都可以称为"科学"。1905年，《直隶教育杂志》上说天津欲设游民习艺所，附罪犯习艺所，议订分设教科，如织科、麻科、席科等名目，杂志将之称为"游民科学"。② 鉴于概念上的混淆，1907年《学报》特别澄清"学科"和"科学"的差别，"恒言区学科为普通、专门两大别，此不过取便教育云耳，非学科自身划然有此两性质以为之鸿沟也。如历史科，寻常所谓普通科也，然固为独立之一科学，专门家踵起焉；法律科、经济科寻常所谓专门科也，然各国以列于中学课表矣。故普通、专门者，非客观的性质之异，而主观的程度之差耳"③。可是在教育环境没有根本好转之前，"科学"虽然不排斥高深学问，却依然会停留在较低的水平上。1908年，河南发行《河南白话科学报》，该报在广告中声明是按照两等小学教科的次第分类编译的，以期具有普通知识以贡献于小学界，④"科学"的学术属性事实上被忽略。

近代中国从晚清传教士开始探索教育转型的出路，当初狄考文的"文会学"显得立意过高，不适合中国人的程度，此时普通教育的程度又显太低，失去了学术本性。抛开政治原因不论，单就教育本身而言，这几乎是后进国家必须面对的选择难题。进入民国以后，兴学次第仍然是一个未了的话题，"今日中国教育首当企图者，为高等教育乎，抑为初等教育乎，此屡经提起之问题也"⑤。加上国难当头，中国在引进东西方教育思想时，又不得不多一层政治有效性的考量，虽然钱智修将这种思考方式称为学术上的功利主义，⑥ 但是，国难不除，国力不兴，争论将不可止。

1904年，《奏定学堂章程》颁布，意味着"科学"式的教育从此在中国落地生根。首先，章程整体移植日本教育，用西学分科的形式裁剪旧学以纳入教科。其中经学的教化内容被保留以为德育，曾经附着于经学的文学、史学等被纳入"科学"以为智育，在"德育为经，智育为纬"的原

---

① 丽海：《读书日程书后》，《进步》第4卷第4号，1913年5月，第1~2页。
② 《游民科学》，《直隶教育杂志》第2年第5期，1906年4月，第2页。
③ 何天柱：《学报叙例》，《学报》第1卷第1期，1907年2月，第5页。
④ 《河南白话科学报声明》，《河南白话科学报》第3册，1908年。
⑤ 钱智修：《中国教育问题》，《东方杂志》第9卷第1号，1912年7月，第1页。
⑥ 钱智修：《功利主义与学术》，《东方杂志》第15卷第6号，1918年6月，第3页。

则下，① 经学与"科学"被妥善安置。虽然这一理想远未达到，但经学的割裂已成事实，掺杂了中国学术的"科学"内涵也必然比日本"科学"更为丰富。艾尔曼将中国的学制改革称为"经学臣服于科学"的过程，②此话只展示了历史的一个侧面。中国旧学的确在教育分科的过程中被割裂、被肢解、被重构，从而丧失了主体地位，但是"科学"一词在异域同样面临着被误解、被附会、被改造的种种命运。表面上，"经学"最终臣服于"科学"，只能作为一个古老的词语流传后世，但是从经学当中抽离出来的，被纳入"科学"体系的中国学术依然生命力旺盛。它们从未间断地改造着"科学"的样态，"经学"与"科学"的碰撞其实是一个中西学术双向互构的过程。

其次，日本教育以"普通""专门"区分教程，经过了 20 多年的动荡与调整才逐渐得以完备。晚清教育在形式上努力照搬日本模式，却不得不囿于本国的现实情状，在"应时"与"培根"之间艰难取舍，"科学"教育最终落实为以分科为形式、以普及为目的的普通教育。"科学"也被误认为分类的浅近知识，而非高深的学术研究。"科学"与"教科"混用，用教育架起了中国与东西学术沟通的桥梁，同时也模糊了学术与教育之间的界限。近代中国的"科学"概念在教育改造的推动下被普及，同时也被庸俗化了。

不过，1923 年的舒新城并不承认晚清中国有所谓的"科学教育"，有的只是西艺教育思想。他认为，直到民国初期科学社成员任鸿隽发表《科学与教育》一文，主张应用科学方法于教育上，"科学教育"始连成一词。1921 年，美国孟禄来华力言"科学教育"之后，"科学教育"四字才始通行于教育界。③ 如果强以四字并立作为术语，舒新城所言不虚。但是，舒新城显然是在用后出的"科学"概念回溯前史，与晚清流行的"科学"意义有所出入。但从他的判断可见，从晚清到民国的 20 多年间，"科学"的意义又发生了别样的转变。这也再次证明，中国的"科学"是一个言人人殊、处在流变之中的历史概念，且持续地作用于社会各个层面。

---

① 任达：《新政革命与日本—中国：1898～1912 年》，第 156 页。
② 〔美〕本杰明·艾尔曼：《从前现代的格致学到现代的科学》，《中国学术》第 2 辑，第 34 页。
③ 舒新城：《近代中国教育思想史》，商务印书馆，2014，第 413～416 页。

第三章 从"分科之学"到"科学"的观念转化

有研究表明,中国学术(以下简称中学)原有自己独特的分科或曰分类习惯,从乾嘉以来,业已萌生类似现代学术的"分科方法"。① 自 19 世纪七八十年代开始,一些先进的中国学人逐渐接受西学分科的观念,中学的分类标准开启转换枢机:从中国式的按照学术主体的类分,变成按照学术客体即学科进行类分;由过去崇尚博通之学,逐渐转变为注重专门之学。这种尝试在 19 世纪末已经相当普遍。② 20 世纪初,"科学"概念进入中国之时,因其含有分科之义,自然而然地被国人接受,并没有产生大的窒碍。但"科学"概念之所以能够迅速普及不仅仅在于它的分科形式,还有附着其上的学术特质,恰恰是这些特质为中国学术的近代转型提供了理论依据与现实典范。

第一节 "科学"概念的学术特征

1. "形上、形下学合一炉而冶"

20 世纪初,日本的"科学"概念对于大多数国人而言,还只是一个

---

① 张寿安:《龚自珍论乾嘉学术:专门之学——钩沉传统学术分化的一条线索》,吴根友编《多元范式下的明清思想研究》,生活·读书·新知三联书店,2011,第 281~313 页。

② 左玉河:《从四部之学到七科之学:学术分科与近代中国知识系统之创建》,上海书店出版社,2004,第 136~151 页。

生僻的词语，"学""学科""科学"等字眼往往混杂使用，但论学标准已悄然发生了变化。这一时期，中国学术正经历着从"学"到"科学"的观念转变。

学术的形上/形下之别是晚清以来国人区分中西学术最常用的标准。在"中体西用"的格局下，中学往往被化约为道德，高悬于形而上，却渐趋无用，中西"格致"的辨义充分体现了这一思想趋势。全新的日本"科学"超越了形上/形下的樊篱，提供了体用兼具的一元化学术范畴。

"科学"的形态最初体现在日本学者的文字中。他们认为19世纪以来，自然科学的进步使得科学之法应用于一切学术，"自然科学非常发达之影响，直及于精神科学矣"。传统的心理学以实验研究之；伦理学因综合归纳而为一新面目；美学受科学进步之影响，亦将以生理学、物理学、心理学研究之；心理学、伦理学、美学自哲学之手，夺而为"独立之科学"，哲学已大受影响，斯宾塞的积极论"举哲学全领之土尽贡献之于科学"；政治、法律、经济诸学蒙科学进步之影响，哲学思想被排斥为陈腐，实验研究凌厉中原。[①] 文章中出现了"自然科学""精神科学""独立之科学"等字样，"科学"之义显然不局限于自然科学，而是指一个不断扩张的学术范畴，包括自然科学，逐步从哲学中分离出来的"精神科学"，以及蒙泽科学方法并以自然科学为基础的政治、法律、经济等科学。

各种"科学"中，日本学者建议"为中国人言之，莫若以奖励自然科学之发达为最要"，因"自然科学之欠乏，是东洋之普通性也，然以中国为尤甚"。最近中国稍有觉悟，略习机械工艺学，但于物理学、生理学只及初步，未见有精密研究。但中国人虽知机械、工艺等有形之学至为重要，"唯是伦理学等，中国以其从来之道德为足用而不习之，是其大谬误也。伦理学虽属于无形，然精密研究之自有正确根据，亦须待自然科学研究之结果也"[②]。

之后，作者话锋一转，又说"中国今日之衰颓，实由精神之败落"，

---

① 周家树译《十九世纪学术史》（译《太阳报》），《游学译编》第 1 册，1902 年 12 月，第 1～4 页。

② 《论中国宜改良以图进步》（译《东洋报》），《清议报》第 90 册，1901 年 9 月，第 5 页。

"故精神上之开发,尤为急务","今彼之学者当以研究哲学、宗教、伦理、教育等为最要"。作者推究日本维新是因精神上开发所致,"如彼美尔卢骚、溪佐福禄特尔、波克尔、斯宾塞诸氏之说,由精神上研究,振奋起国民之元气,其结果生出一种浩气以促进步之发展"。如今中国人欲学习西方,但"西洋之学术无量,其分科甚繁杂,卒而甚难着手","若只翻译西洋之哲学、伦理、宗教等诸学科,岂遂足供研究乎?"即便输入西学,还须"参以东洋古来哲学、伦理、宗教,使东西两洋之思想混合调和,不可不经此层之特别研究也",须有"咀嚼诸学","调和两洋之思想之见识"。中国若直入研究,恰如投之五里雾中,"若得日本学者之指导次序,学习固甚便";"日本学者之苦心惨怛,研究于此已有年,中国人若就而迹之,不独得知此学术,更足见日本之先导之对此等诸学之方针"①。

在以上的文字中,日本"科学"概念的轮廓大致可见:其一,"科学"是 19 世纪以来欧洲学术发展的结果,自然科学的进步引领了整个学术系统的改变,自然科学与其他学科之间有着天然的联系纽带;其二,"科学"包含了自然科学与精神科学,二者对于东亚国家同等重要;其三,经过日本学者研究后的"精神科学"具有特殊性,它是一个被日本证明了的、可以调和东西两洋的西学范畴,值得中国借鉴。这一学术范畴打破了东西学术间的体用束缚,也消弭了地域鸿沟。在 20 世纪的最初几年,类似的"科学"认知多次出现在有东学背景的中国人的文章中。虽然他们没有直接使用"科学"一词,而是笼统地称之为"学",但所论之学已是日本式的理解。

当时最常见的是将"学"分为形上、形下。"形而下者之学,其基础属于有形事实,以五官而观察之,则其所知觉,亦不见有所径庭,其理论亦不见有所轩轾,而其进步则速疾也";"若形而上者之学,其基础属于无形智识,用理想以考察之,则其理解固不必皆同,其理论亦非能一律,而其进步颇缓漫也"②。杜亚泉将"学"三分,认为"一切学术,虽科目甚繁,皆可以此(物质、生命、心灵——引者注)统之。何则?学也者,自

---

① 《论中国宜改良以图进步》(译《东洋报》),《清议报》第 90 册,1901 年 9 月,第 5~6 页。
② 《那特硁政治学小引》(集录),《选报》第 17 期,1902 年 5 月,第 6 页。

客观言，乃就宇宙间本有之定理定法研究而发明之，以应用于世之谓。自主观言，乃有所感所知者，进于演绎归纳之谓。宇宙间三者之外，别无现象。则所谓定理定法者，即在此现象之中；所感所知者，亦感知此现象而已。故此三象者，一切学术之根据。其直接研究之，记载之者为物理学（包化学博物学言），生理学（包生物学言），心理学。以此三科为根据地，应用其材料，而有种种工艺、航海、机械之学，医药、卫生、农林、牧畜之学，伦理、论理、宗教、教育、政法、经济之学；又统合三科，研究其具此现象之实体，而有哲学"①。亦有以甲、乙、丙来区分学术类别的，如谓"学术范围广泛无垠，故学术部类之种别亦浩如烟海，若欲条分缕析而统一之，古往今来东西学者所难。本栏从便权分为甲乙丙三科。甲科即哲学、伦理、宗理等精神上诸学；乙科即政治、法律、经济、教育等社会上诸学；丙科即理化、博物、工艺、生物、生理、地学、天文，其他自然界及物质界诸学"。此说相当于今人所谓的人文科学、社会科学与自然科学之别。但无论如何区分，学问分科大体不出有形与无形两类，且"形上、形下学合一炉而冶"②。

　　1902年，梁启超描述整个世界的学术形态，"自达尔文种源说出世以来，全球思想界忽开一新天地，不徒有形科学为之一变而已，乃至史学、政治学、生计学、人群学、宗教学、伦理道德学，一切无不受其影响。斯宾塞起，更合万有于一炉而冶之，取至赜至颐之现象，用一贯之理而组织为一有系统之大学科"③。文中所说的"理"即进化之理，虽然梁启超以颉德的理论反驳斯宾塞借生物学原理以定人类原理的社会有机论，但肯定了进化论乃翻新、摧弃数千年旧学之根柢者，迎合了"生物进化论既日发达，则思想界不得不一变"④的时代浪潮。1902年前后梁启超的思想零乱多变，但对于进化论确信无疑，且坚信从形下到形上，合一炉而冶是学术进化的必然之路。其关注的目光从斯宾塞转向颉德，进一步认识到进化论体系内部存在理论多样性。

---

① 亚泉：《物质进化论》，《东方杂志》第2卷第4期，1905年5月，第74页。
② 《续出大陆报发刊词》，《大陆报》第2年第1号，1904年3月。
③ 梁启超：《进化论革命者颉德之学说》，《饮冰室合集·文集之十二》，第79页。
④ 梁启超：《进化论革命者颉德之学说》，《饮冰室合集·文集之十二》，第86页。

2. "科学"即实学

何谓"实学",这是一个难以定义的学术概念。有学者认为实学是从北宋经学与理学反对佛老空寂之教说而兴起的;[1] 也有学者认为实学不是一种学术范畴,而是一种学术取向,包括通经、修德、用世三项内容,与"实学"相对的是"虚学",不同时期占统治地位的虚实观决定了不同时期实学的具体内容和形式。[2] 徐光启在《泰西水法序》中将泰西"格致之学"认定为实学,开始从致用的角度评判中西学术的差别。王尔敏认为鸦片战争后五十年,特别是甲午战争后,中国学术创生出一种不同于清初的"实学"。其时,广东"实学馆"教授童子天文、算学、重学、电学、化学、光学,其内涵相当于西方的 science;王仁俊创办《实学报》,包括天学、地学、人学、物学;湖南学政江标创办《湘学新报》,包括算学、商学、掌故学、舆地学、交涉学等学,而不再重视经学。[3] "实学"一词的西学指向越发清晰。

"实学"在来华传教士的文字中被借以表示不同范畴的西学。花之安将德国中等教育机构翻译为"实学院"和"仕学院"。"实学院"分上、下两院,相当于初级中学与高级中学,所学课程包括:读书、写字、作文、德文、法文、英文、拉丁文、语法文、地理、历史、数学、几何、化学、物理、生物、绘画等。[4] 他曾经建议清政府"变科目之法从事实学",认为中国人仅见泰西制造之巧,人才之众,知其出自太学,故立制造局、同文馆,而不知实学为太学之基,郡学为实学之基,乡塾为郡学之基。[5] "实学"在这里既指学校教育的中级阶段,又指从这个阶段开始的分科教学。

1893 年,狄考文撰文说"实学"的本质为穷理、致用,若学问"只能开人之心才,不能增人之智慧,即未尽其为学之用,如是之学只属乎

---

① 中国实学研究会主编《实学文化与当代思潮》,首都师范大学出版社,2002,第351页。

② 《实学文化与当代思潮》,第392页。

③ 王尔敏:《晚清实学所表现的学术转型的过渡》,《中央研究院近代史研究集刊》第52期,2006年,第19页。

④ 肖朗:《花之安与〈德国学校略论〉初探》,《华东师范大学学报》2000年第2期,第89页。

⑤ 花之安:《续养贤能论》,《万国公报》第12年第557卷,1879年9月,第58页。

虚，而不得称为实学。所谓实学者，在周知天下之事，而遍格万物之理也"①。1896 年，谢卫楼论"实学"之法在于实证，"泰西先年，人所奉为实学者，多在文人之讲论耳。今人之论实学，不欲徒托空谈，必以物较物，以事验事，以理证理，极夫目之明，耳之聪，心考意推，必得确实之据，方奉之为实学"②。李佳白则认为"道学"以外的艺事，即格致技艺皆"实学"，"实学本两间之公理，为万国所共学，即非一国所可遗"③。1904 年《汇报》登载《震旦学院章程》，阐明"实学"范畴，"泰西士大夫之实学，形而上者曰致知，形而下者曰格物"，形而上者包括文学（literatura）与格致（philosophic），附权力、财政、邦交等；形而下者包括象数与形性（物理），"旧归形上，今益繁博而立专门"④。因此，所谓"泰西实学"从进入中国伊始，就不是单纯的科学技术，而是有目的、有方法、包含了形上与形下的全体学术，在内容上与"西学""格致学"没有本质区别，只是更倾向于功能意义，或谓泰西之学均为实用之学。

"实学"一词乃中国借词，中西学术之虚实难免被拿来比较。慕维廉认为中国古代并非没有"实学"，"中国教化莫善于成周"，"形上形下之道备兴"，只是"今所教者不过词章之学，于德行道艺全不讲求"，中国应仿"泰西诸国去旧更新，学归实践"⑤。《汇报》有文章讨论中学的虚实，"学问靡穷，智力有限，一人之智力讵能尽各种学问，深造有得，故专门之学尚焉。昔孔门高弟分为四科：曰德行，曰言语，曰政事，曰文学，迨至后世文教日衰，一切实学视为来自西方而鄙之，故学无专门之师承，书无专门之善本，即有杰士通儒欲求实学，亦以凭藉无由浅尝辄止"⑥。二者观点大体相同，认为"实学"在中国古已有之，当今中学沦落为"虚学"，只有词章之学盛行。

中学的虚实来自与西学的对照，"中国未与泰西互市之前不见格致之

---

① 锡山居士：《论学问之益原无限量》，《万国公报》第 52 册，1893 年 5 月，第 8 页。

② 谢子荣：《泰西之学有益于中华论》，《万国公报》第 93 册，1896 年 10 月，第 5 页。

③ 李佳白：《中国宜广新学以辅旧学说》，《万国公报》第 102 册，1897 年 7 月，第 2 页。

④ 《震旦学院章程》，《汇报》第 560 号，1904 年 3 月，第 480 页。

⑤ 〔英〕慕维廉：《论中华后日之事》，《万国公报》第 11 年第 516 卷，1878 年 11 月，第 211 页。

⑥ 《学校论七》，《汇报》第 101 号，1899 年 8 月，第 6 页。

学，则不知词章之学不足"①，裹挟着坚船利炮而来的西学用事实证明了它的实效性，使得国人不得不反思传统学术的不足。李鸿章说："今以浮华无实之文字，汩没后生之性灵。泰西之学，格致为先，自昔已然，今为尤盛。学校相望，贤才辈出，上有显爵，下有世业，故能人人竞于有用，以臻于富强。"② 蔡尔康批注说："或曰西学，或曰新学，或更曰时务、洋务，皆不通之尤者也，质而言之，实学而已矣。"③ 但是，在"中体西用"的格局下，中学之体依然具有形而上的指导意义。在各种实学书院中，中学是教学内容的主体。1897 年《时务报》刊载的《广仁善堂圣学会章程》以"讲求实学"为宗旨，所学门类以孔子经学为本，包括中国史学、万国史学、历代制度、万国律例、万国政教、各种考据、各种词章。④ 1898 年格致书院收录的课艺征文中，有文设想"艺学馆"的知识系由两部分构成，"当分实学艺学两途，敦请中外名师，分途督教，实学以经史为本，更备经济奏议各书数十种，以植其体。艺学以算学为本，更备上海制造局所译西书图籍及各西士所译各书，以达其用"⑤。陕西巡抚会奏创办格致实学书院的宗旨也定为"广购古今致用诸书，分门研习，按日程功，不必限定中学西学，但期有裨实用"⑥。王仁俊创办《实学报》时，欲"内以上承三圣之绪，外以周知四国之为"⑦。

至于中国学术何以日趋于虚，而不能征于实，国人观点大体与传教士相当，认为中国古已有学，只是末流无识，"终于典章不讲，艺术不考，嬎点九能，如含瓦砾，而实学亡矣"⑧。有不同意见者，如项思勋认为中西之学实同，只是读书之法有异，"文有中西之界，学无中西之理。今我所谓文学者，文也，非学也。大而圣贤之经，帝王之史，小而百家之籍，

---

① 《养贤能论（续完）》，《万国公报》第 12 年第 557 卷，1879 年 9 月，第 58 页。

② 蔡尔康等：《李鸿章历聘欧美记》，岳麓书社，1986，第 183 页。

③ 蔡尔康等：《李鸿章历聘欧美记》，第 183 页。

④ 《广仁善堂圣学会章程》，《时务报》第 31 册，1897 年 6 月，第 5 页。

⑤ 王先明：《近代新学：中国传统学术文化的嬗变与重构》，商务印书馆，2000，第 216 页。

⑥ 《陕西巡抚张学政（赵）会奏创设格致实学书院折》，《时务报》第 36 册，1897 年 8 月，第 6 页。

⑦ 王仁俊：《实学报启》，《时务报》第 36 册，1897 年 8 月，第 1 页。

⑧ 章炳麟：《实学报叙》，《实学报》第 1 册，1897 年 8 月，中华书局影印本，1991，第 3 页。以下所引《实学报》内容皆出自这一版本，不再一一注明。

诸子之言，读之不过明其句读，洞其讲解，以备帖括。经解、辞赋之采择，而于书中之一物一理，愦然不知，是可谓习文，而不谓习学"①。因此，"实学"一直存在于中国的千古文章之中，只不过学者流于文字，未能掌握文中深意；改变之法在于提倡"治学合一"，努力把中学做"实"，以发挥传统学术的实用性，绝非抛弃中学，但如何做"实"中学依然存在方法上的困难。

20 世纪初，随着东学的影响日益深入，国人更加深刻地体会到实学的效力与新机。有日人提醒说，近日中国"内忧外患交臻，此诚危机存亡之秋也"，为重振国威，天下可为之事实难枚举，而其急务在兴实学。"盖实学者，富国强兵之渊源也"，"日本蕞尔一小国耳，而能取泰西实学，以补我短"。实学之兴，在于教育，日本区别大学为五门：曰文学部，曰法律学部，曰医学部，曰工学部，曰农学部。欲学各业，均有专门学校，此一方法可为中国所仿效。②

1902 年，《译书汇编》澄清世人对于"科学"的误解，谓"科学"虽然分为有形与无形，但并非就是实学空理之别，"无论有形无形，而有实在之利益及于社会，其结果则无以异"。他们引用日本加藤弘之的说法予以证明，"凡科学之虚实不在与实业有直接关系与否，而在学之之者真实与否"。如政治学有应用与理论之分：应用之政治学乃广义政治学，于社会有直接影响力；理论之政治学在于发明法理，于社会文明开化有间接之关系。③ 还谓世界之真理，即世界之实学也，如政法"仅为空理而止，则其不足为独立之科学"④，照此推论，凡能成为独立"科学"的学问即是实学。

1904 年，《大陆报》总结"实学"为两说。其一，专指理化、算术、农工形下之物质学而言，于人类生活有直接关系，以实用为主；反之，政治、法律、经济、哲学等无直接关系于人类生活者，概别之为"虚学"。其二，不问形上形下之学，唯修是学时，所得皆能致用于实际，而非形式

① 项思勋：《西文西学之辨一》，《实学报》第 5 册，1897 年 10 月，第 285 页。
② 〔日〕安藤阳州：《实学论》，《译书公会报》第 11 册，1898 年 2 月，第 67～70 页。据全国报刊索引数据库：http://www.cnbksy.cn/。
③ 《实学空理之辩》，《译书汇编》第 2 年第 2 期，1902 年 5 月，第 2 页。
④ 攻法子：《论研究政法为今日之急务》，《译书汇编》第 2 年第 10 期，1902 年 12 月，第 4 页。

之知识，是之谓"实学"；反之，只得形式之知识，不能致用于实际者谓之"虚学"。因此，形上诸学之虚实，不在于其研究对象的有形无形，而在于其学问内容是否充实、可信、可用。而形下诸学，不单指学科的研究内容，研究之事必与自然界相接触，进行实地试验、观察，于社会有用者，谓之"实学"；徒钻研纸面，记诵其形式分类，不深究其理性功能，谓之"虚学"。学术无论形上形下都可能陷于虚疏，而中国学风最坏，无学不虚。①

在这一概念的指引下，国人逐渐意识到如方法得当，被定格于形而上的中学将得以存续。当时有人批评世人论学"昧于形上形下之界说"，凡学"莫不有形上形下之两途焉。形上者，究其所以然之理；形下者，备其所当然之法"②，二者可分彼此，而不可区重轻，可以判先后，而不可程优劣。作者此说虽是针对奢谈形上而不屑致意于形下的重道之人而发，但循此思路认定九流百家之术乃道器兼备，确有价值可寻。在另一篇文章中，作者分学问为专门之学与应用之学，前者"无问其于世局之关系何如，苟其学能自成家，而有合于真理，则其学必不可以磨灭"，如亚里士多德之学显于19世纪，公羊之学盛于乾嘉之世；后者"所以医旧社会之偏颇，培新社会之基础者，世运人心将胥赖焉"。以应用之学为标准，孔学于当下"恐不足拯神州于已溺，而危亡之至益加速"，应"兴诸子之学以救孔学之弊"③，言外之意，经学虽不足以应世，却可别为专门。与此同理，高凤谦分中国文字为两类：一曰应用之文，一曰美术之文。应用之文可代记忆、代语言，不可一人不学，不可一日或缺；"美术之文字则以典雅高古为贵，实为一科专门学，不特非人人所必学"④。由于任何学术兼赅体用两端，实用便不再是衡量学术价值的唯一标准，专门之学或可成为中国旧学的理想归宿。

学问的虚/实在晚清发展成为一对固有矛盾，"中体西用"的格局将中学作为整体高悬于形而上，同时也将其整体地阻隔在实学范畴之

① 《再论中国不能文明之原因并改良之方法（续）》，《大陆报》第2年第5号，1904年7月，第1~5页。
② 蛤笑：《劝学说》，《东方杂志》第4卷第12期，1908年1月，第218页。
③ 蛤笑：《述学卮言下》，《东方杂志》第4卷第4期，1907年6月，第57~58页。
④ 高凤谦：《论偏重文字之害》，《东方杂志》第5卷第7期，1908年8月，第29页。

外。当"科学"概念超越了体用的限制，以求真和致用作为双重标准衡量学术价值时，中学即使无用，却可作为有研究价值的专门之学而存在。其实，严复早在1895年就阐明了中西学术之别不在虚实，而在于西学能够"重达用而薄藻饰"，"贵自得而贱因人"，"喜善疑而慎信古"。① 只是严复当时的认识接近全盘西化，② 很少把中学纳入视野。如今，日本"科学"提供了东西学术结合的成功范例，似乎为做"实"中学指明了方向。

3. "科学"调和新旧

"新学"同样是在华传教士发明的词语，特指培根以后的西学，如谓"英之培根首创新学者"③。西学内部也存在新/旧、本/末、虚/实以及有用/无用之分，因说者立场不同，"新学"的地位存在差异。如丁韪良认为"新学末也，道学本也，穷理之士，断不肯颠倒本末"④，医士马林则认为"新学与亚里士多德古法相对，一虚一实，一有用一无用"⑤，二者便不是在一个话语体系下讨论"新学"。

就中学而言，李佳白认为中学有旧无新。"新学"由"实学"发展而来，"实学"为中西古代所共用。泰西实学导源于希腊，递盛于罗马，而始于古埃及，至前明中叶而继起，日引月长，前传后继，以物较物，以理证理，务使进于确乎不拔之地，而后"新学"演成，至于今日，泰西国富民安，无不是"新学"而为之。相比之下，中国古代"周公以多材多艺擅美，孔子以多能鄙事鸣谦，从未有以空谈高理，不包众艺而得称圣哲者"，均能"即事物以察理，则谈理以得实"；而汉后诸儒不悟其道，乃多蹈虚，"凭书册以悟理，则谈理虽近正而多蔽"，学无法自新，借镜西学以新中学为今日当务之急。⑥ 西方"新学"的范围极广，广学会所列包括

① 严复：《原强修订稿》，《严复集》第1册，第29页。
② 罗厚立：《原来张之洞》，《南方周末》2004年6月17日。
③ 丁韪良：《格物以造物为宗论》，《万国公报》第107册，1897年12月，第4页。
④ 丁韪良：《格物以造物为宗论》，《万国公报》第107册，1897年12月，第4页。
⑤ 〔英〕医士马林：《培根新学格致论》，李玉书译，《万国公报》第151册，1901年8月，第11页。
⑥ 〔美〕李佳白：《中国宜广新学以辅旧学说》，《万国公报》第102册，1897年7月，第1~2页。

四类:一道学、二史学、三商学、四格致各学。① 广学会的目的即是"以西国之学,广中国之学,以西国之新学,广中国之旧学"②。不过,旧学并非一无是处,李佳白认为中国文学是新旧学之根基,不可偏废;学堂之收效与科举相等,斯为美矣;而论纲常,旧学实胜于新学。③

据王先明的研究,国人口中的"新学"并不是西学的另一个称谓,而是随着西学的引入,逐步向中学渗透,传统中学在不断被改造和更新的过程中,自身发生了不同于"旧学"的质变。④ 换言之,就是中外学术交流融合后产生的新的学术概念。梁启超明确地表达了其在创造"新学"的过程中体现出的主体性,"俟新学盛行,以中国固有之学,互相比较,互相竞争,而旧学之真精神乃愈出,真道理乃益明,届时而发挥之,彼新学者或弃或取,或招或拒,或调和或并行,固在我不在人也"⑤。而他本人身体力行,以东学为主体吸收西学,从未甘心做一个简单的尾随者。⑥ 由于"新学"饱含了强烈的个人意愿,其样貌自然千姿百态。

"新学"之外必有旧学,由于"新学"具有天然的西学属性,中学之旧便成为与生俱来的烙印。新旧之界自然而生,"今日新学旧学,互相訾警,若不通其意,则旧学恶新学,姑以为不得已而用之;新学轻旧学,姑以为猝不能尽废而存之。终古柄凿,所谓'疑行无名,疑事无功'而已矣"⑦。由学问之新旧进而论及国家之命运,"因为是旧学问不好,要想造成那一种新学问;因为是旧知识不好,要想造成那一种新知识。千句话并一句话,因为是旧中国不好,要想造成那一种新中国"⑧。进而又涉及布新除旧之手段,"是故欲建设新者,必先破坏旧者。建设者,建设其所宜,破坏者,破坏其所不宜","新者宜,而旧者不适也。就宜而去不适,理之

---

① 《速兴新学条例》,《万国公报》第115册,1898年8月,第1~2页。
② 古吴困学居士:《广学会大有造于中国说》,《万国公报》第88册,1896年5月,第6页。
③ 〔美〕李佳白:《论调和新旧学界之法》,《万国公报》第204册,1906年1月,第15页。
④ 王先明:《近代新学:中国传统学术文化的嬗变与重构》,第20页。
⑤ 黄遵宪:《致梁启超函》,陈铮编《黄遵宪全集》(上),中华书局,2005,第433页。
⑥ 桑兵:《梁启超的东学、西学与新学——评狭间直树〈梁启超·明治日本·西方〉》,《历史研究》2002年第6期,第165页。
⑦ 张之洞:《劝学篇·会通》,第69页。
⑧ 章伯锋、顾亚主编《近代稗海》第12辑,四川人民出版社,1988,第427页。

固然也。取新而舍旧，事之必至也"①，由此新旧逐渐势不两立。当然，也有人试图打破新旧之界，认为世之所谓新理，"发明而已"；所谓新学，"进步而已"；所谓新国，"强之而已"；所谓新民，"智之而已"。② 新旧之别在于"变"与"不变"或是"进"与"不进"，"吾国诚取东西而熔为一冶，发挥之，光大之，青青于蓝，冰寒于水，必由新旧二者调和而生耶？"③ 但是如何调和又是一个大问题。

　　待"科学"概念出，新旧之别在历史的眼光下，似乎有了沟通的可能。1902 年，吴汝纶在日记中转载日本教习西山荣久所译的《新学讲义》，文中讲西方"科学"始于希腊，其鼻祖是亚里士多德，近世学术乃希腊学术之再兴。④ "科学"由此化身为学术进化的产物，是古学复兴后的"新学"。这一思路得到不少学人的认同，如许守微认为，"今日欧洲文明由中世纪倡古学之复兴。……彼族强盛，实循斯轨。……我神州则蒙昧久矣……盖帖括之学毒我神州六百余年，而今乃一旦廓清，复见天日，古学复兴此其时矣。欧洲以复古学而科学遂兴，吾国至斯，言复古已晚"⑤。邓实宣称，"十五世纪为欧洲古学复兴之世，而二十世纪则为亚洲古学复兴之世"⑥。对于中学而言，"古学复兴"之论打通了古/今、新/旧的鸿沟，意味着在天演公例之下，中国古学不必全盘借镜西学，完全有能力，也有可能完成"自新"，甚至有论者认为，中学不但可以"自新"，还可以新"世界学"。⑦ 在"科学"话语下，中学在无形中寻找到跻身世界学术之林的路径。

　　自中西学术交流以来，"格致学""实学""新学"等学术概念原本都是西人从不同角度对西学的称谓，语言的采撷是为了凸显西学的特性，目的不外乎传播西学，接引中学，努力汇融中西学术。但是，在中西力量悬殊的对比之下，两种学术相继陷入体/用、虚/实、新/旧的二元对立之中，

① 民（褚民谊）：《续无政府说》，张枬、王忍之编《辛亥革命前十年间时论选集》第 3 卷，三联书店，1960，第 163 页。
② 敢生：《新旧篇》，张枬、王忍之编《辛亥革命前十年间时论选集》第 1 卷（下），第 853 页。
③ 张继煦：《叙论》，张枬、王忍之编《辛亥革命前十年间时论选集》第 1 卷（上），第 442 页。
④ 吴汝纶：《日记：西学上卷第八》（辛丑十一月二日），《吴汝纶全集》（四），第 548～552 页。
⑤ 许守微：《论国粹无阻于欧化》，《国粹学报》第 1 年第 7 号，1905 年 8 月，第 2 页。
⑥ 邓实：《古学复兴论》，《国粹学报》第 1 年第 9 号，1905 年 10 月，第 1 页。
⑦ 《新世界学报序例》，《新世界学报》壬寅第 1 期，1902 年 9 月，第 3 页。

传统中学无法避免地被蔑视、被搁置甚至被抛弃。日本"科学"的出现似乎暂时缓解了学术间的紧张，日本的崛起也为中国提供了东西学术融合的成功典范。

　　近代"科学"概念的普适性，已经引起了不少学者的关注。罗志田认为"科学"是西学中最受中国士人欢迎的一部分，当近代绝大多数西方学说和概念在中国受到不同程度的挑战或批判时，唯独"科学"（作为一种象征）仍像不倒翁一样始终屹立在那里。①但是他们所说的"科学"多指"西人长技"，也就是科学技术，忽略了对作为学术概念的"科学"一词的考察。事实上，日本的"科学"概念为国人展示的是一个西学发展之后，融汇东西的多元化的学术集合体。它在学术形态上是分科的，体现为学术的系统性、专门性；在学术范畴上是多元的，展现了西方学术从自然科学向人文社会科学领域扩张中的尚不固定的样貌；在学术价值上是实用的，特别是西方的社会人文科学具有巨大的社会影响。再加上日本作为后发展国家，先后学习了法国、美国以及德国，各国的学术特征在它的文化中留有痕迹，且混合生成了本土"科学"。因此，日本"科学"的复杂性以及多样性，给中国人提供了多种路径的选择，与此同时也模糊了各种学术类别的时间性与国别性。正如严复所说，日本学术与西学"已隔一尘"，到了中国就更加源流难分。东学呈现给中国的是一个内容宽泛的"科学"集合体，"科学"概念本身则是一个内涵较小、外延广阔的学术概念，不似严译"科学"强调学术的纯粹性。

　　另外，由于中国传统的书写方式的影响，近人习惯于将"科学"或"学科"简称为"学"，从内容辨别，他们所说的"学"明显与以往不同。梁启超曾说，"学也者，世界之公物也，非一人一国所得而专也；学也者，又人类发达之天产也，非一时代所得而画也。故言中学西学者妄也，言新学旧学者妄也"②。他在同一篇文章中称："泰西日本诸国，其关于学术上之报章特盛，各种科学，莫不有其专门之杂志。"③由此推断，梁启超所谓的"学"特指学术研究，对应"科学"一词。有时，单独的学科以

　　①　罗志田：《新的崇拜：西潮冲击下近代中国思想权势的转移》，氏著《权势转移：近代中国的思想、社会与学术》，湖北人民出版社，1999，第44页。
　　②　梁启超：《新出现之两杂志》，夏晓虹辑《〈饮冰室合集〉集外文》上册，第480页。
　　③　梁启超：《新出现之两杂志》，夏晓虹辑《〈饮冰室合集〉集外文》上册，第482~483页。

"一科学"或者"一种科学"来称呼，又或是某某之学。如蔡元培译井上圆了的《妖怪学讲义》，称："妖怪学为一科之学，世之学者实未闻从事于此。……然既有妖怪之事实，本此事实，而考究其原理，是不可不谓之一种之学。若从此研究，日精一日，则异日学界上，安见不为一科独立之学哉？"① 在他所列的学问全体分科表中，各科之学统称为"学"，包括理学（自然科学）与哲学两部分，而今天所谓的社会科学也是哲学的一部分。

由上可知，单独一个"学"字，囊括了所有可分科研究的学术类别，也超越了所有二元对立的话语模式，其性质有别于中学传统，也不局限于西方学术。这一概念充满了模糊性和延展性，为传统学术的改造提供了便利的概念工具与广阔的想象空间，本有与新进的两种学术在混沌的"学"的范畴内交汇，言说者各自寻找他们思想的落点。

第二节 "有学""无学"之辨

"科学"的普适性向国人昭示了中学成为"科学"的可能，但在与"科学"对接之前，尚有一事需要求证，那就是中学之内是否含有"科学"的因子可以接榫，即"中国是否有科学"。这是一个从近代就开始不停追问，至今没有明确答案的问题。问题的提出，不仅是为了找寻中西学术的衔接点，也表达了学人面对外来学术的不同姿态。20世纪初，学界曾经发生过一场关于中国是否"有学"的讨论。讨论由梁启超发起，《新世界学报》《大陆报》回应。三方均欲依傍西学的分科概念反省中学，但在模糊的"科学"标准下，答案截然不同。

1. 梁启超的"无学"说

现有资料显示，梁启超最早在《新民丛报》上使用"科学"一词。1902年，该报的第1、第2号上出现了"科学"字样，如"故（雅典——引者注）务使国民有高尚之理想，有厚重之品格，有该博之科学"；②"宗教之发达速于科学成一科之学者谓之科学，如格致诸学是也"。③"科学"的意义比较模糊，可

① 蔡元培译《妖怪学讲义》，《雁来红丛报》第1期，1906年4月，第6页。
② 梁启超：《论教育当定宗旨》，《饮冰室合集·文集之十》，第55页。
③ 梁启超：《地理与文明之关系》，《新民丛报》第2号，1902年2月，第53页。

作分科之学解,有研究表明文章的创作受到日本政治学者浮田和民的影响。①

不过,梁启超对于"科学"一词的认识应当早于1902年。如果康有为的《日本书目志》是最早出现"科学"字样的文本之说法成立,1897年,梁启超作《读〈日本书目志〉后》一文时,则应对"科学"一词有所目睹。戊戌变法失败后,梁启超亡命日本,创办《清议报》。该报登载的日人文章中多次出现"科学"一词,有泛论者,② 有专业文章,③ 也有讨论学术分科的文字。④ 梁启超作为该报主编,对此不会一无所知。1899~1901年,国内外都有学者主动使用"科学"一词,虽然意义不一,但较康有为时期更为清晰,梁启超对此亦不会熟视无睹。由此推测,梁启超在1902年之前虽然没有使用"科学"一词,但不会没有觉察;之所以在1902年反复使用,当是因他对于中国学术的整体检讨而显著。

这一时期,梁启超没有明确解释过"科学"的意义,对于该词的理解多散落在文章的只言片语之中。《新民丛报》从第3号开始连载梁启超的《新史学》,文章内容来源于浮田和民的《史学通论》,但对译本有刻意的取舍和别择。⑤ 将梁启超的"史学之界说"一章与原本进行对照,可见其对于"科学"认识的大貌。

梁启超在文章通篇未有言及史学是"科学",但在《史学通论》的原本中,浮田明确称之为"科学"。浮田在第二章"历史之定义"中定义史学为现象科学中的一种,"考究人类进化之顺序及法则",同时罗列了三个关于"历史为科学"的疑问:其一,人类有自由意志,欲历史达到科学地位甚难;其二,以人类过去及现在的事实证明,其间有不完全者;其三,历史事实为无限之进步,较诸他学,为不完全之科学。虽然他将这些问题一一驳回,但至少表明史学界对于史学能否成为"科学"尚有疑虑,浮田亦承认这一定义是"以史学之目的及理想而下"的。⑥ 梁启超在《新史

---

① 郑匡民:《梁启超启蒙思想的东学背景》,上海书店出版社,2003,第198页。

② 《论太平洋之未来与日本国策》,《清议报》第13册,1899年4月,第11页。

③ 〔日〕井上哲次郎:《心理新说序》,《清议报》第18册,1899年6月,第5页。

④ 《论中国宜改良以图进步》,《清议报》第90册,1901年9月,第5~6页。

⑤ 参见蒋俊《梁启超早期史学思想与浮田和民的〈史学通论〉》,《文史哲》1993年第5期,第28~32页;邬国义《梁启超新史学思想探源》,《社会科学》2006年第6期,第231~249页。

⑥ 〔日〕浮田和民:《史学通论》,罗大维译,进化译社,1903,第18~20页。

学》中直接援引了浮田对"科学"史学的定义，但简称为"学"。文章中，他省略了关于史学是不是"科学"的讨论，将史学的局限性一笔带过，说此学"出现甚后，而其完备难期也"①。

文中关于史学的范畴，梁启超也有不同的表述。在浮田的叙述中，历史学有二义，广义为"天然之历史"与"人类之历史"，狭义为"人类之历史"，是为独立学科。② 梁启超将其分别称为"天然界之学"与"历史界之学"，其中"天然界之学"被明确称为"天然诸科学"，"历史界之学"（凡政治学、群学、平准学、宗教学等）则简称为"学"。③ 很难判断梁启超所说的"科学"与"学"是否存在差异，但可以肯定的是，凡属于"历史界之学"都具有与历史学一样的特质。梁启超通过《新史学》一文，展现的是与自然科学相对的，来自西方的社会人文科学的模糊的、整体的样貌，应该比今人理解的历史学的范畴更为广泛，它具有专门性、进化性、实效性，是与中国旧学全然不同的学术体系。

在梁启超的文字中，"科学"还等同于"格致学"，与哲学相对，明确指称自然科学。他在《格致学沿革考略》一文中说，"吾因近人通行名义，举凡属于形而下学皆谓之格致"，有时也称"天然科学""有形科学""格致科学"或"物理实学"。而且，"格致之学，必当以实验为基础"，"一切科学，皆以数学为其根"，具体包括质学、化学、天文学、地质学、全体学、动物学、植物学等。④

梁启超特别指出，与宗教相对的是狭义"科学"，⑤ 由此反证确有广义"科学"的存在，应指专科之学。值得注意的是，梁启超除了《格致学沿革考略》一文涉及自然科学外，更多关注的是西方社会人文科学的特点与应用。据统计，《新民丛报》在1902年的180多篇评介西方资产阶级意识形态的文稿中，属于社会科学方面的约占67%。⑥ 因此，梁启超文字当中的"科学"一词更多的应该是广义上的理解与运用。

同年，《新民丛报》开始连载《加藤博士天则百话》。首篇即论学术，

---

① 梁启超：《新史学》，《饮冰室合集·文集之九》，第8页。
② 〔日〕浮田和民：《史学通论》，第17～18页。
③ 梁启超：《新史学》，《饮冰室合集·文集之九》，第8页。
④ 梁启超：《格致学沿革考略》，《饮冰室合集·文集之十》，第4～14页。
⑤ 梁启超：《进化论革命者颉德之学说》，《饮冰室合集·文集之十二》，第79页。
⑥ 何炳然：《新民丛报》，《辛亥革命时期期刊》第1集，第147页。

认为"科学"虽然有有形/无形之别，但均是"实学"，"如机器制造、矿学、电学工程等应用科学，最有益于实业者，谓之实学。其他物理学、化学者，虽纯正科学，然以其为应用学之根柢，故亦谓之实学"；"若哲学、心学、群学者，并所研究之客体，而亦非空也"，"况在今日，思想勃兴，治此等学科者，必非空构揣测而自满足，往往依严格的科学法式，以求其是"。今日欧洲"决非徒恃有形之物质也，而更赖无形之精神，无形有形，相需为用，而始得完全圆满之真文明"①。无独有偶，在《新民丛报》发表此文的前后，《译书汇编》②《大陆报》③ 等报刊相继发表了类似的言论，说明近代学人对于"无形学科"有着共同的关注。

1902 年前后，梁启超的"科学"认识尚无系统，多是转述东学中的只言片语，"学"与"科学"往往混用，没有明显界限。他也知道自己的认识未必妥帖，见地极浅，尚有未尽未安之处。可是，这并不妨碍他用"科学"来重新审视中国旧学。同年，梁启超就开始使用这一不太妥帖的"科学"认识全面检讨中国学术，不仅开启了中国"科学史学"的历程，④实为中国学术整体"科学化"的肇端。⑤

梁启超认为中国古代并非无学，在上世史时代与中世史时代，中国学术均为世界第一，只是缺乏进化机缘，未能如欧西日进一日。"吾中国之哲学、政治学、生计学、群学、心理学、伦理学、史学、文学等，自二三百年以前皆无以远逊于欧西"，"惟近世史时代，则相形之下，吾汗颜矣"⑥。其"汗颜之处"大多体现于 1902 年《新民丛报》的各篇文章当中。如他说中国最缺格致学，朱子释《大学》"仍是心性空谈，倚虚而不征诸实。此所以格致新学不兴于中国而兴于欧西也"⑦；中国无史学，"于

---

① 梁启超：《加藤博士天则百话》，《饮冰室合集·专集之二》，第 92 页。

② 《实学空理之辩》，《译书汇编》第 2 年第 2 期，1902 年 5 月，第 2 页。

③ 《再论中国不能文明之原因并改良之方法（续）》，《大陆报》第 2 年第 5 号，1904 年 7 月，第 1~5 页。

④ 王晴佳：《中国史学的科学化——专科化与跨学科》，罗志田主编《20 世纪的中国：学术与社会·史学卷》（下），山东人民出版社，2001，第 586~587 页。

⑤ 潘光哲认为《新民丛报》时期的梁启超以"科学"构建了新的知识体系，科学主义在近代中国的兴盛，梁启超自有启沃之功。见潘文《画定"国族精神"的疆界：关于梁启超〈论中国学术思想变迁的大势〉的思考》，《中央研究院近代史研究集刊》第 53 期，2006 年，第 21 页。

⑥ 梁启超：《论中国学术思想变迁之大势》，《饮冰室合集·文集之七》，第 2 页。

⑦ 梁启超：《近世文明初祖二大家之学说》，《饮冰室合集·文集之十三》，第 4 页。

今泰西通行诸学科中，为中国所固有者，惟史学"，但中国史学却有四弊、二病、三恶果，不合"科学"之标准；① 中国无生计学，"我中国人非惟不知研此学理，且并不知有此学科"②；中国无论理学，希腊论理学蔚为一科，"中国虽有邓析、惠施、公孙龙等名家之言，然不过播弄诡辩，非能持之有故，言之成理，而其后亦无继者"③；连中国的伦理学也不敷使用，"今者中国旧有之道德，既不足以范围天下之人心，将有决而去之之势。苟无新道德以辅佐之，则将并旧此之善美者亦不能自存，而横流之祸，不忍言矣"④。总而言之，中国近代"无学"，中国不但要倡史界革命，更要倡学界革命。

以上言论显示了梁启超的论学标准，他强调学术的系统性、实用性和进化性。衡量之后的中学几乎无一可以称为"学"者，即便唯一可以称为"学"的史学，也只是具有了系统性，而缺乏至关重要的进化特质。不过，梁启超虽然立下中/西界域，且对中学多有批评，但并没有放弃中学本位。他曾经说，"今日欲使外学之真精神普及于祖国，则当转输之任者，必邃于国学，然后能收其效"⑤。在梁启超看来，旧学虽有诸多不足，但仍是不可或缺的学术资源，更新中学只要注入新的思想即可。

梁启超的论学之语犹如投水之石，震惊中国学术界。严复说《新史学》以及《论中国学术思想变迁之大势》为其所尤爱，"皆非囿习拘虚者所能道其单词片义者也"⑥。孙宝瑄赞梁启超为"奇人"，其"于我国文字之中，辟无穷新世界"⑦。亦有后人回忆说，梁启超对于当时学术界之影响，"殆可与卢梭、福禄特尔、玛志尼诸人相颉颃而无愧。当时有志之士，未有不读《新民丛报》者，举场且以之为猎取功名之利器。其言论虽貌为主张君主立宪，然实阴为革命之鼓吹"⑧。

---

① 梁启超：《新史学》，《饮冰室合集·文集之九》，第1页。
② 梁启超：《生计学学说沿革小史》，《饮冰室合集·文集之十二》，第5页。
③ 梁启超：《论中国学术思想变迁之大势》，《饮冰室合集·文集之七》，第33页。
④ 梁启超：《东籍月旦》，《饮冰室合集·文集之四》，第86页。
⑤ 梁启超：《论中国学术思想变迁之大势》，《饮冰室合集·文集之七》，第104页。
⑥ 严复：《与梁启超书》，《严复集》第3册，第515～516页。
⑦ 孙宝瑄：《忘山庐日记》上册，第563页。
⑧ 胡先骕：《文学之标准》，《学衡》第31期，1924年7月，第17页。

2. 《新世界学报》的"有学"说

在梁启超的论学标准下，中国学术似乎已是华屋秋墟，急于破竹建瓴了。但是，梁启超的学术论说仅是当时众多言说中的一种，而非唯一标准，当其以一己之见非议他人学说时，就难免发生口舌之争。

1902年，《新民丛报》发表一则评论，介绍新出刊物《新世界学报》（以下简称学报）。评论赞该报文字锐利透达，乃我国报界进步之征，思想界与文界变迁之征。但同时认为学报的学术分类颇欠妥惬，不合东西学术的分科标准。如设心理学门，但言哲学，两者范围截然不同，名实不符；按照东译，心理学为哲学之一端，应立哲学门，以心理、伦理从之。另外，文章表示对各篇文章的分类归属不满，认为《劝女子不缠足启》一篇入政治学为无理，《论英日联盟保护中韩》一篇入法律门更是名实混淆。①

随即，学报登载《答新民丛报社员书》一文以回应。对于梁启超的褒奖，他们颇为不屑，认为自己的学术类出多门，非某学某派之流衍，古今之分、人我之别，不过是论理家之弊病，且易为学术专制者之嚆矢。对于梁启超的批评，学报亦有反驳。他们虽知心理学门并不妥惬，但认为梁启超提议设哲学门，以伦理、心理入之，亦太过狭隘，因为一切有形无形之学，无一不以哲学研究之。② 学报的辩白一方面表明在主观上与梁启超所取"哲学"概念的范畴不同，③ 另一方面也表达出相当一部分国内学人的困惑，他们以跟随东洋学术技艺为不齿，但又不得不采纳西方分科的标准讨论中学，且深感中西学术间的圆凿方枘。从表面上看，梁启超与学报的分歧仅在于学科设置，但进一步追究便可觉察二者在学术上的异途。

《新世界学报》是1902年9月在上海创办的学术期刊。④ 创刊序例上开宗明义，欲"通过内外之邮，汇古今之全"，"将舍我所短，效人所长，与列强诸巨子相驰骋上下于竞争场中"。学报涉学十八门：经学、史学、

---

① 《新世界学报第一、二、三号》，《新民丛报》第18号，1902年10月，第99～101页。

② 《答新民丛报社员书》，《新世界学报》壬寅第8期，1902年12月，第2页。

③ 桑兵：《近代中国"哲学"发源》，《学术研究》2010年第11期，第6页。

④ 《新世界学报》由赵祖德（化名"有耻氏"）出资创办。陈黻宸任总撰述，与其有师生之谊的马叙伦、汤尔和、杜侍峰等人辅助撰编。学报坚守"宗旨不同则敬谢不敏"的原则，很少刊登圈外人的来稿，因此成为当时浙东知识界的同人刊物。本书亦将这一刊物作为一个学术群体加以考察，不再做个别分析。

心理学、伦理学、政治学、法律学、地理学、物理学、理财学、农学、工学、商学、兵学、医学、算学、群学、教育学、宗教学。① 除经学、史学为中国旧有，其他各学完全借鉴西方的分科之法，其主创者陈黻宸亦是晚清主张分科治学的先行者之一，他们与《新民丛报》在取法分科治学的态度上并无二致。

但是，同是倡言新学，《新世界学报》最初立意就与《新民丛报》不同。他们在序例上特别强调刊名读法是"世界学连续，新字断与世界不连续"②，意思是绝不站在后学者的地位传播所谓先进的、与中国旧学相对立的"新世界"的学问，而是站在与东西各国平等的高度，共同更新世界学术，最终达到大同之境。换言之，学报主旨不仅在于以西学"新"中学，亦暗含中学能够有益西学的自信。

这种自信首先表现为对固有学术的自我肯定，但其论学标准已悄然替换为"科学"的分科体系。仅以概念言，学报对于"学"的理解与梁启超并无大异，同样没有明确的"科学"定义，其认识散见于不同的文章之中。例如，"科学者，考究现象之法则"，"哲学者，研究物之实在之本质"，"两者各得别种之研究"③；"科学"有有形/无形之别；等等。但在看似相同的"科学"认识下，却得出与梁启超全然不同的中国"有学"的结论。以史学论，中国何尝无史。太史公"仅采战国策、国语、楚汉春秋四正部古书，精心著撰，用意历述，卒成百三十篇，五十二万六千五百字之巨册"；郑樵"读书数十年，周览天下名籍，而后结矛夹漆，著成通志二百卷"。④ 以政学论，中国何尝弱于泰西。"夫政治思想，今日泰西精哲之士，言之辨矣。然我禹域亦未尝无发达时代，周末奇杰并起，人出其学术思想以易天下，为皇古所创"，"惜教育未能布满于全部"，于数十年数百年之后而成绝学。⑤ 以法学论，"我国数千年以来具此思想者盖寡"，然太史公"总上下古今之制度典章而一一论列之，斯可谓钜且远矣"，但《汉书》以后未尝涉及斯学之樊篱。⑥ 中国亦有理财学，"自有生以来，莫

---

① 《新世界学报序例》，《新世界学报》壬寅第 1 期，1902 年 9 月，第 1～2 页。
② 《新世界学报序例》，《新世界学报》壬寅第 1 期，1902 年 9 月，第 3 页。
③ 徐景清：《藤井氏之伦理学研究法》，《新世界学报》第 14 号，1903 年 4 月，第 83 页。
④ 马叙伦：《中国无史辨》，《新世界学报》壬寅第 9 期，1902 年 12 月，第 82 页。
⑤ 杜士珍：《政治思想篇》，《新世界学报》壬寅第 1 期，1902 年 9 月，第 50 页。
⑥ 黄群：《法学约言》，《新世界学报》壬寅第 1 期，1902 年 9 月，第 72 页。

不有一生计之目的以存乎其中","太公望行之而齐治，范蠡用其术而三致
千金，白圭计然猗顿之流滥觞于当时，而后进之传其学者代不乏人，此皆
中国人闻见所及，载之典册，传之稗史，昭然而不可诬者，即欲侪其事于
亚丹斯密之列，吾知其必无愧色矣"。①

综上可见学报观点之荦荦大端。其一，中国有"学"，虽无学之名，
却有学之实。其二，各学蕴于史中，司马迁、郑樵之史不仅是中国史学之
大成，亦为千百年后新学之先声。如谓"史学者，合一切科学而自为一科
者也。无史学则一切科学不能成，无一切科学则史学亦不能立"；"司马
氏、郑氏，盖亦深于科学者也"，"颇能汇众流为一家，约群言而成要"。②
其三，学有专门，但贵在博通。如谓"夫治一科学，不赅种种学术方面而
归并之，而发挥之，而自限于一圈之中者，其所言必不能发人之神智"。
历史学之所以见重于世，亦因其方面浩博，支流千万，可纵观宇宙之大。③
1904 年，陈黻宸对此有总结性说明："科学之不讲久矣。……夫彼族之所
以强且智者，亦以人各有学，学各有科，一理之存，源流毕贯，一事之
具，颠末必详。而我国固非无学也，然乃古古相承，迁流失实，一切但存
形式，人鲜折衷，故有学而往往不能成科。即列而为科矣，亦但有科之名
而究无科之义。"④ 但中西学术仍有不同，西学之优在宜用统计、比较等
方法，以明社会进化之公例。如谓东西邻之史"民事独详"，"欧美文化
之进以统计为大宗，平民之事纤悉必闻于上"，"比较既精而于民人社会之
进退，国家政治之良否，折（析）薪破理，划然遽解"。⑤ 虽"古商鞅李
斯之法律也，犹今泰东西之法律"⑥，然今日我国法律废久矣，而泰西
"民智大开，人人各有其自尽于法律中之义务"，故法律之权利兴，人民参
议的能力特性亦由此而兴。⑦

其时，与学报思路相近者不乏其人，虽然他们找到的"科学"源头不

---

① 黄群：《公利》，《新世界学报》壬寅第 2 期，1902 年 9 月，第 75～76 页。
② 陈黻宸：《京师大学堂中国史讲义》，陈德溥编《陈黻宸集》（下），中华书局，1995，第
　676 页。
③ 汤调鼎：《论中国当兴地理教育》，《新世界学报》第 15 号，1903 年 4 月，第 11～12 页。
④ 陈黻宸：《京师大学堂中国史讲义》，陈德溥编《陈黻宸集》（下），第 675 页。
⑤ 陈黻宸：《独史》，《新世界学报》壬寅第 2 期，1902 年 9 月，第 4 页。
⑥ 陈怀：《辨法》，《新世界学报》壬寅第 3 期，1902 年 10 月，第 66 页。
⑦ 陈怀：《辨法》，《新世界学报》壬寅第 3 期，1902 年 10 月，第 78 页。

完全一致，看到的"科学"类别也不尽相同。蔡元培说六艺即道学，其中《尚书》为历史学，《春秋》为政治学，《礼记》为伦理学，《乐经》为美术学，《诗经》亦美术学，《易经》为纯正哲学；道家者，亦近世哲学之类，其中名、法诸家，多祖述之；农家者流，于今为计学；墨家者流，于今为宗教学；阴阳家者流，出于灵台之官，于今为星学，其旁涉宗教为术数；纵横家者流，于今为外交学；杂家者流，于今为政学；其他名家、法家、兵家、方技（即医学），则与今同名。① 孙宝瑄说："《周易》，哲学也；《尚书》、《三礼》、《春秋》，史学也；《论语》、《孝经》，修身伦理学也；《毛诗》，美术学也；《尔雅》，博物学也。"十三经可称为三代以前的"普通学"。② 《政艺通报》载文说，"盖尝综而论之：易经者，高级理科（哲学）也；书经者，列朝史也；诗经、春秋、左氏传公谷、国语国策者，列国史及列国宪法与列邦会盟记也；三礼、论孟孝经者，教育史也"③。宋恕以为"汉前经、子中虽有可入哲学之篇章句，而宜入科学（按指分科之学）者殆居十之六七"；十三经中的《易经》《诗经》入"总科之社会学"，《尚书》《春秋》经传入"别科之史学"，《孝经》入"别科之伦理学"，《论语》《孟子》入"别科之伦理、政治、教育诸学"，"三礼"入"别科之礼学"，《尔雅》入"别科之原语学"（按《说文》也入此学），其所谓"别科"即日本通名"科学"。④

《科学一斑》的创办者认为诸子学为中国"科学"之始。他们将学术分为"文学"与"科学"两类，我国文学固足以自豪于世界，经学、理学、老学、佛学、考据学、词章学，"罔不光焰万丈，云汉为昭矣"；"我国劣败之点，正坐文学盛而科学衰耳"，"科学之于我国在二千年前已大发达，若管子之发明政治学，孙子吴子之发明兵家学，周髀之发明天文学、象数学，墨子之发明格致学，老子之发明哲学、卫生学，商鞅、韩非之发明法律学，公孙龙子之发明论理学，鬼谷子之发明交涉学，夫孰非今日泰西所尊为专门学，而吾党所亟宜从事者，我先民学术之发达亦概可见矣"。

---

① 蔡元培：《学堂教科论》，《蔡元培全集》第 1 卷，第 337 页。
② 孙宝瑄：《忘山庐日记》上册，第 529 页。
③ 樵隐：《论中国亟宜编辑民史以开民智》，《政艺通报》壬寅第 17 期，1902 年 10 月，第 23 张。
④ 宋恕：《代拟瑞安演说会章程》，《宋恕集》上册，第 350～351 页。

我国学术思想败落之原因在于，"泰西之政治常随学术思想为转移，而中国之学术思想常随政治为转移"，专制之下"独有一儒学，于是一尊定而思想狭，学术界从此有退化无进步，而黑暗时代至矣"①。《科学一斑》中学术二分，基本按照中学与西学双轨并行，中国旧学中的经、史、集三部分属于"文学"，诸子学拈出比附西方"科学"。

　　以上持论者对于中学的部类方法意见不同，但思想如出一辙，即认为中国"有学"，且等同于"科学"。不过，这并不意味着说者对于近代"科学"的特质毫不知情。黄节一边倡"光复吾国学"，一边在三段论的标准下判断"吾国犹图腾也，科学不明，域于无知，然则吾学犹未至于逻辑也"②，"凡欲举东西诸国之学，以为客观，而吾为主观，以研究之，期光复乎吾巴克之族，黄帝尧舜禹汤文武周公孔子之学而已。然又慕乎科学之用宏，意将以研究为实施之因，而以保存为将来之果"③。"科学"的进化性与实用性一目了然。亦如邓实，一边认为"分科之学"古已有之，"考吾国当周秦之际实为学术极盛之时代，百家诸子争以其术自鸣，如墨荀之名学，管商之法学，老庄之神学，计然白圭之计学，扁鹊之医学，孙吴之兵学，皆卓然自成一家言，可与西土哲儒并驾齐驱"④；一边又在强调"科学重实验不重理想，其学说皆万枝万叶，未易寻其根干，非可由外袭也"⑤，近代科学的客观性、实验性亦已昭示。他们清楚地知道旧学中的"科学"与近代"科学"有所差别，而如此用力地论证中国"有学"显然别有深意。

　　由上可知，"有学"派与梁启超的根本差异不在论今之"科学"，而在于中国旧学。梁启超认为中国古代有学，但非"科学"，需要在思想与方法上进行革命；而拥趸古代有学者则认为古学即"科学"，只是"末流无术，蹈袭故常"⑥，今日学术之兴，不在新旧之争，而在是非之辨。同样是要"新"中国学术，梁启超取道西学，学报及其同流者则希望中西、新旧、古今兼而融之，如陈黻宸所言，"曰昔旧之弊者，吾推而覆之：今

① 卫石：《发刊辞》，《科学一斑》第 1 期，1907 年 6 月，第 1~2 页。
② 黄节：《国粹学报叙》，《国粹学报》第 1 年第 1 号，1905 年 2 月，第 1 页。
③ 黄节：《国粹学报叙》，《国粹学报》第 1 年第 1 号，1905 年 2 月，第 3 页。
④ 邓实：《古学复兴论》，《国粹学报》第 1 年第 9 号，1905 年 10 月，第 2 页。
⑤ 邓实：《政论与科学之关系》，《政艺通报》壬寅第 23 号，1903 年 1 月，第 6 张。
⑥ 杜士珍：《班史正谬》，《新世界学报》壬寅第 4 期，1902 年 10 月，第 41 页。

弊在新，吾又将翼之匡之，必衡国情，必准故习，毋暴、毋躐等，而要以救民为宗"①。当时有学人评价说，时下"求中学者病西学，求西学者病中学"，学报"括之曰新学，而中西之学浑融之度"②，为学界开一新风气。

学报所说的"今弊"乃针对"新学之矫矫者"而言，认为他们论学"风俗笑罄，渺不知由来，不知其善恶，一一从而摹之，惟恐不肖，而遭流俗野蛮之诟"，犹如"邯郸学走，故步全忘，几何不自丧其人格矣！"③ 陈黻宸在学报首期自揭学术旨趣，谓中国六经与希腊古代先哲的学说性质相同，蕴含天下公例，"欲变今，必自复古始"④，最终"天下必以异而致同"⑤。当梁启超循进化之例，倡优胜劣汰之理，欲重整旧学，努力向前追赶西方的步伐时，学报则以复兴古学为振兴之机，以世界大同为学术理想，欲在旧学中开出新花，他们从一开始就是在两条不同的道路上行进。学报初创，陈黻宸的近交宋恕、孙宝瑄都有评语。宋恕赞陈黻宸为文可入神品之列，与章炳麟、蒋智由、梁启超、夏曾佑四子同名，汤、杜诸青年之论说亦别具慧眼，入情入理，尽脱学界、报界习气奴性。⑥ 孙宝瑄则谓"其中议论多袭梁饮冰之绪余，惟陈介石文章当有可观"⑦。虽然两人见解看似不同，但均具慧眼，可谓准确地辨认出二者的异同。

3. 《大陆报》的"科学"说

1903 年，《新民丛报》第 26 号"学界时评"一栏又登一篇评论——《丛报之进步》，分别对新出版的多家丛报进行评议。文章称赞《译书汇编》所译之书多名哲鸿著，于精神上独具特色，为丛报中最佳，《浙江潮》次之，《游学译编》《湖北学生界》又次之，《新世界学报》《大陆报》再次之。《大陆报》几乎在丛报中品质最差，其论学无甚外行语，但文不逮之，敷衍篇幅居全册之半。文章表示对内地所出丛报总体感觉差强

---

① 沈渭滨、杨立强：《新世界学报》，《辛亥革命时期期刊介绍》第 2 集，第 104 页。
② 《新世界学报序例书后》，《选报》第 20 期，1902 年 6 月，第 11 页。
③ 汤调鼎：《虫天世界：专制》，《新世界学报》壬寅第 6 期，1902 年 11 月，第 13 页。
④ 陈黻宸：《经术大同说（未完）》，《新世界学报》壬寅第 1 期，1902 年 9 月，第 21 页。
⑤ 陈黻宸：《经术大同说（未完）》，《新世界学报》壬寅第 1 期，1902 年 9 月，第 28 页。
⑥ 宋恕：《与陈介石书》，《宋恕集》上册，第 612 页。
⑦ 孙宝瑄：《忘山庐日记》上册，第 573 页。

人意，但其程度不及东京诸报。主要问题体现在两个方面：一是各报虽冠以各省之名，但不过是普通丛报，显得名实不符，其办报方针"非论理的，科学的"；二是丛报之名应以学科分，不宜以省分，否则于学界不能有所辅助。① 该文发表时未有署名，但与之前评论《新世界学报》的文字有承接之处。登出后，其他各报未见有直接回应，《大陆报》反应最为强烈，矛头直指梁启超本人，由此证明文章出自梁启超之手的可能性极大。

《大陆报》② 于1902年12月创刊，秦力山、戢元丞、杨栋廷、雷奋等人主笔，但文章均不署名，表示同人有所共识。冯自由曾指该报"鼓吹革命、排斥保皇"③，但有研究者认为他们鼓吹革命有之，却没有明确主张赞成革命，只是因为经常发表攻击梁启超的文字，给人以革命的印象。④《大陆报》是否鼓吹革命稍后再论，但他们的学术见解的确与梁启超不同。

参照1903年《大陆报》发表的《论文学与科学不可偏废》一文，以及他们反驳《新民丛报》的各种言论，该报的学术态度可见一斑。一是认为今日中国无"科学"，"文学"亦日衰一日，感叹中国学人，盖不足以语学。他们说国人，"其始以为天下之学尽在中国，而他国非其伦也；其继以为我得形上之学，彼得形下之学，而优劣非其比也；其后知己国既无文学更无科学，然既畏其科学之难，而欲就其文学之易，而不知文学、科学固无所谓难易也"。以上三者，为今日士夫之通习。梁启超之误即在于此，尊自抑人，而不知天下学术各有短长，如今中国学术均不如人。二是认为"文学"与"科学"，互相为用，未有舍"科学"而言"文学"者。"西人形而上学之进步，皆形而下学之进步有以致之也。今欲学其形上之学，而舍其形下之学，是无本之学也，而何学之与有？而何文学之与有!!"而中国人之性质，就虚而避实，畏难而乐易，喜言"文学"，对"科学"不乐道，无有根底之学。文章讽刺梁启超自命为通人，却畏惧"科学"之难，舍"科学"而言"文学"，而所学不过剽窃东籍一二空论。⑤ 当《新民丛报》批评《大陆报》为丛报中品质最差者时，他们反讥这是梁启超打击报复，斥其责人而不自知，于中西学术更多无知之谈，于"科学"外行、于西文外

---

① 《丛报之进步》，《新民丛报》第26号，1903年2月，第81~83页。
② 《大陆报》于1902年12月创刊，第一、二卷为月刊，从第三卷起改为半月刊，编撰体例亦有所变更，本书注释沿用刊物原有体例，此后不再一一注明。
③ 冯自由：《革命逸史》初集，中华书局，1981，第96页。
④ 黄沫：《大陆》，《辛亥革命时期期刊介绍》第2集，第115页。
⑤ 《论文学与科学不可偏废》，《大陆报》第3号，1903年2月，第1~5页。

行、于西学精粹外行、于天下之学亦为外行，① 根本没有资格评价他人。

《大陆报》代表了相当一部分青年学生的共识，他们认为中国根本"无学"，应径取欧美之学以补救中学。如谓"今泰西之各科学术，何一不长于我？况日新而月不同，学术之进步实超前而轶古。其学之精，匪独我所承认，谅诸少年亦无不公认之"，"夷夏之分，实不以地势分，而以学术分也。……故吾人当以无学为可耻，不当以变夷为可耻。学术者，世界公共之文明也，非白晰人所专有，亦非我中国人所私有。学术变之不足耻，至言语变之、文字变之、地图之颜色变之，则大可耻"②。

《大陆报》此文中的"科学"定义与梁启超的狭义"科学"相当，且叙述得更为准确。"科学者何，所谓形下之学也。科学二字，为吾国向所未有，盖译自英文之沙恩斯 Science，英文之沙恩斯又出于拉丁之沙倭 Scio。沙倭云者，知之谓也。至十六世纪，沙恩斯一字乃与阿尔德 Art 一字相对峙，盖沙恩斯为学，而阿尔德为术也。至十七世纪，沙恩斯字又与律多来久 Literature 词相对峙，盖沙恩斯为科学，而律多来久则文学也。兹义实传至今日，传至东方，传至我国，此科学二字所由来也。"③ "科学"理解为狭义的自然科学，"文学"则包括哲学、史学、诗歌、传奇等在内的人文科学。需要说明的是，"科学"的狭义用法在《大陆报》中并不绝对，亦有广义上的运用。它曾经将学术三分：甲科即哲学、伦理、宗教等精神上诸学；乙科即政治、法律、经济、教育等社会上诸学；丙科即理化、博物、工艺、生物、生理、地学、天文，其他自然界及物质界诸学。④ 大致相当于我们今天的人文科学、社会科学与自然科学之别。此处强调"科学"与"文学"的差别，目的在于批评国人不识自然科学之价值，而斤斤于所谓的文学，实为舍本逐末，而所拾文学也为无根底之学。

其实，中国没有自然科学，以及没有建立在自然科学基础之上的社会科学已是近代学人的基本共识。梁启超说过中国无"格致学"，邓实强调实验科学对于政治的指导作用。他们从日本的译本中了解到，自然科学与社会人文科学存在"科学"程度上的差异，往往用"完全科学"与"独

---

① 《敬告中国之新民》，《大陆报》第 6 号，1903 年 5 月，第 1~8 页。
② 《劝游学说》，《萃新报》第 3 期，1904 年 7 月，第 4 页。
③ 《论文学与科学不可偏废》，《大陆报》第 3 号，1903 年 2 月，第 1 页。
④ 《续出大陆报发刊词》，《大陆报》第 2 年第 1 号，1904 年 3 月。

立科学"来区分。所谓"完全科学"是指首尾相接，已归纳出不变定则的学科，一般指自然科学；所谓"独立科学"是指可以列为专门，但尚未发展完善的科学，一般指社会人文科学。如谓伦理学已崭然独立而为一科学，但"于其他科学相较，犹未脱离幼稚之域。因纯理科学，其所说必由根本的原理而演绎，其所谓根本的原理者，不外于分析其科学所必要之观念，而于最后所得之结果而已。……但伦理学根本原理之无定，则对于一切之行为，不能定善恶邪正之标准矣"①。如谓"经济学者，学之属于形而上者也，为人间社会最重要之科学。……然以经济学为人间社会科学之一，则犹有不满人意之处。"②"近世地理学之发达，已渐具有一种独立科学之性质"，其"为一最繁难独立之科学者，要之其果否已成一完全科学之地位未敢知。然地球与人类既有若此切密关系，则地理学其必为普通人类所应研究之一种科学"③。"以形式言，则世界文明法律几至大同，不可谓不发达；以实质言，则法学之于科学界中其程度最为幼稚。盖诸科学之于今日，大都已均得一定之界说，一定之结果，而法学则学说纷纭，此唱彼驳，迄无定义。"④

因此，《大陆报》与梁启超的分歧不在"科学"，而在中国的"文学"能否成为"科学"。与大多数旧式教育培养出来的学人一样，梁启超对于自然科学的确外行，他敏感地捕捉到西方社会人文科学在自然科学浸染下的变化，并欲以此为蓝本条理中学。《大陆报》的作者与梁启超不同，他们接受了相对全面的、系统化的西学教育，虽然其中的大多数人不以自然科学为志业，也只是西学的转述者，但是他们对于自然科学的认识显然比梁启超精深，学术视野也更为开阔。他们一再强调"科学"是"文学"的基础，是因为他们熟知西方科学发展的历程。"科学"固然是分业的，同时必须是系统的、进化的、实用的，它所具有的一切特性来源于19世纪西方自然科学的发达，由此判定，中国因缺乏"格致学"根本无法生长出西方式的"科学"以及以"科学"为基础的"文学"。

由于双方的知识结构不同，认识西学的深浅程度有别，回望中国学术

①　《读弥尔氏之功利主义》，《大陆报》第3年第19号，1905年11月。
②　《最近经济学》，《大陆报》第1号，1902年12月，第1页。
③　玉涛：《地理学》，《学报》第1卷第1期，1907年2月，第3页。
④　耐轩：《论法学学派之源流》，《政法学报》第3卷第4期，1903年10月，第31页。

得出的结论也存在差异。梁启超虽然不满中国学术现状，但依然对中国的学术历史无限自豪，对未来充满希望。他赞誉中华学术思想在上世纪时代、中世纪时代为世界第一，且望在方兴未艾之近世纪能执牛耳于全世界。① 《大陆报》则斥梁启超这一评断尊己抑人，自视太高。中国古代学术至多与其他文明之国互有短长，但绝不及希腊学术，因其于形上形下之学两有所得，② 而中国"虽曰仅有文学，实并无所谓文学也"，随"西国之科学，既稍稍输入"，"今日之学，由西而东，支那文学科学之大革命，意在斯乎"③。显然，《大陆报》对于西学东来寄予了更大希望。在第 6 期以后，《大陆报》增设一答疑栏，规定所论之事"必与新学界有关系者"，"凡以我国之旧学质问者谢绝之"④。《大陆报》背弃传统的态度，同样招致梁启超的不满。他认为留日学生大多于中国普通学未有完全学力，"虽博极外学，而欲输之以福祖国，其道无由"，能有所贡献于我学界者，唯严复一人而已，"则有国学与无国学之异也"。为补之不足，梁启超欲在日本设国学图书馆，开国学研究会，以世界新知识合并于祖国旧知识，以防青年学生数典忘祖。⑤

　　20 世纪初，发生在《新民丛报》、《新世界学报》以及《大陆报》三者之间的学术论争，基本代表了三种不同的西学取径。《新世界学报》借"科学"之名证明中国"有学"，欲复兴古学，保存国粹；《大陆报》认为中国无"科学"，也无"文学"，欲取欧美之学改造中国学术；梁启超尝试走中间道路，以中国学术为载体引进西学，对于旧学新之而不弃之。其中，梁启超的地位颇为尴尬，《新世界学报》与《大陆报》都斥其学术没有根底，而他们所谓的根底之学有天壤之别，一个指旧学，一个言西学。换言之，在他们看来，梁启超既是一个入主出奴的西学崇拜者，又是一个根本不懂西学的盲瞽，反差如此之大的形象统一于梁启超一身，这大概就是启蒙者的悲哀吧。

　　抛开近代学人对于"科学"一词理解的差异，他们的思想其实体现出了逻辑上的同一性。既然有"科学"的民族才能强盛，既然当下的中国学

---

① 梁启超：《论中国学术思想变迁之大势》，《饮冰室合集·文集之七》，第 2 页。
② 《敬告中国之新民》，《大陆报》第 6 号，1903 年 5 月，论说第 4 页。
③ 《论文学与科学不可偏废》，《大陆报》第 3 号，1903 年 2 月，论说第 3 页。
④ 《敬告读者诸君》，《大陆报》第 5 号，1903 年 4 月，社告第 2 页。
⑤ 《游学生与国学》，《新民丛报》第 26 号，1903 年 2 月，第 80 页。

术还不是"科学",而日本的"分科之学"又为中学提供了成为"科学"的可能,那么摆在中国学人面前的道路其实只有一种,即努力使中学转化为"科学"。当他们共同以"科学"作为衡量中学的标准时,事实上已经肩并肩地走上了中国学术"科学化"的道路。

但是,"科学"意义撷取上的差异,也表明他们的政治理想以及学术取径多元并存。1905年,王国维对中国学术界的评价道出了其中真义,他说"庚辛以还,各种杂志接踵而起,其执笔者,非喜事之学生,则亡命之逋臣也。此等杂志,本不知学问为何物,而但有政治上之目的,虽时有学术上之议论,不但剽窃灭裂而已"①。如上述各家,论学旨趣虽有不同,责人话语却颇为一致。《新世界学报》斥梁启超东施效颦,深于忘我,而不识西学精旨;梁启超说《新世界学报》内容空衍,多为外行语,《大陆报》文不逮意,无甚价值;②《大陆报》亦嘲笑梁启超拾东学之牙慧,于西学无根底。而他们都自认为比别人更接近所谓的西学精髓。于是,当新名词悬于众人之口,而其掩盖下的西学究竟为何,竟无人能解。当然,西学面目模糊本属于学术初入时的正常现象,如日本学者说,"今日本既跻身列强之间,俨然为文明国,而与欧美相抗衡,然其所为文明不过以短少时间由欧美输入者,则先备形式而后及实质,此新进国不能避之程级,而同时又为其所短也"③,中国学术亦然。但他们的互相攻讦,却超越了学术范畴而显得别有深意。

第三节　"科学"的维度与政治考量

在近代中国特殊的语境之下,学术论争从一开始便不止于学术,学术转型与国家救亡无可避免地成为一个整体。三份杂志使用了看似相同的"科学"字样讨论中国学术,但对于"科学"概念的理解与运用都掺杂了强烈的主观色彩。如果"科学"概念以分科作为基本底色,那么"科学"的范围、方法以及意义就是分科之上的附加颜色,以表明学术思想延伸的维度,以传达言说者的政治立场。

---

① 王国维:《论近年之学术界》,《王国维文集》第3卷,第37页。
② 《丛报之进步》,《新民丛报》第26号,1903年2月,第82页。
③ 〔日〕岸本辰雄:《论中等教育学科及于法制经济》,梁建章译,《法政杂志》(东京)第1卷第2号,1906年4月,第96页。

1. 从"新学术"到"新民"

1902 年前后是梁启超谈论"科学"最密集的时期。他在日本创办《新民丛报》，自述将"采合中西道德，以为德育之方针；广罗政学理论，以为智育之本原"①。《新民丛报》虽然将智育与德育并举，但梁启超表示"凡一国之进步，必以学术思想为之母，而风俗政治皆其子孙也"②。他甚至斩钉截铁地说："有新学术，然后有新道德、新政治、新技艺、新器物；有是数者，然后有新国、新世界。"③"新学术"俨然成为一切事物更新变革的源头与契机。

根据日本学者狭间直树的研究，梁启超创办《新民丛报》是为了发表《新民说》。④"新民说"的理论框架来自福泽谕吉，⑤但《新民说》在多大程度上受到福泽的影响，目前学界尚无定论，但均不否认此说的道德范本与福泽的文明论相关。⑥

在福泽谕吉的文明论中，他把文明视作人类摆脱野蛮而逐步前进之物，是一个国家智、德发展状况的整体体现。他所说的"智""德"都分为公/私两类，最为重要的是公德与公智。其中，公智的作用至为广大，它"能以有形之物教人，以有形之物证明其真伪，同时又能在无形中感化人"⑦；公德是道德依靠智慧的作用而发扬光大。人类的进步便是"随着文明的进步，智德同时都增加了分量，把私扩大为公，将公智公德推广到整个社会，逐渐走向太平"⑧。

福泽所说的"智"显然与学问有关。他在文明论中解释私智为"探索事物的道理，而能顺应这个道理的才能"，又称"机灵的小智"；公智则是"聪明的大智"，是分析事物的轻重缓急，观察时间和空间的智慧与

---

① 梁启超：《〈新民丛报〉章程》，夏晓虹辑《〈饮冰室合集〉集外文》，第 75 页。
② 梁启超：《新民说：论进步》，《饮冰室合集·专集之四》，第 59 页。
③ 梁启超：《近世文明初祖二大家之学说》，《饮冰室合集·文集之十三》，第 1 页。
④ 〔日〕狭间直树：《〈新民说〉略论》，狭间直树编《梁启超·明治日本·西方：日本京都大学人文科学研究所共同研究报告》，社会科学文献出版社，2001，第 69 页。
⑤ 郑匡民：《梁启超启蒙思想的东学背景》，第 82 页。
⑥ 〔日〕石川祯浩：《梁启超与文明的视点》，狭间直树编《梁启超·明治日本·西方：日本京都大学人文科学研究所共同研究报告》，第 101 页。
⑦ 〔日〕福泽谕吉：《文明论概略》，北京编译社译，商务印书馆，1959，第 86 页。
⑧ 〔日〕福泽谕吉：《文明论概略》，第 111 页。

才能，① 但文章没有将对应的学问一一列出。参照福泽在《劝学篇》中提出的"实学"概念，可知他将学问分为两类：一是世间一般的日用之学，如写信、记账等；二是实事求是，追求真理，以满足当前需要的"各项科学"，如地理、物理、历史、修身、经济等各学科。② 各种学问又可分为有形与无形，心学、神学、理学等是无形的学问，天文、物理、地理、化学等是有形的学问，但都是教人辨明事物的情理，懂得做人的本分。③

各种学问当中，福泽谕吉认为与西洋文明主义相比，东洋儒教主义所无者有二：有形者为"数理学"，无形者为"独立心"。④ "数理学"特指物理学，"欧洲近代之文明，无不源出于物理学也"。此学"以宇宙自然之真理原则为基础，详物之数、形、性质而知其运动规律，遂将其物用于人事，此即谓之物理学"。"如果发明了物理，一旦公之于世，立刻就会轰动全国的人心，如果是更大的发明，则一个人的力量，往往可以改变全世界的面貌。"⑤ 福泽理解的物理学是一种离开了对于事物表面的观察，而注重对宇宙真理和事物运动规律的揭示，并将其结果运用于实际生活的思想方法。这是一种物理学的思考方法，即近代科学的、分析的、理智的思考方法。⑥ 福泽本人甚至被认为是一位科学主义者，因为他觉得"人类万事都存在于这个道理之中的，假如不包括或者好象是不包括于其中，应该看作是人们还没有研究到这种程度"，科学不仅使人从自然的必然性中获得自由，而且它对解决人与社会的关系问题，也提供了根本的原则。⑦ 换言之，福泽理解的"公智"是一个建立在自然科学基础之上的现代学术整体。

福泽谕吉认为与"数理学"相对的无形文明是"独立心"，为东洋民族所共缺。他解释说，"人为万物之灵，假如自尊自重，就不会做卑鄙之事，也不会使品行失常"。个人修养身心是为了能够安心于所谓"独立"

① 〔日〕福泽谕吉：《文明论概略》，第 73 页。
② 〔日〕福泽谕吉：《劝学篇》，群力译，商务印书馆，1984，第 3 页。
③ 〔日〕福泽谕吉：《劝学篇》，第 8 页。
④ 〔日〕福泽谕吉：《福泽谕吉自传》，马斌译，商务印书馆，1980，第 180 页。
⑤ 〔日〕福泽谕吉：《文明论概略》，第 79 页。
⑥ 郑匡民：《梁启超启蒙思想的东学背景》，第 75～76 页。
⑦ 王中江：《严复与福泽谕吉——中日启蒙思想比较》，河南大学出版社，1991，第 204 页。

这一点上，唯国民有独立之心，国家才能独立自强于世界。①

对照福泽谕吉的文明论与其论学思想可以发现，纯粹的学术研究是他所谓的私智，将学术转化为裨益社会的实用价值才是公智。而且，福泽理解的"智"是建立在自然科学基础之上，包括社会人文科学的学术整体。有日本学者评价洋学家普遍缺乏专门的自然科学知识，却从事着科学思想的启蒙工作，但其理论依然强调了自然科学的基础性。著述中，福泽完全是在进化论的框架中，为日本设计了一条从有形的"数理学"到无形的"独立心"的学术道路，进而在政治上建立一种与野蛮完全相反的文明的国家体制。梁启超正是借用了福泽的由智达德，智德并进，继而完成社会改造的理论逻辑，塑造了他的"新民说"。他在《新民丛报》的章程中将智德相提并论，亦是希望发明后的新道德，与广罗下的政学理论能分别承担文明论中公德与公智的角色。

不仅梁启超如此，在20世纪初的中国，推崇智识，且智德并论几乎成为东学者普遍的话语方式。入狱前的章太炎批评王阳明的"知行合"，认为"知"与"行"并非如王氏所说"为一物"，而是"各有兆域"；不是"知行同起"，而是"不知者必不能行"。② 宋教仁等留日学生在创办的杂志中也说，"德者，从知而判别者也"，"道德随知识而增进，知识不存而道德亡；知识不完全则道德亦有缺陷。定行为之准则，知之能也。知何者，为善德之体也，不明知之体，而欲行德，犹盲者无杖而欲行路也"。他们解释"知"为知识、定见、概念等义，"由批评而后得定见，由定见而后成概念，由概念而后有真正的知识"③。显然，"知"与"智"同义，具有广泛的"科学"含义。

但是，细究之下，学人所谓的"智""知"不但有异于福泽谕吉，互相亦有差别。单就梁启超而言，1902年，《新民丛报》上涉猎的"新学术"几乎囊括了当时的所有学科，包括格致学、历史学、天演学、生计学、伦理学、政治学、哲学、教育学、论理学、群学等。但除了《格致学

---

① 〔日〕福泽谕吉：《福泽谕吉自传》，第181页。
② 章炳麟：《訄书详注》，第115页。
③ 后素：《苏格拉第学说第一》，《二十世纪之支那》第1期，1905年6月，罗家伦主编《中华民国史料丛编：二十世纪之支那、洞庭波、汉帜》（合订本），台北，"中央"文物供应社，1983，第20～21页。

沿革考略》一文涉及自然科学外，其余多是转贩西方社会人文科学中的只言片语。与福泽谕吉的"数理学"相较，显得疏阔无系，与自然科学更为疏离。

当梁启超断言"中国无学"时，学界的臧否之声纷纭。赞扬者落点多在于"新"，诟病者则认为梁启超不识"科学"。如《大陆报》刊登读者来信，说梁启超"权利竞争"一篇是结合了法人卢梭、德人伊耶陵、日人加藤弘之，以及中国人李振铎等人的断编残简而成，"若一干众枝成于一人之手"，可"彼四子不同国，不同时，不同学派，而彼竟能使之会合一堂，舍己从人合著一书以利我，其神通广大岂不可敬？然读者何辜，乃以洁纯之脑受此恶浊，加藤弘之亦何辜，乃以清白之名为此杂货店之招牌"①。有署名"新民之旧友"者亦批评梁启超之学问，"皆由自德富苏峰君，盖行窃而得之者也"，而"新民丛报徒撂拾文词，以见重于人，则不独不足以阐明科学之奥义，且雕虫篆刻壮夫不为，而况文胜之国，未有不亡者乎？"②

从学术的角度言，梁启超的确授人以口实，所作所为并不光彩。不过，梁启超曾撰文明确表示，要将学术"汇万流而剂之，合一炉而冶之"③，"以其学之可以代表当时一国之思想者为断，而不必以其学之是否本出于我为断"④，其学术思想的功利性与多样性早已是题中本有之义。尽管被人讽刺所说均为至浅至陈之理，在民国初期也曾检讨自己治学太无成见，多粗率浅薄之谈，但梁启超依然为自己辩解道："以二十年前思想界之闭塞委靡，非用此卤莽疏阔手段，不能烈山泽以辟新局。"⑤ 因此，梁启超的"科学"，言其为学术的，毋宁言其为政治的。

公德是梁启超"新民说"的核心部分。他在《论公德》一文中也把中国道德分为公德与私德。他认为中国古来道德偏于私德，且"发挥几无余蕴"；而公德阙如，"故政治之不进，国华之日替，皆此之由"。在公德与私德之间，公德为道德之源，亘万古而无变，而公德之立，在于"利

① 今世楚狂：《论广东举人梁启超书报之价值》，《大陆报》第7号，1903年6月，第2页。
② 新民之旧友：《与新民丛报总撰述书》，《大陆报》第6号，1903年5月，第2页。
③ 梁启超：《论中国学术思想变迁之大势》，《饮冰室合集·文集之七》，第1页。
④ 梁启超：《论中国学术思想变迁之大势》，《饮冰室合集·文集之七》，第63页。
⑤ 梁启超：《清代学术概论》，《饮冰室合集·专集之三十四》，第65页。

群"。如今中国传统道德已不足以维系人心，必须提倡 "道德革命"，斟酌古今中外，发明一种新道德以取代旧道德，"知有公德，而新道德出焉矣，而新民出焉矣"①。

不过，据日本学者研究，梁启超的 "新民说" 除了《论自尊》一篇与福泽谕吉思想相近，伯伦知理的国家学说早已糅合进梁启超的 "新民" 思想了。② 早在《新民说》发表之时，其思想已经离开福泽的 "文明论"，经过伯伦知理、加藤弘之、德富苏峰等人的 "社会进化论" "国民主义" "国权主义" "帝国主义论" 的洗礼，过渡到民族帝国主义的阶段。虽然独立自尊在其思想中留下痕迹，但进化与竞争的强权论才是 "新民" 理论的基础。而且，以上理论学说被认为是贯通古今中外的发展法则，③ 梁启超的 "利群" 思想已与福泽的 "独立心" 擦肩而过。

至此，梁启超虽然移植了福泽谕吉智德进化的理论框架立为己说，在逻辑上建构了以 "开民智" 为前提的 "新民" 思想，但其所谓的 "智"，或曰 "新学术"，又或曰广义的 "科学" 体系，多以庞杂无序的政学理论为主体，其所谓的 "德" 也已渐由自由主义转向国家主义，二者都已偏离了福泽的本意。

问题在于，对于大多数缺乏基本辨识能力的国人而言，当这些并无定见的政学理论以 "科学" 的面目出现，且被表述为公理公例④时，便被赋予了不容置疑的正当性，发挥着 "新学术" 的启蒙威力。梁启超正是利用了这样的话语方式，论证了中国 "新民" 的必要。他说凡 "天演物竞之理，民族之不适应于时势者，则不能自存"，中国 "驯至今日千疮百孔，为天行大圈所淘汰，无所往而不败矣"。因此，"欲以探求我国民腐败堕落之根原，而以他国所以发达进步者比较之，使国民知受病所在，以自警厉自策进"⑤。其中 "天演" "物竞" "自存" "淘汰" 等词都幻化为公理公

---

① 梁启超：《新民说·论公德》，《饮冰室合集·专集之四》，第 14～15 页。
② 〔日〕狭间直树：《〈新民说〉略论》，狭间直树编《梁启超·明治日本·西方：日本京都大学人文科学研究所共同研究报告》，第 84 页。
③ 〔日〕石川祯浩：《梁启超与文明的视点》，狭间直树编《梁启超·明治日本·西方：日本京都大学人文科学研究所共同研究报告》，第 95～119 页。
④ 〔日〕井波陵一：《启蒙的方向：关于对梁启超的评价》，狭间直树编《梁启超·明治日本·西方：日本京都大学人文科学研究所共同研究报告》，第 362～363 页。
⑤ 梁启超：《新民议》，《饮冰室合集·文集之七》，第 105～107 页。

例,由此衍生出来的"进取""冒险""自由""进步""尚武""毅力""权利"等各种德性也成为参与生存竞争的必要条件,中国的"道德革命"也因此显得合理而迫切。

但是,梁启超的革命又是不彻底的,这种不彻底性体现在他与福泽谕吉对待儒学的态度上。福泽曾表示坚决反对汉学,他认为东洋之弱完全是汉学之过,就因为陈腐的汉学盘踞在晚辈少年的头脑里,西洋文明难以传播,并决心尽一切努力,拯救后生冲出汉学窠臼,进而导向洋学佳境。[①]梁启超则表示要在"淬厉其本有"与"采其所本无"两条道路上行进。[②]

一方面,梁启超推崇进化论。由"公德说"衍生出来的各种德性,实际上就是在国家主义思潮影响之下的生存竞争理论的具体体现。梁启超希望为中国提供一整套适合强权主义的新道德,使人们相信激烈的生存竞争是人类社会的常态。他把人类的历史看作一部充满着血腥的生存竞争、弱肉强食的历史,[③] 使历史成为社会达尔文主义法则的注脚。

另一方面,梁启超的"新民说"并没有与中国传统完全决裂。在他的道德论说中,对于私德着墨不多,但其间仍有细微迹象表达出他与进化论之间的离隙。其一,他说私德不是举足轻重,却也不可或缺,与公德相比分量稍显轻微。但正是私德与公德二分,私德即便轻微,千古相传的中国道德仍不能不说是一个亮点,值得肯定。其二,尽管梁启超表达得十分隐晦,观点也尚不明晰,但在他的言语中一直隐含着一个"亘万古而无变"的道德空间。这至少表明,在他的思想深处仍旧愿意相信有一个普适的、绝对的、永恒的道德价值存在。其三,此时梁启超急于发明一种新的道德,因为"恐今后智育愈盛,则德育愈衰,泰西物质文明尽输入中国,而四万万人且相率为禽兽也"[④]。在《青年之堕落》中,他也表达出同样的

---

① 〔日〕福泽谕吉:《福泽谕吉自传》,第 181 页。
② 金观涛、刘青峰认为庚子事变之后,建立在科学基础之上的西方现代理性主义,特别是社会达尔文主义化身为"公理""公例"的观念在中国广泛传播,它们一方面被用于论证国家富强、个人自主和市场经济的正当性,但同时也具有传统的或是新兴的道德伦理属性,这种意义的不稳定性在梁启超的文字中时现。参见氏著《"天理"、"公理"和"真理"——中国文化合理性论证以及正当性标准的思想史研究》,《观念史研究:中国现代重要政治术语的形成》,第 52~53 页。
③ 王中江:《进化论在中国的传播与日本的中介作用》,《中国青年政治学院学报》1995 年第 3 期,第 91 页。
④ 梁启超:《新民说:论公德》,《饮冰室合集·专集之四》,第 15 页。

担忧，"今日旧党竭死力以压窒新机，然吾以为中国之新机不患不动，患其动焉而所趋不善，他日一落千丈而其弊更甚于畴昔"①。这似乎是对由智达德单一进化逻辑的隐忧。据陈建华的研究，1902 年的梁启超对于暴力革命已经有所反思，所著《释革》一文体现了其骑虎难下的复杂心理。对于昙花一现的"革命"困惑，其实是对进化的疑虑。② 究其原因，郑匡民认为梁启超受到中村正直的影响，认为民众的启蒙当从道德教育入手，其所谓道德为"尚德义，慕仁慈，守法律"，并不与中国传统道德相背离。③

　　无独有偶，即便是在 1895 年严复最激烈地要求变革之时，他也坚持认为有一个不变的道德存在。他曾经批评中国传统的"天不变，地不变，道亦不变"的观念，认为天变地变，独"道"不变。此"道"又非俗儒之所谓"道"。他列举的不变之"道"既包括自然科学的公理公例，也包括人类社会的天性，"能自存者资长养于外物，能遗种者必爱护其所生。必为我自由，而后有以厚生进化；必兼爱克己，而后有所和群利安，此自有生物生人来不变者也"。至于儒家所谓的治道人道，如"君臣之相治，刑礼之为防，政俗之所成，文字之所教"，皆应因时为制。④ 比较之下，严复与梁启超所说的不变之道应该是同一事物，或可解释为人类与生俱来的天性。这一不变的道德由何而来？梁启超与严复都不约而同地回归传统，虽然最后的思想落点并不一致。

　　此时的梁启超通过重新诠释孔教的性质，初步尝试调和东西道德。戊戌变法前后，折服于康有为的梁启超是孔教的大力提倡者。康有为创立孔教的初衷即在于重塑道德，他以西人为师，将学艺与政教分为二途，"以西人之学艺政制，衡以孔子之学，非徒绝不相碍，而且国势既强，教藉以昌也"，最终孔教可以"混一地球"⑤。在康有为的思想里，宗教与学术的界限并不清晰，论学与论教往往混为一谈，孔学是"立人伦、创井田、发三统、明文质、道尧舜，演阴阳，精微深博，无所不包"⑥ 的一元化整

① 《青年之堕落》，《新民丛报》第 25 号，1903 年 2 月，第 77 页。
② 陈建华：《"革命"的现代性：中国革命话语考论》，上海古籍出版社，2000，第 16 页。
③ 郑匡民：《梁启超启蒙思想的东学背景》，第 118～120 页。
④ 严复：《救亡决论》，《严复集》第 1 册，第 50 页。
⑤ 康有为：《致朱蓉生书》，《康有为全集》第 1 集，第 324～325 页。
⑥ 康有为：《致朱蓉生书》，《康有为全集》第 1 集，第 325 页。

体。萧公权认为，康有为的做法是善意地使中国的道德遗产现代化以保存之，虽然他对于经书的处理并不客观。① 紧随其师的梁启超明确表示奉孔子为教主，强调读经，宣扬"孔教之至善，六经之致用"②。

1899 年，梁启超发表《论支那宗教改革》一文，虽承续师说宣扬孔教，但在细微处已经有所发明。他将孔教二分，区别为普通之教与特别之教。其中，普通之教授于中人以下，包括《诗经》《尚书》《礼记》《乐经》，凡门弟子皆学之，是为小康之学，各书仅为"孔子纂述之书，实则因沿旧教耳，非孔子之意也"；特别之教授于中人以上，包括《易经》《春秋》，为大同之学，其中《易经》为出世间之书，《春秋》乃孔子经世之大法，立教之微言。《春秋》之中，蕴含孔子教旨有六义：进化主义非保守主义、平等主义非专制主义、兼善主义非独善主义、强立主义非文弱主义、博包主义（亦谓之相容无碍主义）非单狭主义、重魂主义非爱身主义。③ 虽然此说仍来自康有为，康有为曾说要恢复儒家的传统，关键是要回到儒家原典，别的典籍都是孔子加工的，《论语》是学生整理的，只有《春秋》可作为代表孔子为万世作法，成为教主的真正文本。④ 不过，与康有为不同的是，排斥在外的小康之学，在梁启超那里具备了基本的教育功能。普通之教被诠释为教育，特殊之教升华为哲学或宗教，原为一元化整体的孔子之教被切割为二，宗教与教育显示出不同的功能意义。虽然梁启超还没有将宗教与一般的思想学说明确地区分开来，但在孔子思想里已经有了学术与宗教的分野。这种分离或许是细微的，却为孔教定位打开了新思路。

1902 年，梁启超重新定义了孔教的性质。其一，孔教非宗教。"宗教者，非使人进步之具也，于人群进化之第一期，虽有大功德，其第二期以后，则或不足以偿其弊也。"孔教所教，"专在世界国家之事，伦理道德之原，无迷信，无礼拜，不禁怀疑，不仇外道"，孔子乃"哲学家、经世家、教育家，而非宗教家也"⑤。因此，孔教不会如西方宗教一般，在"科学"

---

① 〔美〕萧公权编著《近代中国与新世界：康有为变法与大同思想研究》，汪荣祖译，江苏人民出版社，1997，第 72 页。

② 梁启超：《西学书目表后序》，《饮冰室合集·文集之一》，第 128 页。

③ 梁启超：《论支那宗教改革》，《饮冰室合集·文集之三》，第 55～60 页。

④ 干春松：《从康有为到陈焕章——从孔教会看儒教在近代中国的发展》，王中江主编《新哲学》第 5 辑，大象出版社，2006，第 233～235 页。

⑤ 梁启超：《保教非所以尊孔论》，《饮冰室合集·文集之九》，第 52 页。

的排挤下日益衰颓，更不需要附着于宗教以应世。其二，孔教非真理。孔子学说虽与今日新学新理有暗合之处，但毕竟生于两千多年以前，不能尽知两千年以后之事理学说。但孔教亦有其学术价值，是学术思想自由之明效。其三，孔教作为德育的基本内容而存在。"其所教者，人之何以为人也，人群之何以为群也，国家之何以为国也，凡此者，文明愈进、则其研究之也愈要。"① 因此，保教之方法不在于束缚国民思想，独尊孔教，而在于采群教之所长以光大之。或言之，在梁启超看来，孔教应该是一个开放的、进化的、自由的学术体系，是追求真理的学术过程，如他所言"吾爱孔子，吾尤爱真理"②。至此，孔教脱离了宗教之魅，完全归属于学术范畴。法国学者巴斯蒂认为梁启超已经开始奉行一种实证主义，所鼓吹的对抗宗教的科学思想表明他接受了孔德的分科之学的概念。③

当时与梁启超持论相同者不在少数。蛤笑认为孔学当作为历史，只是研究对象，不是不可冒犯的神圣之物，"学术与宗教不同，宗教务排除异己，学术必存大公"④。"今日之讲孔学恐不足拯神州于已溺而危亡之至，孔学不适合今天之时局"，神州旧学之中适时应用者，惟诸子之学可救孔学之弊。⑤ 章太炎在《订孔》一文中引述日本人远藤隆吉的话，"孔子出于支那，则支那之祸本也"⑥，更是将孔子描述成一个历史学家、教育家，一个不成功的政治家。

不过，梁启超在大倡"保教非所以尊孔"之后不久，重新检讨哲学与宗教的关系。他说"吾畴昔论学最不喜宗教，以其偏于迷信而为真理障也"，但征诸历史可见"言穷理则宗教家不如哲学家，言治事则哲学家不如宗教家"，宗教思想之力伟大而且雄厚。哲学可分两大派：曰唯物派，曰唯心派。唯物派只能造出学问，唯心派亦能造出人物，与宗教相类似。中国的王学乃唯心派，实宗教最上乘者，"苟学此而有得者，则其人必发强刚毅，而任事必加勇猛，观明末儒者之风节可见也。本朝二百余年，斯

① 梁启超：《保教非所以尊孔论》，《饮冰室合集·文集之九》，第 57 页。
② 梁启超：《保教非所以尊孔论》，《饮冰室合集·文集之九》，第 59 页。
③ 〔法〕巴斯蒂：《梁启超语宗教问题》，狭间直树编《梁启超·明治日本·西方：日本京都大学人文科学研究所共同研究报告》，第 424 页。
④ 蛤笑：《述学卮言上》，《东方杂志》第 3 卷第 11 期，1906 年 12 月，第 212 页。
⑤ 蛤笑：《述学卮言下》，《东方杂志》第 4 卷第 4 期，1907 年 6 月，第 57～58 页。
⑥ 章炳麟：《訄书详注》，第 44 页。

学销沈，而其支流超渡东海，遂成日本维新之治，是心学之为用也"①。巴斯蒂认为梁启超的见解陡然逆转，是受到日本学者就宗教前途论战而写的新论文的启示，接受了日本学界对于社会进化论的修正，② 这一变化也反映在稍后的《论佛学与群治之关系》一文中。

宗教与学术的对立是近代中国衍生出来的新问题。中国原本就没有宗教传统，在社会进化论的理论框架下，科学与宗教更是成为文野之别，进步与落后的表征。梁启超曾说，"近四十年来之天下，一进化论之天下也。唯物主义昌，而唯心主义屏息于一隅。科学（此指狭义之科学，即中国所谓'格致'）盛，而宗教几不保其残喘"③。但也有部分学人态度迟疑，一方面认为"宗教之教育，较无宗教之教育，功效显著"；另一方面又言"凡一切有神教，与国家教育主义两不相容"。前者以为学校不重宗教，其培养道德之观念甚微弱；后者以为将来之宗教必与国家教育相分离，此等问题还需要进一步讨论。④ 还有人认为中国"无科学思想，故组织薄弱，而社会无整济厚重之风"；"无宗教思想，故精神病日益，而社会无坚忍耐苦之风"，"科学"与宗教并不是非此即彼的矛盾体。⑤ 不过，就整个社会而言，还是否定的声音居多。当康有为试图建立孔教，宗教的有无才成为近代中国无法绕过的话题。康有为设想在二元结构中讨论孔教与"物质救国"⑥，但孔教宗教化在进化论的指向上无异于倒行逆施，反使孔教落入野蛮之域。正是在进化论以及儒家思想现代性转化的双重语境的叠加下，梁启超的思想从《论支那宗教改革》到《论公德》，再到《保教非所以尊孔论》，以至《论宗教家与哲学家之长短得失》，显得前后歧舛多变，为时人所诟病，体现了他在学术进化与道德存续之间的彷徨与抉择。

梁启超称19、20世纪之交为"过渡时代"，⑦ 作为时代的中心人物，

①　梁启超：《论宗教家与哲学家之长短得失》，《饮冰室合集·文集之九》，第46页。
②　〔法〕巴斯蒂：《梁启超与宗教问题》，狭间直树编《梁启超·明治日本·西方：日本京都大学人文科学研究所共同研究报告》，第429页。
③　梁启超：《进化论革命者颉德之学说》，《饮冰室合集·文集之十二》，第79页。
④　《论法国宗教与教育相争》，《教育世界》第51号，1903年6月，第8～9页。
⑤　飞生：《国魂篇：道德问题》，《浙江潮》第3期，1903年4月，第9页。
⑥　康有为：《物质救国论》，《康有为全集》第8集，第61页。
⑦　梁启超：《过渡时代论》，《饮冰室合集·专集之六》，第27页。

他不得不面对趋新与守旧两种力量，一边是"舞文贱儒，动以西学缘附中学者，以其名为开新，实则保守，煽思想界之奴性而滋益之"①；一边是"今世所谓识时俊杰者，口中撷拾一二新学名词，遂吐弃古来相传一切道德，谓为不足轻重，而于近哲所谓新道德者，亦未尝窥见其一指趾。自谓尽公德，吾未见其公德之有可表见，而私德则早已蔑弃矣"②。梁启超尝试借用"科学"概念解构孔教，一方面祛其宗教之魅，使之回归学术本位，为传统开新；另一方面挖掘传统，确立孔教的教育地位，为道德存续。由此，孔教变身为不背离"科学"的道德，以及可专门研究的学术混合体，传统的一元化学术体系事实上被拆解，在进化与守成两方面显现价值。这一年梁启超在革命与改良之间的游移已得到多方印证，③ 此刻他所做的种种学术努力亦可谓其政治调适思想的又一佐证。

但是，梁启超的骑墙之论随即遭到尊孔者与反孔者的两厢不满。尊孔一方谓梁启超思想多变，多不可信。许之衡说："盖宗教者，自科学一面观之，诚为魔魔之怪物；而自群学面观之，则宗教者实群治之母，而人类不可一日无者也。"倘若无宗教，国家将无伦理、无道德、无教育，而西方正是"以宗教为体，科学为用，有宏大而无胸缩也"。具体到中国，孔教除形式外，殆不备宗教之资格，吾人尊孔子，志在宗教，以定民志而已，并非如他人所言，信孔子定一尊，妨碍思想自由、学术进步。其坚信"人道之主宰者，莫宗教若。虽有种种之魔魔，亦有种种之解脱，为人类断不可无者。如人群俱为科学家，不信宗敌，则人道绝矣"④。邓实也说："吾国者，黄帝之国；吾国之国教，则孔子之教也。孔教者，以礼法为其质干，以伦纪为其元气。故礼法伦纪者，乃吾一种人之所谓道德而立之为国魂者也。使社会内而无礼法无伦纪，则国失其魂，人道荡然。"⑤ 不过，许之衡也承认作为国学集大成的孔学的确不合今日"科学"公例，唯有采

① 梁启超：《保教非所以尊孔论》，《饮冰室合集·文集之九》，第 56 页。
② 梁启超：《论宗教家与哲学家之长短得失》，《饮冰室合集·文集之九》，第 46 页。
③ 相关著作可见陈建华《"革命"的现代性：中国革命话语考》，上海古籍出版社，2000；桑兵《庚子勤王与晚清政局》，北京大学出版社，2004；黄克武《一个被放弃的选择：梁启超调适思想之研究》，新星出版社，2006；等等。
④ 许之衡：《读"国粹学报"感言》，《国粹学报》第 1 年第 6 号，1905 年 7 月，第 1～3 页。
⑤ 邓实：《风俗独立》，《政艺通报》癸卯第 25 号，1904 年 1 月，第 6 张。

取节经与编经两个方法以保存,①　其见识并没有在梁启超之上。由此可见,许之衡与梁启超对于"科学"认知区别不大,不同之处仅在于孔教应以何种身份担纲道德大任,是宗教之教,还是世俗之教。正如研究者所言,有关"儒家是否为一宗教"的论争,不过是代表儒家圣化或世俗化的两种取向:一种要将孔孟神格化,将儒家建构为一个宗教系统,以便于更有效地维系社会与政治;另一种则要将孔孟视为理性的、道德的社会改革者。而这两种取向共同的终极关怀,既非儒家,亦非宗教,而是国家。②　除此之外,还有更坚定的反孔者,如马君武主张中国道德整体进化,对于传统的背离,他比梁启超更加决绝。

2. 从"新学术"到"群治"

马君武早年与梁启超有师生之谊,曾是梁启超革命思想的拥趸者,其政治主张在某种程度上得到了梁启超的支持。③　1902 年,当梁启超在革命与改良之间摇摆不定时,马君武更醉心于法兰西文明,喜言自由主义。他在《译书汇编》上发表译著《弥勒约翰自由原理》,译本转译自中村正直的《自由之理》。④　为了"排满"革命,他翻译了福本源诚所著《法兰西今世史》,摘译了《共和原理》,且把素有"东亚卢梭"之誉的中江兆民奉为"自由高尚"之伟人。⑤　从他的道德进化言说中亦可见福泽谕吉的痕迹,如他说"道德何以有发达进步?曰人群之进化也。由野蛮以进于半文明,由半文明以进于文明。野蛮时代之道德,不可用于半文明之时代;半文明之时代之道德,不可用于文明之时代。时代之进于文明也,无有止期,故道德之发达进步也,亦无有止期"⑥。这一说法显然就是福泽的野蛮—半文明—文明三段论的复制。

① 许之衡:《读"国粹学报"感言》,《国粹学报》第 1 年第 6 号,1905 年 7 月,第 4 页。
② 叶仁昌:《近代中国的反对基督教运动》,台北,雅歌出版社,1988,第 94 页,转引自干春松《制度儒学》,上海人民出版社,2006,第 139 页。
③ 桑兵:《庚子勤王与晚清政局》,第 375 页。
④ 王克非:《中日近代对西方政治哲学思想的摄取:严复与日本启蒙学者》,中国社会科学出版社,1996,第 125 页。
⑤ 马君武:《论中国国民道德颓落之原因及其救治之法》,《马君武集》,第 134 页。
⑥ 马君武:《论中国国民道德颓落之原因及其救治之法》,《马君武集》,第 129 页。

　　1903 年正月，梁启超受邀赴美洲考察，临行前将《新民丛报》交与蒋智由和马君武等人编辑。这一年，梁启超逐渐背离革命主张，马君武则把《新民丛报》办成了自由主义的阵地。3 月，马君武在丛报上发表《论中国国民道德颓落之原因及其救治之法》一文。此文同样是在福泽谕吉的智德并进的理论框架下写就，同样是言及国民道德的改造，但已与梁启超的思想明显不同。

　　首先，马君武对于公德/私德关系的认识与梁启超有异。1902 年，梁启超提倡公德在于"利群"，认为中国私德已"发挥几无余蕴"，唯公德阙如。[①] 马君武则谓"论者动谓中国道德之发达，于公德虽阙如，而私德则颇完备，亦六（经）之所陈，百儒之所述，似于私德已发挥无余蕴矣"，实际上"中国之所谓私德者，以之养成驯厚谨愿之奴隶则有余，以之养成活泼进取之国民则不足。夫私德者，公德之根本也。公德不完之国民，其私德亦不能完，无可疑也。欧美公德之发达也，其原本全在私德之发达"。至于中国所谓的私德，"若徒指束身寡过、存心养性、戒慎恐惧诸小节为私德完全之证，是乃奴隶国之所谓私德，非自由国之所谓私德也"。唯有提倡国人爱权利、爱自由，培养其政治思想、个人自尊等德性，才能达欧美之发达。[②] 虽不能确定马君武此言是针对梁启超而发，但二者的见解明显不同，同是提倡道德革命，切入点却有了公/私之别，马君武认为中国人最缺少的是自由精神，而非梁启超所谓的"利群"思想。

　　其次，马君武认为中国道德颓落的原因"唯坐二弊"：一曰以宗教为道德，二曰以风俗为道德，特别是宗教成为桎梏人心的罪魁祸首。他说欲救治今日中国国民道德之衰颓，当先了解宗教与道德为分明不同的二事。"宗教者，一成不变，有其特别之性质者是也"；"道德则变动不居，与时代之进化，有正比例。凡是社会中之一个人，皆有建立发明道德之权，指摘旧有道德之弊恶，破除之而易以新者。陈列己意，著为新说，以待世人之自由取决焉"。因此，他反对一切形式的宗教，"人世一切道德，皆以吾之心才自由决择之"，"自由独立者，人群进化之真精神也"[③]。

　　同梁启超一样，马君武认为孔教非宗教，把孔子定性为教育家、政治

①　梁启超：《新民说：论公德》，《饮冰室合集·专集之四》，第 12 页。
②　马君武：《论公德》，《马君武集》，第 152～153 页。
③　马君武：《论中国国民道德颓落之原因及其救治之法》，《马君武集》，第 132 页。

家、哲学家，而非宗教教主；其道德主张被析解为有关哲学、教育、政治的学说，而非宗教圣经。既然为学，就可以如"欧洲政治、教育之学说，万派分歧，新旧代谢"，"后人可取而发明之，推明之，驳正之，无所谓离经畔道也"，但是他断言"孔子之教育、政治之学说，则已多不可用于今日，宜存而不论"，几乎"等之于考古之遗物"①。与梁启超将传统学术二分，"学""术"进之、道德存之的态度相比，马君武将孔教整体学术化，继而定性孔学为旧学，从根本上否定了其存在一个绝对的、形而上的价值内核。

对于中国道德的改造，马君武提倡"输进欧美各种之道德学说，抉其精以治吾之粗，取其长以补吾之短"，培养国人自由高尚之气节。不过，当时学界对于提倡自由主义学说的年轻人颇多微词，就连梁启超也说："今世少年，莫不嚣嚣言自由矣，其言之者固自谓有文明思想矣……今不用之向上以求宪法，不用之排外以伸国权，而徒耳食一二学说之半面，取便私图，破坏公德，自返于野蛮之野蛮，有规语之者，犹敢腼然抗说曰：'吾自由，吾自由。'吾甚惧乎'自由'二字，不徒为专制党之口实，而实为中国前途之公敌也！"②马君武则以为那些"忧时之士，不务考究泰西所谓自由者之原理，执一二细事，遂谓自由之理不可倡，倡则流弊滋多"，乃不知"自由原理未明之故，非自由之不适用于中国"。自由原理中规定，少年人在受教育之中，尚无别道德之智，不知自由为何物，国人不可因噎废食，误解自由主义之价值。所以，中国当下更重要的是"鼓励人人有自由独立之精神，养成人人有别择道德之智识"③。

何谓"别择道德之智识"？马君武将之归于学术的更新。他说能发明最新学术而进化不已者最宜生存，"今者新学术之盛，莫盛如欧美。凡立足于地球之各种人，莫不吸其余粒，亏其流波，以之存国，以之保种，不如是者，灭亡随之"。1903 年 8 月，马君武特作《新学术与群治之关系》一文，文章中他引用生物学家的理论，用学术来区分人类与下等动物，用"新学术"来区别文明人种与野蛮不进化的人种，并谓学术乃"盖自有宇宙以来，物种存亡之故，群治进退之原，其理赜、其大要

---

① 马君武：《论中国国民道德颓落之原因及其救治之法》，《马君武集》，第 132 页。
② 梁启超：《新民说：论自由》，《饮冰室合集·专集之四》，第 45 页。
③ 马君武：《论中国国民道德颓落之原因及其救治之法》，《马君武集》，第 134 页。

在是矣"。而"新学术"即指"科学"以及在"科学"影响下产生的新学种类。①

文章中的"科学"概念蕴含多重语义。如谓文艺复兴时期，"当时之所谓科学者，惟史学及神学二者而已"，此"科学"仅指与教育相关的分科之学。"然因是能知疑问 Questioning、批评 Criticism 之用，又知聚积 Collection、比较 Comparison 之法，后遂推阐之，使益广矣。"发生在 15 世纪的物理学之肇兴，"今世科学进步之初级，实大赖之"，"盖自是世人乃知以观察 Observation、比较 Comparison 之法讲学，而科学之发明者遂日多矣"。然后肇端了 17 世纪以后的"科学大发明"，培根沟通了"文学"与"科学"之界，主张"观察 Observation、经验 Experiment 之必要，及归纳法 Inductive method 之当修"，于是产生了 18 世纪"新科学"——经济学。19 世纪遂从"纯正科学"进入"机械大时代"，直至 20 世纪科学界发明日多，蓬勃日甚。相比之下，"吾中国守三四千年前祖先发明之庭燎野火，不能光大，何也？不知以'比较'、'经验'、'观察'、'聚积'、'类别'、'演绎'、'归纳'之法讲学故也"。当"西方以科学强国强种，吾国以无科学亡国亡种"之时，"科学之兴，其期匪古。及今效西方讲学之法，救祖国陆沉之祸，犹可为也"②。

由上可见，马君武理解的"科学"是西方近代科学发展的整个进程，并不特指某一学术领域，贯穿始终的是他反复强调的"讲学之法"，这才是西方"科学"的内核，以及培养"别择道德之智识"的根本。显然，工科出身的马君武对于"科学"的理解比大多数国人更为详尽、系统、准确，他已经看到蕴含在"科学"内部的自由意志是西方构建群治关系的逻辑枢纽，认为只有从根本上改造中国人的奴隶心，培养足够的自治力，才能最终建立起公德心。因此，他并不赞同梁启超出自国家主义考量的公德/私德说，以及宗教利群说，而是提倡中国学术道德的整体进化。

在马君武的思想逻辑中，"科学"方法是彻底摆脱传统束缚，追求自由的思想武器。但是，这种自由在某些人看来恰恰是最不合"科学"的理论。邓实说："十八世纪法国卢骚、孟德斯鸠唱政论，风靡全欧，自德儒

---

① 马君武：《新学术与群治之关系》，《马君武集》，第 187 页。
② 马君武：《新学术与群治之关系》，《马君武集》，第 187～198 页。

伯伦知理出，以科学考验国家之精神、性质、作用，以实知其果为何物，倡国家主义，著国家学以驳之，而后德国之学风一变焉。自英儒达尔文以科学精理定人治天行，同归天演，著进化论以驳之，而后英国学风一变。至 20 世纪，三国政俗结果之孰良，则德联邦告成，英宪法确立，法常浮动之状。"相比之下，德国与英国应该比法国政论更为"科学"。在此邓实借鉴了伯伦知理的政学理论，只是想证明受到法国影响的日本吉田松阴、西乡南州所倡革命与民权仅为虚理，后受德国影响的"加藤数子"才能提供合于"科学"的实学理论。从而批评由日本转道而来的自由主义是"轰山之药料"，"破坏时代之燃料"，德国国家主义才是"筑路之材料"，"建设时代之材料"。① 显然，邓实理解的"科学"与马君武并不相同，马君武探求的是产生以及推动西方科学发展的内在因素，邓实则在政治学是一门"科学"的前提下，② 探讨君宪理论的实际效用。

由上可知，1902 年前后，马君武与大多数君宪论者的区别体现为进化程度上的差异。"科学"对他们而言，都表现为"新学术"的主体或是别称，且与社会进化的方向一致。梁启超虽然对于进化论有所迟疑，但仍旧认为来自东西方的"新学术"必然引发中国政治面貌焕然一新，而怀抱革命与"排满"宗旨的马君武显然比梁启超更加激进。巴斯蒂总结说，梁启超在打破传统的政教合一上有其功绩，像当时日本自由派所做的那样，把政治权力的运作和道德的责任区分开来，所不同的是，日本自由派之所以如此下定决心，是因为他们希望同时建立起一个民主的政府和一种构成民主政府的前提条件——强有力的个人道德。③ 而日本自由派的思想在马君武身上得以印证。因此，当梁启超还恋恋不舍地在新旧之间踌躇考量时，马君武已离传统渐行渐远。

3. 从"新世界学"到"大同"

并不是所有人对社会的整体进化都如此乐观。有人认为学术与道德并

---

① 邓实：《政论与科学之关系》，《政艺通报》癸卯第 23 期，1903 年 1 月，第 7 张。
② 潘光哲：《伯伦知理与梁启超：思想脉络的考察》，李喜所主编《梁启超与近代中国社会文化》，天津古籍出版社，2005，第 298 页。
③ 〔法〕巴斯蒂：《梁启超与宗教问题》，狭间直树编《梁启超·明治日本·西方：日本京都大学人文科学研究所共同研究报告》，第 438 页。

不是一对必然的、共同进退的整体，有人甚至怀疑进化论描述的"科学"世界的美好，担心"科学"日进最终导致战争的恶果。《新世界学报》与梁启超之间的矛盾亦由此而生。

学报早期并没有特别强调"科学"进化的负面影响，他们提倡的"复兴古学"也往往在"新"字上着墨，一边介绍西方政学，一边将中西学理互参，阐发新义，以求学术大同。陈黻宸一生致力于用西学的方法和眼界条理中国学术，求新求变的态度十分明显，在清末时期并不显得冬烘。① 四期以后，学报复兴旧学的指向逐渐明晰，与梁启超的"无学论"几乎针锋相对。马叙伦称："所谓新学者，不过崇拜西人如乡曲愚夫妇之信佛说，初本未识其精旨也。是西学也，不闻其是昔是今，无不习之；是西书也，不顾其有用无用，无不译之，然而择焉不精，语焉不详，俚语充塞，贻笑通人。诟旧学如寇仇，斥古书为陈腐，欣然得意自以为他日中国之兴，皆若辈之功矣。"② 马世杰观察到杭州求是书院的思想在 1902 年前后存在霄壤之别，推原溯因乃是"《新民丛报》之动人也"，但认为"今日竞读新民报者，未能知新民报也，特以口谈一、二新语为合时之用"③，"吾杭人之开化者，皆读数小册子之新民报而遂以为天下学问悉尽于此，不复致力于古来固有之学，则其所得必不实，而终且流为学术之奴隶"④。马叙伦在学报第九期首揭国粹主义旗帜，⑤ 稍后陈黻宸表示赞同，⑥ 学报的复古思想由此确立。1903 年，学报因陈黻宸的北上而停刊，但他们后期的言论实为中国国粹派之先声。梁启超对于学报的转变亦有觉察，1902 年学报初创时，他赞其为报界进步之征，思想界、文界变迁之征，⑦ 但在1903 年再论学报时，口气大变，认为报中颇有能文之人，然大段亦涉空衍，且多外行语，为方家所笑，在众多丛报中品质不高，⑧ 二者的对立昭

---

① 景海峰：《清末经学的解体和儒学形态的现代转换》，《孔子研究》2000 年第 3 期，第 92 页。
② 马叙伦：《中国无史辨》，《新世界学报》壬寅第 9 期，1902 年 12 月，第 81 页。
③ 马世杰：《与陈君逸庵论杭州宜兴教育会书》，《新世界学报》第 12 号，1903 年 3 月，第 114 页。
④ 马世杰：《与陈君逸庵论杭州宜兴教育会书》，《新世界学报》第 12 号，1903 年 3 月，第 117 页。
⑤ 马叙伦：《中国无史辨》，《新世界学报》壬寅第 9 期，1902 年 12 月，第 81 页。
⑥ 陈黻宸：《经术大同说》（续第一号），《新世界学报》第 11 号，1903 年 2 月，第 8 页。
⑦ 《新世界学报第一、二、三号》，《新民丛报》第 18 号，1902 年 10 月，第 99 页。
⑧ 《丛报之进步》，《新民丛报》第 26 号，1903 年 2 月，第 82 页。

然若揭。

　　学术上的对立源自双方政治愿景的差异，从而导致他们对西方"科学"做出不同的价值判断。梁启超等趋新学人主张智德并进，由新学术进于新道德，进而提倡强权主义，学报却对于日益泛滥的"科学"式言说充满焦虑。黄式苏说，"吾闻大地进化之公例，由力而智，由智而仁。大同之世，天下为公，远近大小若一，尊平等、去自私，万球一家，无所谓域界之说也"。但事实却是，今日世界各国"彼此异形，强弱异势，优劣异因，胜败异果"；"二十世纪之地球，一世界竞争之大战场也"，几乎无事不战，无人不战，无时不战，战力愈奋，战祸愈烈。种种恶果"皆于学界胎之，而要于政学决之"，一方面"格致家所演之电学、声学、光学、化学以及专门各科学，勾心斗脑，日竞日进"；另一方面"科学""可以生人即可以杀人，可以养人即可以祸人"，待政治上"一言论之出，而杀机塞大地；一理想之辟，而劫运累众生"，"自今以往，脑筋愈灵，心思愈巧，气球愈精，吾恐世界之外，太空之中以电战、云战，而终迄于星战者矣"。① 陈黻宸甚至认为智识虽进，道德反而沦丧，列强"用其胜人之术而习其杀人之才"，"物竞之义"最终成为"斩性之斧斤"，"幸福之求"反成"戕生之鸩毒"。② 这一切与中国人所期待的"万户熙熙，脑灵一滴，无彼无我"③ 的太平之世完全背道而驰。

　　可悲的是，如今社会杀人之器愈精，流血之祸继起，而羸弱的中国首当其冲，既无法拒"科学"于门外，更无法抗拒伴随着学术进步而来的竞争与进化。杜士珍悲愤地说，在中国言竞争实有万不得已的苦心，"竞争者，进化之母，保国保种莫大之机枢，而大仁之杰也"；不争，农工商皆无以自存，兵处处即于下势，士无智慧而未能够出于人上，"我何敢不言竞争？"既然不得不争，他大胆放言要为竞争立界说，认为竞争不但"以自伸竞争为主义"，还要"以伸人竞争为主义"，不得假借竞争之名欺负弱小，或阻止他人正当竞争。④ 他怒斥英美侵略弱小国家的强盗行为，认为欧美各国虽因"民气之伸""民群之固"势冠全球，但"百年之间，科

　　① 黄式苏：《大大同说》，《新世界学报》壬寅第 5 期，1902 年 10 月，第 61～64 页。
　　② 陈黻宸：《德育上》，《新世界学报》壬寅第 8 期，1902 年 12 月，第 5 页。
　　③ 陈怀：《哀群》，《新世界学报》第 10 号，1903 年 2 月，第 27 页。
　　④ 杜士珍：《竞争之界说》，《新世界学报》壬寅第 3 期，1902 年 10 月，第 58～60 页。

学加密矣，而此义不加明；制造日精矣，而此义不更深……以欧美论欧美，有退步而无进化"，于是断言"欧美人今日之文明，形迹也，非精神也"①，远没有达到文明之极。

但是，眼下的"科学"虽然让人不齿，困顿之中的学报却不得不把他们的大同理想寄托于"科学"的进化。当杜士珍接触到由日本转道而来的社会主义学说这一"今日讲求政学者之高等科学"时，不禁一见倾心。学说来自日人久松义典的《社会主义评论》，描绘了"欲均贫富为一体，合资本为公有，公之至，仁之尽也"的社会主义前景。该书提出的"以改革当时之道德为改革当时之社会下手处"②的观点尤为杜士珍所认同，它似乎为杜士珍指出了一条道德的进化之路，不必杀人流血，便可进入大同之境。在这条道路上，人类的智识与道德如影随形，道德是学术进步的先决条件，如果只是智识进步而道德无进步，世界将祸乱无已日。因此，中国今日之急务非在智识，而在道德。社会主义学说是西方社会学家对于"科学"过度发展的反思，试图以道德规范"科学"，是建立在科学发达基础之上的理论设想。杜士珍把中国的道德问题归罪于还在萌蘗之中的智识，显然是一场误会，他忽略了中西学术程度上的差别，也误判了中西道德问题的根源所在。

与此同时，黄式苏设想大张科学技术，以期达到"大大同之境"。黄式苏认为，人类社会是循着由力而智、由智至于仁的顺序进化的，今日世界只达于"智界"，远未至于"仁界"。"智界"的世界存在智愚之分，由此产生种种域界，使人不得不争。但"人治之力未尽，而任天行酷烈曾莫之救，必经淘汰而后存"，此竞争之说不仁之甚。如果能够打通一切域界，则天下无可争，也就达到了"至仁"之境。"仁界"之内无大小、无贵贱、无灵蠢、无优劣。这都有待于"人治之力"，也就是科学技术的发展，它是打通一切域界的原动力。在黄式苏的想象中，"科学"几乎是万能的。世界交通因科学发明而渐进于大同，但地球的大同只是小大同，统一太空才是真大同。他援引西方科学的新理新说，发挥惊人的想象，认为气学既精，可制造飞行往来于太空的新器；农学既精，可以取空气配成食物供给

---

① 杜士珍：《横议一》，《新世界学报》壬寅第 7 期，1902 年 11 月，第 20～22 页。
② 杜士珍：《近世社会主义评论》，《新世界学报》第 11 号，1903 年 2 月，第 49～50 页。

人类；医学既精，可以造纯用智识灵魂之人，可以住在火中、风中、空气中，飞行往来于诸星球之间，于是星界、日界，乃至球界可以打通，人类而达于"大大同之理想"。①

黄式苏的"科学"是一种"人定胜天"的力量象征，是为人类谋福利的人道主义"科学"。在他看来，人类的天演竞争是外在的自然界强加的，如果能够战胜自然，一切种与种、国与国之间的自相残杀也就偃旗息鼓了。为了论证他的人道主义"科学"，黄式苏采撷的道德思想十分庞杂，主要有佛教思想、社会主义学说，以及儒家的"仁学"理念。他从三者之中看到了共同的理想，佛教的"华严世界"、社会主义的乌托邦、儒家的"太平之世"，都向他展示了一个无争的和平景象。毋庸讳言，略知西学的黄式苏缺乏辨识各种思想的能力，也混淆了不同学说的本质，对于"科学"更是赋予了太多的空想主义色彩，但这些都未妨碍他树立旗帜鲜明的和平主张。

有趣的是，对于大同世界的向往并非仅发生在学报的身上，激烈地倡导道德改革的马君武同样推崇社会主义。他借鉴马克思的社会主义理论，认为人类竞争将由争自存进化到高尚的争权利、争幸福的阶段。一方面，随着道德与智识的进步，人类可以战胜一切天然灾祸，而不受其害。特别是公德既立，"则莫若合大群以谋公利，是不惟可以解民数之难问题而已，亦可以之解一切难问题"。另一方面，社会进步可以发明新道德，以胜人群之私利、傲慢、惧怯、暴虐诸恶性，使得人群每经过一次竞争，就取得一次进步。道德既进步，则政治及交际亦必与之俱进，人群互相敬爱怜恤的感情也随时代文明而俱进，最终，世界文化将至极盛，人群"必道德雍雍"，"美善和平"。不过，即便是世界种族已合，而争自存之事不会停息。与谁争？与天争。"天者，世界自然之大力最足以败坏人治者是也。人群最大之敌曰天，人群最末之敌曰天。"② 因此，社会文明愈进，争自存之事就愈广大，人民团结就愈多且愈牢固。

可见，期待和平、厌恶竞争几乎是饱受创伤的中华民族的共同理想。舒新城分析说，中国大同心理产生的原因有三：一是自鸦片战争之后，中

---

① 黄式苏：《大大同说》，《新世界学报》壬寅第 5 期，1902 年 10 月，第 66 ~ 69 页。
② 马君武：《社会主义与进化论比较》，《马君武集》，第 85 ~ 92 页。

国无时不受压迫，国人自然产生希望解除痛苦的公共心理；二是对于国际
压迫的反应；三是中国人和平根性的表现。① 问题在于，大同世界毕竟只
是一个可望而不可即的终极理想，处于今日"战血时代"，"流血者，太
平之代价"，② 救亡图存似乎是唯一出路。在共同的救亡道路上，国人却
相继陷入了智与德的选择困境。深受实证主义影响的严复虽然关注中国的
道德问题，却认为"开民智"为急务；受东学影响的在日学人，看似民智
与民德双管齐下，但其学术活动无不以"新民德"为指归；学报认为改革
社会应该从道德入手，但所论道德又与梁启超相反。

　　同是言公德，梁启超、马君武充满激情地鼓动国民以积极的姿态参与
世界竞争，学报却认为西人的自由平等之说终将酿成世界之奇祸。特别是
"我中国社会腐败日甚，几无所施其补救维持之力矣！而忽动以欧西奥妙
深远之新名词，鼓其大潮流而扬簸之，主气无权，客喧于座，不复求其义
之所安，而脑智之摇摇然不能自主，固已迷惑无所之矣"，如"循此尚竞
争、趋权利之心，依傍残说，吾恐学术日非，反足以抑善良而益不肖"，
其"独虑德日益新、言德日益众，而人人争思以德济其私、逞其欲"③。
当下中国之弱并非中国人"无力"而是"无心"，并非中国人"无脑"而
是"无骨"，④ 中国缺少的是如欧美、日本变法之初开天辟地的"一二豪
杰之士"，那些可以"为政治死、为宗教死、为学术死，而为民死"的激
烈道德家，⑤ "大仁、大诚、大爱热、大慈悲、大无畏、大欲望之心，起
而与之争公理，不惜沥其血，碎其体，残其身，湛其族，以出于真心救世
之一途"，才是救国家于水火的真道德。⑥

　　民族的骨气由何而来？则必出于国粹。学报特别推崇日本的国粹主
义，认为日本虽然醉心欧美新学，但时常有人抵之不遗余力，那正是独立
民族"自立性"的体现。⑦ 陈黻宸曾痛斥"烧经者"的种种言论，认为
"经未尝祸中国"，"经者，所以启万世天下之人之智，而逼出其理想精神

① 舒新城：《中国近代教育思想史》，第 188 页。
② 黄式苏：《原血》，《新世界学报》壬寅第 6 期，1902 年 11 月，第 88 页。
③ 陈黻宸：《德育上》，《新世界学报》壬寅第 8 期，1902 年 12 月，第 4～5 页。
④ 陈黻宸：《德育上》，《新世界学报》壬寅第 8 期，1902 年 12 月，第 9～10 页。
⑤ 陈黻宸：《德育下》，《新世界学报》壬寅第 8 期，1902 年 12 月，12～13 页。
⑥ 陈怀：《哀群》，《新世界学报》第 10 号，1903 年 2 月，第 27 页。
⑦ 徐景清：《论经济历史研究之必要》，《新世界学报》第 11 号，1903 年 2 月，第 79 页。

以用之于其时者也","故以善于学经之人，而出其理想精神之用，以求所谓欧学者，其心思必易入，其觉解必易开，其把握必易定，其措置必易当"①，并断言"抑中国一日无经，即中国一日必亡"②。

经何以存续？在于提倡宗教。汤调鼎说，今日于中国"最有关系之问题"即宗教问题。欧洲受宗教之祸而发明平等自由之说，但中国本无宗教之国，而"高旷之徒，得西施一颦，归而大哗曰：革宗教！革宗教！"实不知"今中国之人心涣散至于此极者，实由无宗教故也"③。杜士珍甚至为宗教正名，谓"夫名之为教，必握政治教育之全理，予人以思想自由之途；加之以宗，又必为民群独别之宗仰，心心相注，情出不已"。耶回之教"虽间有精旨，仍未脱迷信之圈套"，唯有孔子之教"缄口神鬼讳言天命，立教之旨，人事以外无义务，公立以外无虚文"，因此"地球列国无宗教，独禹域有宗教；耶回非宗教，独孔子为真宗教"，由此而倡孔子之教兴于禹域。④

概括而言，《新世界学报》对于"科学"的理解与感受颇为矛盾。一方面，他们主动接纳了作为学术的"科学"，运用分科治学的方法拆解了传统学说的一元化体系，打破了经学一统天下的专制局面，为"复兴古学"发掘了其他的思想资源。但是，学术与道德的配置衍生为新的问题，并在此之上叠加了西方的科学与宗教之间的固有矛盾，传统学术的现代性转化呈现多元路径。梁启超二分孔教，学术进之，道德存之，否定孔教的宗教地位；马君武将孔教整体学术化，全盘否定其在学术道德上的价值，以求学术与道德共进；学报欲立孔教为宗教，通过"复兴古学"追求学术进化，三者之间的差别可谓大矣。

另一方面，"科学"发展与世界范围内的帝国主义、强权主义的泛滥如影相随，中国被迫裹挟其中，不得不苦心经营寻找对策。学报站在民族本位的道德立场上，反对趋新学人盲目地求新求异的世界本位的道德言说；同样是为了鼓噪国人不怕流血牺牲保家卫国，趋新者号召国人争权

---

① 陈黻宸：《经术大同说（续前一期）》，《新世界学报》第 11 号，1903 年 2 月，第 9 ~ 10 页。
② 陈黻宸：《经术大同说（续前一期）》，《新世界学报》第 11 号，1903 年 2 月，第 5 页。
③ 汤调鼎：《虫天世界：专制》，《新世界学报》壬寅第 6 期，1902 年 11 月，第 13 ~ 14 页。
④ 汤调鼎：《宗教旧说》，《新世界学报》壬寅第 2 期，1902 年 9 月，第 23 ~ 24 页。

利，竞自由，勇敢地参与世界竞争，学报却要为竞争、自由、平等立界说，以不侵害他人权利为界限；为了求强保种，趋新者积极引进西方学说以更新中国的学术道德，学报却认为输入学术道德当先明辨是非，能够与西方学术求同存异。他们警惕科学技术的迅速发展，又不得不寄托大同理想于"科学"的进化，祈盼更高级的社会阶段早日到来。他们的思想在学术上体现为文化保守主义，在政治上体现为激进的民族主义。学报停刊后，成员中的马叙伦、汤尔和等人相继加入同盟会，参与了辛亥革命。

需要说明的是，无论好恶，近代学人认知的"科学"与道德的关系大多来自西方。马君武、梁启超思想中的西学性质无须再论，即便是对于西方学术有所抵触的学报，他们的言说也大多是从日本转译，诸如斯宾塞竞争进化论、赫胥黎互助进化论以及新兴的社会主义进化学说，同时又混杂了佛教、儒家以及日本国粹主义思想为之做注脚。西方的进化学说本有自己的发展轨迹，当几百年间的学术成果一下子涌入中国，难免让中国人眼花缭乱。不同的教育背景以及见识上的差异，使得中国学人往往根据自己的喜好肆意择取。严复忠实于英国的斯宾塞，梁启超倾心于被日本改造后的国家主义，学报时常引用赫胥黎和社会主义学说做论据。因此，他们之间的差异不仅是西方进化进程上的差异，也是东西各国进化路径的差异，即便同言"新"中国学，但"新"的尺度与向度都打上了别国的烙印。

4. 从"实学"到"光辉的专制"

如前文所述，《大陆报》对梁启超的不满起因于学术论争，他们认为梁启超于"科学"外行，却以己之见妄论他人。不过，在一系列抨击梁启超的文章中，《大陆报》的言论逐渐偏离学术轨道，过渡到对康、梁以及保皇党道德品行的指责。针对梁启超的道德言说，《大陆报》指责他"日言公德，固亦巧于欺骗，垄（断）留学生之捐款"；"日言私德，固亦弄才子之笔，调戏良家女子"；"日言合群，固与时务报共事之汪康年、戊戌共事之王照、大通共事之□□□，无一不凶终隙末"；"日言独立，固明目张胆自言'有奴隶根性，不能脱康先生之羁绊'"①。并借用日本人的评

---

① 《读时敏报》，《大陆报》第8号，1903年7月，第3页。

价，谓梁启超只是以文章鸣于国的才子，而非有学问的政治家。① 根本言之，梁启超等人不仅不知"科学"，也不知"文学"，其根本在于缺乏政治道德。以政治道德为核心，《大陆报》从1904年开始长篇累牍地发表一系列文章讨论文明与道德的关系，欲"抉中国之病源，而陈其疗治之方"②。文章的字里行间无不渗透对梁启超以及维新党的讽刺挖苦，暗指他们于学术上剽窃，于政治上流质。

《大陆报》认为文明可剖析为二：一为有形文明，包括物质进步与政治社会的完美；一为无形文明，特指国民德行之发达。有形文明以无形文明为基础，欧美文明皆因其国民德行优秀而至。国民德行指国民的自主精神，表现为道德上的信义、廉耻、礼让。"厚信义，则守约束、循次序、多条理、少大言，宜于保守，亦宜于进步；尚廉耻，则抵死不为强族所屈，努力以师他人所长，有自尊自重之心，而无自暴自弃之劣根性；知礼让，则与外人接，不为顺民之媚，亦不为野蛮之排，无辱国体启交涉等举动。"③ 国民如有此美德即可谓有政治上之道德，然后可以实行政治运动，企望组织一完美国家。中国立国最古，开化最先，有制造有形文明的材料，却是缺乏无形文明的国家。特别是当下国家懦弱无能，大多数国民固陋未开，一国之兴不得不寄托于少数开风气之先、诱导国运为之的转移者，但那些所谓志士却喜空论空理，好高骛远。因此，《大陆报》断言中国之病即在于志士堕落，能言不能行之过。④

导致志士堕落约有四因。一是"习惯"。《大陆报》批评现时新学家习惯用治旧学之方治新学，多从事"政治文学"，而略"科学"。其原因在于"科学"非沉潜刻苦不能领会，不如"政治文学"可以随意涉猎，稍微撷拾其理论名词入文即可自负深通西学。二是"薄古"。他们认为"中国立国数千年，其历史风俗自有一种特色。先王先圣之遗泽足以维系吾社会万代人心，所谓国萃也。乃后生小子乍闻一二新理想，误解自由独

---

① 《敬告中国之新民》，《大陆报》第6号，1903年5月，第7页。

② 《论文明第一要素及中国不能文明之原因（未完）》，《大陆报》第2年第2号，1904年4月，第10页。

③ 《论文明第一要素及中国不能文明之原因（未完）》，《大陆报》第2年第2号，1904年4月，第3页。

④ 《论文明第一要素及中国不能文明之原因（续完）》，《大陆报》第2年第3号，1904年5月，第2页。

立之字义，悍然明目张胆与古人挑战，以尼山为奴隶代表，论语当薪，其欧化主义达于极端，直欲取旧社会一切典型文物悉破坏而廓清之而后快，何其谬哉！"三是"欠经验"。他们以为"今之志士类皆有热心而无冷脑，而又乏实际上的经验，其所擘画每有类于儿戏"，往往都是纸上谈兵而缺乏担当。四是"流质"。今之志士往往感觉敏捷但见理不定，反复靡常。不论激进与平和，不唯不能自践其言，甚至无以自圆其说。① 他们在政治上的无定见、无节操，实则是学术上取空理空论所酿成的流质、散漫、放逸、轻浮之症。

纠正之法在于教育，以"实学"与"修养"为内容的合理教育可养成喜实际、避无用、重经验、尚实践的国民道德。② 《大陆报》提倡的"实学"与"虚学"相对，"不问形上、形下之学，所得皆能致用于实际，而非形式之知识"，谓之"实学"，反之即为"虚学"。③ 虚/实不以学类分，而以教育方法分。如形上诸学条理精密、材料充盈，可谓实学；即便是形下诸学，如教育失道，亦可陷入虚疏。

《大陆报》提倡以"极端合理的压制论"培育国民修养。他们认为，中国教育衰败的原因于"不合理的压者半"，于"无合理的压制者亦半"。"不合理的压者"人人知之，"无合理的压制"则人们鲜知。人们以为中国教育宜提倡纵任自由，但纵任自由等主义恰是有毒于中国教育之谬说。当下的大多数国人形同朽木，不识不知；少数时髦志士缺乏修养，流质散漫，以此头脑从事数百年来次第发明、次第进步，历无数阶级，经无数改良所得之西洋学术，如何能成？学术无成，智能衰弱，文明的要素亦不可得。因此，教育上必须提倡"极端合理的压制论"以反对"极端自由论"。④

《大陆报》把这种教育上的"极端合理的压制论"称为"光辉的专

---

① 《论文明第一要素及中国不能文明之原因（续完）》，《大陆报》第 2 年第 3 号，1904 年 5 月，第 5～9 页。

② 《再论中国不能文明之原因并改良之方法（续）》，《大陆报》第 2 年第 4 号，1904 年 6 月，第 7 页。

③ 《再论中国不能文明之原因并改良之方法（续）》，《大陆报》第 2 年第 5 号，1904 年 7 月，第 2 页。

④ 《再论中国不能文明之原因并改良之方法（续）》，《大陆报》第 2 年第 5 号，1904 年 7 月，第 7～8 页。

制"。他们期待有学问、富感化力，其精神的威力足以支配学者于无形的英雄豪杰出，然后可"驱吾国之青年置诸严正规则之下，防范其行为，不令放纵；匡正其心意，不令散漫；又常加以情之热火以煽其气，注以理之冷水以静其心。时而陷之于沉闷苦恼之林，时而投之于劳作困勉之境，千锤百炼，一熏一陶，去其数百年遗传种性之旧脑，而造一新脑以易之"。但是，现时中国教习无威力、无信用，精神与学艺于实行上绝无强制之意义，绝无压制之手段，应借材于先进诸国，借先进诸国英杰之学识经验以开发民智。①

综上可见，《大陆报》政治主张的概貌。他们标榜以持中务实的态度评判中国的政治问题与社会现象，对留学生、革命党人，特别是梁启超维新派批判的声音较多。他们对诸人的责难主要为学术上剽窃、道德上散漫、政治上流质，归根结底就是"不实"。他们所谓的"实"，在学术上体现为实用，提倡英国实证主义的学术精神；道德上体现为实行，提倡日本式的身体力行，能够做到所言之事无凌躐、无怠荒、顺其次序、铢积寸累，务达其目的。有感于日俄战争中日本的强大，《大陆报》特别推崇日本的国民教育，认为日本教育之本体在于德育，德育之准则是"国民对其历史及国体之感想，与对皇室之敬虔之念"，因为有日本专有的"武士道"精神贯穿教育始终，"此精神为德育之根本，参以西洋物质文明之学术，是为日本国民教育之真相"②。在政治上，他们倾向于日本式的君主立宪，希望国人能够寻找国家之本体，假道日本以获得欧美物质上之智识，以保守渐进之方式求得改良。总体而言，《大陆报》的思想来源于福泽谕吉的"文明论"与"实学说"，救国路径取法日本的"和魂洋才"，其思想渗透着浓厚的英国功利主义色彩，也有着军国民主义的痕迹。

与《新民丛报》相比，《大陆报》在当时影响并不大。由于文章均不署名，现今难以追究他们除文字以外的言行。仅从文字考察，可以发现他们的想法简单而直接，认为"科学"就是中国本无、西方特有的学术体系，中国只有模仿日本，尝试西方道路才能走出困境。在他们的思想中，几乎找不到梁启超与学报在新/旧、中/西、科学/道德等问题上的痛苦与

---

① 《再论中国不能文明之原因并改良之方法（续第 5 号）》，《大陆报》第 2 年第 6 号，1904 年 8 月，第 1~2 页。

② 《中国如何而后能学日本乎（续）》，《大陆报》第 2 年第 10 号，1904 年 11 月，第 3 页。

纠结，也没有像马君武一样坚定地背弃传统，走上自由主义之路，而是欲复制日本现行的政治道路。

20世纪初，"科学"概念自日本转道而来。国人向慕"科学"是因从日本的成功经验中看到希望，在社会有机体理论的指引下，学术进化或可推动政治变革构成国人接引"科学"的基本逻辑。当时，"科学"作为学术概念的面目尚且模糊，没有明确的界域，更多的时候被理解为"新学术"，与旧学相对应。一个"新"字，表达了国人对于学术进化的普遍认同，以及改变中国现状的共同愿景，却也掩盖了同一东学方向上更新学术与变革社会思想路径的差异。

通过梳理由《新民丛报》引发的思想论争，近代中国"科学"语义的多样性以及政治思想的多向度延伸得以部分呈现。梁启超试图用政学理论堆砌的"科学"概念宣扬新民说，从而过渡到国家主义；马君武阐述"科学"方法精义欲以祛除奴隶心，走上法国自由主义的道路；《新世界学报》怀揣激烈的民族主义情绪批判"科学"发展不平衡导致的世界强权，对正义的"科学"充满渴望，期待大同世界早日到来；《大陆报》则本着英国功利主义的态度强调实用科学，希望中国渐进地过渡到"光辉的专制"。形形色色的"科学"事实上已经转化为多种形态的概念工具，解构着传统，建构着未来。当然，这些看似自西方而来的各种主义事实上都已打上了日本的烙印，国人无暇亦缺乏基本的辨识能力考察它们的真实情状，各种政治主张就这样在"科学"的庇护下粉墨登场。以上表明，在近代中国救亡图存的语境下，学术转型与政治变革不可避免地成为一个话语共同体，作为学术概念的"科学"自然而然地向政治层面延伸与渗透。二者在这一特殊的历史场景中进行着双向互构，"科学"概念的模糊性与多样性为政治理想提供了多种可能，政治愿景的多元化诠释出更加复杂多变的"科学"面相。

究其原因，首先是国人的学识差异导致了"科学"概念的多歧义。"科学"一词在进入中国之初就没有形成统一的认识，国人多是在各自原有的教育背景下理解与阐释。缺乏新式教育熏陶的旧式文人，或新旧参半的趋新学人，他们于自然科学原本陌生，只能在相对熟悉的社会科学、人文科学的层面上接引"科学"。与之相比，新式教育培育下的年轻学人，特别是留日学生，他们对于概念的理解更接近日本"科学"的本义。这种思想源头上的差异在无形中构成了"科学"多向度延伸的话语基础。

其次，传统学术的影响在主观上制约着国人对"科学"意义的取舍。各家之中，受传统牵制较少的留日学生主张直接仿效日本经验，简单、直接地拿来"科学"，运用"科学"，在他们看来并无太多疑义。经历了传统教育并实实在在身处其中的梁启超，以及学报，显然不愿也不能与传统完全割裂。初遇"科学"便有意识地将中西、新旧之学在新的学术体系内融会贯通。在这一过程中，虽然不同程度地存在误读错解、牵强附会的现象，但他们对于传统扬弃的态度是一致的。于是，"科学"概念逐渐演化为一个可塑的、变化中的学术范畴，传统学术变换着形式和面目被纳入"科学"体系，也因此造成"科学"意义的进一步歧出。

最后，国人之所以对"科学"趋之若鹜，不仅因为它是学术进步的表征，更重要的是它带来了一整套影响至为深远的历史进化主义的价值体系，而且具有与生俱来的道德两重性。一方面，"科学"进化向国人展示了造福人类、与天相争的智识的强大，指明了人类前进的方向。"科学"就像一把标尺，让国人清楚地看到自身与西方的差距。20世纪初的中国学人正是怀揣着各自的政治理想，在不同的"科学化"路径上，走向共同的进化方向。另一方面，"科学"又带来恃强凌弱、兼弱攻昧、与人相争的强权的暴虐。东西各国种种与"科学"进步相关的不道德行径让中国人不齿，追求进化的同时陷入价值选择的迷茫。国人面对"科学"概念表现出的道德层面的迟疑，以及在智/德之间反复的斟酌与考量，体现的正是他们对于"科学"不能全盘接受，却又无法完全抗拒的矛盾心理。以上各家应对"科学"大潮的不同姿态是价值甄别后的理性选择，他们的政治理想或有错落，但拳拳爱国之心发于情，见乎辞，无分轩轾。

第四章　中学"科学化"的路径与流变

1937年，钱玄同在《〈刘申叔先生遗书〉序》中称，"最近五十余年以来，为中国学术思想之革新时代。其中对于国故研究之新运动，进步最速，贡献最多，影响于社会政治思想文化者亦最巨"。国粹派的学术研究乃"新运动"第一期，再次发生已是1917年的新文化运动时期。在此"黎明运动"中最为卓特者12人：康有为、宋恕、谭嗣同、梁启超、严复、夏曾佑、章太炎、孙诒让、蔡元培、刘师培、王国维、崔适。[①] 以上学人的国故研究各有路径，其中使用"科学"字眼较多的有刘师培、梁启超、章太炎、王国维等人。如果以1902年梁启超的"新史学"作为中学"科学化"的肇端，短短的十几年间，国学研究已经与"科学"概念迅速联结。循着晚清中学"科学化"的发展历程寻绎，可见其中的思想曲折。

第一节　中学"科学化"的尝试：以史学为例

19、20世纪之交，为了构建新学术，中国迎来了一个学术史研究的高潮。陈平原认为，晚清学者之所以热衷于梳理学术史，从开天辟地一直说到时下，是意识到学术嬗变的契机，希望借"辨章学术、考镜源流"来获得方向感。[②] 因此，近代史学思想的发展提供了观察中学"科学化"最直

---

① 钱玄同：《〈刘申叔先生遗书〉序》，《钱玄同文集》第4卷，中国人民大学出版社，1999，第319~320页。
② 陈平原：《中国现代学术之建立：以章太炎、胡适之为中心》，北京大学出版社，1998，第2页。

观的平台。需要说明的是，近代学人言辞中的"科学"往往是即时性的，没有严格的标准。本节所讨论的"科学"概念也不以某人某派为区分，均取材于即时言论。

1."以西学证中学"

《国粹学报》在发刊词中述其旨趣，"本报于泰西学术其有新理精识，足以证明中学者，皆从阐发，阅者因此可通西国各种科学"。换言之，以西学"证明中学"将是一个双向度的过程：一方面在中学内发现"科学"，一方面通过中学理解"科学"。对于前一个过程，邓实解释得颇为明白，"海通以来，泰西学术输入中邦，震旦文明不绝一线，无识陋儒或扬西抑中，视旧籍如苴土。夫天下之理，穷则必通。士生今日，不能藉西学证明中学，而徒炫皙种之长。是犹有良田而不知辟，徒咎年凶；有甘泉而不知疏，徒虞水竭"①，话语中保存国粹的目的清晰可见。对于第二个过程，国粹派少有说明，不过在他们的言行中还是有迹可循，如中学教科书的编写本身就是以西学形态规范中学，以达到沟通"科学"的目的。当时国粹派学人运用的"科学"意义颇为庞杂，或以"学""学科"等字眼表达相似的含义，与"科学"相对的中学也时常以"古学""国学""旧学"等不同词语表达，文中不再另外说明。

执着于"以西学证中学"的近代学人多是中国"有学"论者，但所说之"学"并不一致。黄节推崇的"国学"范围甚广，称中国自秦以来数千年专制之下"不国而不学也"，如今"期光复乎吾巴克之族，黄帝尧舜禹汤文武周公孔子之学而已"②。邓实提倡"复兴古学"，虽然关照到孔学，但意在诸子，"夫以诸子之学，而与西来之学，其相因缘而并兴者，是盖有故焉。一则诸子之书，其所含之义理，于西人心理、伦理、名学、社会、历史、政法、一切声光化电之学，无所不包，任举其一端，而皆有冥合之处，互观参考，而所得良多。故治西学者，无不兼治诸子之学"③。许之衡认为国学出于孔子，"孔子以前虽有国学，孔子以后，国学尤繁，

---

① 《国粹学报发刊辞》，《国粹学报》第 1 年第 1 号，1905 年 2 月，第 1 页。
② 黄节：《国粹学报叙》，《国粹学报》第 1 年第 1 号，1905 年 2 月，第 3 页。
③ 邓实：《古学复兴论》，《国粹学报》第 1 年第 9 号，1905 年 10 月，第 3 页。

然皆汇源于孔子，沿流于孔子，孔子诚国学之大成也"①。虽然欲证之学不同，近代学人在古代文本中找寻"科学"的路径不外两种：一是与"科学"形似，就是具有与"科学"相似的分科形态，国学立为专门，本身就是对西学分科形制的模仿与回应；② 二是与"科学"质同，就是与近代科学具备同样的学术特质，如客观性、进化性、系统性等。但不管类比如何进行，最终落点都在于保存国粹。

倡"经学"一路者，多在"六经皆史"的思路上接榫"科学"。《新世界学报》主张经学即史，而"史学者，乃合一切科学而自为一科者"③，于是经学便可化约为"科学"的集合。陈黻宸说，"夫经者，古人理想之所寄，精神之所萃，而藉以启万世天下之人之智者"，有"天下公例"存之，且将"洋溢放滥于数千载以后"；欧洲古希腊诸先哲之说在今日大效明验，经学亦可行之于今而后盛行。④ 由此证明经学乃中国"科学"的学术源头，不但具有分科形态，且无学不包。但与西方"科学"相比，"彼族之所以强且智者，亦以人各有学，学各有科，一理之存，源流毕贯，一事之具，颠末必详。而我国固非无学也，然乃古古相承，迁流失实，一切但存形式，人鲜折衷，故有学而往往不能成科。即列而为科矣，亦但有科之名而究无科之义。其穷理也，不问其始于何点，终于何极。其论事也，不问其所致何端，所推何委"。至今日，"无辨析科学之识解者，不足以言史学，无振厉科学之能力者，尤不足与兴史学"。是故"科学不兴，我国文明必无增进之日。而欲兴科学，必自首重史学始"⑤。刘师培也认为"若孔子六经之学，则大抵得之史官"⑥。"是则史也，掌一代之学者也，一代之学，即一国政教之本，而一代王者之所开也。吾观古代之初，学术铨明，实史之绩"，"史为一代盛衰之所系，即为一代学术之总归"⑦。但较之于"科学"，经学未能尽美而有小失："一曰信人事而并信天事也"；

---

① 许之衡：《读"国粹学报"感言》，《国粹学报》第 1 年第 6 号，1905 年 7 月，第 4 页。

② 桑兵：《晚清民国的国学研究》，第 9 页。

③ 陈黻宸：《京师大学堂中国史讲义》，《陈黻宸集》（下），第 675 页。

④ 陈黻宸：《经术大同说（未完）》，《新世界学报》壬寅第 1 期，1902 年 9 月，第 19 页。

⑤ 陈黻宸：《京师大学堂中国史讲义》，《陈黻宸集》（下），第 675～676 页。

⑥ 刘师培：《经学教科书》，陈居渊注，上海古籍出版社，2006，第 19 页。

⑦ 刘光汉：《论古学出于史官》，《国粹学报》第 1 年第 1 号，1905 年 2 月，第 1 页。

"二曰重文科而不重实科也";"三曰有持论而无驳诘也";"四曰执己见而排异说也"。①

由于认识是建立在"科学"本有的基础上，复兴古学便是利用"科学"概念的特质，对传统学术进行重构。最行之有效的办法便是纳经学入教科，完成形式上的接榫。1899 年，梁启超以西方教科形式论孔学，"孔门之为教，有特别、普通之二者"，"普通之教，曰《诗》、《书》、《礼》、《乐》，凡门弟子皆学之焉。《论语》谓之雅言。雅者，通常之谓也。特别之教，曰《易》、《春秋》，非高才不能受焉"②。刘师培说六经"或为讲义，或为课本。《易经》者，哲理之讲义也。《诗经》者，唱歌之课本也。《书经》者，国文之课本也（兼政治学）。《春秋》者，本国近世史之课本也。《礼经》者，修身之课本也。《乐经》者，唱歌课本以及体操之模范也"。其中《诗》《书》《礼》《乐》为寻常学科，《易经》《春秋》为特别学科。③ 许之衡也说"六经在当日，诚为孔子之教科书，而今则全解此教科书者绝鲜。无他，昔之教科书，与今之教科书，体例不同故耳。使易以今日教科书之体例，则六经可读，而国学永不废"④。此后，在同样的格局下内容或有增减，但论说方式未出其右。

但是，随着形制的改变，经学地位不得不为之一变。按照许之衡所说，"欲存经学，惟有节经与编经之二法。一变自来笺疏之面目，以精锐之别择力，排比而演绎之；采其有实用者，去其无用而有弊者，著为成书，勒为教科；除去家法之见，一洗沉闷之旧，如是则经乃可读"⑤。各种改造之法无不是以"科学"为参照的自我检视，对比之下经学已是相形见绌。问题在于，由于经学具有特殊的意识形态上的价值，任何形式上的删改都将弱化其权威。陈黻宸曾强烈反对编经一事，甚至认为编经之毒较秦始皇烧经尤甚，"烧经而经犹可存，编经而经必尽废"。在学术上，如"最完全无缺之古经"而卒成类书，"必欲割而裂之，以置之于《渊鉴类

---

① 刘光汉：《孔学真论》，《国粹学报》第 2 年第 5 号，1906 年 6 月，第 3~5 页。

② 梁启超：《论支那宗教改革》，《饮冰室合集·文集之三》，第 56 页。

③ 刘师培：《经学教科书》，第 19 页。

④ 许之衡：《读"国粹学报"感言》，《国粹学报》第 1 年第 6 号，1905 年 7 月，第 4页。

⑤ 许之衡：《读"国粹学报"感言》，《国粹学报》第 1 年第 6 号，1905 年 7 月，第 4页。

函》、《子史精华》之列，非至愚者不足与于斯矣"；"必大专制家所借以行其秦皇愚黔首之妙策者也"；"又非其人之必大不通，而于其经之文义、经之体例，一无所知，一无所闻"，最终将如"叔孙通制礼乐，而古五帝三王之遗，遂以湮没沦丧，二千年迄于今，而终无恢复之一日"。在政治上，两千多年以来王侯将相莫不信经尊经，虽然他们往往有尊经之名而无崇经之实，但经之全体得以保存，久而久之必有因而悟其实者出。一旦删经编经，取适合政体者用之，不合者删之，古人所作之经不存，经仅为"益以鼓万世民贼凶暴之焰，而助之张目也"①。陈黻宸就是担心全经之不存，古人之教将无以焉附。

　　癸卯学制颁布后，编辑经学教科书进入具体操作阶段，陈黻宸的担忧很快变成现实。据研究者考察，山西优级师范学堂附设高等小学，将日人所作《论语类编》《朱子孟子要略》等书直接作为教科用书。1905 年，《绘图四书速成新体白话读本》作为读经科教科书，却在用西学知识重新诠释经学，"解贱而好自专说到专制政体，非天子不议礼说到下议院权，尤与圣贤背道"②。由此一来，在"以西证中"的过程中，在经学还未能成为"科学"之前，其面目已经似是而非了。

　　与经学相比，诸子学被证明蕴含了更为丰富的专门之学，改造的阻力也相对较小。张继煦认为，"吾国当成周之末，为学界大放光彩时代，若儒家、若法家、若农家、若名家，类皆持之有故，言之有物，蔚然成为专门之学，何尝不可见诸实用"③。诸子学蕴含了什么样的"科学"，各人看法不一。有人说荀子曰："积土成山，风雨行焉；积水成渊，蛟龙生焉；积善成德，而神明自得，圣心循焉"，"西人学术以积累而成，故学堂有积分表，又有积极主义，其积向一种一学术者，谓之专门。荀子言结于一，一者，专一也。荀子以劝学为宗旨，其早得西学之太素。"④ 有人云："余观周秦间诸子所言大抵与物理学有关系，不独墨子为然也。而《尔雅》一书，即可见当日小学之课程，如释诂释言释训，文学也；释亲，伦理学也；释山释水释天释地释邱，地理与人文地理也；释草释木，植物学也；

---

① 陈黻宸：《经术大同说（续）》，《新世界学报》第 12 号，1903 年 3 月，第 5～6 页。
② 朱贞：《晚清学堂读经与日本》，《学术研究》2015 年第 5 期，第 117 页。
③ 张继煦：《叙论》，张枏、王忍之编《辛亥革命前十年间时论选集》第 1 卷上册，第 437 页。
④ 《国粹述略（续）》，《四川学报》乙巳第 16 册，1905 年，第 17～18 页。

释鸟释兽释虫释鱼释畜，动物学也；释宫释器，工业也；释乐，音乐也，此可知科学在古时虽椎轮大略，而未尝不略具模型，则周秦间人之学问，断非后世词章心性之空谈明矣。"① 在 1922 年成书的《墨经校释》中，梁启超坚持认为"在吾国古籍中，欲求与今世所谓科学精神相悬契者，墨经而已矣"，墨经"与今世西方学者所发明往往相印，旁及数学、形学、光学、力学，亦间启其扃秘焉"②。众人之中，刘师培将这种比附表达得最为详备。1905 年他作《〈周末学术史〉序》，说欲"采集诸家之言，依类排列"，弃传统之学案体，而采西方学术体系，"学案之体以人为主，兹书之体拟以学为主，义主分析"③，尝试将中国学术的分类体系从家学向"科学"转化。由此分出心理学史、伦理学史、论理学史、社会学史、宗教学史、政法学史、计学（今称经济学）史、兵学史、教育学史、理科学史、哲理学史、术数学史、文字学史、工艺学史、法律学史、文章学史等。④ 去掉各学之后的"史"字，也就是刘氏所认为的诸子学中蕴含的各种"科学"。

　　而且，诸子学也与"科学"质同。刘师培认为，从学术的起源上看，中国上古并非没有"科学"，"中国科学之兴，较西人尤早，然至周公时其用已衰，至孔子时其学并失"⑤。中国也有研究之法，"上古之时，用即所学，学即所用，舍实验而外，固无所谓致知之学也……古人之学，无一非基于实验"。但上古有征实之学，无推理之学，"故古人学术直质寡文，基于物理，与希腊古昔之学术相同"。"唐虞以降，学术由实而趋虚，穷理之学遂与实验之学并崇。"后宋明理学专讲穷理之学，"实验之学亡，而后士大夫始以空言讲学，而用与学分"⑥。因此，只要恢复中国上古"学用一致""学崇实验"的征实之学，中国学术也能达到如同西方实验般"科学"的程度。20 世纪初，这样的比附在刘师培的学术文章中随处可见，他对于经学、史学、诸子学等传统学术的表述几乎都是采用援西入中的方

① 丽海：《东方旧文明之新研究》，《进步》第 1 卷第 1 号，1911 年 11 月，第 5 页。

② 梁启超：《〈墨经校释〉自序》，《饮冰室合集·专集之三十八》，第 1 页。

③ 刘师培：《〈周末学术史〉序》，《刘申叔遗书》上册，江苏古籍出版社，1997，第 504 页。

④ 刘师培：《〈周末学术史〉序》，《刘申叔遗书》上册，第 504 页。

⑤ 刘光汉：《孔学真论》，《国粹学报》第 2 年第 5 号，1906 年 6 月，第 4 页。

⑥ 刘光汉：《论古学由于实验》，《国粹学报》第 1 年第 11 号，1905 年 12 月，第 1 ~ 3 页。

法。李帆认为刘师培甚至有"西学古微"的倾向，[1] 而这几乎是国粹派学人的共相。

国粹学派以"西学证中学"的最初意愿不在研究而在保存，其政治或文化关怀明显高于学术追求。[2] 但是按照国粹学派的逻辑，这一追求难免落入尴尬境地。一方面，由于"科学"概念的出现，中西学术得以沟通与互证，中学因为曾经是"科学"，或者可以成为"科学"，而得到价值重估，"复兴古学"具备了时代意义。另一方面，"中国有科学"以及"以西学证中学"这一系列想法与做法本身就意味着对传统的背离。此一时期，存古学堂纷纷出炉，影响较大的有张之洞的存古学堂、国粹派的国粹学堂以及宋恕的粹化学堂。各学堂虽为存古，但在设学方式上已与旧学分科截然不同，国粹学堂全部采用的是西学的分科方法，粹化学堂则把外国学问分作经、史、子、集。不论其形式如何，办学理念都是在传统与"科学"之间进行平衡与取舍。

总体来看，这一时期学术研究抱残守缺的一面较为突出，[3] 这种"以西学证中学"的做法被梁启超斥为"好依傍"的"痼疾"。[4] 章太炎也批评此举为断章取义，"今乃远引泰西以征经说，宁异宋人之以禅学说经耶！夫验实则西长而中短，谈理则佛是而孔非。九流诸子自名其家，无妨随义抑扬，以意取舍。若以疏证《六经》之作，而强相皮傅，以为调人，则只形其穿凿耳。稽古之道，略如写真，修短黑白，期于肖形而止，使妍者媸，则失矣；使媸者妍，亦未得也"[5]。不过，这种"痼疾"应该是近代学人面对强势西学自内而外的正常反应，也是异质文化交流中的初始状态。

2. "进化"的史学

梁启超、章太炎等人或偶有中西比附的做法，但毕竟与刘师培的方式

---

① 李帆：《刘师培与中西学术：以其中西交融之学和学术史研究为核心》，北京师范大学出版社，2003，第 106 页。

② 桑兵：《晚清民国的国学研究》，第 8 页。

③ 桑兵：《晚清民国的国学研究》，第 9 页。

④ 梁启超：《清代学术概论》，《饮冰室合集·专集之三十四》，第 65 页。

⑤ 章太炎：《某君与某论朴学报书》，《国粹学报》第 2 年第 11 号，1906 年 12 月，第 5页。

不同。1901 年，章太炎表示，"所谓史学进化者，非谓其廓清尘翳而已，己既能破，亦将能立。后世经说，古义既失其真，凡百典常，莫知所始，徒欲屏绝神话，而无新理以敕彻之"。他拟"以古经说为客体，新思想为主观"① 作《中国通史》。此说与梁启超著《新史学》的初衷如出一辙，梁言"凡学问必有客观、主观二界。客观者，谓所研究之事物也；主观者，谓能研究此事物之心灵也。和合二观，然后学问出焉。史学之客体，则过去现在之事实是也；其主体，则作史读史者心识中所怀之哲理是也。有客观而无主观，则其史有魄无魂，谓之非史焉可也（偏于主观而略于客观者，则虽有佳书，亦不过为一家言，不得谓之为史）"②。梁启超与国粹派学人的不同之处在于史学研究中主客体的转换：国粹派以中学为主体，裁减西学以证之，但中学在比附之下被拆解得七零八落；梁、章以西理为主观，中学为客观，他们于传统中看到的缺陷更多，相应要求更多的采补，肯定优胜之处的分量往往不及揭发短缺来得重。③

黎明时期的国故研究以史学的"科学化"为启钥。按照王晴佳的分类，科学史学有两种：一是对史料进行谨慎的批判，力求写出所谓的"信史"，成为客观的或是批判的史学；二是对历史的演变做一个解释，寻求一种规律性的东西。④ 梁启超的《新史学》显然为后一种，是阐述历史进化论的系统著作。1899 年，王国维与他的老师最早将史学与"科学"联结，提出历史学是有体系的"科学"，⑤ "史上现象彼此有因果之关系，系各自有特别之意义，成所谓有一机团体，固无疑也"⑥。1901 年，梁启超在《中国史叙论》中比较新、旧史书后提出："自世界学术日进，故近世史家之本分，与前者史家有异。前者史家，不过记载事实；近世史家，必说明其事实之关系，与其原因结果。前者史家，不过记述人间一

① 章太炎：《中国通史略例》，《章太炎全集》第 3 卷，第 330～331 页。
② 梁启超：《新史学》，《饮冰室合集·文集之九》，第 10 页。
③ 夏晓虹：《中国学术史上的垂范之作——读梁启超〈论中国学术思想变迁之大势〉》，《天津社会科学》2001 年第 5 期，第 121 页。
④ 王晴佳：《中国史学的科学化——专科化与跨学科》，罗志田主编《20 世纪的中国：学术与社会·史学卷》（下），第 586～587 页。
⑤ 王国维：《〈东洋史要〉序》，《王国维文集》第 4 卷，381 页。
⑥ 〔日〕籐田丰八：《序泰西通史》，《政艺通报》壬寅第 13 期，1902 年 9 月 2 日，第 19 张。

二有权力者兴亡隆替之事，虽名为史，实不过一人一家之谱碟［牒］；近世史家，必探察人间全体之运动进步，即国民全部之经历，及其相互之关系。以此论之，虽谓中国前者未尝有史，殆非为过。"① 对于史学的理解已与王国维无异。

1902 年，梁启超的言语体现出细微的变化，在《新史学》一文中出现"公理公例"一词。他说，"历史者，叙述人群进化之现象而求得其公理公例者也"，"是故善为史者，必研究人群进化之现象，而求其公理公例之所在，于是有所谓历史哲学者出焉"。只有"明此理者，可以知历史之真相矣"，而"吾中国所以数千年无良史者，以其于进化之现象见之未明也"②。于是"求因果"与"明公例"相提并论，历史学必须发明"进化之公例"才能够称为"科学"。金观涛、刘青峰通过关键词检索，认为"公理公例"几乎是晚清知识界的普遍用语。康、梁通过创造性地转化，将"天理"置换为中西的公共之理，即"公理"，希望可以为引介西方社会制度提供正当性的论证。③ 这些正当性是建立在通过严格的科学方法归纳和演绎获得的可靠的、实证的知识基础之上的，具有普遍的有效性，梁启超正是依靠这样的有效性建立起自身学术思想与行为的权威性。④ 如《新民议》所载："及民智稍进，乃事事而求其公例，学学而探其原理，公例原理之既得，乃推而按之于群治种种之现象，以破其弊而求其是，故理论之理论先，而实事之理论反在后。"⑤ 至于这些"公理公例"是不是真理，他们并没有追究，也未曾怀疑。梁启超后来承认："原来因果律是自然科学的命脉，从前只有自然科学得称为科学，所以治科学离不开因果律几成为天经地义。谈学问者往往以'能否从该门学问中求出所含因果公例'为'该门学问能否成为科学'之标准。史学向来并没有被认为科学，于是治史学的人因为想令自己所爱的学问取得科学资格，便努力要发明史

---

① 梁启超：《中国史叙论》，《饮冰室合集·文集之六》，第 1 页。
② 梁启超：《新史学》，《饮冰室合集·文集之九》，第 7～10 页。
③ 金观涛、刘青峰：《"天理"、"公理"和"真理"——中国文化合理性论证以及正当性标准的思想史研究》，氏著《观念史研究：中国现代重要政治术语的形成》，第 51 页。
④ 王中江：《进化主义原理、价值及世界秩序观——梁启超精神世界的基本观念》，《浙江学刊》2002 年第 4 期，第 31 页。
⑤ 梁启超：《新民议》，《饮冰室合集·文集之七》，第 105 页。

中因果，我就是这里头的一个人。"①

　　梁启超的"公理公例"基本定格在进化的意义上，且不止于历史学，"凡人类智识所见之现象，无一不可以进化之大理贯通之。政治法制之变迁，进化也；宗教道德之发达，进化也；风俗习惯之移易，进化也。数千年之历史，进化之历史；数万里之世界，进化之世界也"②。进化则以革命为前提，"实则人群中一切事事物物，大而宗教、学术、思想、人心、风俗，小而文艺、技术、名物，何一不经过破坏之阶级以上于进步之途也……故破坏之事无穷，进步之事亦无穷"③。因此有学者认为梁启超的《新史学》并非关注学术本身，而是打着批判旧史学旗号的政治檄文。④甚至可以说，梁启超在学术上的"科学"鹄的就是为中国寻找进化之迹，且观念先行，以为历史进化是万世不变的准则。即便是 1903 年梁启超从美洲回到日本后，激进的言论有所缓和，但对于因"科学"而进化笃信不已。

　　梁启超对包括达尔文在内的进化主义的了解非常有限，他并不关注进化论（特别是生物进化主义）学理本身，更关心的是进化论对国家复兴的强大的实践功能。这不是一种个别现象，它是中国进化主义的总体倾向之一。⑤ 20 世纪初的趋新学人大多如梁启超一样对于进化论趋之若鹜，新的史学观念也的确引发了旧史的系统化改造。1902 年，汪荣宝编译《史学概论》，自称为中国"新史学之先河"，他认为中国旧史"不过撮录自国数千年之故实，以之应用于劝善惩恶之教育，务使幼稚者读之而得模拟先哲之真似而已"，这种史书"未能完成其为科学之形体，就此众多之方面与不完全之形体，而予以科学的研究，寻其统系，而冀以发挥其真相者，是今日所谓史学者之目的也"⑥。

---

①　梁启超：《研究文化史的几个重要问题》，《饮冰室合集·文集之四十》，第 2 页。
②　梁启超：《论学术之势力左右世界》，《饮冰室合集·文集之六》，第 114 页。
③　梁启超：《新民说：论进步》，《饮冰室合集·专集之四》，第 62 页。
④　黄敏兰：《梁启超"新史学"的真实意义及历史学的误解》，《近代史研究》1994 年第 2 期，第 231 页。
⑤　王中江：《进化主义原理、价值及世界秩序观——梁启超精神世界的基本观念》，《浙江学刊》2002 年第 4 期，第 31 页。
⑥　衮父（汪荣宝）：《史学概论》，《译书汇编》第 2 年第 9 期，1902 年 10 月，第 105～106 页。

所谓"科学"的统系，首先是提倡通史，在通史中寻找中国进化的轨迹。1902 年，章太炎致书梁启超表达编写通史的意愿，"窃以今日作史，若专为一代，非独难发新理，而事实亦无由详细调查。惟通史上下千古，不必以褒贬人物、胪叙事状为贵"，"所贵乎通史者，固有二方面：一方以发明社会政治进化衰微之原理为主，则于典志见之；一方以鼓舞民气，启导方来为主，则亦必于纪传见之"①。同年杜士珍责班固为断代史之始作俑者，"殊不知历史之用全存贯通"，须通过人群、风俗、朝代、种族之比较，而知历史变迁之因果。②

其次是改进史学的研究方法。蛤笑说中国传统史学可分三派：一为典制之学，二为议论之学，三为考证之学。但"上举三大派皆成已陈之刍狗"，今日最急者，"在以新学之眼光，观察已往之事实耳"。文中明确提出"怀疑实验"的研究方法，谓"天下学问之途，皆始以怀疑，而继以征实。惟能怀疑也，故能独开异境，而不为前人学说之所牢笼。惟能征实也，故能独探真诠，而不为世俗浮说之所蒙蔽。因怀疑而征实，因征实而又怀疑，愈转愈深，引人入胜，新理之所以日出不穷也"。并援引"国民性"这一新概念，比较中国与他国的异同，尝试以"新学之眼光"重新审视中国历史。③

总体而言，"新史学"的倡导者大多向慕西学，服膺进化史观，相信史家述史应以记述人群进化与竞争并阐明优胜劣败之理为主题，宜以发达群力刺激爱国情操为宗旨，④ 而后学者基本也是在这一特点上评价梁启超以及他的"新史学"。如周予同说，梁启超的"全部史观是建立在进化论上，而不仅以叙述历史的进化论为满足，并进而探寻历史演进的基因"，"梁启超由进化论而发起史学界的转变有不可磨灭的功绩"⑤。

3. "求是"的史学

当进化成为衡量史学"科学"性的标准，或曰欧西的发展模式成为国

---

① 汤志钧编《章太炎年谱长编》上册，中华书局，1979，第 139 页。
② 杜士珍：《班史正谬》，《新世界学报》壬寅第 4 期，1902 年 10 月，第 41 页。
③ 蛤笑：《史学刍论》，《东方杂志》第 5 卷第 6 期，1908 年 7 月，第 90～92 页。
④ 许冠三：《新史学九十年》，岳麓书社，2003，第 13 页。
⑤ 周予同：《五十年来中国之新史学》，朱维铮编《周予同经学史论著选集》，上海人民出版社，1996，第 539～540 页。

人追慕的唯一的"公理公例"时，便有不一样的声音出现了。1902 年前后，章太炎是进化论的追随者，1906 年出狱后，再次流亡日本期间其思想为之一变。这一时期发表的《征信论》《信史》等多篇文章，颇能代表他的心声。在有关章太炎的研究中，《征信论》（上）多被判定为 1901 年撰写，1910 年正式刊载于《学林》第二辑。供职于国家图书馆的陈汉玉通过比对章太炎的手稿，认为《征信论》（上、下）的写作时间不会早于 1908 年，《信史》（上、下）也应写于日本，时间在 1907～1910 年，不应晚于 1910 年。① 以往研究者多认为文章是为批判康有为借今文经学"治史"而写，② 若将手稿时间与文章内容结合考察，可见文章中虽有批评"三统三世说"的言论，但《征信论》是为反驳西方社会学成例而作，《信史》是针对新兴的考古学而写，都有具体的写作语境，目的是倡"种族革命"，体现为学术思想上的保守主义。

章太炎在多篇文章中以"定则""定型""条例"等词等同于"公理公例"，认为以西方学说为绳墨规矩东亚学术为大谬。在《征信论》一文中，他对于史学求因果并无异议，"因以求果，果以求因，辨异而不过，推类而不悖。是故邪说不能乱，百家无所窜，则终身免于疑殆，是抽文之枢要也"。但是，因果相承只能表示历史之顺序，非不变之定则。"且夫因果者，两端之论耳。无缘则因不能独生；因虽一，其缘众多。故有同因而异果者，有异因而同果者。愚者执其两端，忘其旁起，以断成事，因以起其类例。成事或与类例异，则颠倒而絚裂之，是乃殆以终身，弊之至也。"针对"近世鄙倍（辈）之说，谓史有平议者合于科学，无平议者不合科学"，其谓"史本错杂之书，事之因果，亦非尽随定则，纵多施平议，亦乌能合科学耶？若夫制度变迁，推其沿革；学术异化，求其本师；风俗殊尚，寻其作始。如班固、沈约、李淳风所志，亦可谓善于平议矣"。但"今世之平议者，其情异是。上者守社会学之说而不能变，下者犹近苏轼《志林》、吕祖谦《博议》之流，但词句有异尔。盖学校讲授，徒陈事状，则近于优戏，不得已乃多施平议，而己不能自知其故，藉科学之号以自尊，斯所谓大愚不灵者矣！又欲以是施之史官著作，不悟史官著书，师儒

① 陈汉玉：《章太炎手稿用纸》，《文津流觞》2003 年第 10 期，第 232 页。
② 汤志钧编《章太炎年谱长编》上册，第 125 页。

口说，本非同剂。惟有书志，当尽考索之功，其论一代政化，当引大体而已，若毛举行事，订其利病，是乃科举发策之流，违于作述之志远矣。彼所持论，非独暗于人事，亦不达文章之体"①。文章中，"平议"一词从平心而论的持中言论引申为基于历史考察的学术评价或理论。章太炎否定了"科学"与"平议"之间的对等关系，实际上否认了基于西方社会考察得出的"公理公例"与中国社会的历史发展相契合。

《征信论》下篇明言"今日社会学者"多患混淆"成事"与"类例"之病，此社会学者当指严复。当时革命者与改良者正就"种族同化"还是"种族革命"展开思想论争。严复翻译《社会通诠》，借用甄克思的理论论证中国不适宜种族革命。在时人眼中，西方社会学从严复翻译的《群学肄言》开始便具有了"科学"的身份，此时的《社会通诠》乃至严复的论断无疑被化约为"科学"的理论，符合"物竞争存之旨"②。章太炎作《〈社会通诠〉商兑》一文反驳，"观其所译泰西群籍，于中国事状有豪毛之合者，则矜喜而标识其下；乃若彼方孤证，于中土或有牴牾，则不敢容喙焉。夫不欲考迹异同则已矣，而复以甲之事蔽乙之事，历史成迹，合于彼之条例者则必实，异于彼之条例者则必虚；当来方略，合于彼之条例者则必成，异于彼之条例者则必败。抑不悟所谓条例者，就彼所涉历见闻而归纳之耳，浸假而复谛见亚东之事，则其条例又将有所更易矣"。认为质学或许可以"验于彼土者然，即验于此土者亦无不然"，而社会之学，"若夫心能流衍，人事万端，则不能据一方以为权概，断可知矣！且社会学之造端，实惟殄德，风流所播，不逾百年，故虽专事斯学者，亦以为未能究竟成就。盖比列往事，或有未尽，则条例必不极成。以条例之不极成，即无以推测来者"③。概言之，章太炎肯定了物质世界的公理普遍存在，但东西方人文社会各有形态，不可削足适履以就西方"条例"。

在《信史》下篇中，针对进化论者的言论，"世皆自乱以趋治，言一治一乱者，非也；自质以趋文，言一质一文者，非也"，章太炎认为中国的历史事实应是"治乱之迭相更，考见不虚。质文之变，过在托图纬，顾

① 章太炎：《征信论下》，《章太炎全集》第4卷，第59～60页。
② 《自存篇》，《东方杂志》第2卷第5期，1905年6月，第100～101页。
③ 章太炎：《〈社会通诠〉商兑》，《章太炎全集》第4卷，第323页。

其所容至广。政化之端，固有自文反质者矣"①。"文质"之辨乃中国古代特有的历史演进观念，"质胜文则野，文胜质则史"（《论语·雍也》），"文质合一"是历朝历代的最高追求。不同历史时期，对于"文质"的关系有不同的理解。简单地说，"质"由质朴之义引申为礼仪上的朴素无华，政治上的精简节约，道德上的敦本尚实；反之，"文"由修饰之义引申为礼仪上的举止规范，政治上的典章礼法，道德上的尊礼尚施。在历史的过渡时期，"文质"关系的辨析最为激烈，往往通过对"文质"内容的损益达到一种平衡。② 但是，自西方观念进入后，"文质"之关系转化为文明/野蛮的对立，"质"又可以理解为物质，引申为科学技术的进步，"自质以趋文"正是建立在由物质发达进入文明之境的单一向度的、进化的逻辑关系之上的论断。文辞意义的转化说明评价中国历史的标准体系发生了变化，章太炎此文便是对这一观点的反驳。

　　文章中，章太炎首先指出中国之"质"非特指物质，"械器之端，古拙重而今便巧，非古者质、今者文也"。中国之"质"在于匠人、乐人、冶人、梓人技艺之精，"求之异域，亦有不可得者"。械器的"便巧拙重之较，不与文质数。文质之数，独自草昧以逮周、秦，其器日丽，周、秦之间，而文事已毕矣。其后文质转化，代无定型"。其次，对于建立在考古学史前三期说之上的社会学进化论提出质疑。史前三期说在 19 世纪前期，由丹麦考古学家汤姆逊首先提出，认为人类社会在史前经历了石器时代、青铜器时代和铁器时代三个时期。20 世纪初被中国学者接受，章太炎在 1900 年的《訄书》初刻本《原变》篇中曾经提及。③ 但在该文中，章太炎明确表示由于中国地域广阔、资源丰富，欧洲的三期说不能完全适用于中国实情，这一观点在 1925 年的《铜器铁器变迁考》④ 中得到进一步阐发。就学术层面而言是对当时流行的古器物学研究路向的反对。⑤ 进而，章太炎表示西方的社会学家以三期说辨文野，"其说难任，其持之亦无故。乃若姓有兴废，政有盛衰，布于方策者，回复相易，亦不可以空言

①　章太炎：《信史下》，《章太炎全集》第 4 卷，第 65 页。
②　杨念群：《"文质"之辩与中国历史观之构造》，《史林》2009 年第 5 期，第 84 页。
③　章太炎：《原变》，《章太炎全集》第 3 卷，第 27～28 页。
④　章太炎：《铜器铁器变迁考》，《章太炎全集》第 3 卷，第 81～86 页。
⑤　陈峰：《唯物史观与二十世纪中国古代铁器研究》，《历史研究》2010 年第 6 期，第 165 页。

诬矣"。甚至认为"今世远西之政，一往而不可乱，此宁有图书保任之耶？十世之事，谁可以匈臆度者？观其征兆，不列颠世已衰，法兰西则殆乎灭亡之域矣。后有起者，文理节族，果可以愈前日乎？则不能知也"①。换言之，被视为"定型"的社会进化论无非西方学者一厢情愿的幻想，并不能揣度西方的未来，更不可评断中国之事。1923 年，梁启超在《研究文化史的几个重要问题》中坦然表示，对于"本来毫无疑义"的历史进化说，他已"不敢十分坚持了"，因为"平心一看，几千年中国历史，是不是一治一乱的在那里循环吗？何止中国，全世界只怕也是如此"②，而这样的见识比章太炎迟了将近 20 年。

在以上各文中，章太炎没有明确说明"科学"是什么，只是认为西方史学或许是"科学"的，但以其公理公例绳墨中国的社会政治显得格格不入。单就"科学"二字而言，章太炎很少专门论及，即便谈到也多是持相反立论，以抨击学弊。如他将"科学"与中学对立，批评自贱中学者，特别是"适会游学西方之士"，"借科学不如西方之名以为间，谓一切礼俗文史皆可废，一夫狂舞蹈，万众搴裳蹑屦而效之"③。相对于进化史学，他说，有人认为"中国的历史，不合科学，这种话更是好笑。也不晓得他们所说的科学，是怎么样？若是开卷说几句'历史的统系，历史的性质，历史的范围'，就叫做科学，那种油腔滑调，仿佛是填册一样，又谁人不会说呢？""别国的历史，只有纪事本末体一体；中国却有纪传、编年、纪事本末、典章制度四大体……科条本来繁复，所以难得理清。一千二百年前，唐朝刘知几做的《史通》科判各史，极其精密，断非那几句油腔滑调去填的可比。要问谁算科学？谁不算科学呢？……说科学的历史，只在简约，那么合了科学，倒不得不'削趾适履'，却不如不合科学的好。"④ 在他的文字中出现的"科学"一词与名实如影相随，如谓"科学兴而界说严，凡夫名词字义，远因于古训，近创于己见者，此必使名实相符，而后立言可免于纰缪。不然，观其概义则通，而加以演绎，则必不可通；观其

---

① 章太炎：《信史下》，《章太炎全集》第 4 卷，第 68 页。
② 梁启超：《研究文化史的几个重要问题》，《饮冰室合集·文集之四十》，第 5 页。
③ 章太炎：《清美同盟之利病》，汤志钧编《章太炎政论选集》上册，第 475 页。
④ 章太炎：《中国文化的根源和近代学问的发达》，陈平原选编《章太炎的白话文》，贵州教育出版社，2001，第 67～68 页。

固有名词则通，而证以事实，则必不可通，此之谓不成文义而已矣"①。又言"盖近代学术，渐趋实事求是之途，自汉学诸公分条析理，远非明儒所能企及。逮科学萌芽，而用心益复缜密矣"②。因此，章太炎理解的"科学"当是"训说求是""循名求实"之学。

史学是不是科学，这是困扰了中国学人百年来的大问题。王国维在1899年认为史学只要有系统、存因果，便可称为"科学"。但是，到了1911年，他说学有三类：科学、史学、文学。文学暂且不论，其中"凡记述事物而求其原因，定其理法者，谓之科学；求事物变迁之迹，而明其因果者，谓之史学"。"凡事物必尽其真，而道理必求其是，此科学之所有事也；而欲求知识之真与道理之是者，不可不知事物道理之所以存在之由，与其变迁之故，此史学之所有事也。"③ 史学已在"科学"之外，二者存在"求理法"与"求因果"之别。王国维认为"天下之事物，自科学上观之，与自史学上观之，其立论各不同"。"自史学上观之，则不独事理之真与是者，足资研究而已，即今日所视为不真之学说，不是之制度风俗，必有所以成立之由，与其所以适于一时之故。其因存于邃古，而其果及于方来，故材料之足资参考者，虽至纤悉，不敢弃焉。故物理学之历史，谬说居其半焉，哲学之历史，空想居其半焉；制度风俗之历史，弁髦居其半焉；而史学家弗弃也。"④ 言下之意，史学并非求是之学，历史上的是非、真伪都可以成为考察变迁之迹的史学资料。严复甚至基于这一原因否定史学的专业性，他说"所不举历史为科者，盖历史不自成科"，"历史者，所以记录事实，随所见于时界而历数之，于以资推籀因果揭立公例者之所讲求也，非专门之学也"⑤。史学是否成科，暂可不论，二人不约而同地定性史学为记述之学，不具备"科学"求真理的特性。

考察章太炎的认识，他曾经比较经学与诸子学的异同，以为"说经之学，所谓疏证，惟是考其典章制度与其事迹而已，其是非且勿论也"，"故孔子删定六经，与太史公、班孟坚辈，初无高下。其书既为记事之书，其

---

① 章太炎：《论承用"维新"二字之荒谬》，汤志钧编《章太炎政论选集》上册，第242页。
② 章太炎：《答铁铮》，《章太炎全集》第4卷，第370页。
③ 王国维：《〈国学丛刊〉序》，《王国维文集》第4卷，第365~366页。
④ 王国维：《〈国学丛刊〉序》，《王国维文集》第4卷，第366页。
⑤ 严复：《〈国计学甲部残〉稿按语》，《严复集》第四册，第847页。

学惟为客观之学"。"诸子则不然，彼所学者，主观之学，要在寻求义理，不在考迹异同。"① 换言之，经学即史学，为考证学。章太炎总结治经之法有六："近世经师，皆取是为法。审名实，一也；重左证，二也；戒妄牵，三也；守凡例，四也；断情感，五也；汰华辞，六也。六者不具，而能成经师者，天下无有。"② 可见，章太炎定性史学为求是之学，所求乃历史的真实，或不以"科学"名之，却有着科学研究的客观性，即王国维所谓的"求知识之真"。

但是，"客观之学"并不是"科学"。王国维认为"科学"在求真之外还存在一个"求道理之是"的更高标准，"科学"终究还是一个求公理公例的学问，且更强调建立在事实基础之上的公理公例。而章太炎一直对于世人所言的"科学公理"心存抵牾，或是根本否定它的存在，如谓"今之所见，不过地球。华严世界，本所未窥，故科学所可定者，不能遽认为定见"③。因此，按照王国维以"求真理"的标准衡量史学，因其无一定理法而非"科学"；按照章太炎以"求真实"的态度研究史学，史学根本无须追求定则理法，同样不能以"科学"衡量。史学不是"科学"已为二人共识，但还是有着不能成为"科学"与不必成为"科学"的态度上的差异。

至于"求真"的方法，章太炎称赞清代乾嘉学者的治学精神，认为"一言一得，必求其微"④ 才是实事求是的治学方法；梁启超则直接称清代学者"以实事求是为学鹄，饶有科学的精神"。他对于"科学精神"的定义有四："善怀疑，善寻间，不肯妄徇古人之成说与一己之臆见，而必力求真是真非之所存，一也。既治一科，则原始要终，纵说横说，务尽其条理，而备其左证，二也。其学之发达，如一有机体，善能增高继长，前人之发明者，启其端绪，虽或有未尽，而能使后人因其所启者而竟其业，三也。善用比较法，胪举多数之异说，而下正确之折衷，四也。凡此诸端，皆近世各种科学所以成立之由，而本朝之汉学家皆备之，故曰其精神

---

① 章太炎：《诸子学略说》，汤志钧编《章太炎政论选集》上册，第286页。
② 章太炎：《说林下》，《章太炎全集》第4卷，第119页。
③ 谢樱宁：《章太炎年谱摭遗》，中国社会科学出版社，1987，第32页。
④ 章太炎：《清儒》，《章太炎全集》第3卷，第155页。

近于科学。"① 其中的前两条,"求真"与"成科"都已被章太炎躬体力行,后两者则是章太炎最不喜闻的,他明确批判过有机体理论,"正确之折衷"则相当于章太炎所说的"汗漫"之弊。②

近代学人以当下的"科学"认识推及明清史学,努力寻找"科学"的痕迹。1905 年,薤照认为崔述的《考信录》"自标界说,取舍极严,曾不相悖,枝干犁然,明白晓畅,尤不差于名理,如科学家之立言"③。1907 年,刘师培在《崔述传》中指出:"近世考证学超越前代,其所以成立学派者,则以标例及征实二端。标例则取舍极严,而语无哤杂;征实则实事求是,而力矫虚诬。大抵汉代以后,为学之弊有二:一曰逞博,二曰笃信。逞博则不循规律,笃信则不求真知,此学术所由不进也。自毛奇龄之徒出,学者始误笃信之非,然以不求真知之故,流于才辩。阎若璩之徒渐知从事于征实,辨别伪真,折衷一是,惟未能确立科条,故其语多歧出。若臧琳、惠栋之流,严于取舍,立例以为标,然笃信好古,不求真知,则其弊也。惟江、戴、程、凌,起于徽歙,所著之书,均具条理界说,博征其材,约守其例,而所标之义、所析之词,必融会贯通以求其审,缜密严栗,略与皙种之科学相同,近儒考证之精特有此耳。"④ 此二说中的"界说""标例"相当于"成科"之义,"征实"与"求真"同义。

"求真"与"成科"也被孙宝瑄表达为"破碎"与"完具"。1902 年,孙宝瑄赞"太炎以新理言旧学,精矣。余则谓破碎与完具,相为用也"。所谓"破碎之学"是以音韵训诂为基的文字学,"苍雅之学,我国文字之根原也。本朝精治此学者,休宁之戴,高邮之王,诸家皆大有功。而近人多以破碎讥之"⑤。如梁启超曾经说过,"本朝考据学之支离破碎,汩殁性灵,此吾侪十年来所排斥不遗余力者也"⑥。它在更广泛的意义上指无系统之学,如梁启超曾致书黄遵宪想作《曾文正传》,黄遵宪复书对曾氏赞赏有加,认为"其学问能兼综考据、词章、义理三种之长,然此皆

①　梁启超:《论中国学术思想变迁之大势》,《饮冰室合集·文集之七》,第 87 页。
②　章太炎:《诸子学略说》,汤志钧编《章太炎政论选集》上册,第 285 页。
③　薤照:《崔东璧学术发微》,《东方杂志》第 2 卷第 7 期,1905 年 8 月,第 136 页。
④　刘师培:《崔述传》,《国粹学报》第 3 年第 9 号,1907 年 10 月,第 9 页。
⑤　孙宝瑄:《忘山庐日记》上册,第 566 页。
⑥　梁启超:《论中国学术思想变迁之大势》,《饮冰室合集·文集之七》,第 87 页。

破碎陈腐、迂疏无用之学，于今日泰西之科学、之哲学未梦见也"①。所谓"完具"，指的是学术具备的理论系统化形态或是追求系统的行为，却不等同于梁启超等人所谓的"进化"系统。如章太炎述"诸子所以完具者，其书多空言不载行事。又其时语易晓，而口耳相授者众"②。关于"破碎"与"完具"的关系，孙宝瑄认为，"完具不由破碎而来非真完具，破碎不进以完具，适成其为破碎之学而已"，而"昔人多专治破碎之学，今人多专治完具之学"，都不免偏颇，唯有章太炎能合二为一。③

用今天的语言表示，"破碎"与"完具"大致相当于分析与综合的研究方法。章太炎自述其学取法西方，"西方论理，要在解剖，使之破碎而后能完具"④。1909年，章太炎在《致国粹学报社书》一文中，比较完整地表达了自己的治学方法。"弟近所与学子讨论者，以音韵训诂为基，以周、秦诸子为极，外亦兼讲释典。盖学问以语言为本质，故音韵训诂，其管籥也；以真理为归宿，故周、秦、诸子，其堂奥也。"由于汉学短拙，今文汗漫，"惟诸子能起近人之废，然提倡者欲令分析至精，而苟弄笔札者，或变为猖狂无验之辞，以相诖耀，则弊复由是生"⑤。

从孙宝瑄的评价来看，章太炎的学术研究可谓完备，但是否近于"科学"，后人则各有见解。1919年，毛子水说章太炎在疏证学所发生的"重征""求是"的心习就是"科学的精神"，虽不免有些"好古"的毛病，却是一大部分的"国故学"经过他的手，才有"现代科学的形式"。⑥胡适直接将"汉学"与"科学方法"挂钩，明确表示"就我自己来说，我认为非儒学派的恢复是绝对需要的，因为在这些学派中可望找到移植西方哲学和科学最佳成果的合适土壤。关于方法论问题，尤其是如此"⑦。这至少说明"整理国故"运动在求真的问题上与章太炎一脉相承。

但批评的声音同在。曹聚仁认为章太炎著《国故论衡》，"仅能止于

---

① 黄遵宪：《黄遵宪集》（下），天津人民出版社，2003，第597页。
② 章太炎：《秦献记》，《章太炎全集》第4卷，第70页。
③ 孙宝瑄：《忘山庐日记》上册，第566页。
④ 孙宝瑄：《忘山庐日记》上册，第566页。
⑤ 章太炎：《致国粹学报社书》，汤志钧编《章太炎政论选集》上册，第497～498页。
⑥ 毛子水：《国故和科学的精神》，《新潮》第1卷第5号，1919年5月，上海书店出版社影印本，1996，第741页。以下所引《新潮》内容皆出自这一版本，不再一一注明。
⑦ 胡适：《先秦名学史》，欧阳哲生编《胡适文集》第6册，第8页。

有组织，未可谓其有系统也"。曹聚仁给出的国学定义是："以合理的、系统的、组织的方式"去记载思想之生灭，分析思想之性质，罗列思想之表述形式，考察思想之因果关系。所谓"合理的"，即"客观性之存在"；"组织的"，即"以归纳方法求一断案，以演绎方法合之群义"；"系统的"，即"或以问题为中心，或以时代为先后，或以宗派相连续，于凌乱无序之资料中，为之理一纲领也"。简言之，"国故先经合理的叙述而芜杂去，继经组织的整理而合义显，乃人之于系统而学乃成"。章太炎的国学研究还只是"国故"，尚未可称为"国故学"，① 在系统化的程度上离"科学"尚有距离。

到了 20 世纪 40 年代，侯外庐称章太炎为"近代科学整理的导师"，将其学术成果定格在诸子学的研究中。认为"他的解析思维力，独立而无援附，故能把一个中国古代的学库，第一步打开了被中古传袭所封闭的神秘堡垒，第二步拆散了被中古偶像所崇拜的奥堂，第三步根据自己的判断力，重建一个近代人眼光之下所看见的古代思维世界。太炎在第一、二步打破传统，拆散偶像上，功绩至大，而在第三步建立系统上，只有偶得的天才洞见后断片的理性闪光"②。这一科学系统不完全是建立在事实基础之上，还必须有天才的禀赋。但在章太炎的自我表述中，诸子学乃"义理之学""主观之学"，他曾说"中国科学不兴，惟有哲学"，"最有学问的是周秦诸子了"③。换言之，诸子学属于哲学的范畴，并不是"科学"。侯外庐的评价与他的自我认知差距甚大。

在近代新史学的研究体系中，钱玄同将章太炎列入"国故研究之新运动"的第一期。周予同说章太炎是清代经古文学的最后大师，他潜心治学的方法承袭古文学派的皖派的考证学，就其学统来说属于旧派，但其学术思想的影响是现代新史学的渊源之一。④ 但是到了 20 世纪 80 年代，许冠三在《新史学九十年》自序中说，"从新会梁氏朦胧的'历史科学'和

① 曹聚仁：《国故学之意义与价值》，《国故学讨论集》上册，上海书店出版社，1991，第 60~68 页。

② 侯外庐：《中国近代启蒙思想史》，人民出版社，1993，第 158 页。该书是在侯外庐先生的旧著《中国近世思想学说史》（下卷，1945 年由重庆三友书店出版）的基础上重新编订而成的。

③ 章太炎：《东京留学生欢迎会演说录》，陈平原选编《章太炎的白话文》，第 117 页。

④ 周予同著、朱维铮编校《经学和经学史》，上海人民出版社，2012，第 172 页。

'科学的历史'观念起，新史学发展的主流始终在'科学化'。历来的巨子，莫不以提高历史学的'科学'质素为职志，尽管'科学化'的内容和准则恒因派别而易，且与时俱变"①。他分新史学为考证、方法、史料、史观、史建五个学派，但各学派都没有将章太炎考虑在内。2000 年，王晴佳讨论史学"科学化"时，将 1910～1920 年称为史观到史法的转变期，标志性的人物有王国维、胡适与梁启超三人，同样不包括章太炎，只是认为他对于历史进化论的厌恶是一个极端的例子。② 或者说，按照他们二人的判断，章太炎与以"科学化"为特征的新史学基本无缘。

如此排列下来，不难发现一个有趣的现象：同是围绕章太炎的国学研究讨论史学"科学化"的问题，得到的结论却是如此大相径庭。这至少说明史学研究中所谓的"科学化"只是一个历史概念，如果忽略了对于学术标准的"科学"概念的历史性考察，迁就不同语境之下不同学人的主观判断，最终则只能是取一家之言，不见森林，又或者是面对众家之言无所适从。桑兵曾经寻绎"新史学"在近代中国的形成过程，认为究竟什么是"新史学"，"新史学"主张什么，反对什么，各家分别甚大。大别可分为三类：自称、他指与后认。③ 此方法同样适用于对章太炎史学研究的"科学"性质的判断。

关于章太炎治学方法"科学性"的判定，本身就是一个后发于事实的历史命题。在章太炎旅日期间，"科学"概念日益流行。但"科学"一词往往与梁启超、严复等人的进化论紧密勾连，甚至表达为"新世纪派"的唯科学主义。而章太炎本人极力反对西方成例，宣扬学术思想上的"依自不依他"，反"科学"的一面更为突出，他不可能以"科学"概念判定自己的学术性质。当后人回溯历史，胡适急欲寻找能够与"科学方法"接榫的本土资源时，中西考据学由此连接，章太炎的"求真"便被赋予了科学性质；追求学术"独立自得"的侯外庐极其欣赏章太炎的文化自决性，于是看到了"破碎"、"完具"与"科学"的某些契合。而曹聚仁、许冠三、王晴佳等人以更严格的西方科学作为标准，自然判定章太炎的学术研究不够"科学"。因

---

① 许冠三：《新史学九十年》，岳麓书社，2003，第 2 页。

② 王晴佳：《中国史学的科学化——专科化与跨学科》，罗志田主编《20 世纪的中国：学术与社会·史学卷》（下），第 603 页。

③ 桑兵：《近代中国的新史学及其流变》，《史学月刊》2007 年第 11 期，第 6 页。

此,作为研究对象,由于研究目的、场域不同,选取的"科学"标准各异,后学者对于章太炎学术性质的评价不可能完全一致。

即便是在同一语境下,"科学"标准也是各取其道,进而影响了后人的判断。章太炎努力与"科学"保持距离,却在治学方法上不自觉地贴合了西方的"科学方法",而他并不自知。竭力追求"科学"史学的梁启超,被追认为为科学史观派,身后却鲜有人赞许其学问是"科学"的。同时代的"新世纪派"学人根本不认同考据学与"科学"具有同一性,"一则尚实验,故并教师之讲义,恐其不可信;一则尚师说,故取古书之旧说,可以为论据,文野之判,自有毫厘千里之结果也。质而言之,凡取准于规矩律度者,文明之科学,进化之标则也。凡仅恃于引经据典者,野蛮之旧习,进化之魔障也"①。他们采用了纯粹的自然科学的标准,在此标准之下,"中国是否有科学"的质疑延续至今。事实上,围绕着晚清史学的"科学性"甄别,无论是自称、他指,还是后认,均多是在傅斯年所谓的"求其是"的层面上的师心自用,从而忽略了评价体系自身的"求其古"。尽管如此,其共通性毋庸置疑。章太炎以及同时代的学人,无论是自觉还是无意识,无论是拥抱还是抗拒,其实都已经身处"科学时代",运用着似是而非的"科学"概念从事着条理旧学、构建未来的学术实践。

不过,近代国人能够如梁启超、章太炎一般深入、具体地运用"科学"概念理解旧学的人并不多,大多还是视"科学"为一二新语中之一种,表达着对于整个西学的迎拒态度。有些时候,这种态度不是通过"科学"一词直接表达,而是透过渗透着"科学"意味的词汇间接显露。20世纪初关于"国粹"与"欧化"的讨论就从一个侧面体现了"科学"理解上的差异。

第二节 走向形而上的"科学"

1. 国粹与欧化之间的"科学"

按照章太炎的说法,如果强以"公理公例"为规矩,中学大可不必成

---

① 鞠普:《男女杂交说》(燃评论),《新世纪》第 42 号,1908 年 4 月,第 4 页。

为"科学"。但在国粹派乃至梁启超等人看来，中学是否能够成为"科学"，绝不是单纯的学术问题，它意味着中国是否有资格被纳入天演之列。"学"既然为立国之本，那么学术的争存便兹事体大。

1905年，黄节论国粹与"科学"的关系，说"国粹，科学也。日本倡之，而日本不知发之，则待发于吾国。盖粹者必有其不粹者也，拟之于物焉，物理家之言曰，凡物具有不灭性。若水之于空气焉，若盐之于水量焉。无有形体，于何保存也？是故万汇学之为用，必由研究而后可以区分，区分而后可以变化，变化而后可以致用而得保存。然则言国粹者，先研究而不先保存，其所以执果求因者如是，乃公例也"，是故"以研究为国粹学之始基，庶几继破坏而有以保存矣"①。黄节之意是国学研究当在保存之先，研究以后知道了什么"为国为粹"，国粹就可以成为"科学"了。黄节的"与争科学"实是暗含了为中学争一个"科学"地位的理性思考，但又不是中学与科学的直接对弈，而是成为"科学"的国粹与西方科学之间的争夺。因此，"与争科学"存在两个前提预设：一是中学有成为"科学"的可能性与必要性；二是争夺的话语平台建立在西方"科学"体系之上。换言之，即是借用西方的科学标准重估国学的"粹"与"不粹"，什么该破坏？什么该保存？"中国有学"以及"以西证中"都是在一思想基础上的延伸。

国粹与欧化本是日本的舶来品，"欧化主义"发生在前，力主破坏；"国粹主义"反拨在后，力主保存，二者都是日本成功的范例。在中国人的理解中，它们并不是两个完全对立的概念，选择任何一方都不会绝对地排斥另一方。但是，国粹与欧化毕竟是两条不同的学术进路，如何选择令国人颇费思量。1902年，梁启超致书康有为，说"孔学之不适于新世界者多矣，而更提倡保之，是北行南辕也"，"弟子意欲以抉破罗网，造出新思想自任，故极思冲决此范围，明知非中正之言，然今后必有起而矫之者，矫之而适得其正，则道进矣。即如日本当明治初元，亦以破坏为事，至近年然后保存国粹之议起。国粹说在今日固大善，然使二十年前而昌之，则民智终不可得开而已"②。其言下之意为保存国粹应在欧化之后。

①　黄纯熙：《国粹学社起发辞》，《政艺通报》甲辰第1期，1904年3月，第39张。

②　丁文江、赵丰田编《梁启超年谱长编》，上海人民出版社，1983，第278页。

不久，梁启超有感国学不振，拟办《国学报》，致信黄遵宪"谓养成国民，当以保国粹为主义，取旧学磨洗而光大之"①，思想已稍有改变。

陈黻宸有着同样的担忧，他说："吾闻日本变法之始，首重欧化主义，而继以国粹。国粹者，乃即从欧化之后，鼓舞激励，以大伸其反动力，积久而渐成，而非可期之中国今日者也。"因日本在"欧化"与"国粹"两方面都与中国有异，"彼日本者，自德川氏之时，经术之盛，固已十百倍其比例于今我中国，故其始之于欧学也，未始不群起而拒之，然其拒之也与我中国异，即其转而从之也，与我中国亦异。彼乃真以新学之有余而补旧学之不足者也"。而中国"主气无权，客喧于座，我中国之无经久矣"，又何尝可谈欧化主义，亦不会有所谓的国粹主义。② 马叙伦说"外化主义"为"黑暗文明过渡时代之必要主义"，但"今日之中国嚣然傲然专力崇拜外人者日众一日，又不禁为中国前途惕也"，"吾恐顽固之奴隶除，而崇拜外人之奴隶增也"③。中国事实上陷入欧化不可不行，国粹又不能不保的两难处境，更大的隐忧在于欧化之后，国粹是否会被非诋、排斥而无所可保。

黄遵宪表现得稍微乐观，他规劝梁启超说，"公之所志，略迟数年再为之，未为不可"，"若中国旧习，病在尊大，病在固蔽，非病在不能保守也。今且大开门户，容纳新学。俟新学盛行，以中国固有之学，互相比较，互相竞争，而旧学之真精神乃愈出，真道理乃益明，届时而发挥之。彼新学者或弃或取，或招或拒，或调和或并行，固在我不在人也"④。也有人认为大可不必杞人忧天，"虑夫今方输入新学，必有疑孔孟之道将自此而废者，蔽于所习，万喙一词，不可无说以折之。夫以二千余年沁入人心之宗教，而忧其废于一旦，何其鳃鳃过虑也。……惟日本有欧化主义乃继以国粹主义，岂不以国粹主义存于先，适足为新学之敌，而阻维新之进步哉？世有排斥新学以保中学者乎？则吾惜其太早计矣"⑤。似乎日本的

---

① 黄遵宪：《黄遵宪集》下卷，第 495 页。
② 陈黻宸：《经术大同说》（续前一期），《新世界学报》第 11 号，1903 年 2 月，第 7～9 页。
③ 马叙伦：《日儒加籐氏之宗教新说》，《新世界学报》第 11 号，1903 年 2 月，第 83～84 页。
④ 黄遵宪：《黄遵宪集》下卷，第 495 页。
⑤ 张继煦：《叙论》，张枬、王忍之编《辛亥革命前十年间时论选集》第 1 卷上册，第 441～442 页。

成功示范尽在眼前，从欧化到国粹的发生顺序为当然之选。

　　日本的国粹主义与欧化主义都是历史发展的自然产物，在中国却衍生为非此即彼的两难抉择。于是调和论出，国粹派提出的"圆满之国粹主义""国粹无阻欧化""两大文明结婚"等论说都是希望在国粹与欧化的两难之中开辟一条新的路径。他们多是在形上/形下的二元结构上谈论国粹与欧化，如邓实说，"东洋文明，所谓形而上者，精神的是也；西洋文明，所谓形而下者，物质的是也"①。许之衡说："国粹者，精神之学也；欧化者，形质之学也（欧化亦有精神之学，此就其大端言之）。"② 概而言之，中国的精神科学蕴含于国粹，并不逊于西方，独缺物质科学，须欧化以补充。

　　但是，国粹派的学术实践大多落实在"复兴古学"之上，非致力于欧化。③ 通观《国粹学报》几乎找不到一篇专门论述西学的文章；国粹学堂所设科目20余种，除了国学部分外，也看不到一门讲述西方学术政治的科目；至于神光学社出版的国粹书籍，类凡数百种，多达几十万册，却无一本西学书籍，这种甚嚣尘上的"保存国粹"，其实在无形中淹没了西学。④ 章太炎评价"《国粹学报》社者，本以存亡继绝为宗，然笃守旧说，弗能使光辉日新，则览者不无思倦，略有学术者，自谓已知之矣"⑤。他们的学术研究停留在"中体西用"的层面上，日趋守成，"与争科学"只是为了"保存国粹"。而章太炎从一开始就明确了"保存国粹"是为了"激动种性"。他说"相我子孙，宣扬国光，昭彻民听，俾我四百兆昆弟，同心戮力，以底虏酋爱新觉罗氏之命。扫除腥膻，建立民国，家给人寿，四裔来享。呜呼！发扬蹈厉之音作而民兴起，我先皇亦永有攸归"⑥。有学者称之为"国粹国光"论，内核是"文化天下"观，文化即天下，"天下"先于国家而存在。因有其文化，方有其"天下"，然后有国家，有民族，有种群。唯有文化的自觉，国虽亡将可以再起，族

---

① 邓实：《东西洋二大文明》，《政艺通报》癸卯第23期，1903年1月，第5张。
② 许守微：《论国粹无阻于欧化》，《国粹学报》第1年第7号，1905年8月，第4页。

③ 罗志田：《国家与学术：清季民初关于"国学"的思想论争》，第84～89页。
④ 宝成关：《西方文化与中国社会：西学东渐史》，吉林教育出版社，1994，第484页。
⑤ 章太炎：《致国粹学报社书》，汤志钧编《章太炎政论选集》上册，第497页。
⑥ 章太炎：《民报一周年纪念会祝辞》，汤志钧编《章太炎政论选集》上册，第326页。

不灭将永兴。① 因此，章太炎所说的国粹也被赋予了强烈的精神之用。

至此，肩负着"与争科学"使命的国粹研究日益走向了形而上，成为政治革命的精神寄托。国粹派将那些醉心欧化，主张"唯泰西者是效"的人称为"奴"，如黄节说："海波沸腾，宇内士夫，痛时事之日亟，以为中国之变，古未有其变，中国之学，诚不足以救中国，于是醉心欧化。举一事革一弊，至于风俗习惯之各不相侔者，靡不惟东西之学说是依。慨谓吾国固奴隶之国，而学固奴隶之学也。呜呼！不自主其国，而奴隶于人之国，谓之国奴；不自主其学，而奴隶于人之学，谓之学奴。奴于外族之专制固奴，奴于东西之学说，亦何得而非奴也！"② 国粹派的政治主张在民族主义以及民主主义两条道路上行进，"与争科学"落实到学术上多体现为用汉民族的"精神科学"与西方或与清政府争夺政治上的地位，所有的较量都在形而上的层面进行。

在近代中国，所谓的"唯泰西者是效"的欧化派其实并不多，他们只是不赞同僵化地区别中西学术为体用两端。如董寿慈认为，"吾国求新之大病，莫过于无主义"。"欧化主义之行于东邦者，有数派焉。主兴社会之建设者，英美之实利主义，福泽谕吉诸贤倡之；主民选议院之速行者，法国自由主义，中江笃介诸贤倡之；主强固国权为政本者，德意志国家主义，加藤宏之诸贤倡之，群派争趋，鼓吹遍于全国"，后"几经社会之淘汰，而显国民心理之同源，卒同化于国家学派，是即保存国粹之导源也，国粹与欧化欤？名虽异而实同焉。"而中国"国粹之存皆为形上之学，先圣昔贤之言理，本与西儒哲学相会通"，"今者国力微矣，使西学不明，虽欲保其国粹而无术；使西学大明，适以发现其国粹而长存，然则体用主辅之谈必尽废，庶几欧化文明普及全国而无障碍也"。如今正是由于"欧化主义太浅"，"故教育之成效甚微，而百凡政事皆含有朽败之性质"③。因此，"维新国学之谈，宜倡于异时进化之后，不宜于欧化主义并现于斯时"，且"欧化主义"当不止于物质，而须进于形上之学。董寿慈除了提倡欧化应先于"保存国粹"之外，还打破了中西学术的体用之界，在肯定

---

① 盛邦和：《文化民族主义的三大理论——民族史学的视野》，《江苏社会科学》2003 年第 4 期，第 149 页。

② 黄节：《国粹学报叙》，《国粹学报》第 1 年第 1 号，1905 年 2 月，第 3 页。

③ 董寿慈：《论欧化主义》，《寰球中国学生报》第 4 期，1907 年 3 月，第 23～24 页。

中学价值的基础上谈欧化，认为西方学术的形而上将有助于国学的自我更新。

1906 年，蓝公武尝试引入新的"形而上学"概念接榫国粹与欧化。"形而上学"在近代中国是一个颇为混淆的词语，早期译者借用传统的"道""器"之辨，将精神科学称为"形而上学"，与之相对的是形而下的物质科学。形上/形下的具体内涵与名称往往不确定，如翻译过来的边沁学说分"科学"为数学与其他学，其他学大别为二：一曰形而下学（自然科学），一曰形而上学（精神科学）。形而上学又可分为思想学与感情学，名学、言语学归于思想学，审美学与伦理学归于感情学。① 章太炎叙述西学发展过程时说，欧洲中世纪的学术渐有形上、形下二途，政事、法律不可比于形下，于是西学分成"说原理者为一族，治物质者为一族，极人事者为一族"，而哲学为众学之所归。② 但无论如何区分，都是在二元格局下的理解与诠释。

蓝公武对此约定俗成的看法持有异议，他说日人译 metaphysics 为"形而上学"，为推究实在原理之学，"实在者，离一切形而求一切形之根本者也"。而"世之所谓形而上学者，举凡历史、政治学等，悉以名之，是实大误，盖此等科学其所论，均就事实而求其法则，事实即形也"。中国道德文章虽绰然自高，但非今日之"科学"。"科学"者，"就所有之对象而推其原，究其理，以求其大公之律者也。其组织也有系统，其立论也有法则，绳于名学，而复远涉各科，或取或与"。他以伦理学为例，论证中国无"科学"。原因之一在于中国伦理学无系统。"我国伦理学说，于行敦行立身之道，论之固无遗矣。惜止揭大纲，于原理雅不推参……但论其然，而不论其所以然，可以意得，而不可以言传，又于心理之学，言之多谬，此所以尚未能成为科学也。"其二，中国伦理学无进化。泰西伦理思想之变迁，"是以代有进步，以抵于今。而我国学说则以道德为一成不变，与天地同始终，律以科学，事适相反。盖社会乃有生之物，发展变迁，势不容己，则生存其中者，自亦不能不与之俱进。有不能进者，势必劣败。……斯乃天演之公例，莫能够外此者也"③。换言之，国粹既不是

---

① 　泽群：《法言》，《牖报》第 7 期，1907 年 11 月，第 52 页。
② 　太炎：《规新世纪》，《民报》第 24 期，1908 年 10 月，第 42 页。
③ 　〔德〕包尔城：《包氏伦理学》，美坚尔兰英译，蓝公武重译，《学报》第 1 年第 9 号，1908 年 2 月，文页第 1～3 页。

西方所谓的"形而上学"，也不是他们所说的"科学"，仅仅是道德文章，而不足以称为"学"，由此否定传统在形而上所具有的价值。即便如此，作者也没有完全否定国粹的存在。

20世纪初，国粹与欧化之所以成为时代主题，乃是两种思潮在日本形成的争论直接映射到中国思想界，衍生为本土语境下的新议题的结果。日本从欧化到国粹有着自身的发展时序，当二者并出于中国时，国人试图兼而得之。大部分学人还是愿意相信国粹的客观存在，其内部差别主要体现在对"欧化"的范围与程度的把握。国粹派限定欧化于物质科学，欧化者认为应包括物质文明与精神文明全体。如果把"科学"理解为一个宽泛的学术整体，他们都希望在"科学"的范围内，通过形上/形下的调节妥善安置中西学术。但他们的思想各有侧重。"保存国粹"者抱残守缺，承认却漠视中学在物质科学方面的缺失，极力渲染传统学术在精神层面的地位与价值，使得中学走向民族主义的文化本位，"科学"概念与物质科学本体相疏离，中学"科学化"在学术上徒存分科形式，在精神上化约为天演竞争的革命动力。提倡欧化者，虽然不全然反对国粹，但多将中学视作道德成说，而不具备"科学"资格；"科学"本身往往被具化为各种欧化主义思潮，与传统思想在形而上的层面相克相济，也较少落实到学术根本。最终，在国粹与欧化的论争中，"科学"被定格在了意识形态的层面上，物质科学反而被忽略。

2. 国粹"非科学"

对于以上诸种调和思想，"新世纪"派①根本鄙弃之。吴稚晖说"东方学者之意中，视物质与名理，每有形上形下之分"，"以科学之物质为形下，而以修己治人之方为形上，上下之名，由轻重而得，因而有贵贱之分，遂成修学上之谬点。殊不知物质与名理，止足以言表里，决不能分上下。理学至隐，必藉质学显之。故科学之名词不专属于物质，其表则名数质力，其里则道德仁义。凡悬想者为哲理，而证实者乃科学。道德仁义，不合乎名数质力者为悬想，以名数质力理董之者，是为科学。故自科学既

---

① "新世纪"派是指在法国巴黎创办《新世纪》周刊的一些留学生所形成的无政府主义派别，主要包括李石曾、吴稚晖、褚民谊、张静江等人。《新世纪》为同人刊物，作者皆用笔名，文中不特别加以甄别。

兴，以声光电化之质力，遂至名数益精。名数益精，而心理计学之类，成为专科者，其理道之深微，皆用尺度表显，岂如古世希腊诸贤，及我春秋战国老孔庄墨之徒，以及禅学之经典，仅有无理统之悬想，所可同日语乎?"① 至此，"道德仁义"的层面也被"科学"所占据，国粹自然没有存在的必要了。

在"新世纪"派眼中，国粹"非科学"已不足而论，他们要证明的是国粹已沦落为野蛮中国的护符，当根本废弃之、革命之，而他们所持的理论武器依然是"科学"概念。"新世纪"派的"科学"定义多从自然科学而来，其必须是实验的、有效的、追求真理的系统理论。如谓"今日之真理，皆本于科学之实验，取其较近真者以断言。夫于繁变纷颐之中，定之为界说，而无不信其例，析之为微点，而无不同之性。此发明一科之学者，非可求之人人，然惟证实于力数质性以为言，而不假一毫之悬想"②。"所贵乎科学者，阐明奇奥精确之理，以显妙能敏捷之用。以之研究，则增人智识，发达思想，以之实行，则省时省力，奏奇妙功。故科学未发明以前，世界所经营，皆愚笨单简，科学既发明以后，万象一新。"③ 但是，他们并没有投身到自然科学的研究当中去，而是运用"科学"概念构建起新的宇宙观、世界观，以表达他们对于宗教、道德、学术以及种种人类社会现象的思考。④

"新世纪"派论证方式的一大特点在于"科学"必与"公理"相连用，"科学公理"必以革命为落点。如谓"科学公理之发明，革命风潮之澎涨，实十九、二十世纪人类之特色也。此二者相乘相因，以行社会进化之公理。盖公理即革命所欲达之目的，而革命为求公理之作用。故舍公理无所谓为革命，舍革命无法以伸公理"⑤。革命的目标锁定在"迷信"与"强权"，"于宗教中，用祸福毁誉之迷信，行思想之强权。于政治中，用伪道德之迷信，行长上之强权。于家庭中，兼用以上之两种迷信，行两种

① 燃:《书〈神州日报〉〈东学西渐〉篇后》，张枬、王忍之编《辛亥革命前十年间时论选集》第3卷，第476页。
② 《人类原始说》，《新世纪》第39号，1908年3月，第3页。
③ 民:《金钱》，张枬、王忍之编《辛亥革命前十年间时论选集》第2卷下册，第988页。
④ 〔美〕郭颖颐:《中国现代思想中的唯科学主义1900～1950》，江苏人民出版社，1998，第28页。
⑤ 《新世纪之革命》，张枬、王忍之编《辛亥革命前十年间时论选集》第2卷下册，第976页。

之强权"①。在这样的思维方式下，其学术主张无不弥漫着强烈的革命气息。

"新世纪"派把学术分为"科学"与"非科学"两种，纯科学和论理学是"科学"，政法与文学均为"非科学"。由于"科学"为正当之学，不外乎真理，故各国的科学无异，可谓之"公学"。反之，政法与文学随国而异，只可谓"私学"。"私学"怀偏小之见，必主保国粹，亦可为"旧学"；反之，传达了科学公理的学术即为"新学"。新旧世纪，"科学无所异，惟政法与自由主义成反比例，一阻科学公例之实行，一助科学公例之实行"，其公式为"科学 + 政法道德 =（科 + 政）即自私之科学"；"自私之科学 + 至公主义 =（科 + 公）即至公的科学"。② 同理，由于"科学"为求真理，学术亦可分为"真学"与"伪学"。有裨于人类进化，倡明公理者都是"真学"，它包括真理与实艺，如算学、理化、博物、人学、社会学、实业、医术与工艺；"伪学"包括政法、伪道德与宗教。③ 由此推演，学术的"科学"与"非科学"便转化为公/私、新/旧、真/伪之间的截然两立，学术上的是非判断转换为价值上的优劣裁决。于是，一国之学既然为"私学"，必然就是"伪学""旧学""非科学"，须加以革命之。"苟其不进，或进而缓者，于人则谓之病，与事则谓之弊。夫病与弊皆人所欲革之者，革病与弊无他，即所谓革命也。革命即革去阻进化者也，故革命亦即求进化而已。"④ 由是，中西学术从空间差别转化为进化/落后的不可逆转的时间上的差别。

按照"新世纪"派的学术标准，国粹无非就是过去的学问，应毫无疑问地列入被革命的行列。他们梳理中国学术，谓"若周秦之学术，两汉之政治，宋明之理学，皆可超越一世，极历史之伟观，较诸希腊罗马未或下也"；迨及物质文明发明后，若指南针、经纬度、印刷器、火药、瓷器等，则大裨于世界文明。但是，"当万事以进化为衡之世，是种种者当在淘汰之列。其补助于社会文明之功，已属过去之陈迹。其所产生之新文明，已历历然现诸面前"。而现世"未有不以新产生者为模范，而仍以未发生新

① 真：《祖宗革命》，张枬、王忍之编《辛亥革命前十年间时论选集》第 2 卷下册，第 978 页。
② 真：《谈学》，《新世纪》第 7 号，1907 年 8 月，第 2 页。
③ 真：《谈学》，《新世纪》第 21 号，1907 年 11 月，第 3~4 页。
④ 真：《进化与革命》，张枬、王忍之编《辛亥革命前十年间时论选集》第 2 卷下册，第 1041 页。

文明以前之旧模型为师法者也"。由是，世人所谓国粹，"尤当早于今日陈诸博物馆，是诚保守之上策，亦尊重祖先之大道也"①。此说还算中肯，并不极端的高凤谦也认为禁用新名词与设立存古学堂以保旧学均不可行，保存的唯一办法是设立图书馆。② 虽然尚存崇古之心，但事实上已视国粹为明日黄花。

但是，当吴稚晖提出"中国当废汉文而用万国新语"等极端之语时，立即招致章太炎的强烈不满，斥其说为"便俗为功"，"庋匦从事"，"既远人情，亦自相抵括"。"万国新语"上不足以明学术，下不足以道情志，论者是以"除旧布新为号，岂其智有未喻，亦骛名而不求实之过"③。吴稚晖通过对"粹"字的"科学"考证予以还击，"所谓粹者，当指道理之精确，未能为后世学说所非难者而言。如有此种精确之道理，不拘用何种文字，皆可记述，不必保之以中国文。故粹字上加一国字，实为不通之谬名词。如其此种道理，在中国文字记载之中，则为至精，若质之于世界之新学说，早已显其谬误，如此而曰国粹，分明以此为野蛮国学说之最精粹者"④，从而绝对否定了"一国之粹"存在的合法性。

然后，吴稚晖利用"科学公理"的齐一性来证明中国文字在情志和学术两方面不足为用。"科学中之理数，向之不齐一，今以兆分一秒之一，亿分一秒之一，假定一数，强称齐一，为便于学理及民用者。其繁颐万万有过作者所举声纽之粗简，尚能理而董之，何况语言文字，止为理道之筌蹄，象数之符号乎？"今日的"语言文字者，相互之具也，果所谓语言或文字者，能得相互之效用，或为相互所不可缺，自必见采于统一时之同意"⑤。至于中国的旧文字，不论其为美术之文或是办事之文，皆有废除的必要。因为文学上的汉文如果具有美术价值，必是由于其内部被赋予了种性，而后充溢于一种族所创造的文字，"故欲保持何种民族之种性，必先保持其美术"。美术之文无疑是"私学"的表达形式，与"科学公理"

---

① 反：《国粹之处分》，张枏、王忍之编《辛亥革命前十年间时论选集》第 3 卷，第 192~193 页。
② 高凤谦：《论保存国粹》，《教育杂志》第 1 年第 7 期，1909 年 8 月，第 81 页。
③ 章太炎：《驳中国用万国新语说》，《章太炎全集》第 4 卷，第 344 页。
④ 《续废除汉文议》，《新世纪》第 71 号，1908 年 10 月，第 12 页。
⑤ 燃料：《书〈驳中国用万国新语说〉后》，张枏、王忍之编《辛亥革命前十年间时论选集》第 3 卷，第 209~210 页。

相违背，为达"公学"境地，必当先废除代表种性的文字，杂糅世界先进的文字，"共成世界之新文学，以造世界之新种性"。同理，中国的办事之文已为陈迹，"徒留一劣感情于自己种族之间"，国文所载学说不过是"有国界之自私自利者，不足深辨"①。而万国新语对于新理新器均能析其类例，予以确当名词，用精确的理数，使名词区域的大小、意趣的深浅密合而同一。而且，国粹不但为旧、为私，亦为伪，如"浮泛之周秦诸子，及迷谬之佛经与悬想之西儒，皆不合于科学之定理者而言"，为"非用"，为"废物"。② 概而言之，在无政府主义者的理想中，大同世界本当一切为公，这是由"科学公理"衍生出的世界齐一。但是，表象的齐一隐藏的是绝对的不公，在单一向度的进化轨道上，中国将永远是落后的，中国学术只可能是被整齐的对象。

章太炎的"不齐而齐"的"齐物论"显然与"新世纪"派的齐一论背道而驰，他同样通过追究"科学"定义论证观点。他说"科学"概念非常宽泛，"新世纪"派所谓的绝对真理并不存在。原因之一，"科学"不过是专门领域的研究范围，有可能是"浮泛"的。世间"万状之纷纭，固非科学所能尽理"，"往世经验不周，物情未效，中外诸圣哲所说诚有粗疏者，于大体固无害。今夫迷谬云者，谓本非而强执为是，如名家言白狗黑犬可以为羊是也"。其二，"科学"有可能是"悬想"的。世间是非的有无，非"科学"所能证明，"科学者，特以此是非有无之范畴，应用之于名相"。物质世界"在五根感觉以外，虽仪器且无自窥知，何所经验而说为有？""是诸物质皆超绝经验界，独以意想推校得之，独非悬想耶？"其三，科学自有"迷谬"。如生物学与宇宙学中许多无经验的推断都是有学无术，可以求是，不可以致用。"科学之始，亦纯为物理学耳，久之，其术渐开则始有应用者，然无用者犹众。""治科学者，本以求是，虽无用亦推之。"③ 由上可知，章太炎的"科学"认识是超验的，其范围界定在物质世界。物质世界是无限的，人的认知能力却是有限的，因此"科学"只能是局部的、片段的、相对的。

基于此，章太炎明确地指出无政府主义者的归趣在于人事，不过借

---

① 《续废除汉文议》，《新世纪》第 71 号，1908 年 10 月，第 13～14 页。
② 燃料：《书排满平议后》，《新世纪》第 57 号，1908 年 7 月，第 10 页。
③ 太炎：《规新世纪》，《民报》第 24 期，1908 年 10 月，第 43～45 页。

"科学"以成其说。在他看来，既然物质世界都不能完全感知，变幻的人事界更加难以捉摸。"人事本由情智接构以成形，能转变不可豫规，非如动植物之任其本能，无生物之动由机制，夫未来既不知，过去又少成例，乃借他物异事以相比况，其差跌当不止千万。然则无政府主义本与科学异流，亦与哲学异流，不容假借其名以自尊宠。"他引用"远西诸学说"，认为学术中只有"数学、力学坚定不可磨己，施于无生物学，其次也；施于动植物之学，又其次也；施于生物心理之学，又其次也；施于社交之学，殆十得三四耳。盖愈远于人事者，经验既多，其规则又无变，而治之者本无爱憎之念存其间，故所说多能密合；愈近于人事者，其经验既少，其规则复难齐一，而治之者加以爱憎之见，则密术寡而罅漏多"①。因此，"今人以为神圣不可以侵犯者，一曰公理，二曰进化，三曰惟物，四曰自然"，不过是附丽于"科学"之上的虚妄，而国中"有如其实而强施者，有非其实而谬托者。要之，皆眩惑失情，不由诚谛"②。于是，在不同的"科学"标准之下，国粹在"新世纪"派眼中"非科学"，在章太炎看来，国粹也未必一定要跻身于"科学"，以有限的"科学"判定无限的人事界的是非无异于缘木求鱼。如果仅将心界的认识以应用计，将学术的求实与致用齐一，以此来衡量国粹的价值，那不过是功利主义者的偏见，"保存国粹，激动种性"才是它最大的"无用之用"。

在近代中国的救亡语境下，任何形式的学术改造似乎都被蒙上了功利主义色彩，能够如王国维那样少谈或是不谈政治的"悦学"者几乎绝无仅有。此一时期，"科学"概念走向形而上，一方面表明在"科学时代"的进化大潮下，各种学术政治主张不过是进化前提下的思想错落；另一方面表明，国人面对时代的挑战习惯性地以思想精神相应对，那些局部的、片段的、相对的学术研究反被置于形而下，显得越发无用，国人在不知不觉中走回了道德决定论的老路上。

第三节　　"科学"的限度与道德调适

在中学"科学化"之初，国人不免对其生出许多期待，希望通过学术

---

① 太炎：《规新世纪》，《民报》第 24 期，1908 年 10 月，第 45～46 页。
② 章太炎：《四惑论》，《章太炎全集》第 4 卷，第 443 页。

转型，使中国人的精神面貌焕然一新。虽然各家理论源头不同，但对于"科学"将会引发社会的整体变革都保持了相当的信心。但是，1904 年前后，以"科学"为载体的新学术似乎日不敷用，国人不得不在"科学"之外，寻求更为有效的思想资源。道德救国几乎成为时人共鹄，但各种道德主张又在"科学"的涂抹下显得与往昔不同。

1. "为学日益，为道日损"

1902 年笃信"新学术"能够"新道德"的梁启超在 1904 年主张大变，他开始反思旧日言论，"吾畴昔以为中国之旧道德，恐不足以范围今后之人心也，而渴望发明一新道德以补助之，由今以思，此直理想之言，而决非今日可以见诸实际者也"①。令梁启超思想转变的原因，一是 1903 年梁启超的美国之行。旅美期间，他亲身感受到美国的兴旺发达，但也看到工业发达后带来的种种社会问题，"近世之文明国，皆以人为机器，且以人为机器之奴隶者也"②。但更主要的是国内革命情绪的日益高涨使他担忧。③

早在最激烈的《新民说》发表的前期，梁启超的思想中已经存在调适的潜在因素，诸多细节显示了他对于进化论的警惕。他曾著《西村博士自识录》比较东西学术，认为泰东学说多散漫无统纪，乃无主义之失；泰西学说皆有一定主义，无散漫之患，但往往不免拘泥于主义之失。持进化论者、持唯物论者、持唯心论者，都欲据各自之理"以尽世界万事万物"，但"宇宙之事物，虽因一元气之运动，然非必囿于一规则之中者也。进化者固多，而退缩者亦未尝无，凡物有以质为根者，亦有以灵为根者。学者苟先画一定义于己之胸中，而欲强世界之大现象大变化以悉从我，是大不可也"④。文中摘录的是日本学者对于西方学术的反思，在梁启超从欧洲返日后，日渐体会到以上言论的确实。

从 1902 年的《释革》到 1904 年的《中国革命历史之研究》，显示出

---

① 梁启超：《新民说：论私德》，《饮冰室合集·专集之四》，第 131 页。
② 梁启超：《新大陆游记节录》，《饮冰室合集·专集之二十二》，第 40 页。
③ 〔日〕狭间直树：《〈新民说〉略论》，狭间直树编《梁启超·明治日本·西方：日本京都大学人文科学研究所共同研究报告》，第 88 页。
④ 梁启超：《西村博士自识录》，夏晓虹辑《〈饮冰室合集〉集外文》上册，第 129 页。

梁启超在革命问题上费尽心思，"其保守性与进取性常交战于胸中，随感情而发，所执往往前后相矛盾"①。他意识到革命几乎与进化同义，中国有不得不革命的理由，却也有使得他不得不放弃革命的社会现状。② 不过，放弃革命并不意味着在进化潮流中全身而退，此时的梁启超试图通过修正道德理论寻找更为合适的进化方式。

虽然依然在公德/私德的二元结构当中，但梁启超已开始努力模糊二者之间的界限。他说："公云私云，不过假立之一名词，以为体验践履之法门。就泛义言之，则德一而已，无所谓公私。""公德者，私德之推也。知私德而不知公德，所缺者只在一推；蔑私德而谬托公德，则并所以推之具而不存也。故养成私德，而德育之事思过半焉矣。"③ 此话一改过去对公德不遗余力的推崇，私德的分量陡然上升。至于中国私德堕落的原因，除了政治、生计等因素，梁启超认为尚有一至为重要的原因，即"学术匡救之无力也"。他说，有清二百年道德与学术之关系姑且勿论，仅"五年以来，海外之新思想"却如江南之橘，逾淮为枳，反被利用，"以最新最有力之学理，缘附其所近受远受之恶性恶习，拥护而灌溉之"，其恐后此"欧学时代"，堕落之道德如洪水猛兽般不可遏止。④ 梁启超此说又一改其学术进、道德亦进的逻辑顺序，"以为学识之开通，运动之预备，皆其余事，而惟道德为之师。无道德观念以相处，则两人且不能为群，而更何事之可图也？"⑤ 当梁启超意识到，无道德维系之学术不足以匡世时，学术的力量在梁启超的心目中已大不如前，知识与道德之间的主从关系得以更易。

不仅如此，梁启超进而论证道德与学术根本就是二途。他说昔日所谓的新道德，如"梭格拉底、柏拉图、康德、黑智儿之书"，谓其有"新道德学"可也，谓其有"新道德"则不可，以区区泰西学说欲以一种新道德改变国民，更加无能为力。道德者，行也，非言也，如今提倡的德育混淆了德育与智育的范围，误以为西方伦理学为道德。伦理实则不过一"科学"，"如学理化，学工程，学法律，学生计，以是为增益吾智之一端而

---

① 梁启超：《清代学术概论》，《饮冰室合集·专集之三十四》，第 63 页。
② 桑兵：《庚子勤王与晚清政局》，第 379 页。
③ 梁启超：《新民说：论私德》，《饮冰室合集·专集之四》，第 119 页。
④ 梁启超：《新民说：论私德》，《饮冰室合集·专集之四》，第 126～128 页。
⑤ 梁启超：《新民说：论私德》，《饮冰室合集·专集之四》，第 134 页。

已"①。道德与伦理异，"伦理者或因于时势而稍变其解释，道德则放诸四海而皆准，俟诸百世而不惑者也"，"苟欲言道德也，则其本原出于良心之自由，无古无今无中无外，无不同一，是无有新旧之可云也。苟欲行道德也，则因于社会性质之不同，而各有所受。其先哲之微言，祖宗之芳躅，随此冥然之躯壳，以遗传于我躬，斯乃一社会之所以为养也"。因此，"谓中国言伦理有缺点则可，谓中国言道德有缺点则不可"②。

梁启超并没有全然否定学术与道德的共生性，但认为在中国这个腐败的国度里却不适用，甚至有可能背道而驰。他用"为学日益，为道日损"概括了中国学术与道德发展的相反向度，"学"在他的文字里也表达为"科学""智""智育"等与知识相关的字眼。他说："泰西之民，其智与德之进步为正比例，泰东之民，其智与德之进步为反比例。今日中国之现象，其月晕础润之几既动矣，若是乎则智育将为德育之蠹，而名德育而实智育者，益且为德育之障也。以智育蠹德育，而天下将病智育，以'智育的德育'障德育，而天下将并病德育。此宁细故耶？有志救世者，于德育之界说，不可不深长思矣。"在他看来，德育之界不过是"择古人一二语之足以针砭我而夹辅我者，则终身由之不能尽，而吾安身立命之大原在是矣"③，此时的梁启超与1902年的陈黻宸几乎没有了差别。梁启超的《论私德》一经发表，就有人表示失望。《大陆报》登文大肆批驳梁启超言论之反复、之轻薄，认为其言论将流毒于社会。④也有人对梁启超的转变表示理解，接受了道德、学说的二分法。他们承认道德是超越时间与地域的意识形态，"学说虽有东西之分，道德无善恶良否之辨，东西之不同不在道德之不同，而在习惯风俗人情俗尚之殊异"⑤。

自1904年以后，梁启超一直寻求道德救国，在学术与道德的天平上，学术正逐渐演变成道德的附庸，"科学"的意义也在悄然发生变化。1905年，梁启超再论"科学"时，对于"科学"的态度颇为消极。他认为面对无涯的"科学"，有涯之人生非常渺小，穷极一生所能得到的仅仅是

---

① 梁启超：《新民说：论私德》，《饮冰室合集·专集之四》，第136页。
② 梁启超：《新民说：论私德》，《饮冰室合集·专集之四》，第131～132页。
③ 梁启超：《新民说：论私德》，《饮冰室合集·专集之四》，第137页。
④ 《异哉新民之宗旨》，《大陆报》第2年第1号，1904年3月，第92页。
⑤ 《江苏人之道德问题》，《江苏》第9、10合本，1904年3月，第6页。

"科学"的旁枝末节，如果不得其法，非但于"科学"无补，反倒误其身心。如谓"科学者无穷尽者也，故以奈端之慧，其易箦时。乃言学问如洋海，吾所得者仅海岸之小砂小石"，"欲以一人之精力，而总有洋海全部之智识，此固必不可得之数"。而"吾侪生于今日，社会事物，日以复杂；各种科学，皆有为吾侪所万不可不从事者。然则此有限之日力，其能划取之以为学道之用者，校诸古人，抑已寡矣。今若不为简易直切之法门以导之，无论学者厌其难而不肯从事也。即勉而循焉，正恐其太废科学，而阔于世用，反为不学者所藉口"①。简言之，由于"科学"无穷、繁难与支离，耗时太多又不可不学，在有限的时间里，为道之法至少应该是简单、系统、易行的。

梁启超最为推崇的是王学。② 1902 年，在日本学者的影响下，梁启超重新关注王学，称其为哲学当中的"唯心派"，"实宗教最上乘"，兼具哲学之正信与宗教之道德。虽然此学非宗教，却能行宗教之用，成就日本的维新之治。③ 1904 年，梁启超相继发表《论私德》《节本明儒学案》《德育鉴》等著作，阐明王学的道德之用。他借用陆子之言对比阳明道德学与"科学"的殊异，谓其"易简工夫终久大，支离事业竟浮沉"④，朱子学被拿来作为比对的中介物。1902 年，梁启超论朱子之失在于未至"科学"之境而斤斤于心性空谈。⑤ 如今，则说朱子的观点与培根的归纳论理学颇为相似，以之作为研究"科学"的一个法门可也，但在"科学"之上，不可不更有身心之学以为本原。"朱子之大失，则误以智育之方法，为德育之方法，而不知两者之界说，适成反比例，而丝毫不容混也。"⑥ 朱子学形象的变化其实体现出梁启超关注重点的转移，倾心"科学"之时，朱子学显得不够"科学"；心慕王学之日，朱子学又因偏向于"科学"，而不能称"道学"。

---

① 梁启超：《德育鉴》，《饮冰室合集·专集之二十六》，第 23～24 页。
② 关于梁启超论王学之关系，可见吴义雄《王学与梁启超新民学说的演变》，《中山大学学报》（社会科学版）2004 年第 1 期，第 62～70 页；黄克武《梁启超与儒家传统：以清末王学为中心之考察》，《历史教学》2004 年第 3 期，第 18～23 页。
③ 梁启超：《论宗教家与哲学家之长短得失》，《饮冰室合集·文集之九》，第 46 页。
④ 梁启超：《德育鉴》，《饮冰室合集·专集之二十六》，第 23 页。
⑤ 梁启超：《近世文明初祖二大家之学说》，《饮冰室合集·文集之十三》，第 4 页。
⑥ 梁启超：《德育鉴》，《饮冰室合集·专集之二十六》，第 23 页。

当然，梁启超并没有因此否定"科学"的进步性，只不过重新界定了"科学"与道德的关系，称"日益者谓之科学，日损者谓之道学"。他定义"道学者，受用之学也，自得而无待于外者也，通古今中外而无二者也；科学者，应用之学也，借辩论积累而始成者也，随社会文明程度而进化者也"。"科学"大别为二，有"物的科学"与"心的科学"。若哲学、伦理学、心理学皆属于"心的科学"，"今世东西诸国，其关于此类之书，亦汗牛充栋，要之皆属于科学之范围，不属于道学之范围"，"此类书非可不读。然读之只有裨于智育，无裨于德育，亦不过与理化、算术、法律、经济诸科占同等之位置而已"。明儒学说也可分为"科学"与"道学"两端，其言治心治身之道备矣，学说中关于"心理也，气也，性也，命也，太极也，阴阳也，或持造物之原理，或语心体之现象，凡此皆所谓心的科学也"。如按照"为学日益"的标准，其与泰西最新学说相比，诸儒所言如昨日之刍狗，"故以读科学书之心眼以读宋明语录，直谓之无一毫价值可也"①。换言之，明儒学说实由三部分组成——"物的科学"、"心的科学"以及作为"道学"的宋明语录，其价值仅体现在"道学"部分。

几乎在梁启超思想转变的同时，严复也表现出对道德问题的特别关注。一向以智育为先的严复在1906年开始认为中国的德育尤重于智育。他一方面贬低西国的教化风俗，认为"西人所最讲、所最有进步之科，如理化，如算学总而谓之，其属于器者九，而进于道者一"，但"惟器之精，不独利为善者也，而为恶者尤利用之"；另一方面肯定了中国的教化之优，认为中国几千年的天理人伦，"虽其中不敢谓之宇宙真理，不无离合，然其所传，大抵皆本数千年之阅历而立之分例。为国家者，与之同道，则治而昌；与之背驰，则乱而灭"。随即批评"今之少年"无智又无德，"群然怀鄙薄先祖之思"，欲废其旧，而不能立其新，每每"急不暇择，则取剿袭皮毛快意一时之议论"，"取而行之，情见弊生，往往悔之无及"，"则不如一切守其旧者，以为行己与人之大法，五伦之中，孔孟所言，无一可背。……故世界天演，虽极离奇，而不孝、不慈、负君、卖友一切无义男子之所为，终为复载所不容，神人所共疾，此则百世不惑者也"②。

---

① 梁启超：《〈节本明儒学案〉例言》，夏晓虹辑《〈饮冰室合集〉集外文》上册，第286～287页。

② 严复：《论教育与国家之关系》，《严复集》第1册，第166～169页。

　　严复提倡编订小学德育教科书，将孔孟之道施于教育。他说"智育之进步曰殊者也。而德育之事，虽古今用术不同，而其著为科律，所以诏学者，身体而力行者，上下数千年，东西数万里，风尚不齐，举其大经，则一而已"。"故可著诸简编，以为经常之道耳。"①　严复此说与梁启超颇为相似，即认为"科学"之上其实是有不变的道德存在，不分新旧，不分种界。但严复对梁启超崇尚阳明学颇不赞同，其谓"阳明之学，简径捷易，高明往往喜之"，"日本维新数巨公，皆以王学为向导，则于是相与偎尔加崇拜焉"，可阳明学实不得谓之"学"，因"知者，人心之所同具也；理者，必物对待而后形焉者也。是故吾心之所觉，必证诸物之见象，而后得其符"②。可见在关怀道德的同时，严复仍未背离其实证主义立场。

　　与此同时，一些曾经为了寻求格致之"科学"而走出国门的留日学生也纷纷改变了志向。1903 年，《浙江潮》呼吁同乡子弟出洋游学，说"东京多一留学生，即将来建造新中国多一工技师"③，但那些响应号召选择了科技专业的留学生，在新知识的鼓荡下，在日本现实的刺激下，不少人纷纷弃之而去，转在政学与文学上有所发展。④　转变固然由个人的心习所致，但纯粹的科学技术似乎的确无法如形上诸学一样，可以带来思想上的震撼与共鸣。马一浮曾致力于西学，但又悟其专尚知解，无关乎身心受用，最终转向老庄和释氏之学，求安身立命之地。⑤　怀揣梦想赴日学医的鲁迅在不久以后便觉得医学并非一件紧要事，"凡是愚弱的国民，即使体格如何健全，如何茁壮，也只能做毫无意义的示众的材料和看客，病死多少是不必以为不幸的。所以我们的第一要著，是在改变他们的精神，而善于改变精神的是，我那时以为当然要推文艺，于是想提倡文艺运动了"⑥。根据张君劢的回忆，当时求学问不是以学问为终生之业，而是为了救国。他从理化转到政治又转到哲学，也是因为"科学"是零碎的，不能解决全

---

①　严复：《论小学教科书亟宜审定》，《严复集》第 1 册，第 199 页。

②　严复：《〈阳明先生集要三种〉序》，《严复集》第 2 册，第 237～238 页。

③　孙江东：《敬上乡先生请令子弟出洋游学并筹集公款派遣学生书》，《浙江潮》第 7 期，1903 年 9 月，第 5 页。

④　参见实藤惠秀的留日学生归国后的统计，在政界与文学界以留日学生为多。见氏著《中国人留学日本史》，第 122～123 页。

⑤　滕复：《马一浮思想研究》，中华书局，2001，第 23 页。

⑥　鲁迅：《自序》，《鲁迅全集》第 1 卷，人民文学出版社，1981，第 416～417 页。

局的问题。① 因此，作为学术的"科学"在救亡语境下日益呈现无用之势，建立在"科学"之上的道德、精神或是哲学因其具有的整体特征而散发出无穷魅力。

2. "俱分进化论"

当梁启超反思"科学"价值时，章太炎正在日本主编《民报》，他一改过去对进化论的崇信，开始尝试"建立宗教"，企图"用宗教发起信心，增进国民的道德"；"用国粹激动种性，增进爱国的热肠"②。"建立"一词的运用颇值得玩味，似乎皈依的诚心少了，取而代之的是别创一格的主观意愿。这预示着其对待宗教的态度不可能是信仰，而是穷则思变的自新探索。

在各式宗教中，章太炎选择了佛教。虽然孔教的优点在于没有"神秘难知的话"，但它最大的污点是"使人不脱离富贵利禄的思想"，孔教因而失"德"断不可用。中国的基督教，其实是伪基督教，不过被一些人借来自命不凡，或是混吃混喝，更或是鱼肉乡愚，而真基督教是"妄谬可笑不合哲学"的，"略有学问思想的人，决定不肯信仰"，因此基督教失"智"亦不可用。"佛教的理论，使上智人不能不信；佛教的戒律，使下愚人不能不信。通彻上下，这是最可用的。"③

佛教之中，章太炎最崇法相宗，因其与"科学"密合。"盖近代学术渐趋实事求是之途，自汉学诸公分析条理，远非明儒所能企及。逮科学萌芽，而用心益复缜密矣，是故法相之学，于明代则不宜，于近代则甚适，由学术所趣然也。"④ 因而，"宗教之高下胜劣，不容先论。要以上不失真，下有益生民之道德为其准的"⑤，以此为衡量，佛教最为适合。章太炎"建立宗教"的目的在于求得"智信"。所谓"智"，虽然包含了唯心的意志论，但不背离"科学"是必要的前提条件；至于"信"，就是建立可信的道德。不过，由此一来，佛法的身份变得颇为尴尬，宗教性与学术性并存于一体，又该如何自洽？章太炎的解释是，"佛法的高处，一方在

---

① 黄克剑、吴小龙：《张君劢集》，群言出版社，1993，第 45 页。
② 太炎：《演说录》，张枏、王忍之编《辛亥革命前十年间时论选集》第 2 卷上册，第 448 页。
③ 太炎：《演说录》，张枏、王忍之编《辛亥革命前十年间时论选集》第 2 卷上册，第 449～450 页。
④ 太炎：《答铁铮》，《章太炎全集》第 4 卷，第 370 页。
⑤ 章太炎：《建立宗教论》，《章太炎全集》第 4 卷，第 408 页。

理论极成，一方在圣智内证"，"与其称为宗教，不如称为'哲学之实证者'"①。对其的崇拜是无神崇拜，就像读书人对孔子、胥吏对萧何、匠人对鲁班一样，"尊其为师，非尊其为鬼神"②。

章太炎强调佛法不违背"科学"，不但顺应了现代知识体系的发展趋势，也迎合了中国无宗教崇拜的传统心理，目的在于扫清障碍以激发革命道德。章太炎说，"所以提倡佛教，为社会道德上起见，固是最要；为我们革命军的道德上起见，亦是最要"③。1906 年，章太炎总结戊戌变法失败以来的经验教训，认为道德的兴衰决定了革命的成败。他对比了从事不同职业的十六类人群，得到的结论是，"第次道德，则自艺士以下，率在道德之域；而通人以上，则多不道德者"，因为"知识愈进，权位愈申，则离于道德也愈远；今日与艺士通人居，必不如与学究居之乐也。与学究居，必不如与农工裨贩坐贾居之乐也。与丁壮有职业者居，必不如与儿童无职业者居之乐也"④。文章中所谓的"通人者，所通多种，若朴学，若理学，若文学，若外学，亦时有兼二者。朴学之士多贪，理学之士多诈，文学之士多淫，至外学则并包而有之。所恃既坚，足以动人，亦各因其时尚以取富贵"⑤。指责"通人率多无行"，无疑是批判知识越多越无德。章太炎认为由于是读书人构成革命的主力，"现在的革命"亦可称为"秀才造反"，参加革命的"学界中人"虽然略有学识，但志气下劣，自信心薄弱，反不如强盗结义显得有力。⑥ "用宗教发起信心"是针对有知识的革命者而言的，知识与道德的关系再一次成为章太炎的讨论议题。

之后，章太炎提出"俱分进化论"，对知识与道德的关系做出哲学上的解释。他认为，西方的生存竞争理论只可谓知识的进化，却不能使人类达到尽善尽美之境，"吾不谓进化之说非也"，"若云进化终极，必能达于尽美醇善之区，则随举一事，无不可以反唇相稽"。"进化之所以为进化

---

① 章太炎：《论佛法与宗教、哲学以及现实之关系》，姜玢编选《革故鼎新的哲理：章太炎文选》，上海远东出版社，1996，第 399 页。
② 章太炎：《建立宗教论》，《章太炎全集》第 4 卷，第 416 页。
③ 太炎：《演说录》，张枬、王忍之编《辛亥革命前十年间时论选集》第 2 卷上册，第 452 页。
④ 章太炎：《革命道德说》，《章太炎全集》第 4 卷，第 283 页。
⑤ 章太炎：《革命道德说》，《章太炎全集》第 4 卷，第 281 页。
⑥ 章太炎：《民报一周年纪念会演说辞》，汤志钧编《章太炎政论选集》上册，第 328 页。

者，非由一方直进，而必由双方并进。专举一方，惟言智识进化可尔。若以道德言，则善亦进化，恶亦进化；若以生计言，则乐亦进化，苦亦进化。"① 人世间本是善与恶、苦与乐相伴相随的混沌世界，那些"望进化者，其迷与求神仙无异。今自微生以至人类，进化惟在智识，而道德乃日见其反。张进化愈甚，好胜之心愈甚，而杀亦愈甚。纵令进化至千百世后，知识慧了，或倍蓰于今人，而杀心方日见其炽，所以者何？我见愈盛故"②。沉迷于进化者，最后导致的后果必将是知识越进化，道德越退化。因此，作为知识与道德并不是一对共同进退的整体，提倡"科学"者不一定就是道德高尚者。

　　章太炎曾作《四惑论》遣责那些以"科学"之名行的无耻之举。他说"今人所谓神圣不可干者"有四："公理""进化""惟物""自然"。某些人持公理"皆以己意律人，非人类所公认"；或以"进化为主义"，实以"进化教"强令他人服从；或倡唯物，沾沾于物质科学，而去幸福越来越远；又或是以进化为自然规律，"恶人异己，则以违背自然规则弹人"③。因此，唯有建立宗教，以去四者所障目。"非说无生，则不能去畏死心；非破我所，则不能去拜金心；非谈平等，则不能去奴隶心；非示众生皆佛，则不能去退屈心；非举三轮清净，则不能去德色心。"④ 从而可以摆脱客观世界的束缚，造成"依自不依他"的主观心理。

　　章太炎推崇的"智"几乎可以与实事求是的科学知识等同而论，但科学知识并不等同于"科学"概念。"公理""进化""惟物""自然"四者都是由科学技术发展引申出来的道德观念，是叠加在科学知识之上的意识形态体系，虽不能说它们仅集于"科学"一身，但毫无疑问在"科学"概念的身上四者兼具。章太炎并不反对科学知识，否则不会要求佛法与"科学"密合，他厌憎的只是"科学"的道德化，或是某些人以"科学"为器。章太炎建立"智信"的佛法正是对"科学"泛滥的某种限制，在二者关系中，信仰依靠"科学"而存在，以祛宗教之魅；"科学"依靠信

①　章太炎：《俱分进化论》，《章太炎全集》第4卷，第386页。
②　章太炎：《五无论》，《章太炎全集》第4卷，第442~443页。
③　章太炎：《四惑论》，《章太炎全集》第4卷，第443~457页。
④　章太炎：《建立宗教论》，《章太炎全集》第4卷，第418页。

仰为规矩，防止世道人心如脱缰的野马，无制而坠。

　　其时，章太炎正立足于《民报》与吴稚晖等人的《新世纪》进行笔战，他所谓的"四惑"均是有所针对。当时，在"科学"进路上勇往直前的"新世纪"派宣称"智识以外无道德"①，"居此人境，止有物质；并无物质以外之精神。精神不过从物质凑合而生也"②。他们所谓的智识与道德仅指物质科学，以及建立在物质科学基础之上的科学一元论体系。他们认为"知识既高，道德自不得不高"③，凡是与"科学"进化不相适应的宗教道德学说都必须被铲除，于是学术上的进化/落后转换为道德上的优劣对比。充斥了"公理""进化""惟物""自然"的"科学"标准成为吴稚晖等人耻笑章太炎宗教思想的武器，而章太炎的《四惑论》即是反对"新世纪"派的战斗檄文。

　　章太炎与"新世纪"派都是晚清革命的鼓动者，他们在学术道德上却又是针锋相对的敌人。"新世纪"派提倡以"科学真理"发明"公德心"，章太炎却以为道德无所谓公私，"优于私德者亦必优于公德，薄于私德者亦必薄于公德"④。道德论说上的差异隐含着二者在政治理想上的根本冲突，章太炎的"保存国粹"与"建立宗教"共同指向种族革命；"新世纪"派则希望以共和制度为"过渡物"，最终走向无政府主义的大同世界。⑤ 问题在于，1910年以前，冲突如此之大的道德学说却在暴力革命的旗帜下达到高度统一，章太炎的佛学教义和虚无主义哲学思想给了革命者立志赴死的精神力量，⑥ 无政府主义则为革命提供了理论上的思想武器，⑦无论是"科学"的还是"非科学"的道德都在意识形态上发挥了重要作用。

---

① 前行：《论智识以外无道德》，《新世纪》第79号，1908年12月，第6页。
② 吴稚晖：《与友人论物理世界及不可思议书》，梁冰弦编《吴稚晖学术论著》，出版合作社，1925，第1页。
③ 前行：《论智识以外无道德》，《新世纪》第79号，1908年12月，第6页。
④ 章太炎：《革命道德说》，《章太炎全集》第4卷，第279页。
⑤ 〔韩〕曹世铉：《20世纪初的"反对国粹"和"保存国粹"——以吴稚晖、刘师培两人为中心》，《文史知识》1999年第11期，第117页。
⑥ 严昌洪：《辛亥革命中的暗杀活动及其评价》，《纪念辛亥革命七十周年学术讨论会论文集》（上），中华书局，1981，第779页。
⑦ 牛贯杰：《试论清末革命党人政治暗杀活动的文化根源》，《燕山大学学报》（哲学社会科学版）2002年第4期，第68页。

1904 年以后，学战思想渐渐退潮，革命党组织的武装斗争此起彼伏，康、梁等人则积极投身于预备立宪，革命与改良遂成水火不容之势。但是，分属不同阵营的章、梁、严等人，在他们的学术道德学说中，却又存在某些共性。从表面上看，章太炎提倡建立宗教，梁启超心慕王学，严复复归孔孟，对于"科学"与道德关系的诠释也存在差异。可是在共同的救亡语境之下，他们挽救民族危亡的良苦用心是一致的，而且都认为作为学术的"科学"始终存在于形而下层面，如要根本解决中国问题，还需另择形而上的道德资源。

严、梁从传统中寻求道德资源，教化的目标都是针对"今之少年"。[①]他们的思想体现出调适倾向，是为了与当时主张激烈变革的暴力革命思想相抗衡。但是，他们始终承认进化的"科学"体系客观存在，也认为中国寻求变革的步伐无法阻挡，因而提倡"渐变"的改良。既然是"渐变"，就必须在"变"与"不变"之间做出理性区分。严、梁基本上继承了中国传统的"道器"观念，判定道德与科学知识分属于形上/形下，且有高下之别。在此基础上，梁启超进一步割裂传统的道德体系，将其区分为伦理与道德，作为学术的伦理将会与时俱进，道德则放诸四海而皆准，将会亘古不变。民国初年，梁启超打破道德的公私之界，将道德分为本原与具象，大体不离"可变"与"不变"的立论基础。[②]梁启超的道德言说不但修正了传统的"天不变，道亦不变"的道德观念，同时也是对激进的道德革命论的纠偏。严复肯定了"科学"之上确有不变的道德存在，但他认为此"道"存于"经"，[③]并不认同梁启超崇尚王学，因其近乎宗教。

相比之下，在章太炎的思想中，"科学"与道德始终是两条纠缠不清的曲线，其内部的紧张远远大于它们之间的依存。其中不但纠结着宗教与科学的对立，也混杂着道德的进步与退化的矛盾。章太炎改造佛法是为了建立革命的道德，鼓动革命者的斗争激情，其目的与严、梁二人截然相反。他主观上将"科学"范围局限于自然科学与应用科学，对于因物质科学的蔓延而催生出的诸如"公理""进化""惟物""自然"等社会特性

---

① 严复：《论教育与国家之关系》，《严复集》第 1 册，第 168 页。
② 梁启超：《中国道德之大原》，《饮冰室合集·文集之二十八》，第 13～14 页。
③ 严复：《论小学教科书亟宜审定》，《严复集》第 1 册，第 199～202 页。

充满焦虑。但吊诡的是，章太炎依然选择了以"俱分进化"作为思想道德的主题，尽管内部不乏对进化论的检讨，但其"善恶俱进"的分说，依然可以看作对进化论的某种迎合。如果说梁启超将在纵向上将道德整体分割为道德/伦理，以迎合进化，章太炎就是将道德整体横向分割为善/恶以就进化。这足以说明，在近代中国，无论学人对于"科学"的主观态度是迎还是拒，他们都已经认同世界进化的客观存在，也就是承认了中国落后的残酷事实。

但是，进化仅是"科学"概念的一个面相，对于其带来的其他方面的冲击，各人的感受是不同的。让梁、严焦虑的是激进，让章太炎鄙视的是"无信"，各种道德救国的主张都是对因科学进化而产生的流弊的纠偏与扬弃。这种是拒还迎的态度，一方面显示中国的学术思想陷入了不能不进，又不能全进的两难；另一方面也表明面对西学，虽然被动，但国人从未放弃自己的选择权利。近代学人通过解构传统接轨"科学"，通过解构"科学"保留传统，努力在中/西二元结构的语境下寻找进化与守成的平衡点。因此，在近代中国将中西思想截然两分的绝少，大多数人还是在调适的道路上踌躇前行。

但是，对于章太炎的苦衷，其时并没有多少人了解。鲁迅回忆说，章太炎主编《民报》期间，令他神往的并不是佛法，或是"俱分进化论"，而是与梁启超、吴稚晖、蓝公武等人的斗争。[1] 章太炎与蓝公武之间的争执多少也与"科学"概念的理解有关。1906 年，蓝公武在《教育》月刊第一期上评价章太炎的"俱分进化论"虽有精义，但"第著者不知科学，于哲学亦所未明，见解既误，立言自谬"[2]。稍后章太炎作《与人书》以回应，[3] 蓝公武与冯世德在《教育》第二期再次申辩。

当时年仅 19 岁的蓝公武正与冯世德、张东荪在日本东京组织爱智会，"专以提倡国人学问为务，并欲会合东西哲人，共研究宇宙究竟、人生究竟二大问题，以增进世运。划除俗污，俾大地山河，得光明庄严"[4]。该

---

[1]　鲁迅：《关于太炎先生二三事》，陈平原、杜玲玲编《追忆章太炎》，中国广播电视出版社，1997，第 48 页。

[2]　蓝公武：《"俱分进化"论》，《教育》第 1 年第 1 号，1906 年 11 月。

[3]　章太炎：《与人书》，朱维铮、姜义华等编注《章太炎选集》（注释本），上海人民出版社，1981，第 417～426 页。

[4]　《爱智会之成立》，《教育》第 1 年第 1 号，1906 年 11 月，第 119 页。

会的宗旨是："涅槃为心，道德为用，学问为器，利他为宗。"① 他们在杂志的发刊词中说，"慨夫世运不进，人间龌龊，机心日甚，公理沦亡。顾视宇内，恶氛弥天，优胜劣败之说，喧腾人口；弱肉强食之事，动触吾目"，故"洗垢穷理，志之所在；扬新阐旧，道之所从。特语言异殊，故首自国文，若融合东西别成新识，则私心之所愿，聊以卜之云尔"②。由此表明他们反对社会进化论，提倡道德救国，手段是教育的而非革命的，即"开民智""臻民品"③。

蓝公武批评章太炎不知道的"科学"特指生物学与心理学。他认为章太炎以虎豹类比人类来言善恶的进退，实属不可思议。虎豹食人而不自残，是因为暴力相等，交接不常，相争事寡，属于生物学的普通知识。④苦乐与善恶有别，苦乐为一切动物所共有，善恶唯人类独有。人心的善恶属于心理学的范畴。心理学以人类为研究对象，而道德为研究之一端。道德为人类所独有，以理性为前提。章太炎模糊了生物学与心理学的界限，混淆了人兽之别。⑤

其实，《教育》同人所持的"科学"概念与章太炎没有大的不同。他们认为"良以知识不同，种类各异，自不得不为研究之方便计，区分门类，实职是故。若合成一圆满真理，必俟诸异日。是故暂名为科学者，以研究之便耳，其意在勿使之涣散而难精究，任人之好，选择自由，得专一而精，不致多而无功也"。"各科学诠其所诠，而玄理微义，则一归之哲学。"⑥ 或曰"科学"只是学术分业的便利所在，不以绝对真理为鹄的，不存在章太炎憎恶的"公理""进化""惟物""自然"等附加性质。他们同样怀疑唯物主义的绝对性，认为"一切科学虽渐趋于唯心，然无不假定物质，能独存于知了之心之外"；承认世界仍有不可知之域，"物理学、化学之说，假定而已"，"只能说明现象，若更深及于不可知之谛，则不能顾矣"；⑦ 他们抵制生存竞争学说，"此说之立脚点，仅据自然科学上之二

---

① 《爱智会简章》，《教育》第 1 年第 1 号，1906 年 11 月。
② 《发刊词》，《教育》第 1 年第 1 号，1906 年 11 月，第 1~2 页。
③ 蓝公武：《伦理臆说》，《教育》第 1 年第 1 号，1906 年 11 月，第 7 页。
④ 蓝公武：《"俱分进化"论》，《教育》第 1 年第 1 号，1906 年 11 月，第 116 页。
⑤ 蓝公武：《"俱分进化"论（续）》，《教育》第 1 年第 2 号，1906 年 12 月，第 109 页。
⑥ 张东荪、蓝公武合译《心理学悬论》，《教育》第 1 年第 1 号，1906 年 11 月，第 20 页。
⑦ 张东荪、蓝公武合译《心理学悬论》，《教育》第 1 年第 1 号，1906 年 11 月，第 20 页。

三结论耳，其于过去未来地球上生物进化之理，虽可增益吾人之智识，而欲以此解决宇宙问题，为伦理学上之福音者，则缺点尚多"①。

《教育》同人和章太炎的思想区别在于如何看待善恶之间的关系。《教育》同人认为"善进，即所以去恶也"。"民之初生，禀狙与虎之天性，及群治日进，遂生道德，数世遗传，流为种智，即吾人所谓天良。"及于进化，"一形态之发达应外界之变化而渐臻完备；一精神之发展，智识愈进，而品性愈高"。"今日世界所以不文明者，正以精神之未完全发展。"② 但人类可以"调和世界使至高尚纯洁之地位，而博圆满幸福为务，则固以智仁制胜者也"③，从而终有达于绝善之境之日。亦可谓"人为灵长，良知本具，道虽式微，大德犹存"④，总有一日，同类之间"可以无诋人为劣等"，"不问种族之各异，阶级之不同"，"以无限之诚实，重义理，洽人情，使人类互相亲爱"⑤。因此，章太炎之误是将禽兽与人类相提并论，辱没了人类向善的本性。

《教育》月刊上批评章太炎的文章《心理学悬论》译自詹姆士的实用主义哲学，是一种建立在实证心理学基础之上的唯心主义思潮。它强调人类在生存竞争中道德的调适功能，是一种渐进的进化思想，是对生物进化论的纠偏，与章太炎唯物主义的科学认识有着本质的不同。据研究，该文是现今发现较早的、介绍实用主义的文章，⑥ 代表了西方哲学发展的新趋向，相对于中国的主流认识具有超前性。他们也正是在这一基础上嘲笑章太炎不识"科学"。如冯世德叙述"科学"与哲学的关系，"是以各科学诠其所诠，而玄理微义，则一归之哲学"⑦。哲学的研究对象为"科学"，

---

① 〔德〕福斯特：《伦理学与生存竞争》，冯世德译，《教育》第 1 年第 1 号，1906 年 11 月，第 107 页。
② 蓝公武：《"俱分进化"论（续）》，《教育》第 1 年第 2 号，1906 年 12 月，第 108～109页。
③ 〔德〕福斯特：《伦理学与生存竞争》，冯世德译，《教育》第 1 年第 1 号，1906 年 11 月，第 108 页。
④ 《发刊词》，《教育》第 1 年第 1 号，1906 年 11 月，第 1 页。
⑤ 〔德〕福斯特：《伦理学与生存竞争》，冯世德译，《教育》第 1 年第 1 号，1906 年 11 月，第 108 页。
⑥ 左玉河编著《张东荪年谱》，群言出版社，2014，第 17 页。
⑦ 张东荪、蓝公武合译《心理学悬论》，《教育》第 1 年第 1 号，1906 年 11 月，第 20 页。

不通"科学",则不能通哲学。① 他指出章太炎未曾接受过普通教育,"科学"已非其所知,而妄谈哲学,其"俱分进化"离事实远矣。言语中不无讥讽,说章太炎"苟志于学,则请再读数年书,研究一切自然科学及东西文之哲学书,乃能言之成理,而不为天下笑"。蓝公武也讥笑说,"太炎普通知识亦未有","待明生物学、心理学、哲学等后再谈,未晚也"②。新生代学人对于章太炎的批评显得年少气盛,口无遮拦,但的确也说明新旧学人之间存在教育上的差距,特别是西学程度的差异是导致他们"科学"观念不同的关键因素之一。但殊途同归是,无论"科学"体现为生物进化论,还是心理进化论,他们最终寻求的都是道德或是精神上的救国路径。

3. "掊物质而张灵明"

与此同时,留学日本的鲁迅也在思想上发生了转变。1903 年,鲁迅曾对"科学"表现出极大热忱,他在《中国地质略论》中写道:"夫中国虽以弱著,吾侪固犹是中国之主人,结合大群起而兴业……工业繁兴,机械为用,文明之影,日印于脑,尘尘相续,遂孕良果,吾知豪侠之士,必有恨恨以思,奋袂而起者矣。"③ 但在 1906 年后,他一改过去对自然科学的偏爱和沉迷,转而赞扬宗教,"此乃向上之民,欲离是有限相对之现世,以趣无限绝对之至上者也"。受章太炎的影响,他尤为推崇佛教,称赞"夫佛教崇高,凡有识者所同可"④。这一转变并非对于佛教有所皈依,而是对"科学"的限度有了新的了解,转而投向宗教寻找精神养料。

1908 年,鲁迅作《科学史教篇》,"科学"一词基本指代物质科学,以及与之相关的学术研究。文章显示他依然承认科学力量的强大,"盖科学者,以其知识,历探自然见象之深微,久而得效,改革遂及于社会,继复流衍,来溅远东,浸及震旦,而洪流所向,则尚浩荡而未有止也。观其所发之强,斯足测所蕴之厚,知科学盛大,决不缘于一朝"⑤。但是,此

---

①　冯世德:《与章太炎书》,《教育》第 1 年第 2 号,1906 年 12 月,第 1 页。

②　蓝公武:《"与章太炎书"附言》,《教育》第 1 年第 2 号,1906 年 12 月,第 3 页。

③　索子:《中国地质略论》,《浙江潮》第 8 期,1903 年 10 月,第 76 页。

④　迅行:《破恶声论》,张枬、王忍之编《辛亥革命前十年间时论选集》第 3 卷,第 372 ~ 373 页。

⑤　令飞:《科学史教篇》,张枬、王忍之编《辛亥革命前十年间时论选集》第 3 卷,第 331 页。

世界非仅有"科学"的世界，物质之外亦有精神。精神与"科学"虽都有进步，但并非直进，"常曲折如螺旋，大波小波，起伏万状，进退久之而达水裔"。知识与道德关系如是，"科学"与美艺的关系亦如是。他举例说，欧洲中世纪宗教暴起，压抑科学，而社会精神却于此不无洗涤。两千年来，孕育了诸多伟人，"此其成果，以偿沮遏科学之失，绰然有余裕也"。因此，人世间如宗教、学术、美艺、文章，均人间曼衍之要旨，"定其孰要，今兹未能"①。甚至有时"科学"反依道德而存，西人亦云失学之原因往往因道德不讲，而"科学发见，常受超科学之力，易语以释之，亦可曰非科学的理想之感动"。是故知识与道德不可分，有知识无道德者，"使诚脱是力之鞭策而惟知识之依，则所营为，特可悯者耳"。"科学者，必常恬淡，常逊让，有理想，有圣觉，一切无有，而能贻业绩于后世者，未之有闻。"② 因此，"科学"与道德均不可或缺，最需提防的是社会入"科学"之偏，"盖使举世惟知识之崇，人生必大归于枯寂，如是既久，则美上之感情漓，明敏之思想失，所谓科学，亦同趣于无有矣"③。

　　鲁迅谈到的"科学"之偏，也就是他在《文化偏至论》中反复强调的物质之偏。鲁迅看到了物质文明与自由精神的关系，认为物质文明的兴起与"束缚弛落，思索自由"有关，"非去羁勒而纵人心，不有此也"④。鲁迅甚至认为"科学"的创立者都是个性独立的天才，物质文明实为近世精神文明之一即科学精神的体现，物质文明并不是精神文明的相对物，而是精神文明的直接产物。基于此，鲁迅批评那些对于物质文明"崇奉逾度，倾向偏趋，外此诸端，悉弃置而不顾"⑤，以及"人惟客观之物质世界是趋，而主观之内面精神，乃舍置不之一省"⑥ 的种种现象。一是批判它们过分专权，对其他精神生活都加以排斥的唯科学主义；二是批判它们本身也丧失了精神层面，成了对客观物质的片面贪求的技术主义和享乐主义。鲁迅反对的不是物质文明本身，而是对物质文明的态度，即物质文明

---

① 令飞：《科学史教篇》，张枬、王忍之编《辛亥革命前十年间时论选集》第3卷，第334页。
② 令飞：《科学史教篇》，张枬、王忍之编《辛亥革命前十年间时论选集》第3卷，第335页。
③ 令飞：《科学史教篇》，张枬、王忍之编《辛亥革命前十年间时论选集》第3卷，第339页。
④ 迅行：《文化偏至论》，张枬、王忍之编《辛亥革命前十年间时论选集》第3卷，第355页。
⑤ 迅行：《文化偏至论》，张枬、王忍之编《辛亥革命前十年间时论选集》第3卷，第359页。
⑥ 迅行：《文化偏至论》，张枬、王忍之编《辛亥革命前十年间时论选集》第3卷，第360页。

的唯一霸权及对物质文明两大因素——科学和技术的肢解和偏颇。①

　　鲁迅与章太炎一样推崇宗教的道德价值，所不同的是，他认为"迷信可存"。日本学者伊藤虎丸围绕着鲁迅的原话"伪士当去，迷信可存，今日急也"，分析了鲁迅思想中"科学"与"迷信"的关系。他认为鲁迅所谓的"伪士"，除了道德上的虚伪与伪善外，还有他们鼓噪的近代化之"伪"。他们口言"科学""进化"，实际上恰恰与产生"科学""进化"的精神背道而驰，其实是一些"伪科学者"。他们无"白心"、无"神思"，倚仗所谓正确的"科学"律例来统一国民思想、泯灭个性。他解释鲁迅的"白心"是不允许有半点虚假或文饰的近代科学精神的一个方面。认为鲁迅的"白心"与"神思"不但催生了"科学"，亦产生了被称为"迷信"的神话与宗教。"科学"与"迷信"在精神上并不是对立的，而是有着"近亲血缘关系"，共处于形而上学的谱系之上。②

　　比较章、鲁二人的宗教观，章太炎推崇佛教，讲究"智信"，"智"以不背离"科学"为原则。鲁迅否定"正信"，肯定一切宗教的价值，已经跳脱出近代社会"科学与宗教"对立的启蒙主义立场，把人类的历史看作精神作用的结果。鲁迅理解的"科学"概念或许与章太炎在内容上一致，但已经不把"科学"与宗教看作对立物，而是寻求二者在精神上的共同价值。

　　不过，鲁迅并没有涉足宗教的欲望，而是倾心于用文学救赎国民精神，特别是浪漫主义文学。他的思想渊源为叔本华、尼采、博格森、弗洛伊德等人的哲学和心理学理论。③ 虽然对于"科学"的限度有所反思，但进化论仍旧是鲁迅思想的重要组成部分。伊藤虎丸认为鲁迅《破恶声论》一文的总体意图，不妨可看作在围绕中国近代化路线的诸问题上，对国家主义派（"汝其为国民"）乃至无政府主义派（"汝其为世界人"）等的文明批判。④ 他所谓的"物质"与"众数"之偏来源于西方经验，其曰"非

---

①　邓晓芒：《从文化偏至论看鲁迅早期思想的矛盾》，王文章、侯样祥主编《中国学者心中的科学·人文》人文卷，云南教育出版社，2002，第110页。

②　〔日〕伊藤虎丸：《早期鲁迅的宗教观——"迷信"与"科学"之关系》，孙猛译，《鲁迅研究动态》1989年第11期，第24页。

③　林贤治：《人间鲁迅》，花城出版社，1998，第196～197页。

④　〔日〕伊藤虎丸：《早期鲁迅的宗教观——"迷信"与"科学"之关系》，孙猛译，《鲁迅研究动态》1989年第11期，第21页。

物质"与"重个人"亦是对19世纪末欧洲思想界的反拨。[①] 或言之，鲁迅的思想与国家主义、无政府主义同样自西而来，不过撷取的是西方思想发展过程中的不同片段。从西方思想的发展线路来看，鲁迅比其他人更具前瞻性，但有的仅是西方思想的前瞻性而已。

1904年前后，近代中国学人不约而同地选择道德或是精神救国绝非偶然。随着民族危亡的进一步加剧，一点一滴的学术改造显得苍白无力，国人更欲寻求整体性的、行之有效的，甚至是立竿见影的救国良方。这一时期，中西学术与道德思想在救亡图存这一共同语境之下交汇融合，生成用法不同或者样态不同的"科学"概念，以表达国人不同的救国理念。

改良者如严复、梁启超，为了抑制革命情绪的膨胀，限制"科学"于形下，却不得不改造传统的道德之围，以迎合进化论独霸天下的局面；革命者出于精神动员的需要，完成了"科学"话语的形而上转换；在革命与改良之间的游移者，如鲁迅与蓝公武等人，径直汲取西方反思"科学"的唯心主义哲学，试图超越人类生存竞争过程中伦理上的困境。此时的中国，"科学"正在抽离出学术本身，化约为进化的概念符号，不背离"科学"成为大多数思想理论的先决条件。但是，在西方对"科学"概念的检讨声中，在国人强烈的民族自决的呼吁之下，生物进化论的局限性渐露端倪。学术与道德的关系被重新讨论，"科学"概念或被定义为形而下的"物质主义"，与道德二元并立；又或是与道德捆绑为一体，体现为唯科学主义。

殊途同归的是，以上种种论说都是在为中国寻找一条不违背道德的进化之路。如果说近代中国的进化压力来自外族入侵，那么道德的压力则内外皆有。有学者认为鲁迅警戒兽性的生存竞争，并不是由于中国处于弱者的地位而期求强者不要倚强凌弱，而是其思想根柢中积淀着追求正义、惩恶扬善的传统伦理。[②] 这一道德上的自觉在中国学人的思想中普遍存在。问题在于，传统的善恶标准如何与外来的竞争道德相颉颃？梁启超的"为学日益，为道日损"，章太炎的"俱分进化论"，鲁迅、蓝公武等人输入

---

① 迅行：《文化偏至论》，张枬、王忍之编《辛亥革命前十年间时论选集》第3卷，第357页。

② 潘世圣：《鲁迅的思想构筑与明治日本思想文化界流行走向的结构关系——关于日本留学期鲁迅思想形态形成的考察之一》，《鲁迅研究月刊》2002年第4期，第8页。

新学新理都是现实语境下的积极应对。其流弊在于，以学战为起点的中国学术的"科学化"运动逐渐偏离其学术本位，衍变为政治思想与道德学说等方面的对抗。当然，作为学术的"科学"依然存在，只是不复学战时期同声相求的热闹场面。

第四节　"常识"与"科学"

1905 年前后的梁启超提倡私德，推崇王学，这一情况到 1907 年再次发生改变。这一年清政府宣布"预备立宪"，次年 7 月，他与蒋智由等人在东京筹组政闻社。在《政闻社宣言书》中，梁启超表示政闻社一方面要从事立宪的具体事项，另一方面要致力于国民改造，以造就有资格的国民。他说"欲国民政治之现于实，且常保持之而勿失坠，善运用之而日向荣，则其原动力不可不还求诸国民之自身"。国民应具备三种资格；其一，"勿漠视政治，而常引为己任"；其二，"对于政治之适否，而有判断之常识"；其三，"具足政治上之能力，常能自起而当其冲"。政治团体应担当提高国民程度的导师。① 此后，梁启超致力于宣传常识，筹备国民常识学会，积极推动立宪运动。② "科学"一词也被重新提起，却是作为配角以突出常识的作用。

从 1907 年《学报》到 1910 年《国风报》，梁启超多次将"科学"与常识相提并论。《原学》一文中，他系统地表达了对"科学"的认识。文中列出三个概念："常识"、"科学"以及"学识"。三者之中，常识是未经"科学"研究的现象感知，"学识"是"科学"研究后的结果，相比之下，"科学"最为繁难，"虽有睿哲，欲举宇宙无穷之现象而悉研究之，势固不给"。对于一般人而言，只需"举前人所发明之原理原则，受而实有之于己，以应用于社会，则学之能事毕矣"，我国缺乏的正是这样的普通学识。③ 但学识与常识的界限并不清晰，如他说"常识者，释英语 Common Sense 之义，谓通常之知识"，"非必其探颐索隐炫博搜奇也，而一身之则，当世之务，庶物之情，其荦荦大端，为中人以上所能知者，不

① 梁启超：《政闻社宣言书》，《饮冰室合集·文集之二十》，第 23～24 页。
② 汤志钧：《梁启超的〈说常识〉及其台湾之行》，《文史知识》2008 年第 2 期，第 49 页。
③ 远公：《原学》，《学报》第 1 卷第 1 期，1907 年 2 月，第 4～5 页。

可缺焉"①。常识也可以理解为被科学证明的一般知识。

1914 年，梁启超又发明"俗识"一词，谓"孟子曰'人之所不学而知者，其良知也。吾盖直取斯义以定今名。盖学识必待学而后知，此则不学而尽人能知者也'。译以今语，亦可称为俗识"，"俗识与学识之调和即常识也"②。梁启超特别强调了俗识与专门学识之间的差异，认为俗识只是直觉与经验，有经验而无相当之学识，用力越勤，反会招致恶果，"中国之以学识贫乏为病也"③。文章中的"专门学识"基本等同于科学知识。因此，梁启超对于知识的认知可分为三个层次，从下到上依次为俗识、常识与专门学识（科学知识）。

《说常识》一文专论普通国民政治资格的培养。梁启超在文章中列举了经学、史学、文学、数学、地理、政治、法律等学，认为各学均可区分为专门与普通，斤斤于专门者，可称为硕学，却不可谓之有常识的人，此类人在中国至罕，恃之不足以立国。而国人多为愚民，缺乏基本常识。梁启超以欧美、日本各国国民所具备的公共常识为衡量标准，认为中国的一般之人，其常识程度去标准太远。学士大夫所备的常识表现为两种。其一，略有本国常识，而于世界常识一无所知，一般的官吏及老师宿儒属之；其二，略有世界常识，而于本国常识一无所知，一般的外国留学生属之。两种常识多不能调和而常缺其一，与无常识无异。由是，"谓全国四万万人，乃无一人有常识焉可也"。他又说，常识得之于学校教育者半，得诸社会教育者半，"今国中之学校，既不足以语于此；而社会各方面之教育，又适足以窒塞常识"④。于是报刊应负起改造国民、灌输常识的一份责任，一年前的《国风报》由是而出。另外，因梁启超认为在本国常识与世界常识之间，世界常识当为国家教育之急务，《国风报》即以"忠告政府，指导国民，灌输世界之常识"为宗旨。⑤ 据夏晓虹的研究，在梁启超拟定的"国民常识丛书"中，共涉及学科十五项，集中于政、经、法三科，以社会科学为主要内容，⑥ 自然科学阙如，因为这是梁启超以及同人

① 梁启超：《说常识》，《饮冰室合集·文集之二十三》，第 1 页。
② 梁启超：《良知（俗识）与学识之调和》，《饮冰室合集·文集之三十二》，第 32 页。
③ 梁启超：《良知（俗识）与学识之调和》，《饮冰室合集·文集之三十二》，第 33 页。
④ 梁启超：《说常识》，《饮冰室合集·文集之二十三》，第 1～6 页。
⑤ 丁文江、赵丰田编《梁启超年谱长编》，第 501 页。
⑥ 夏晓虹：《梁启超：在政治与学术之间》，东方出版社，2014，第 249 页。

的弱项，力所不逮，① 其政治本位的立场清晰可见。

　　梁启超推动政治常识的普及本无可厚非，却有将"常识"与"科学"混同的倾向。在《学与术》一文中，梁启超斥责当局有不悦学之弊，普遍缺乏政治学识，乃至杂税烦苛，民不聊生。文章中他通篇未提及"常识"一词，明确地以一个"学"字指称"科学"，强调了"学"与"术"之间的差别。但他只是借用了"科学"这一概念，真正在乎的是"在前人经几许之岁月，耗几许之精力，供几许之牺牲，乃始发明之以若为实论；后人则以极短之晷刻，读其书，受其说，而按诸本国时势，求用其所宜而避其所忌，则举而措之裕如矣"②。因此，梁启超所谓的"学"并非科学研究，而是研究之后的结果，用学识或常识代替应该更为贴切。梁启超还说，"夫空谈学理者，犹饱读兵书而不临阵，死守医书而不临症，其不足恃固也。然坐是而谓兵书、医书之可废得乎？故吾甚望中年以上之士大夫，正立于社会上而担任各要职者，稍分其繁忙之晷刻，以从事乎与职务有关系之学科"。此话也表明梁启超关心的并非发现真理的"科学"，而是有着学理基础的"治术"。

　　此一时期，梁启超文字中的"科学"一词往往与常识相提并论。如他说常识应是"非谓一物不知而引以为耻也，又非谓穷学理之邃奥、析同异于豪芒也"③，而是要求中流社会以上之人能够知道自然界、社会界已经发现的原理原则，能知本国及世界历史上的重大事实，与目前陆续发生的大问题，其因果相属之大概。"科学"被拿来与常识对照，一方面表明常识来源于"科学"，其正确性毋庸置疑；另一方面展现了常识所带来的芟繁就简的实效，其实用性远远超出博奥的"科学"。相较之下，纯粹的科学既被预设为真理，同时又显得繁难、深邃，而且无用。当然，梁启超的本意并不是拒斥"科学"，只是言语中的主观偏向不自觉地将"科学"引向常识的对立面。当常识被渲染得平易近人时，"科学"也就被刻意地拔高，令人望而却步。于众人而言，"科学"或许高尚，却也是高不可攀的，它为前人圣哲所发明，或是为少数专业人士所占据，却绝对不是芸芸众生可以染指的。梁启超对于常识的整体认识以其创办的《庸言》解释得最为

---

① 夏晓虹：《梁启超：在政治与学术之间》，第 247 页。
② 梁启超：《学与术》，《饮冰室合集·文集之二十五下》，第 13~14 页。
③ 梁启超：《〈国风报〉叙例》，《饮冰室合集·文集之二十五上》，第 19 页。

贴切。1912 年，国民政府初建，梁启超延续了国风时期的基本思路，在天津创办《庸言》。其训"庸"为三义——训常、训恒、训用，以"无奇""不易""适应"为其立言宗旨。他说"天下事物，皆有原理原则，其原理之体常不易，其用之演为原则也，则常以适应于外界为职志。不入乎其轨者，或以为深颐隐曲，而实则布帛菽粟，夫妇之愚可与知能者也"①。话语中知识的内容比较含混，但是对于应用的方法以及传播的对象都有明确的表达。

预备立宪时期，梁启超不但忧虑国民的常识问题，还忧虑官吏的道德问题。《好修》一文中，他把"修德"与"修学"二分，② 中流之人以"修学"为主，当道之人应以"修德"为主。直到民国建立初期，梁启超对道德的批判几乎都集中在当道者的身上。他认为国民虽然幼稚，缺点繁多，但易教导、易部勒，如实施保育主义，可渐进于高明。③ 若幼稚国民为政治野心家所利用，反使国人的弱点日益发达，国民品格日益堕落，然后达于极度。简言之，梁启超的开明专制大致相当于以"科学"常识为基础的"以德治国"。

当梁启超致力于国民教育时，与之论战的革命派对于人民受教育程度低下的认识与梁启超并无二致。但他们认为，自尧舜时代以来中国已经知道国以民为本，中国国民并不缺乏公法的基础观念，只是精密程度较之西方不足而已，完全可以通过教育和革命（革命本身也是教育的手段）来培养人民的民权习惯。④ 因此，教育国民的思想资源不是来自"科学"常识，而是中国的历史。

章太炎对于梁启超强调外国常识以及政治常识颇多不满，斥责梁说为短见陋想。其一，他认为常识不能以有用/无用区分，其标准无定，或以职业区分，或以时代区分，但本国人有本国人的常识，应该是一个最基本的界限。当下讲政治的人，或许知道一点法理学、政治学的空言，却于中国历史政治不尽知晓，又如何称得上有常识。其二，章太炎认为梁启超将

---

① 梁启超：《〈庸言〉叙》，夏晓虹辑《〈饮冰室合集〉集外文》中册，第 586 页。
② 梁启超：《好修》，《饮冰室合集·专集之二》，第 122 页。
③ 梁启超：《说幼稚》，《饮冰室合集·文集之三十》，第 51 页。
④ 李晓东：《立宪政治与国民资格——笕克彦对〈民报〉与〈新民丛报〉论战的影响》，《二十一世纪》（网络版）2007 年 9 月，总第 66 辑，第 51 页。

常识与学问本末倒置。他说，常识不是古今如一，如欲常识上辗转增进，必须有人从事独到精微的研究，若全国只有有常识的人，古今就永远只有这等常识。自命政治家的人，不肯去做费心的研究，只是坐享其成，又如何能有常识的增进。他强调"没有独到精微的学者，就没有增进的常识，没有极好的著作，就没有像样的教科书"①。因此，学问研究比坐享其成地拈来常识更为重要。类似的说法是将"科学"与常识区别为学问与知识，"知识仅可以应世，学问乃可以用世。知识自利也，学问自利以利人也。知识为始基，学问为归宿"②。而今日之人，多误以为知识为学问，满足于知识的一知半解，于学问未能深究，人人仓皇于应世，而终不能从容以用世。几年之后的梁启超对此亦有悔悟，自讼其二十年来皆政治生涯，于学问"不能发为有统系的理想，为国民学术辟一蹊径"，"吾今体察既确，吾历年之政治谭，皆败绩失据也"③。

梁启超的自省颇能说明作为学术名词的"科学"在中国的命运，以政治为导向的学术活动，其工具性往往成为先决条件。梁启超如是，章太炎亦如是。当章太炎批评梁启超学术太过功利的时候，自己也在利用学术做革命的宣传。1910年，他与陶成章合办《教育今语杂志》，办刊宗旨是"保存国故，振兴学艺，提倡平民普及教育"④，但亦隐含了"以教育为进取，察学生之有志者联络之"⑤的革命目的。

---

① 章太炎：《常识与教育》，陈平原选编《章太炎的白话文》，第 72 ~ 80 页。
② 应业存：《学问与知识》，《约翰声》第 29 卷第 9 号，1915 年 12 月，第 20 页。
③ 梁启超：《吾今后所以报国者》，《饮冰室合集·文集之三十三》，第 51 ~ 52 页。
④ 《教育今语杂志章程》，《教育今语杂志》第 1 期，1910 年 3 月。
⑤ 汤志钧编《章太炎年谱长编》上册，第 320 页。

第五章 从分科治学到整体性"科学"的过渡（1912～1919）

民国初立，国家经过短暂的和平之后重新陷入纷争。社会动荡造成价值迷失，民初学人处于价值重建的追寻与困惑之中。1913～1917 年，国教论争一直是中国思想界的核心话题。论争各方意见纷呈，但都绕不过道德与"科学"意义之间的切割与取舍，也没能走出道德本位的思想樊篱。1914 年欧战爆发，留美学人以《科学》杂志为载体，为国人提供了一个整体性的"科学"认识。中国的"科学"概念开始从一个宽泛的、以分科为特征的学术集合体过渡到以科学方法和精神为核心的"整体性"的学术体系，标志着一个新的"科学"时代的到来。

第一节 道德救国论中的多元"科学"视角

1. 国教运动的兴起

晚清以降，传统价值日渐与社会疏离，但仰仗一息尚存的政治体制仍在发挥余威。1911 年，张东荪分析中国道德堕落的根本在于政治不善，"故改革人心，必自政治、经济、教育始，而三者之中，尤推政治为先"[①]。1912 年，共和建立，政治问题已然解决，道德重建似乎将迎刃而

---

① 圣心：《论现今国民道德堕落之原因及其救治法》，《东方杂志》第 8 卷第 3 号，1911 年 5 月，第 19 页。

解，整个社会孕育着希望。鲁迅在 1925 年回忆，"说起民元的事来，那时确是光明得多，当时我也在南京教育部，觉得中国将来很有希望"①。远在海外的留美学人认为这是"所谓千载一时而可踌躇满志"的新时代。②

欢欣之余，国人清醒地认识到建立共和不过是革新事业的第一步。杜亚泉将中华民国比作新施手术之后的病人，调护维持当是国民兢兢注意之事，政治、外债、租税三事与中华民国的前途关系重大。③ 皕海视教育为"诱使国民改正其思想，而迫促之以进步"的正轨，普及政治常识，严整内政与外交，发扬淬砺固有道德，发达科学与实业为促进国家进步的主因，他乐观地以为"继今而后，再须之十年，自辛亥至辛酉，仍必循兹非常可惊之轨道为进步之程，固可断言者也"④。民国成立后，孙中山不止一次地宣称，"今日满清退位，中华民国成立，民族、民权两主义俱达到，唯有民生主义尚未着手，今后吾人所当致力的即在此事"⑤。据统计，从 1912 年 4 月到 1913 年初，孙中山共发表 58 次公开演说，其中有 33 次涉及民生主义内容。⑥ 这一观点几乎成为举国上下的共识，并因此带动国人对社会主义的关注。《东方杂志》载文曰："共和民国建成，民族民权两主义，遂以毕行矣。海内志士乃博精悉力，鼓吹社会主义。"⑦ 民元时期曾被国人称为"建设时代"，虽然百弊丛生，但国人还是愿意相信，凡经过努力建设，未来一定会有所进步。

百业待兴的民国初年，道德建设不过是众多亟待解决的问题之一。1912 年，首先引发道德问题讨论的是蔡元培草拟的《对于新教育之意见》一文。文章中，蔡元培将民国的教育方针概括为五点：隶属于政治的军国民主义、实利主义与德育主义，超轶政治的世界观与美育主义。⑧ 方针出台后，教育界普遍认为蔡元培提出的世界观主义与美育主义过于"高尚"

---

① 鲁迅：《两地书八》，《鲁迅全集》第 11 卷，第 31 页。

② 许先甲：《敬告同学》，《留美学生年报》第 2 年，1913 年 1 月，第 1 页。

③ 伧父：《中华民国之前途》，《东方杂志》第 8 卷第 10 号，1912 年 4 月，第 1～5 页。

④ 皕海：《进步弁言》，《进步》第 1 卷第 1 号，1911 年 11 月，文页第 1～2 页。

⑤ 孙中山：《在南京同盟会会员饯别会的演说》，广东省社会科学院历史研究所编《孙中山全集》第 2 卷，中华书局，1982，第 319 页。

⑥ 周俊旗、汪丹：《民国初年的动荡：转型期的中国社会》，天津人民出版社，1996，第 232 页。

⑦ 欧阳溥存：《社会主义》，《东方杂志》第 8 卷第 12 号，1912 年 6 月，第 1 页。

⑧ 蔡元培：《对于新教育之意见》，《蔡元培全集》第 2 卷，第 9～19 页。

"宏博"，"惜不能适用于今日之世界，尤不能适于存亡强弱渺不可知之中国"①，中国当下应以军国民主义、实利主义以及公民道德教育为重要，实利主义尤为切要。② 至于公民道德当如何实施，蔡元培认为应以法兰西革命所标揭的自由、平等、亲爱为道德要旨。清政府教育方针中的忠君与共和政体不合，尊孔与信教自由相违，可以不论，其他如尚武、尚实、尚公与新教育方针基本相同。③ 1912 年元旦，南京政府宣布小学"读经科一律废止"④，有关地方文庙学田一律改为地方所管，专门用来资助小学，这一政策则从制度和经济上铲除了尊孔的基础。

　　始料未及的是，康有为等人对此的反应极其强烈，开始大肆为孔教张目。1912 年，孔教会创立，《不忍》杂志发刊。第二年，康有为发表《以孔教为国教配天议》，建议国会将孔教立为国教。有研究者认为，民初国教运动的兴起与临时政府颁布的新教育政策有极大的关系。⑤ 但据时人观察，新教育方针只是导火索，整个民国初年的政治败坏、思想混乱才是导致孔教兴盛的根本因素。《进步》杂志载文说："革命军兴，易国体为共和，而改革者智识幼稚，新旧替乘之交，言论行为多乏审择，不免贻旧党以口实，故反动力生，遂以新旧道德之争持为其集矢之点。"新派之人以西方道德中的"尊人权、重人道，为善政治之根本，宜输入之，而择旧道德不甚相背者，与之溶为一炉"；旧派者以为"政治法制不妨仿效西人，独至道德伦理则期期不可"。"故有尊孔教为国教之建议，复跪祀仪节之请求。而不幸又适值吾退化数千年之后，旧日之文物荡然，人民之教育废弛，德智丧失，骤闻平等自由之谈，不问其真际如何，而徒撷拾其肤廓，以为掩饰罪恶之具，益使顽固不化者有所借口。"⑥ 简言之，在新旧交嬗之际，新势力尚不足以支撑社会，旧道德已荡然无存，中国陷入过渡时期

---

① 庄俞：《论教育方针》，《教育杂志》第 4 卷第 1 号，1912 年 4 月，第 10 页。
② 陆费逵：《民国教育方针当采实利主义》，《中华教育界》第 1 卷第 2 号，1912 年 2 月，第 4 页。
③ 蔡元培：《对于新教育之意见》，《蔡元培全集》第 2 卷，第 19 页。
④ 《教育部关于普通教育暂行办法及课程标准致副总统呈及各省都督咨》（1912 年 2 月 1 日），中国第二历史档案馆编《中华民国史档案资料汇编》第 2 辑，江苏人民出版社，1981，第 463 页。
⑤ 韩华：《民初孔教会与国教运动研究》，北京图书馆出版社，2007，第 4 页。
⑥ 亚飞：《中国以伦理改革为必要说》，《进步》第 5 卷第 1 号，1913 年 11 月，第 2～3 页。

的信仰真空。孔教运动的兴起并不是孔教会单方面的兴风作浪，陈焕章发出的"目击时事，忧从中来，惧大教之将亡，而中国之不保"①的种种担忧也并非无的放矢，就连年轻的傅斯年也是《不忍》杂志的热心读者，赞赏康有为等人对于国家生存强烈关注的态度。② 但是，孔教运动的兴起又一次将道德问题推到了思想舆论的风口浪尖。孔教会的道德主张，特别是立孔教为国教的政治诉求使得道德问题蔓延到社会的各个角落。围绕着甚嚣尘上的孔教论说，无论是赞成、反对还是持中的论调，都在无形中把道德的作用放大，俨然成为从根本上解决中国问题的救世法宝。

孔教会一派的主张自不待言。康有为特别强调共和政治与道德的关系，认为政治体制不能脱离具体的情景而发生作用，建设新制度要与地方性和本土化的因素相结合。③ 他借用英国友人的话，说"共和国以道德物质为尚，尤过于政治也。国无道德，则法律无能为。今观国者，视政治过重。然政治非有巧妙，在宜其民之风气事势，养其性情，形以法律"④。赞成孔教者如徐天授，其谓"吾国今日不在乎有完善之宪法，而在乎有善于用法守法之人；不在乎财政如何整齐，兵力如何强盛，而在乎理财之人不以财为私产，统兵之人不以兵为特权。故必主持之人，先有公天下之心，而后天下之人，有补救之道可施"。法律与道德二者相需，不容偏废，既不可无宪法为政治范围，又不可无孔道为教育标准，"孔子之以道德为根本，内圣外王为职志，区区理财用兵，霸术小道，乃不足当其一盼也"⑤。

同情孔教者如杨昌济。1912 年，远在英国的杨昌济致书章士钊，批评国内的教育方针"专重科学弃文学，此又为矫枉过正之论，非可以见之施行者也"。他对于中国传统道德的维系作用颇有自信，认为帝制虽去，中国伦理道德的基础犹存，中国前途一片光明。章士钊称他为"纯粹乐观派"，身居海外，悬想祖国改革事，往往如镜里观花，易增明媚，自己身

---

① 陈焕章：《孔教会序》，《孔教会杂志》第 1 卷第 1 号，1913 年 2 月，第 7 页。
② 王汎森：《傅斯年：中国近代历史与政治中的个体生命》，王晓冰译，生活·读书·新知三联书店，2012，第 27 页。
③ 干春松：《"虚君共和"：一九一一年之后康有为对于国家政治体制的构想》，《东吴学术》2015 年第 2 期，第 13 页。
④ 康有为：《孔教会序》，《康有为全集》第 9 集，第 346 页。
⑤ 徐天授：《孔道》，《太平洋》第 1 卷第 2 号，1917 年 4 月，第 13 页。

处国中持论微堕于悲观。① 正如章士钊所料，归国后的杨昌济一改其乐观态度，谓"吾国改建共和已二载矣，政争汹汹，仅免破裂，人心风俗不见涤荡振刷焕然一新之气象，而转有道德腐败一落千丈之势。盖承积敝之余，纲纪一堕，势难免此。欲图根本之革新，必先救人心之陷溺。国民苟无道德，虽有良法，未由收效"②。杜亚泉在 1913 年以后也放弃了以普及常识为建国最要的基本观念，转而认为中国"为纯粹惟一之道德国家"，"自唐虞以后，既已此道德为立国之大原，则当此危殆之余，亦不能不以此道德为救国之良剂"，"道德之于国家，虽为普通之必要，而在吾中国，则尤为必要中之必要"③。

面对日益高涨的尊孔声浪，反对孔教者也越发认识到道德问题的严重性。《进步》载文说，社会改革中，物质最易，政治法制稍滞者，而伦理改革为最艰难最重要之事，"今日中国伦理之改革乃时势所驱迫，而无可逃避者。盖我国之旧伦理观念决不能生存于今日之世界，以我国政治社会之改良，将为所牵阻而不能进行也"④。陈独秀则直接说"伦理的觉悟，为吾人最后觉悟之最后觉悟"⑤，"盖伦理问题不解决，则政治学术，皆枝叶问题。纵一时舍旧谋新，而根本思想，未尝变更，不旋踵而仍复旧观者，此自然必然之事也"⑥。

事实上，民初的社会状况虽然令人担忧，却并不都属于道德范畴，也会有人跳脱出道德本位的樊篱考察中国乱因，但仍有不少人循着惯常的思维路径将其归因于道德，这一看法因国教运动的鼓噪而越发流行。民初的国教论争几乎覆盖了新文化运动的起承转合，按照陈独秀的总结，争论主要体现在三个层次：一是孔教是不是宗教，且与其他宗教之间的关系；二是孔教是否集中国思想学术之大成，可立为国教；三是儒教是否包举百

---

① 《欧洲学生爱国谈》，《东方杂志》第 8 卷第 11 号，1912 年 5 月，第 11 页。

② 杨昌济：《教育与政治》，王兴国编注《杨昌济文集》，湖南教育出版社，2008，第 43 页。

③ 高劳（杜亚泉）：《国民今后之道德》，《东方杂志》第 10 卷第 5 号，1913 年 11 月，第 2 页。

④ 亚飞：《中国以伦理改革为必要说》，《进步》第 5 卷第 1 号，1913 年 11 月，第 5 页。

⑤ 陈独秀：《吾人最后之觉悟》，《青年杂志》第 1 卷第 6 号，1916 年 2 月，第 4 页。

⑥ 陈独秀：《宪法与孔教》，《新青年》第 2 卷第 3 号，1916 年 11 月，第 1 页。

家，足以化民善俗，为民国教育精神的根本。① 讨论基本上是围绕着孔教的宗教性、学术性以及伦理价值而展开，在各个层次的讨论中，"科学"一词无不渗透其中。

2. "科学"有限与宗教救国论

有研究者认为孔教运动存在理论缺陷，在孔教会的请愿书中有意回避了在科学日盛的年代，道德是否还需以宗教的形式来维持这一问题。这种儒学宗教化的企图缺少了以学理为后盾的"真"，民初人们反孔是因为孔教与科学思想不合。② 研究者敏锐地观察到孔教与科学之间的紧张，但将"科学"单纯地理解为求真之学，所得结论未免简单。

孔教的理论基础来源于康有为，康有为虽然仿照基督教模式塑造了孔教，但早在 1904 年就已经将二者区分。如谓"夫教之道多矣！有以神道为教者，有以人道为教者，有合人神为教者。要教之为义，皆在使人去恶而为善而已"。孔教与他教不同，"太古之教，必多明鬼。而佛耶回乃因旧说，为天堂地狱以诱民"，"然治古民用神道，渐进则用人道，乃文明之进者。故孔子之为教主，已加进一层矣"，"又人智已渐开，神权亦渐失，孔子乃真适合于今之世者"③。民国后，康有为基本因袭旧说，宣扬其"非神宗教观"④。陈焕章定义孔教非西方文字中的狭义"宗教"，乃中国传统的礼教之称。孔教重人道，是优于其他宗教的一种"特别宗教"，孔教的进步性即体现在它与迷信划清了界限。

1914 年，《孔教会杂志》通过问答的形式试图澄清孔教与迷信的关系。杂志中设问："近人谓宗教迷信足以障碍真理，故思破除之，如子之说，不当曰迷信，当曰诚信。而谓孔教亦具有此精神，然则迷信固不当破除欤？"答曰："不然，是当判别论之。它宗教所信仰者，有可谥之曰迷，吾孔教之使人信仰者，无一可诬之为迷。它宗教之近于迷信，或当破除以

① 陈独秀：《宪法与孔教》，《新青年》第 2 卷第 3 号，1916 年 11 月，第 1～2 页。
② 黄岭峻：《激情与迷思：中国现代自由派民主思想的三个误区》，华中科技大学出版社，2001，第 42 页。
③ 康有为：《意大利游记》，《康有为全集》第 7 集，第 374～375 页。
④ 〔美〕萧公权：《近代中国与新世界：康有为变法与大同思想研究》，汪荣祖译，江苏人民出版社，1997，第 87 页。

修改，而其信仰教主之诚心，则固不容破除。"① 更有甚者，陈焕章直接认定孔教即"科学"，因为它蕴含了"诚信"这一追求真理的精神。如《论语》中所说，"知之为知之，不知为不知，春秋阙疑，此皆科学家之法也"②。反面观之，佛、耶两教皆具有反科学性。

康有为的孔教宗教说建立在两个基本认识之上：一是宗教泛神论，一是宗教进化论。③ 民国初年，在学理上附和孔教论者，也基本在以上两点给予认同。张东荪说孔教是不是宗教，其难解之处，不在孔教，而在对宗教的定义。宗教的固有特性有四：神、信仰、道德与风习，以及文化。以此相衡，孔教虽不必一一符合，却仍可确定为宗教，且可以定为国教。虽然张东荪一再强调自己"最忌附会"，但笔下的孔教几乎具备了西方唯心主义哲学的所有特点，孔教哲学是二元的、进化的、人本主义的、实用主义的以及社会本位思想的，④ 从而印证了孔教是与西方哲学新形态最为契合的泛神宗教。孔教宗教化以不违背"科学"为前提，理性地规避了西方式的宗教迷信与科学求真之间的固有矛盾，恰恰体现了科学日盛的时代语境对于理论建构造成的方向性的影响。"科学"一词不仅体现为求真之学，事实上它已经泛化为追求进化的时代特征，内生为理论设计者思想上的自觉，外化为理论预设的必要条件之一。

不仅如此，康有为早在戊戌变法时期，就对科学技术表现出极大的兴趣。1904 年，他在游历欧洲十一国后撰写了《物质救国论》，⑤ 明确地将"科学"解释为"物质之学"。所谓"物质"是指近代工业革命兴起后，以自然科学与工业技术为标志的物质生产力。"物质学"包括自然科学、实用科学以及转化为军事等专门领域的工程技术科学，又称"实用科学与专门业学"。⑥ "物质学"是文明教化的基础，"夫人道之始，国势之初，皆造端于实力。其文学、哲理之发生皆其后起，既强盛之后，而后乃从而

---

① 狄郁：《国教名义答问》，《儒家宗教思想研究》，中华书局，2003，第 122~123 页。

② 陈焕章：《孔教论》，第 58 页。

③ 高瑞泉：《论"进步"及其历史——对现代性核心观念的反省》，潘德荣主编《知识与智慧：华东师范大学哲学系建系 20 周年纪念论文集》，上海人民出版社，2006，第 84 页。

④ 张东荪：《余之孔教观》，《庸言》第 1 卷第 15 号，1913 年 7 月，第 1~12 页。

⑤ 据《康有为全集》编者按，《物质救国论》成于 1904 年，序言发于 1905 年，1908 年初版。《康有为全集》第 8 集，第 62 页。

⑥ 康有为：《物质救国论》，《康有为全集》第 8 集，第 67 页。

文之。故物质学乎，乃一切事物之托命。"① 于中国而言，道德远胜于欧美，唯"物质"缺乏，因此"科学实为救国之第一事，宁百事不办，此必不可缺者也"②。此后，康有为陆续发表《金主币救国议》（1908）、《理财救国论》（1913）等一系列改革主张，关注重点均未偏离"物质"层面。留学归国的陈焕章则以实际行动应和了老师的主张，他在1911年出版了著作《孔门理财学》，运用专业知识论证了孔教不但是伟大的道德与宗教体系，而且是伟大的理财体系，在形上与形下两方面都提供了"解决中国今日危难为题所必需的要素"③。该书还被称为"通过西方科学方法以精研孔教，西方读者将在陈氏著作中发现由纯粹孔教家对孔教的表述"④。

　　按照康有为的设想，孔教与"物质学"分置于形上/形下的二元结构之中，"科学"概念在上体现为不可逆转的进化潮流，在下具化为造就国家实力的科学技术，其理论上下一体，正是顺应了时代要求的创造性成果。他们的"科学"认识与学术求真没有直接关系，完全是出于维护国家利益的功利主义考量。但是，这一发明显然没有得到广泛的社会认同。就形下言，时人中有信之者，认为"惟自然科学与技术工程可以救国，方为有用"⑤；有诋之者，讽刺"物质救国论"为"钱神论"⑥，并非救国正轨。就形上而言，亦毁誉参半。特别是"非神宗教"的建构是通过篡改宗教概念的内涵以达到逻辑自洽，难免与西方的宗教传统，以及国人的普遍认识有所背离，并由此引发了各种思想争端。

　　反对定孔教为国教最激烈的宗教群体是基督教人士。他们对于孔教的态度并不一致，但均反对立孔教为国教，提倡信仰自由。⑦ 他们发起组织信教自由会，联合各教会首先在北京发难。与此同时，他们也极力在学理上辨明宗教救国的意义，著名的基督教人士谢洪赉对此做了详尽的解释。他说，近世国人对于宗教有两种态度。甲谓教育政治的革新，苟无宗教为

---

① 康有为：《物质救国论》，《康有为全集》第8集，第89页。
② 康有为：《物质救国论》，《康有为全集》第8集，第95页。
③ 陈焕章：《孔门理财学》，商务印书馆，2015，第2页。
④ 陈焕章：《孔门理财学》，第1页。
⑤ 吴宓：《吴宓自编年谱》，生活·读书·新知三联书店，1995，第88页。
⑥ 杜衡：《偶读南海物质救国论书后》，《剑壁楼诗纂》，广州诗学社，1949，第76页。
⑦ 皕海：《国教评》，《进步》第4卷第6号，1913年10月，第2页。

底里，人民不能达至治之域。故今日变化社会的根本功力必有资于宗教，至于何教宜于国民则不敢遽下断语，或孔，或佛，或耶，似皆有可商之地，此其人者如能立志研究各教精义，自必有抉择之一日。乙谓今日乃科学昌明时代，宗教已无存立之余地，故唯求教育精粹、道德高尚，若宗教自无足轻重之物而已。此说虽然自视甚高，只可惜未能认识宗教的真精神。谢洪赉用"无极"一词解释物质之外的浩漠精神，"即万象万物之大本"，人类对于"无极"有着天然地想接近的欲望。人类接触"无极"的途径有二：一是智力的，二是道德的。正是在不断接近宇宙的过程中种种"科学"得以发生，但"科学"无论如何都不足以解说宇宙的究竟，故不得不仰仗宗教弥补缺憾，否则人类的知识将无处着落，精神也得不到满足。由于求而不得，人类因在宇宙面前的渺小而生敬畏之心，由是产生泛神论与不知论二派。①

《进步》杂志的主编莳海则把不可思议的"灵明"称为"上帝"。他说："科学之在今日尚属幼稚时代之初步，未为登峰造极之诣。故一时之理想，逾时而即变改，原不得谓之定论。而即如无神论者之意，亦不过谓世界悉由天演，为问何以有此天演，则归诸不可思议。夫不可思议非即上帝之本质乎？然则天演云者，直可名之曰科学的创造论，以代往古之神话而已，于上帝之存在仍无毫末之增益也。"至于宗教迷信，虽然有"由野蛮以进文明之必要，其在今日于中下社会尚为有益。若既不迷信，又无智信，不啻自取其彝秉之灵明而暧昧之"②。

1918 年，恽代英在日记里记下他对于"科学"与宗教二者关系的理解与疑惑，不得不承认"基督教最有力之理论，即谓科学亦非绝对可恃，如谢洪赉先生所著《基督教与科学》，即主此说者也"③。恽代英所说的"科学亦非绝对可恃"指的是"科学"的有限性。这一认识不同于晚清士人所说的"科学"限度，那是救亡语境下的功利主义判断。此有限性是指"科学以物质为资料，以实验为方法，以断定公例为结果"，所得均为不完全的知识。"科学"之上虽有哲学，但"哲学以宇宙为标题，以察变穷原为手续，按其结果卒不得一归宿"，"只能引起学者探奇索隐之趣味"；唯

---

① 庐隐：《宗教之必要》，《进步》第 6 卷第 6 号，1914 年 10 月，第 1～7 页。
② 莳海：《过去时代之宗教观》，《进步》第 3 卷第 2 号，1912 年 12 月，第 5～6 页。
③ 中央档案馆等编《恽代英日记》，中共中央党校出版社，1981，第 439 页。

"宗教则以世界事物、人类经验为前提，以外考事理，反求本心为中权，而以发明上帝之真相，神人之关系为后盾"。三者相较，"科学"与哲学仅就物质与知识方面着想，超越之上的如"永久自存"、"能力无限之生物原"、"万物变化之根"以及"人生意识所从来之主因"，都是"由上帝立之纲维，为一切生物所莫能外也"①。按照谢洪赉所言，"科学"与哲学皆属"人道"，"宇宙之间，人道不足以尽物也。人道，有极者也；天道，无极者也，欲以有极者代无极，此反宗教而辟者之过者也"②。宗教与"科学"实被置于心物二元论的架构之下，"科学"止步于对物质世界的考察，而无法回答终极追问，宗教的价值无可替代。

中国基督教青年会是这种心物二元论的实际践行者。1911年，青年会为了"扩张青年会事业"，"发展其新知识与新道德"，创办了《进步》杂志。"新知识"特指科学知识，"新道德"是指发扬基督精神，养成完美人格。③ 他们一方面不遗余力地提倡"科学"，把科学知识作为与中国青年沟通的手段。他们成立的讲演部在多达14个省进行了带有实物表证的演讲，听众多达几十万人。传播科学知识成为青年会宣扬基督精神最有力的手段。他们通过杂志宣扬美国式的共和政体，发表了诸如《美国共和政治之基本谈》、④《美国之政党与舆论》⑤ 等反映美国政治经济生活的文章。在道德上，他们大力宣扬美国式的奋斗主义，⑥ 认为中国正在经历一个从东方家族主义到个人主义的变革，同时指出西方个人主义的缺陷，认为宜通过慈善救助、国家主义分散个人主义的势力；通过社会救济穷人等方法纠正社会之偏⑦；等等。另一方面，青年会虽然没有大张旗鼓地宣传"基督救国"，但的确传达了一整套建立在西方宗教传统之上的近代科学与文化理念，渗透了"救国、救世、救灵魂"等宗教的意识与观念，指明了

---

① 天翼：《生物进化论探原》，《进步》第4卷第1号，1913年5月，第5～6页。

② 庐隐：《宗教之必要》，《进步》第6卷第6号，1914年10月，第6页。

③ 赵晓阳：《中国基督教青年会与公民教育》，《基督宗教研究》第8辑，宗教文化出版社，2005，第246页。

④ 茜海：《美国共和政治之基本谈》，《进步》第2卷第4号，1912年8月，第1～8页。

⑤ 蛰庵：《美国之政党与舆论》，《进步》第11卷第4号，1917年2月，第6～8页。

⑥ 茜海：《吾人之奋斗主义》，《进步》第6卷第2号，1914年6月，第1～4页。

⑦ 茜海：《东方家族主义与个人主义之革代》，《进步》第7卷第5号，1915年3月，第1～7页。

"中华归主"的理想价值。恰恰是这种积极的入世精神，对国人造成了强大的吸引力。当时青年会成员吴雷川在一篇自白中承认，自己入教就是因为相信"基督教必是能改变中国的社会"①，甚至一些并不信教的学人也表达了对基督教精神的欣赏。

1914 年，章士钊在《甲寅》杂志上转载章太炎的《驳建立孔教议》一文，表示赞同孔教非宗教，却不能苟同"宗教至鄙"的观点。他说欧洲宗教乃"身心性命之所寄"，"皈依之诚，实无间于愚哲"。宗教并非太古愚民之行，人类的智识与两千多年前的古人没有大的差别；但人群的教化有层次之别，下层人的特质与上层人的差别犹如太古与现世一样距离遥远，作为"化民之事"的宗教对于下层民众的作用不应废弃。② 章士钊基本采纳了西方基督教的解释，认为宗教是人类社会必需的心灵药石，它与"科学"并不冲突。一方面由于人类文化发展缓慢，宗教必有其生存的空间；另一方面也由于教化的层次繁复，底层民众一直会保持对于宗教的需求。同年，《甲寅》杂志刊登了一封读者来信，自述其对章士钊心慕耶教颇感契合。他说自己初至美洲时，"慕彼富强，颇复究心物质，终无所得"，后见彼邦士农工商各笃其职，心无旁骛，问其缘由，得知是有上帝使人作业，不敢有非分之想。于是始知西方"富强有道，在乎精神。精神诚于专一，专一起于礼祷上帝"。中国自国变以来，举天下之人，皆怀宰官之冥想，不诚不专，以至于人性日漓。③ 蔡元培虽不赞同宗教救国，却认同"科学"有限，即宇宙间存在不可思议之事而不得解，需要宗教式的精神以开真善之门。④ 因科学发达，知识与意志渐脱离宗教而独立，唯有情感属于宗教的范畴；又因宗教往往扩张己教，攻击异教，造成民族以及政治上的冲突，所以提倡"陶养感情之术，莫若舍宗教而易以纯粹之美育"⑤，"合于世界主义者，其惟科学与美术乎（科学兼哲学言之）"⑥。

同年，高一涵总结说，近日所争论"非尊孔尊耶之执，乃人类应否终有宗教问题也"。论者约分两派："一派谓宗教起于民智浅陋，惟太古愚民

---

① 吴雷川：《我个人的宗教经验》，《生命》第 3 卷第 7、8 册合刊，1923 年 4 月，第 1 页。

② 秋桐：《孔教》，《甲寅》第 1 卷第 1 号，1914 年 5 月，第 18~19 页。

③ 陈敏望：《宗教与事业》，《甲寅》第 1 卷第 3 号，1914 年 7 月，第 26~27 页。

④ 蔡元培：《在信教自由会之演说》，《蔡元培全集》第 2 卷，第 493 页。

⑤ 蔡元培：《以美育代宗教》，《蔡元培全集》第 3 卷，第 60 页。

⑥ 蔡元培：《学风杂志发刊词》，《蔡元培全集》第 2 卷，第 290 页。

行之，民智既深，即不需此"，此乃无神论；"一派谓宗教本随时之义而成，与天地相始终"，"人智弥进，推之弥远，则不可思议之境弥多"，此乃有神论，宗教与"科学"二元并存。"故宗教之义，日离迹而即于玄，其托愈幽，其行即远。质言之，一谓宗教与民质为相对者，一则谓为绝对者也。"① 照此标准，康有为定义孔教是进化后的宗教，不背离"科学"，实为无神论的延伸，不过取宗教之名，以期创造新形式的政教合一。有神论一方在哲学层面上接受了宇宙不可知论，认为迷信以另一种方式客观存在；在现实社会认同政教二元论，将信仰只限于精神层面，甚至不关乎道德。张东荪承认"在泰西今日，则宗教自宗教，道德自道德，欲以宗教振兴道德殊属艰难之业。盖道德之关于宗教也尚浅，而关于他种如生计、教育、政治等更较深焉"，只是"中国尚未达到泰西今日之文明程度，时代阶级有所不同，故中国除宗教以外，别无道德，非若泰西二者分立，反足以促道德之进化也"②。质言之，孔教理论是在用中国国情割裂西方教义，弃其迷信之魅，取其崇拜之用，幻想以宗教的方法解决中国的非宗教问题。③ 其结果难免如萧公权所言，既以宗教为道德，却又在尽量降低"神权"的精神价值，最终未能成功地将儒学自伦理转成宗教。④ 不过，理论缺陷仅是国教运动失败的原因之一，在中国这个没有宗教传统的国家里，人为地创造宗教信仰恐怕从根本上讲就是一个不切实际的想法。

但是，民初萌生类似想法的人却不在少数，他们对待孔教的态度或有不同，但大多相信宗教在塑造道德方面能量巨大。除了章士钊心慕耶教以外，有人以为"姬孔礼教既不足裁制人心，西方神教益不能以欣洽人意"，"欲昌宗教，则惟有直趣佛法"⑤。有人以为"不可将孔佛掊击太甚，假使孔佛信仰一堕，又无新信仰起而代之，则国魂失矣。不如孔佛听其奉守，别其适于今日潮流者，无论何教，以与孔佛中之不适者交替，以孔佛之名而行新教之实"⑥。有留美学生提出"吸耶溶佛"以改良孔教，使之"内

---

① 高一涵：《宗教问题》，《甲寅》第 1 卷第 4 号，1914 年 11 月，第 29～30 页。
② 张东荪：《余之孔教观》，《庸言》第 1 卷第 15 号，1913 年 7 月，第 7 页。
③ 许纪霖、陈达凯主编《中国现代化史（1800～1949）》，上海三联书店，1995，第 259 页。
④ 〔美〕萧公权：《近代中国与新世界：康有为变法与大同思想研究》，第 88 页。
⑤ 王九龄：《宗教》，《甲寅》第 1 卷第 10 号，1915 年 10 月，第 17 页。
⑥ 曾毅：《宗教与民德》，《太平洋》第 1 卷第 6 号，1917 年 8 月，第 9 页。

而利用人民最多数之信仰，外而适世界道德之进化"，最终能"养民族以生存之德，长国家以竞争之力"①。还有人说，因今日科学大兴，耶、佛、回三教科条全失其权威与信用，"然苟有人焉，乘时而起，另创科条，另为教宗，失于彼者，未尝不可救于此也。故今日特患无耶稣、仲尼、摩哈密德与释迦牟尼其人耳。苟有其人，则国民道德之堕落，不足虑也"②。年轻的蓝公武甚至身体力行，扬言要建立一个崭新的"中华民族教"。

1913 年，年仅 26 岁的蓝公武在《庸言》上发表《宗教建设论》一文，认为中国问题只有宗教才能从根本上解决，但在思想深处同样纠结着难以处理的宗教与"科学"的矛盾。他说如今世界四大宗教无一可用，其中回教不足为论，儒不能称为宗教，佛教的出世论不能为连绵存续而不能寂灭的现世发覆，耶教教义"多语神怪，荒唐而无可稽考"，时至今日，"耶教不当以圣经之教义观之，而当以欧美之族性视之"。于是"处今日之世而言宗教，舍建设外无他途"。但是，建立宗教有三难，其中之一便是"今之宗教无不附以神秘之说，去神秘之说，则宗教之道穷而信仰之力坠矣。然今世科学昌明之日，神秘之说不复能为人信，则今之改革宗教者，其仍以神秘之说进耶，事将与科学相抵触；其不以神秘之说进耶，则尽失宗教之权威。二者无一是，而终皆不能坚世人之信仰"③。遗憾的是，蓝公武此文并未完成，如今已无从窥见"中华民族教"的模样。但据理推测，它应该是一个入世的、无神的、符合中国民族性的宗教，这一想法还是与孔教论异曲同工。

1914 年，刘仁航在《孔教辨惑》一书中，通过讨论孔教与"科学"的关系，断言"今日中国决不可以科学废教"。刘仁航所谓的"教"并非仅指孔教，而是指能够提供精神支持的所有宗教。据时人记述，他的主张颇为新颖，是一个将"孔子大同主义、孟子井田主义、墨子兼爱主义，东西佛耶两教的牺牲主义、马克思的社会主义"相糅合的大杂烩。④ 他也并

---

① 刘凤竹：《关于孔教会进行之意见》，《留美学生季报》第 2 卷第 2 期，1915 年 6 月，第 87 页。
② 方南岗：《予之国民道德救济策》，《东方杂志》第 10 卷第 7 号，1914 年 1 月，第 15 页。
③ 蓝公武：《宗教建设论（未完）》，《庸言》第 1 卷第 6 号，1913 年 3 月，第 1～9 页。
④ 散木：《关于刘仁航先生》，《晋阳学刊》1999 年第 6 期，第 97 页。

非简单排斥"科学"，其自述在甲午战争之后，尤嗜新学中的天演进化思想，但"嗣治生学以求其说所从出，乃时时抱不安之感，返而求诸释、老、回、耶诸宗"，"常欲于达尔文的派生学外，据他例以正进化论之误点"。①

刘仁航的思想同样建构在"科学"有限、宗教可存的基本思路之上。他列举的"科学"的限度有六：其一，国民智识低下，"授之以宇宙真理，新民道德，似对牛弹琴"；其二，今日"科学"幼稚，不足以解释宇宙难题；其三，宇宙中确有不可思议之理，非今日物质科学所能解释；其四，"科学"为物质文明，宗教、哲学为精神文明，物质文明非有精神文明相辅助，反滋流弊，有智识未必有道德，甚至道德反退；其五，政教分治身心，并行不悖；其六，征诸各国事实，宗教可以改良而不可废除，宗教并不与"科学"抵触，反而可以利用科学进步。② 以上六点基本涵盖了晚清以来"科学"概念在道德层面引发的各种冲突，如智识与道德的关系、学术与政治的关系、科学与宗教的关系、物质文明与精神文明的关系等。其他暂且不论，单就民初宗教救国的思想来看，也是循着前人的思路，未能越过樊篱。从康有为创设非神的孔教，到梁启超推崇最近宗教的王学，章太炎建立智信的佛教，再到民国形形色色的宗教设想，国人都有意识地避开了有神论的窠臼，仅在道德的层面谈宗教，却又不自知地陷入宗教与生俱来的迷信与崇拜的悖论之中。

问题在于，中国人何以要自陷困境，选择宗教作为救世法宝。究其原因，宗教形式的引入仍旧是建立在进化论基础上的道德改造，吸引中国人的并不是西方的宗教，而是宗教的西方。晚清以来，经学分崩离析，分科治学使得传统道德无处容身，纯粹的竞争哲学又与中国的民族根性两相抵牾，融汇中西，重塑道德势所必然。近代国人艳羡西方信仰所引发的精神效用，于是当认为西方连同它的宗教形式都代表着进步的方向的时候，建立本国宗教自然成为道德更新的路径之一。但是，国人选取的并不是西方宗教的整体，而是已经"科学化"、世俗化了的近代宗教模式，并希望在此基础上加以改造，使中国的新宗教更能顺应时代，贴合传统。如外人评论，"彼陈焕章博士及其同会中人，非顽固守旧者可比也。其求进步而图

---

① 刘仁航：《孔教辨惑·自序》，中华书局，1914。
② 刘仁航：《孔教辨惑》，第1～5页。

改进，较诸新中国热心爱国之领袖，殆未遑多让"，"盖陈君之所谓孔教，实具闳通公善之理想，通合进化之顺序"①。

矛盾在于，"科学"同样是进化的标尺，当"科学"与宗教一并作为进步的因子进入中国时，国人看到更多的是它们之间的对立，而无法体会二者之间的天然联系。这不仅是中国的民族性使然，也是中国作为后发展国家进入全球性"科学"话语体系的时机所决定的。无神论者喜欢引用孔德的进化图式，将社会发展分为"宗教迷信时代"、"玄学幻想时代"以及"科学实证时代"，②"科学"与宗教之间的此消彼长已是一目了然。尽管醉心宗教者处心积虑地证明各自的理论不背离"科学"，可一旦套上宗教的外衣就鲜明地表达了它与"科学"对立的立场，从而陷入与进化大潮逆向而动的窘境。在近代中国，宗教与科学犹如"鱼与熊掌"，不可兼得，"科学"因为具有更多的进步性而显得比宗教更具感召力。1919年，刘仁航再论其大同理想时，更加强调了"科学"对于宗教的改造作用。其谓"今科学日进，新学之赖于旧学者少，若旧学不用新法整理，即淘汰亦无可惜"，他的"东方大同学"的妙处不仅在于可通东方学，至少要以"世界文化史、科学史、发明史、进化论、生物学、经济学、哲学史、美术史、宗教史、各国文学史等为大纲研究，方能真通此学"③。

3. "物质主义"与"精神救国论"

宗教救国是民初政治乱象下的一种道德选择。虽然康有为、陈焕章的道德论说已不能称其为旧，但由于孔教运动与复辟帝制的政治活动相关联，往往被认为是要复归旧道德。大多数人更愿意采取非宗教的方式填补价值空白。1911年，《东方杂志》连续登载三篇与"科学"、宗教相关的文章：《基督教与科学》④、《佛教与科学》⑤、《宗教科学并行不悖论》⑥。

---

① 〔英〕约翰斯顿：《中国宗教之前途》，钱智修译，《东方杂志》第10卷第9期，1914年3月，第7～8页。

② 陈独秀：《近代西洋教育》，《新青年》第3卷第5号，1917年7月，第3页。

③ 刘仁航：《本书编订意趣纲领》，氏著《东方大同学案》（上），生活·读书·新知三联书店，2014，第3～5页。

④ 甘永龙译《基督教与科学》，《东方杂志》第8卷第2期，1911年4月，第7～10页。

⑤ 蓬仙：《佛教与科学》，《东方杂志》第8卷第2期，1911年4月，第10～12页。

⑥ 赵修五：《宗教科学并行不悖论》，《东方杂志》第8卷第7期，1911年9月，第15～18页。

其核心思想不外乎"科学之知识，不能为吾人完全之知识可知也"，以破除"科学之万能"之迷想。[1] 但他们尊重宗教，同情孔教，却不认为孔教是宗教，解决中国的道德问题当另寻出路。

1910 年，《东方杂志》完成了杂志界的"一场革命"，在版式、体例、思想主张等方面呈现全新面貌。担任主编的杜亚泉是该杂志的灵魂人物，在民初前十年，他以"伧父""高劳""陈仲逸"等化名以及本名写下了大量的时评与论文，计有 300 多篇，基本上每期（号）都有他亲自译撰的文字，有时一期中会出现 10 多篇。[2] 杜亚泉在殚精竭虑地抚育《东方杂志》成长的同时，提出了鲜明的个人主张。政治上，杜亚泉不拘党群，站在自由主义的立场上推行"减政主义"；文化上，站在保守主义的立场上主张东西文化调和，因此招致陈独秀的发难，最终辞去杂志主编之职。杜、陈之间的论争发生在 1918 年，以往研究多集中于此时，把关注重点集中于论辩本身，而忽略了杜亚泉思想的发展历程。事实上，从辛亥革命爆发到与《新青年》论辩，杜亚泉的个人思想几经周折，1913 年是他态度转变的关键时期。

革命胜利之初，杜亚泉曾以积极的心态为之做舆论上的宣传与学理上的论证。经历了短暂的热情后，他很快回归理性，认识到中国将面临一系列亟待解决的重大问题，但依然是一个乐观的建设主义者。1913 年 3 月，他还在文章中大谈"改善之说"，认为道德堕落、风俗污下、生活困难，虽为中国社会近今之缺点，但"中国目前现状而为治标之策，则必以开通智识为前提，而尤以普浚常识为急务"[3]。但在一个月后，宋教仁被杀，二次革命风潮再起，政局的突变使他变得异常焦虑，感慨"吾侪不幸，生今日新旧交替之社会"，"论世者对于此瞬息千变之世态，欲揣测一二事之结果，亦且术智俱穷。世变之亟，诚于今为烈。然世事益复纠纷，则吾人之虑患益不得不深，操心益不得不远"[4]。

从此，杜亚泉开始深思国家存亡之远虑，而仅非近忧。他认为国家

① 蓬仙：《佛教与科学》，《东方杂志》第 8 卷第 2 期，1911 年 4 月，第 10～11 页。
② 洪九来：《宽容与理性：〈东方杂志〉的公共舆论研究（1904～1932）》，上海人民出版社，2006，第 44 页。
③ 高劳：《论中国之社会心理》，《东方杂志》第 9 卷第 9 期，1913 年 3 月，第 4 页。
④ 伧父：《论社会变动之趋势与吾人处世之方针》，《东方杂志》第 9 卷第 10 期，1913 年 4 月，第 1 页。

眼下深受内治、财政、外交三事纷扰，其根本在于"中国文明之弱点"，如不从本源上预为救正，现在的困难虽除，他日将有什百于是者。此弱点具体可分为精神文明与物质文明二事。物质文明之弱在于"吾社会乃物质文明之消耗场，而非物质文明之生产地也。吾社会人民，乃使用物质文明之人类，而非制造物质文明之人类也"。救治之法，一方面要振兴实业，另一方面要防微杜渐，遏制物质文明过盛的隐忧。精神文明之弱在于"近今所谓精神文明者，类由摹仿袭取而来，非己身所产出，而又无推测抉择之力，贯通融会之方，调剂之以求其体合"。因此，"吾国现象，非无文明之为患，乃不能适用文明之为患；亦非输入新文明之为患，乃不能调和旧文明之为患。则夫所以适用之，调和之，去其畛畦，祛其扞格，以陶铸一自有之文明"①。文章仍以西方文明作为参照，虽间有批评，但仍认为是中国学习的榜样。此时，杜亚泉的调适思想已现端倪，但尚能在物质与精神之间保持持平的态度，没有体现语义上的褒贬。

　　时隔两个月，杜亚泉在《东方杂志》上连载长文《精神救国论》，字里行间显露出他转换了思考中国问题的路径。文章内容主要是纯学理的译介，梳理了欧美由唯物论转变为心物二元论及唯心论的发展次第，介绍了除生存竞争以外的种种进化论学说，且标明理论多从日本译书中采缉，目的是想引发国人研究的兴味。从语义上看，"精神救国论"是针对"物质救国论"而言的。"物质救国论"的理论基础是"物质主义"，实指"19世纪后半期，风靡欧美流行世界者，为一种危险至极之唯物主义"，航渡东亚，输入中国以后，相继表现为富强论、天演论，最终"将酿成物质亡国之事实"。反之，"精神救国论"的理论基础是新唯心主义，指出近日欧美各国"唯物论破碎，唯心论复兴，物质主义一转而为精神主义"。二者的转变，"实为社会上的压制主义与自由主义转变之先声"。据此理，杜亚泉检讨中国政治，认为辛亥革命的胜利是由唯物、唯心两大思潮磅礴郁结而成，大多数赞成革命者由唯物主义而来。但革命引发了各种社会势力的竞争，生存竞争之说在中国演化为"饭碗革命"的新名词。革命胜利后，各种政治现象均以金钱关系概括之，唯心主义所谓的人权自由，几乎

---

① 高劳：《现代文明之弱点》，《东方杂志》第 9 卷第 11 期，1913 年 5 月，第 1～6 页。

不可梦见。① 如今新唯心主义兴起，即是唤起国人精神的福音，"吾国人诚能推阐新唯心论之妙义，实行新唯心论之训示，则物质竞争之流毒，当可渐次扫除，文明进化之社会，亦将从此出现矣"②。

显然，新唯心主义为杜亚泉提供了解决中国问题的新思路。该文不但标志着他个人思想的转折，也揭橥了中国反省现代性的思潮，具有思想史上的意义。③ 但是，还有一事值得考究，那就是他的文字的表达方式。文章中，杜亚泉将"物质"一词看作与"精神"是截然相反的、被贬抑的词语，"物质主义"指极端的唯物主义，"物质救国论"也与单纯的生存竞争学说画上等号。由前可知，"物质救国论"一词比较早地出现在康有为的著作中，近人使用该词的频度并不高，此时被杜亚泉重新提及，且作为批判的对象，是否还有其他深意？

杜亚泉在《精神救国论》的编后语中，曾提及参考过两篇文章，其中一篇是由章锡琛译自日本《万朝报》的《新唯心论》。将此文与杜文对照，除了具有的相似性之外，还可以看见文字使用上的差异。其他不论，单就"科学"一词而言，它在译文中反复出现，且具有多重含义：它体现为经济上的"以煤铁为资本工业之产儿之科学"，哲学上的"唯物论"，文艺上的"自然主义"，人生观上的"科学主义之人生观"。④ 比较之下，杜文只使用过一次"物质科学"，其他皆从唯心论的对立面质疑"物质主义"，其表征是生存竞争学说以及金钱至上论，全文几乎不言及其他"科学"。如果说《新唯心论》比较全面地梳理了欧洲思想流转的过程，科学与技术的进步实为各种思潮发生与发展的枢机，则杜文纯粹是在哲学层面上检讨"物质主义"的流弊，与科学发展本身并无直接关系。

"物质"与"科学"的差别何在？参考《东方杂志》转载的托尔斯泰的《真科学与假科学》一文或可得见。据说此文当时颇为盛行，民国初年已由俄文译成英、法等各种文字。1913 年，上海《神州日报》译成中文，三月又经《东方杂志》转载。⑤ 文章中，托尔斯泰用"假科学"指责

---

① 伧父：《精神救国论》，《东方杂志》第 10 卷第 1 期，1913 年 7 月，第 1～6 页。

② 伧父：《精神救国论续》，《东方杂志》第 10 卷第 3 期，1913 年 9 月，第 6 页。

③ 郑师渠：《欧战前后国人的现代性反省》，《历史研究》2008 年第 1 期，第 91 页。

④ 章锡琛译《新唯心论》，《东方杂志》第 9 卷第 8 期，1913 年 2 月，第 9 页。

⑤ 盛成译《真科学与假科学》，《盛成文集》，北京语言文化大学出版社，1997，第 319 页。

"研求由威力与金钱所介于我之科学"；用"真科学"指称"自由取撷之科学"，是可以"教吾人以良善生活之道者也"①。"科学"之真假实以道德之善恶为评断。稍加比较，即可得知杜亚泉的"物质主义"与托尔斯泰的"假科学"异名同质。在他的理解当中，"物质"与"科学"绝非一事。

恰恰相反，杜亚泉论学救世始终秉持着科学的立场。杜亚泉早年就具备很好的理科素养，参与编辑出版的科学书籍不可胜数。主持《东方杂志》期间，亦致力于科学思想的传播，胡愈之称之为"中国科学界的先驱"，是"中国启蒙时期的一个典型学者"②。此时宣扬的新唯心论也是"基于科学之唯心论，根于实验之理想主义，征于实生活之华想主义，皆新时代之精神也"③。他在文章中提到的俄国克罗帕得肯，英国特兰门德、颉德，美国巴特文、胡德等人都是西方实证心理学的开创者，是延续社会达尔文主义的坚持拥护者，④ 他们宣扬的不再是中国人熟知的孔德、达尔文以及斯宾塞的以生存竞争、自然淘汰为核心的，单一向度的进化，而是经过心理学改造后的伦理进化模式。颉德的理性势力、巴特文的心理进化论、胡德的调和的新生命论等理论都在他的文字中有所显现，终成其哲学思想上的"分化与统整"。他认为就人类社会而论，分化即表现为对外的生存竞争，统整则表现为对内的互相协助。在人类心理中，常具有互相反对的两方面：一为自利的和利他的；二为自己之生存和与他人共生存。且二者在人类心理上，常常无法协调，于是演化为理与情、理与欲、性之善恶、智与伦理等各种形式的二元冲突，今日中国就是有分化无统整而造成的。⑤ 因此，杜亚泉的科学观念是建立在理性、进化、统整等性质之上，且一以贯之地渗透在他的"精神救国论"当中。

二次革命失败后，杜亚泉将社会混乱之总因归于道德堕落，"曩时之

---

① 〔俄〕托尔斯泰：《真科学与假科学》，《东方杂志》第9卷第9期，1913年3月，第27页。

② 《追悼杜亚泉先生》，《东方杂志》第31卷第1期，1934年1月，第304页。

③ 章锡琛译《新唯心论》，《东方杂志》第9卷第8期，1913年2月，第10页。

④ 刘纪蕙：《"心的治理"与生理化伦理主体：以〈东方杂志〉杜亚泉之论为例》，《中国文哲研究集刊》（台湾）第29期，2006年9月，第99页。

⑤ 伧父：《精神救国论续》，《东方杂志》第10卷第3期，1913年9月，第5页。

旧道德已不足范冶人心，又无新道德以承其后，适物竞争存之学说乘时输入，吾人外怵于国势之不振，内迫于生计之穷蹙，遂误认为救弱济贫之良药"，"吾国数千年仁民爱物之美德，遂渐灭以无存"①。但他并不赞同立孔教为国教，认为中国"古昔之敬畏天命，流俗之崇拜鬼神，未尝不有宗教之意义。然天者，宇宙自然之理所从出，范围至为广漠，苟未别立一种条教，强人率从，即不能与宗教等视。而鬼神之事，儒者不道，其为力亦至微"。"若设为国教，则必有其形式上之约束，而失因时救济之妙用。且他人方离宗教之羁缚，而进于理想之自由，吾乃从理想之自由，而趋于宗教之羁缚，闭遏知识，阻碍进步，莫甚于此，殊未见其可也。"同时，他对于所谓的新道德有所警惕，认为言新之人多以欧西社会为根据，与中国情况并不相同，如谓旧道德以习惯为基础，含有宗教性质，团体牵制个人行为等。中国无宗教、无团体，不需要根本改革。中国道德的大体，基本上是可以不变的，不仅今日不变，再历千百年亦可以不变。若其小端及其应用之倾向，决不能不因时因势有所损益于其间。②

杜亚泉借用德国佛郎都《国家生理学》一书中的原理，提出调和新旧道德的"接续主义"。他指出，国家的接续主义含有"开进"与"保守"两重意义，如果没有开发文明、与时进化，国家仍旧会是一个野蛮国；但是，如果开发之时，无法"保守固己"，新旧接续中断，国家基础必然为之动摇。要保持国家接续，使其不至于破裂，这不是国法所能够限制的，而需要靠国民道德来完成，"国民无道德，则政治失接续，此由因而生果也。政治之接续愈破裂，则国民之道德愈堕落"③。杜亚泉关于国民与国家的延续概念，以及中国的"新生命"概念，都是从生理学的角度出发，认为世界与社会是一个有机体，要通过"改变社会心理转变社会积习"，来治疗社会"病态"。④ 从本质上言，"接续主义"就是渐进的改良主义。

从1913年到欧战爆发之前，杜亚泉已经完成了新旧道德调适的理论准备，且运用于对中国问题的认识当中。战争爆发后，西方世界的文明危

---

① 高劳：《革命战争之经过及其失败》，《东方杂志》第10卷第3期，1913年9月，第55页。
② 高劳：《国民今后之道德》，《东方杂志》第10卷第5期，1913年11月，第3～4页。
③ 伧父：《接续主义》，《东方杂志》第11卷第1期，1914年7月，第3页。
④ 刘纪蕙：《"心的治理"与生理化伦理主体：以〈东方杂志〉杜亚泉之论述为例》，《中国文哲研究集刊》（台湾）第29期，2006年9月，第102页。

机进一步拓展了杜亚泉的观察视野，坚定了其文化上的保守主义立场，理论渐进于中西文明调和的境地。但无论何时，其发表的道德言说始终充满了理性思考，体现为抵制物质科学，崇尚实证科学，推崇社会进化论，保持了非意识形态化的价值中立的学术态度。[①] 杜亚泉曾经把中国学人分为四种："知识明敏感情热烈者，常为革新之魁；知识蒙昧情感冷淡者，常为守旧之侣。至知识蒙昧感情热烈者，表面上为革新之先锋，而浅尝浮慕，宗旨恒不坚定，或转为守旧者之傀儡，今之所谓暴乱派是已。知识明敏情感冷淡者，实际上为革新之中坚，而徘徊审慎，不肯轻弃旧惯，反似为驾于守旧者，今之所谓稳健派是已。以上四者，于新旧派别，略具雏形，而推其由来，实各本于其个人性质。"[②] 而他自己显然属于最后一种。概括而言，杜亚泉的文化保守主义肇端于共和危机下的应对，其立足于"科学"，针砭于"物质"，救治于"精神"，取法于"调适"。

1914 年，吴绾章翻译日本浮田和民的道德学说，表达了道德非可以改造，只可成育的渐进思想。按照浮田所说，道德的形式可以随时代而变迁，但根本真理确乎不动，故而只可称之为进化或变形，不可谓之消灭或创设。[③] 在浮田的学说中，"科学"是一个至关重要的因素。他认为，新道德的建设必须具备两个基本条件：一是新时代的道德当超然独立于宗教之外；二是新道德的研究。当运用研究科学的方法以求得真理。[④] 超然于宗教是为了不背离"科学"，宗教"在科学发达之现社会则毫无权威之可言"。但宗教与新道德并不抵触，"宗教绝非崇拜仪式之谓，实不可思议之神秘与其暗示为之前提"，"吾人于宗教苟能溯其根本，略其形式，以新宗教建新道德，得晚近之伟大之事业"[⑤]。科学地研究道德则是希望通过古今中西比较，建立最适合时代，平等、进步以及自由的道德规范。此说与杜亚泉的"接续主义"不谋而合。

但也有提倡"精神科学"者，认为中国的新旧道德不可调和。1913

① 高力克：《杜亚泉思想研究》，第 85 页。
② 伧父：《再论新旧思想之冲突》，《东方杂志》第 13 卷第 4 期，1916 年 4 月，第 3 页。
③ 〔日〕浮田和民：《新旧道德之对照》，绾章译，《进步》第 5 卷第 6 号，1914 年 4 月，第 6 页。
④ 章锡琛：《浮田和民之新道德论》，《东方杂志》第 10 卷第 8 期，1914 年 2 月，第 16 页。
⑤ 〔日〕浮田和民：《新旧道德之对照》，绾章译，《进步》第 5 卷第 6 号，1914 年 4 月，第 4~5 页。

年，《进步》杂志曾刊登《中国以伦理改革为必要说》一文，作者敏感地意识到中西伦理道德有本质不同，或将演变为一场剧烈的思想纷争。他认为，就目前而论，中国的旧伦理绝不能生存于今日世界，否则我国的政治社会改良都将为其所牵制。中国的宗教传统非孔教、非佛教，"尊祖教"而已，"我国一治一乱之成局，旧伦理观念实为之历阶。盖人人知有祖宗血族而不知有社会，知有帝统而不知有民族"，如今应以西方的新伦理代替。新伦理包括个人主义与社会主义两方面：因有个人主义，可以尊人格，卫自由；因有社会主义，可以剂强弱，调优劣。①

文章的作者亚飞曾留学德国，纯以西方伦理为中国发覆，其背后的学理来自德国的精神科学。他说德国教育的根本在于陶铸人格，教育析为物，分为天然科学与精神科学，精神科学以养成审辨实行的活动力，知识的多寡与见闻的广狭与之无关。②他详细介绍了精神科学与天然科学之间的两大异点。一是研究方法不同。天然科学的研究方法为观察、实验、算数；精神科学的研究方法为精神上解释，以形体达知觉属于美术，以语言达知觉为最普通、最重要的方法，因此精神科学必须以语言文字为基础。二是研究对象的差异。天然科学的研究对象多为同式的、恒久的、经常的；精神科学的研究对象是特殊的、变迁流动的。精神科学比天然科学含有更多的人为因素，不但是真伪之辨，而且有善恶之别。凡优胜民族有精神科学素养者，每遇大事都能持科学之理解决，故政不纷扰，学不淆乱；反之，科学知识缺乏的民族，每遇新异问题，国人无术以应对，是因为不知精神科学可使人心有定向，人情有定理，维系感情，培养性质。而中国恰因不知精神科学，而导致真伪不辨、政治争持、意见歧异，纷纷扰扰不得休止。他认为中国数十年维新以来，陷入"中体西用"之窠臼而不见西人的精神文明。如今全国贫困、民智日坏，实利主义遂成为言西学的口头禅，而不知西国的物质文明实赖精神文明为根据。故而，精神科学对于中国而言，其重要为更甚。③ 皕诲曾在亚飞的文后添加按语，说"须知我国今日之乱源，论者每以为旧道德堕落而然，深探其实，则因旧道德之不足以支配新学问、新事业而然"，并断言"我国家苟有平安乐利之一日，我

① 亚飞：《中国以伦理改革为必要说》，《进步》第5卷第1号，1913年11月，第5～6页。
② 亚飞：《德国之教育粹》，《进步》第5卷第2号，1913年12月，第2～3页。
③ 亚飞：《说天然科学与精神科学》，《进步》第5卷第3号，1914年1月，第1～6页。

社会苟有昌明盛炽之一日，则必在新者战胜时代，亦即在旧者退伏时代，而或求新旧调和携手同步，则绝无此理也"①。

民国初年，中国的思想界汇集了来自东西方各国的道德经验。通过各家学说中的"科学"样态，基本可以区分德国、日本以及美国道德的不同特性。除孔教论之外，其他思想的共性在于，宗教与道德或曰精神科学分属不同思想领域，宗教在不可知的范畴内引导人类的终极追求，道德和精神是世俗社会中人类的行为规范。在宗教可存的前提下，道德和精神会随着科学的发展不断进化。因此，先进国家共同的、与共和体制配套的，诸如进步、平等、自由等道德上的经验，将给新造的中华民国提供借鉴，以塑造新道德体系。在这一层面上，国人的分歧并不明显，但对于旧道德的态度则逐渐衍为冲突。面对同样的政情，陈独秀选择了更为激进的伦理革命，宣称将"以科学代宗教"。

4. "以科学代宗教"与伦理革命

1915 年创办《青年杂志》时，陈独秀并没有如此决绝，反而是建设的成分多一些。他在《社告》中写道："国势凌夷，道衰学弊，后来责任端在青年。本志之作，盖欲与青年诸君商榷将来所以修身治国之道。"② 有研究指出，陈独秀创办杂志以"青年"为名，是受到基督教青年会"人格救国"主张的影响。③ 除了宗教信仰不同，其道德主张没有更高明的地方。④ 陈方竞认为，陈独秀的《敬告青年》所举六义仅仅表明了一种革新的态度，并没有联系中国固有思想学说，基本上是悬浮于中国传统道德之上的。⑤

分析《敬告青年》的言论，陈独秀主要糅合了 18 世纪启蒙时期以法国卢梭为代表的民主主义政治伦理观、18～19 世纪英国功利主义伦理观和 19 世纪社会进化论伦理观。⑥ 各种思想中，陈独秀对法国文明的推崇是独

---

① 亚飞：《中国以伦理改革为必要说》，《进步》第 5 卷第 1 号，1913 年 11 月，第 7～8 页。
② 《社告》，《青年杂志》第 1 卷第 1 号，1915 年 9 月，第 1 页。
③ 吕明涛：《〈青年〉杂志与〈青年杂志〉》，《书屋》2005 年第 8 期，第 65 页。
④ 王奇生：《新文化是如何"运动"起来的》，《近代史研究》2007 年第 1 期，第 23 页。
⑤ 陈方竞：《多重对话：中国新文学的发生》，人民文学出版社，2003，第 25 页。
⑥ 徐国利：《"伦理革命"思想的再认识——兼论新文化运动的首要目标和中心内容》，《安徽史学》2005 年第 4 期，第 110 页。

一无二的。① 陈独秀认为法国启蒙思想的优胜之处根基于"科学"，却又超越"科学"。"近代文明之特征，最足以变古之道，而使人心社会划然一新者，厥有三事：一曰人权说，一曰生物进化论，一曰社会主义是也"②，"此近世三大文明，皆法兰西人之赐"。与军国主义的德意志相比，"夫德意志之科学虽为吾人所尊崇，仍属近代文明之产物，表示其特别之文明有功人类者，吾人未之知也。所可知者，其反对法兰西人所爱之平等、自由、博爱而已"③。

曾有学者统计，自 1915 年 9 月问世至 1926 年 7 月终刊，《新青年》总计发表各类文章 1529 篇，其中涉及"科学"的文章不过五六篇（主要讨论科学精神、科学方法以及科学与宗教、人生观等），并由此认为陈独秀高举"科学"的大旗不过是借用主流话语为其辩护。④ 如果以自然科学为标准，陈独秀的确不够"科学"，就是在年轻的《新潮》学人看来，似乎也不太"科学"，罗家伦就希望《新青年》"多做朴实说理的文章，多介绍西洋的新学说过来"⑤。但是，如果不单以"科学"二字进行检索，他的"科学"认识其实散落在伦理、政治、宗教、文学美术等各个方面的论说之中。他曾说近世科学家基于生理学解释人生，得以了解现实世界之外无希望，"唯其尊现实也，则人治兴焉，迷信斩焉。此近世欧洲的时代精神也"⑥。此精神见之伦理道德者，为乐利主义；见之政治者，为最大多数幸福主义；见之哲学者，曰经验论，曰唯物论；见之宗教者，曰无神论；见之文学美术者，曰写实主义，曰自然主义。一切思想行为，莫不植基于现实生活之上。陈独秀宣扬的"现实主义"其实就是一整套西方共和体制之下的学术体系与价值信仰，其对立面便是那些"因为拥护那'赛先生'"，便不得不反对的旧艺术、旧宗教、国粹和旧文学。⑦"科学"与"非科学"其实是泾渭分明的两个体系，绝非是为了震慑和封堵那些非难

① 韦莹：《陈独秀早期思想与法兰西文明》，《清华大学学报》（哲学社会科学版）1999 年第 3 期，第 87 页。
② 陈独秀：《法兰西人与近世文明》，《青年杂志》第 1 卷第 1 号，1915 年 9 月，第 1 页。
③ 陈独秀：《法兰西人与近世文明》，《青年杂志》第 1 卷第 1 号，1915 年 9 月，第 3 页。
④ 王奇生：《新文化是如何"运动"起来的》，《近代史研究》2007 年第 1 期，第 37 页。
⑤ 罗家伦：《今日中国之杂志界》，《新潮》第 1 卷第 4 号，1919 年 4 月，第 631 页。
⑥ 陈独秀：《今日之教育方针》，《青年杂志》第 1 卷第 2 号，1915 年 10 月，第 3 页。
⑦ 陈独秀：《本志罪案之答辩书》，《新青年》第 6 卷第 1 号，1918 年 1 月，第 10 页。

者而拉大旗作虎皮。

　　1916 年，陈独秀明确将"科学"二分：一类是产生于 19 世纪趋重局部与归纳的"科学"，一类是产生于 20 世纪综合的演绎的"科学"。基于不同的"科学"，19 世纪为"纯粹科学时代"，盛行宇宙机械说，以第一法则为哲学之根基；20 世纪将为"哲理的科学时代"，综合诸学的大思想家势将应时而出，说明生命及社会的现机且预言未来。19 世纪尚未脱 18 世纪之破坏精神，科学的精密建设犹未遑及；20 世纪"社会组织日益复杂，人生真相，日渐明了。一切建设，一切救济，所需于科学大家者，视破坏时代之仰望舍身济人之英雄为更迫切"[①]。在人类社会从破坏走向建设时代的过程中，"科学"也从"纯粹科学"进化为"哲理科学"。两种"科学"大致相当于今天的自然科学与社会科学，而后者才是符合时代要求的新式"科学"，且具有囊括一切、统摄现在、预见未来的建设价值。这一年恰是《青年杂志》更名为《新青年》的时间，陈独秀的道德观念中虽有新旧之别，但在破旧与立新之间，建设新道德还是思想主鹄，形而上的"科学"则是理论的话语基础。

　　陈独秀思想的转变发生在 1916 年下半年。年初，陈独秀还作《一九一六年》以表达"吾人首当一新其心血，以新人格，以新国家，以新社会，以新家庭，以新民族。必迨民族更新，吾人之愿始偿，吾人始有与晰族周旋之价值，吾人始有食息此大地一隅之资格"的新年理想。[②] 6 月，袁世凯在反复辟的浪潮中死去。8 月，康有为发表公开信，又一次要求立孔教为国教，复祀孔子拜跪。9 月，国内尊孔浪潮再起。先是教育总长范源濂提倡"读经尊孔"，后有孔教会陈焕章等人上书国会参、众两院，请定孔教为国教。继之，以张勋为代表的十三省督军省长联合致电总统黎元洪，要求定孔教为国教，写入宪法。9 月 20 日，康有为在《时报》上发表致总统总理书。11 月 12 日，国会参、众两院中赞成立孔教为国教的100 多名议员在北京成立国教维持会，通电吁请各省督军支持。一时间国内思想界被闹得嚣嚣攘攘，新旧矛盾异常突出。《新青年》同人开始认识到他们过于专注西方思想学说译介的悬浮性，转而反思尚在思想深处影响

---

　① 陈独秀：《当代二大科学家之思想》，《新青年》第 2 卷第 1 号，1916 年 9 月，第 1 页。
　② 陈独秀：《一九一六年》，《青年杂志》第 1 卷第 5 号，1916 年 1 月，第 2 页。

并支配国人的传统思想文化的根深蒂固。① 这一时期，陈独秀相继发表《驳康有为致总统总理书》《宪法与孔教》《孔子之道与现代生活》《再论孔教问题》《旧思想与国体问题》等一系列文章，反击旧道德的指向日益明确而具体。

《宪法与孔教》一文中，陈独秀指出孔教问题已发展成为"吾人实际生活及伦理思想之根本问题"，将其之前所说的"最后之觉悟"具体到了孔教问题之上。他认为提倡孔教的根本之误在于"儒教经汉、宋两代之进化，明定纲常之条目，始成一有完全统系之伦理学说"，其与共和国的人权平等之精神相违背，"妄欲建设西洋式之新国家，组织西洋式之新社会，以求适今世之生存，则根本问题，不可不首先输入西洋式社会国家之基础，所谓平等人权之新信仰，对于与此新社会、新国家、新信仰不可相容之孔教，不可不有彻底之觉悟，猛勇之决心，否则不塞不流，不止不行！"② 从而将孔教与共和道德根本对立。

在进化论的前提下，陈独秀把共和道德与现代生活等同，孔子之道便成为与其对立的旧有之物。从学理上言，陈独秀认为孔子之说"已成完全之系统，未可枝枝节节以图改良，故不得不起而根本排斥之。盖以其伦理学说，与现代思想及生活，绝无牵就调和之余地"③。从政治上论，"如今要巩固共和，非先将国民脑子里所有反对共和的旧思想，一一洗刷干净不可。因为民主共和的国家组织社会制度伦理观念，和君主专制的国家组织社会制度伦理观念全然相反。一个是重在平等精神，一个是重在尊卑阶级，万万不能调和的。若是一面要行共和政治，一面又要保存君主时代的旧思想，那是万万不成。而且此种'脚踏两只船'的办法，必至非驴非马，既不共和，又不专制，国家无组织，社会无制度，一塌糊涂而后已。"④ 因此，"政治之有共和，学术之有科学"⑤ 实为陈独秀科学一元论中的一体两面，共和道德建立在"科学"之上，是"科学"的道德，那么孔教的"非科学"性就不言自明了。

---

① 陈方竞：《多重对话：中国新文学的发生》，第 35 页。
② 陈独秀：《宪法与孔教》，《新青年》第 2 卷第 3 号，1916 年 11 月，第 4～5 页。
③ 陈独秀：《答俞颂华》，《新青年》第 3 卷第 3 号，1917 年 5 月，第 13 页。
④ 陈独秀：《旧思想与国体问题》，《新青年》第 3 卷第 3 号，1917 年 5 月，第 2 页。
⑤ 陈独秀：《时局杂感》，《新青年》第 3 卷第 4 号，1917 年 6 月，第 1 页。

1917 年，陈独秀明确提出"以科学代宗教"。他说，"盖宇宙间之法则有二：一曰自然法，一曰人为法。自然法者，普遍的，永久的，必然的也，科学属之；人为法者，部分的，一时的，当然的也，宗教道德法律皆属之"。"人类将来之进化，应随今日方始萌芽之科学，日渐发达，改正一切人为法则，使与自然法则有同等之效力，然后宇宙人生，真正契合"，"故余主张以科学代宗教，开拓吾人真实之信仰，虽缓终达"[①]。但此说很快招致俞颂华的质疑，他致信陈独秀，认为"以科学代宗教"陈意甚高，却违背真理，不适现世，且问若废弃"数千年来历史上有力之孔教，则吾国精神上无形统一人心之具，将以何代之?"[②] 陈独秀回答说，"宗教之为物，无论其若何与高尚文化之生活有关，若何有社会的较高之价值，但其根本精神，则属于依他的信仰，以神意为最高命令；伦理道德则属于自依的觉悟，以良心为最高命令；此过去文明与将来文明，即新旧理想之分歧要点"，孔教废弃后将以中外学说代替之。[③] 可是，这一答案并未令俞颂华满意，他稍后再次复信陈独秀，申辩宗教在现世社会尚有存在的价值，不应一味排斥。陈独秀回答说，"今之人类（不但中国人）是否可以完全抛弃宗教，本非片言可以武断"，但认为一切宗教对于社会皆弊多而益少，其有益的部分可由美术、哲学取代。[④] 随后，陈独秀翻译了赫克尔的《科学与基督教》给予学理上的补充，[⑤] 更加坚定了其无神论的信仰。

在陈独秀的道德思想中，"科学"原本只是道德建设的话语工具，具化为西方共和体制下的整体价值。但在孔教运动的裹挟下，逐渐转变为伦理革命的思想武器。或者说，"科学"始终是陈独秀意识当中的价值信仰，代表着指向共和的进步方向，凡有违这一标准的，都将成为批判的对象。虽然有学人如常乃德、俞颂华、刘竞夫、傅挂馨等，在来信中一再质疑《新青年》在新旧问题上所持的极端态度，如常乃德认为"今日反对赞成两方，各旗鼓相当，所缺者局外中立之人，据

① 陈独秀：《再论孔教问题》，《新青年》第 2 卷第 5 号，1917 年 1 月，第 1 页。
② 俞颂华：《致独秀（附复信）》，《新青年》第 3 卷第 1 号，1917 年 3 月，第 22 页。
③ 陈独秀：《答俞颂华》，《新青年》第 3 卷第 1 号，1917 年 3 月，第 23 页。
④ 陈独秀：《答俞颂华》，《新青年》第 3 卷第 3 号，1917 年 5 月，第 12 页。
⑤ 陈独秀译《科学与基督教（未完）》，《新青年》第 3 卷第 6 号，1917 年 8 月，第 1～4 页；《科学与基督教（续）》，《新青年》第 4 卷第 1 号，1918 年 1 月，第 56～61 页。

学理以平亭两造者耳"①。但陈独秀认为孔教问题原本就不是学理上的事，正因为孔教为他种势力所拥护、所利用，所以才一文不值。反对孔教，就是表明了促进共和的态度，否则"上之所教，下之所学，日日背道而驰，将何由而使其民尽成共和之民哉？"② 因此，1919 年陈独秀拥护的"赛先生"是建立在"科学"之上的共和道德体系，是他的政治理想，并不涉及学术领域，要求他以中立理性的态度对待孔教显然找错了对象。

不过，以上陈独秀言之凿凿的反宗教话语，仅为其思想中的一面。与此同时，陈独秀多次在《新青年》上表达其推崇宗教之心。1915 年，陈独秀说"第以为人类进化。犹在中途。未敢驰想未来以薄现在。亦犹之不敢厚古以非今。故于世界一切宗教，悉怀尊敬之心"③。各宗教之中，陈独秀格外青睐基督教。与佛教相比，基督教"不否定现世界，且主张神爱人类，人类亦应相爱以称神意。审此耶氏之解释死与爱二问题，视佛说为妥帖而易施矣"④。与孔教相比，"基督教尊奉一神，宗教意识之明了，信徒制行之清洁，往往远胜于推崇孔教之士大夫"⑤。即便是在 1917 年，即提出"以科学代宗教"，并翻译赫克尔《科学与基督教》为"科学"张目的同一年，他在致刘竞夫的信中，再次重申，"吾之社会，倘必需宗教，余虽非耶教徒，由良心判断之，敢曰推行耶教胜于崇奉孔子多矣。以其利益社会之量，视孔教为广也"⑥。1919 年谈到朝鲜独立运动时，陈独秀给予基督徒以很高评价，"这回朝鲜参加独立运动的人，以学生和基督教徒最多。因此我们更感觉教育普及的必要，我们从此不敢轻视基督教"⑦。1920 年，在陈独秀发表的《基督教与中国人》一文中，对于基督教的推崇达到极点。当时有人把陈独秀与章士钊归于同类，谓"今者一部分人士提倡耶教（如章行严、陈独秀辈），以为可

① 常乃德：《致独秀（附复信）》，《新青年》第 3 卷第 2 号，1917 年 4 月，第 2 页。
② 陈独秀：《答常乃德》，《新青年》第 3 卷第 2 号，1917 年 4 月，第 3 页。
③ 陈独秀：《答李大魁》，《青年杂志》第 1 卷第 3 号，1915 年 11 月，第 2 页。
④ 陈独秀：《绛纱记序》，任建树等编《陈独秀著作选》第 1 卷，上海人民出版社，1993，第 127 页。
⑤ 陈独秀：《宪法与孔教》，《新青年》第 2 卷第 3 号，1916 年 11 月，第 1 页。
⑥ 陈独秀：《答刘竞夫》，《新青年》第 3 卷第 3 号，1917 年 5 月，第 8 页。
⑦ 只眼：《朝鲜独立运动之感想》，《每周评论》第 14 号，1919 年 3 月 23 日，第 1 版。

以兴欧者，即足以医吾华，然欲使一般国民信仰皈依，则难乎其难"①。甚至有人认为陈独秀扬耶稣抑孔子，与之前的"以科学代宗教"两相矛盾。②

从表面上看，这的确是一个悖论，宗教的感召力以及对于"科学"的追求在陈独秀的思想中矛盾地结合为一体。有学者分析，这是因为陈独秀在基督教问题上始终将教义与教会分为二事，通过教义的剥离，批评其中关于上帝论、创世论、原罪论、救赎论等有违"科学"之处，肯定了其中关于现实和人生，耶稣的博爱、牺牲、宽恕精神等根本教义，至于对上帝的崇拜及对终极的关怀等则付之阙如。③ 其实，类似的宗教二元论普遍体现在时人的思想当中。宗教通常被切割为迷信与道德崇拜两部分，国人并不关心宗教的终极关怀，拒绝接受宗教的迷信妄说，但对于宗教精神发起的信仰心中充满艳羡。晚清以来，在相当多的道德学说中，无论其理论根基是什么，最终都期望达到宗教精神的社会效力；建立宗教者如是，陈独秀的"以科学代宗教"亦如是。

有学者认为陈独秀在1916年作《当代二大科学家之思想》，1917年译《科学与基督教》是为了迎合形势所需，剖解"科学"与宗教的关系，是为剖解"科学"与纲常伦理关系做示范。④ 此言虽然不差，却忽略了陈独秀面对基督教与孔教时，使用了双重的"科学"标准。在他看来，宗教与"科学"，以及"科学"与孔教并非一事。陈独秀曾经说，"愚之非孔，非以其为宗教也。若论及宗教，愚一切皆非之（在鄙见讨论宗教应废与否与对论孔教应废与否全然为二种问题），决非为扬他教而抑孔子"⑤。在宗教问题上，他承认"科学"有限。宗教与"科学"就好比进化过程中的两个阶段，当下因"科学"尚不发达，宗教还有存在的必要，但从长远来看，"科学"终究要替代宗教。因此，他所说的"科学"限度是时间上的相对限度，不同于宗教观念中"科学"在空间上的绝对限度。

---

① 曾毅：《宗教与民德》，《太平洋》第1卷第6号，1917年8月，第8页。

② 缪尔纾：《读新青年第七卷第三号》，《尚志》第2卷第10号，1919年12月，第19页。

③ 郭秀文：《也论陈独秀与基督教》，《福建论坛》（人文社会科学版）2005年第7期，第44页。

④ 沈寂：《论陈独秀的伦理思想革命》，沈寂主编《陈独秀研究》第1辑，东方出版社，1999，第52页。

⑤ 陈独秀：《答俞颂华》，《新青年》第3卷第1号，1917年3月，第23页。

换言之，当下的"科学"相对有限，"科学"的进化则是绝对无限的。而且，宗教二分，被代替的宗教仅是"神话之根据所谓'天启'者，实与现代自然认识确证之结果，不相容也"，而那些"纯粹原始基督教之伦理的价值，即'爱之宗教'，在文明史上有高尚之势力，固与神话的教义不相关"①，"这种根本教义，科学家不曾破坏，将来也不会破坏"②。或言之，陈独秀隐晦地承认了"在伦理的方面及社会的方面，基督教真正光明之方面，若人道，黄金律，宽容，博爱等原理"实为人类社会不变的因素。③ 相比之下，在进化的时间轴上，与专制统治相匹配的孔教应整体抛弃。

综上所述，陈独秀的"以科学代宗教"的思想内涵相当丰富，其中的"科学"与"宗教"都需添加一定的限定，才能准确把握。他所说的"科学"是进化后的"科学"，一种由物质走向精神的哲学形态，并非当下人们所见的"科学"。他所说的宗教，实为现存宗教中的有神部分，而不包括宗教当中蕴含的不变的人性道德。在某些时候，陈独秀又言"以美术哲学代宗教"，此说与蔡元培的"以美学代宗教"颇为相似。其实，无论是以"科学"还是"美育"代替宗教，都是无神思想的一种表达，"科学"与"美育"也是被哲学化了的形而上的伦理道德。本质上言，基于同一文化传统，无论是陈独秀还是康有为，都程度不同地、习惯性地对基督教的教义做了某种道德化、伦理化，同时也是现世化的解释，他们所关注的与其说是来世的信仰，不如说是现世的道德。作为一个反传统的斗士，陈独秀的"科学"认识功利、激进，但它的确呼应了社会需要，鼓噪起影响广泛的新文化运动。不过，这种单一机械的"科学"认识很快被留美学生输入的整体性的"科学"所覆盖。1915 年，留美学生创办《科学》杂志。输入整体性的"科学"概念是由各种原因促成的，其中最直接的导火线是第一次世界大战的爆发。

---

① 陈独秀译《科学与基督教（续）》，《新青年》第 4 卷第 1 号，1918 年 1 月，第 61 页。
② 陈独秀：《基督教与中国人》，《新青年》第 7 卷第 3 号，1920 年 2 月，第 21 页。
③ 陈独秀译《科学与基督教（未完）》，《新青年》第 3 卷第 6 号，1917 年 8 月，第 5 页。

第二节　欧洲战争与中国"科学"概念的新走向

1. "力"的威力

1914 年 7 月，第一次世界大战爆发，战争伊始便因其规模空前、战况惨烈而引起国人高度关注。随后，战祸蔓延亚洲，日本强占山东青岛，战争变得与中国的生死存亡休戚相关。欧阳法孝在文章中写道："吾甚恐中国若干万方里之土地与出产，将悉为欧洲列强病后滋补之参苓。"① 战争不利于中国只有缓急、大小之分，并非有无之问题。强烈的民族危机再一次侵扰中国思想界，凡爱国者都围绕战争发表着各自的观点。

战争中德国的强大令国人侧目。寻根求源，他们认为德国得胜的原因之一在于科学发达，当德意志恃科学之力以区区一国弹压全欧，中国人不禁惊叹"大矣哉，科学之功能！"② 欧战向国人展示了新型战争的威力，战争不仅是兵力的角逐，而且是政治、军事、科技、经济实力、思想文化、国民素质等诸多因素的综合较量。科学技术在战争中发挥着惊人作用，欧洲各国在战争中的"军备竞赛"给了国人最直观的感受。时人云："去岁欧战既开，若飞机，若潜艇，若四十二声之巨炮，又如交通邮递之改良，制造原料之代用，经济财务之新组织法，因战争中迫不得已而获之新发明，不知若干，今兹盖犹在秘密中。战争停止，其所发表之成绩，将有与吾人以大可惊骇者，论者以谓此二年中所获科学之效，乃胜于其前此数十年所研求者。"反身求诸己，国人不得不承认"能利用物质科学至于何程度，即为其民族盛衰之差等一大原因"③。

在此非常时期，与战争相关的科学技术成为国内讨论的热门话题。专门的军事杂志，如《浙江兵事杂志》在学术栏探讨新式武器的发明与运用。一些有影响的综合杂志开辟专栏以展示军事技术发展的最新状况，《东方杂志》登载了诸如《飞行学要义》《千里眼之科学解释》《军事飞艇之通信术》等军事题材的科学研究成果，1918 年开始连载《欧战中最新

---

① 欧阳法孝：《欧战与中国》，《大中华》第 2 卷第 2 期，1916 年 2 月，第 6 页。
② 欧阳仲涛：《过去一年之感想》，《大中华》第 2 卷第 1 期，1916 年 1 月，第 2 页。
③ 欧阳仲涛：《国人之一念》，《大中华》第 2 卷第 3 期，1916 年 3 月，第 4 页。

智识》，且被其他报刊广为转载。此外，如《公言》《进步》《清华学报》《大同月报》等期刊也相继设立专栏，或是登载文章讨论战争中的新发明，《小说大观》还发表了欧战小说《鱼雷》。

战争中关于卫生、食品、原材料等科技方面的发展，同样令国人备感惊异。《东方杂志》曾刊载《战争与德意志科学之发展》一文，说德国自开战以来，受到协约国的包围，在日用品方面严重短缺，于是德国化学家大展其能，将非德国所产的必需品一一考察，而搜求替代物，并已初告成功。其中包括食品、油类、棉花、丝、樟脑、橡皮、铜、火药、硫酸、新食料等方面的发明创造。并由此得出结论，认为此战争对于德国而言虽然直接损失不可胜计，但战争中的科学发明却能给德国未来带来不可限量的利益。相比之下的局外国，虽有平安之名，可于战争中的新发明，就是出昂贵的价钱也不可一得，德国人实则值得崇拜与仿效。①

落后的屈辱感与救亡的使命感接踵而来，发展物质科学成为国人无法绕过的话题。海内外学人举出英国事例说明科学教育的重要性。1916 年，《大中华》报道，"英国科学会"认为英国在前线的失利是因为英军缺乏科学智识，是英国以往数十年间蔑视科学的结果；今次欧洲大战实为"科学"与"科学"之战，蔑视"科学"者，将永无发达的希望；于是决定此后非实行大改革不可，非改革教育不可，欲将科学知识普及于一般国民，并谓这并不是"科学者"的一般主张，实为英国将来能否成为强大国民的重大问题。② 1917 年，《科学》杂志也刊登了这则消息，说英国因科学教育不足而蒙受战争损失，于是有 36 名科学家发表宣言，主张注重科学宜订诸法律、改革学校，政府应聘用深知科学之人，并建议中国重视自然科学教育。③ 同年，李寅恭从英国发回文章再次提及英国重组"皇家科学会"之事，且谓如今列国日日竞争于科学教育，而我国家竟犹未梦见，"如欲追随世人，出我不开化之阶级，则科学为唯一之事业"④。

不过，虽有国人大声疾呼提倡科学教育，国内的实际情况却不容乐

---

① 〔美〕希韦川：《战争与德意志科学之发展》，《东方杂志》第 13 卷第 6 期，1916 年 6 月，第 1～6 页。

② 法孝：《科学之威力与实业之将来》，《大中华》第 2 卷第 8 期，1916 年 8 月，第 1～8 页。

③ 张菘年译《教育中科学之需要》，《科学》第 3 卷第 6 期，1917 年 6 月，第 635 页。

④ 李寅恭：《论今日教育之趋势》，《太平洋》第 1 卷第 5 号，1917 年 7 月，第 4 页。

观。1916 年，有人抱怨说："今吾国假复古之风，已似随袁帝而俱逝，然国中谓学校课程中博物、理科无用者，实孔有人。"① 任鸿隽自述创办《科学》杂志后，"海内大雅颇不以同人为不可教，怜其款款之愚，惠然以沮疑之词来相劝诱"，"综言者之意。盖谓国人此时未尝需要科学也"②。李寅恭致信陈独秀，说他关于农林的研究，曾为《科学》《农商公报》《神州日报》采登，但"未见有毫末之影响，言之只为中国前途悲也"。信中希望"先生加以介绍语及评论，尤足使国人注意"③，言语中显露出科学研究者的迫切与落寞。

可见，国人虽震慑于西方的科学成就，却没能内化为发展科学的现实动力。究其原因，有时人云："吾国于此，即令急起穷追，为长脚之进步，能逮几何？而况乎是否有此急起穷追之预备，乃至是否有此急起穷追之意志，均不敢知一也。"④ 此话实包含二义：一是客观上中西科学实力反差巨大，即便奋起直追，恐怕还是学犹不及；二是主观上国人需有发奋图强的意志，此意志尚未得见。二者之中，后者似乎尤为关键。有外人进言，认为"国家之最后优胜，究非恃有军事之能力，实恃有道德之能力而已"⑤，希望国人"有以养成国家道德之储力，勿徒托爱国之空言，恣谈强国之政策，而自谓足以救国已耳"⑥。由是，战争中关于物质之力的讨论旁逸斜出走向了道德。

欧战爆发之时正逢中国深陷共和危机，德国发达的科技令人目眩，德意志民族在战争中表现出来的顽强意志与竞争活力，更像是涤荡中国思想界的一剂猛药。有学者注意到《青年杂志》创办初期，有一种坚韧强悍之气日益突出，⑦ 言语中时刻闪烁着战斗激情。陈独秀在文章中大力提倡教育上的"兽性主义"："曰意志顽狠，善斗不屈也；曰体魄强健，力抗自然

---

① 张菘年译《教育中科学之需要》，《科学》第 3 卷第 6 期，1917 年 6 月，第 636 页。
② 任鸿隽：《解惑》，《科学》第 1 卷第 6 期，1916 年 6 月，第 607 页。
③ 李寅恭：《致陈独秀》，《新青年》第 3 卷第 5 号，1917 年 7 月，第 1 页。
④ 欧阳仲涛：《国人之一念》，《大中华》第 2 卷第 3 期，1916 年 3 月，第 4 页。
⑤ 〔英〕莫安仁：《论国家道德之储力》，《东方杂志》第 12 卷第 4 期，1915 年 4 月，第 13 页。
⑥ 〔英〕莫安仁：《论国家道德之储力》，《东方杂志》第 12 卷第 4 期，1915 年 4 月，第 14 页。
⑦ 陈方竞：《多重对话：中国新文学的发生》，第 29 页。

也；曰信赖本能，不依他为活也；曰顺性率真，不饰伪自文也。皙种之
人，殖民事业遍于大地，唯此兽性故。日本称霸亚洲，唯此兽性故。"①
李大钊认为"惟德意志与勃牙利"代表了世界文明较新者，他们在"此
次战血洪涛中，又为其生命力之所注，勃然暴发，以挥展其天才矣"②。
刘叔雅总结此次欧洲战争给中国带来的教训有四。其一，"和平者，痴人
之迷梦也"，"举凡国家之兴废，个体之存亡，人之为圣贤为禽兽，为文明
为野蛮，莫不由于战争之胜负"。其二，"强弱即曲直也"，"就今日之国际
关系言之，则威力诚为正义，强弱诚即曲直。何者？近世国家之强弱，全
在民德之盛衰。其民苟能孟晋自疆，苟能努力奋斗，则其国未有不强者。
国家而至于弱，则其民必皆苟偷怀佚猾诈寡耻无疑"。其三，"黄白人种不
两立"，欧西白种诸民族正欲联合为一大同盟，并力一心，以歼灭吾黄种
而后快。其四，"国家之存亡在科学之精粗"，"国于今日之世界，研究自
然科学为有国者第一急务"。③

欧战初期，整个中国思想界都弥漫着以德为师的暧昧，④ 非《青年杂
志》独有。他们从德国人的身上看到了中国人最渴望的品质，那就是"随
在皆有科学精神"，以及"其国民性之精进沉着"。⑤《进步》杂志载文讴
歌日耳曼民族的爱国主义精神，认为战争是唤醒高尚德行的唯一途径。战
争中的"最可爱之光荣"即是日耳曼健儿开赴比利时时无不踊跃欢呼，以
求死为无上光荣，而承平时代不可能有此志趣与热诚。⑥ 战争期间，蔡元
培一边称赞德法两国"工程之完坚，组织之精密，无不源于科学"；一边
追寻两国军人奋勇前进的精神根源，认为是美育造就了参战各国的战斗意
志。⑦ 欧阳仲涛有感于参战欧人前仆后继、视死如归的爱国精神而发出对
宗教的赞叹。他认为自晚清以来，中国经历了军械救国、教育救国、政法

---

① 陈独秀：《今日之教育方针》，《青年杂志》第 1 卷第 2 号，1915 年 10 月，第 6 页。
② 李大钊：《青春》，《新青年》第 2 卷第 1 号，1916 年 9 月，第 6 页。
③ 刘叔雅：《欧洲战争与青年之觉悟》，《新青年》第 2 卷第 2 号，1916 年 10 月，第 1～8
　页。
④ 张宝明：《"新青年派"知识群体意识形态转换的逻辑依据》，《中州学刊》2006 年第 3
　期，第 204 页。
⑤ 李亦民编译《德意志之国民性》，《青年杂志》第 1 卷第 1 号，1915 年 9 月，第 5～6 页。
⑥ 缉熙：《战争声中希望和平之言论》，《进步》第 7 卷第 4 号，1915 年 2 月，第 3 页。
⑦ 蔡元培：《蔡孑民先生之欧战观》，《新青年》第 2 卷第 5 号，1917 年 1 月，第 3～4 页。

救国三个阶段，民国以后所从事的道德救国于国民心理均无实效。如今国民非宗教无以救治，唯有宗教"以灵魂为质，以未来为鹄"，"为灵魂计，则可以牺牲肉体；为未来计，则可以牺牲现在"①。不论国人从德国人身上看到的是兽性主义、美育精神，还是宗教的力量，日耳曼民族在物质与精神两方面表现出的强大的实力无疑令国人艳羡。

从根本上言，欧洲大战即是一场生存竞争能力的较量，"凡近世发明之文物，与诸般身心上特别的要点，经科学上之研究而发达者，泰半足为促进战争之原因"②。或曰由科学创造的物质只为"力"之半体，由"科学"发达淘洗出来的"人类最高尚之道德，由战争而发展，无战争则唯物主义益肆其猖狂，堕落不知何极？"③ 积极进取的意志力成为催生一切强力的精神源泉，二者在生存竞争的哲学体系中分置于形上／形下，构成战争哲学的整体。对于欧洲各国而言，"科学"内涵由物质上升为精神本有其内在逻辑，且成为遏制物质主义之借口，但对于概念外发的中国而言，发展科技与激发意志孰重孰轻、孰先孰后却成为一个两难的选择。在物质力尚不充分的情况下，以道德或精神救国对中国而言似乎更为切实可行。但是，随着战争的深入，来自东西各国的道德评判逐渐澄清了战争的非正义性，国人更深切地陷入了道德选择的困境。

2. "理"的忧患

1914 年，《东方杂志》曾转载日本杂志上的《力与道理》一文，揭示战争中"力"与"道理"互为因果的辩证关系。文章指出，这次战争是一场"列强各为其生存而图军备之扩张与充实，各为其生存而参加于惨凄之战争"，即是"力重于道理"。"力"是生物学意义上的生存竞争，延伸为思想上的意志主义、政治上的权力主义；"道理"即公理，体现为国家民族之间的生存权利。各国皆存在于"力"与"道理"的约束之下，本应以不侵犯他国生存权利为界限，可一旦发生利害冲突，"所谓权利者，

---

① 欧阳仲涛：《宗教救国论》，《大中华》第 2 卷第 2 期，1916 年 2 月，第 7 页。
② Atlantic Monthly Q. P. Jacks：《余之文化促进观》，白雪译，《东方杂志》第 13 卷第 7 期，1916 年 6 月，第 4 页。
③ 章锡琛：《辟战争哲学》（译日本《日本及日本人》杂志），《东方杂志》第 12 卷第 4 期，1915 年 4 月，第 7 页。

力而已矣"。作者表示，虽然内心向往"合全世界而为一国"，但认为今日"实为国家利己主义之时代"，凡"有国者将皆有桌兀不能自安之势"，不得不接受唯"帝国主义要谛为实际"的残酷现实。① 金观涛、刘青峰曾对近代中国"公理"一词的使用频度进行检索，发现从清末到辛亥革命时期，"公理"大多用于指物竞天择、弱肉强食的进化论，② 印证了"力"与"理"不过是竞争哲学上的一体两面。问题是，在这个"力即道理"的世界中，尚且赢弱无力的中国将如何自处？

《大中华》杂志上说，"近世之文明与人类之幸福适成反比，其验诸经济、道德、政治与夫物质者"，"文明进步，遂为人生一切苦恼之原"，"凡有欲求真正之幸福，究竟之极乐者，当知超于所谓文明，更有向上之一义，而今世之形上形下之种种，悉等诸梦幻泡影之观"③。曾几何时，国人还在笃信西方文明是通往幸福的唯一通道，而此时近世文明与人类幸福已然成为一对矛盾，不得不祈求有超越二者之上的极乐幸福。钱智修检讨说，"吾国自与西洋文明相触接，最占势力者厥维功利主义"，40 年前有富国强兵之说，30 年前有格致实学之说，20 年来有民权自由之说，皆因羡慕西方物质文明之享受，欧美盛强之幸福。④ 此次世界大战，西方文明转身成为"由竞争中来者，徒为罪恶之渊薮而已"⑤，前后反差之大，是国人始愿不及。但是，如果极乐世界遥不可及，文明与幸福又非此即彼，国人又该何去何从？

欧战初期，杜亚泉看待战争的心情颇为复杂。一方面，战争的残酷使他觉得人类前途一片灰暗。"吾侪之死于刑戮、劫杀、病疾、灾难"，"欧洲人民死于炮火兵刃之下"，"战争死也，贫乏亦死也；不死于贫乏者，不可不死于战争；不死于战争者，不能不死于贫乏。欧人畏贫乏，故不甘死于贫乏，而愿死于战争。吾人畏战争，故不肯死于战争，而宁死于贫乏"，"勇也，怯也，仁也，暴也，文明也，腐败也，不过世人各从其所择定就

---

① 章锡琛译《力与道理》，《东方杂志》第 12 卷第 9 期，1915 年 9 月，第 1～6 页。
② 金观涛、刘青峰：《"天理"、"公理"和"真理"——中国文化合理性论证以及正当性标准的思想史研究》，氏著《观念史研究：中国现代重要政治术语的形成》，第 27～28 页。
③ 欧阳季瀜：《呜呼近世之文明》，《大中华》第 2 卷第 1 期，1916 年 1 月，第 4～5 页。
④ 钱智修：《功利主义与学术》，《东方杂志》第 15 卷第 6 期，1917 年 6 月，第 1 页。
⑤ 恽代英：《义务论》，《东方杂志》第 11 卷第 4 期，1914 年 10 月，第 8 页。

死之方法，而自奖励自辩护之词。"另一方面，他又觉得战争恰逢其时。当国人的精神正陷于懊丧、沉滞、颓唐的状态中，"欧西之炮火，黄海之波涛，忽焉相逼而来，震吾耳而炫吾目。盖世事已成急转直下之趋势，不能复许吾人以停滞之机会也。生物之精神，皆由感受外界之刺戟而起奋兴。国民亦然，吾闭关自守之国民，以无外界刺戟之故，停滞至数千年之久。近数十年中之动机，常以外界之刺戟为主因，故今日之大战争，殆将为吾国未来之十年中开一变局，而特以此峻烈之奋兴剂"。因此认为欧战可以"刺激吾国民爱国心"，"唤起吾民族之自觉心"。① 其内心进行着国家主义与平和主义的交战，即"不平和之军国民主义、民族的帝国主义"与"非国家之世界主义、社会主义"之间的对抗。②

　　战争的爆发印证了杜亚泉战前的观点。1913 年他明确表示"军国民主义，乃一种危险而偏狭之主义"③，实由唯物主义演化而来，随着生存竞争之说浸润人心，随着物质主义的昂进，最终达于战争极点。但是，即便有了思想上的自觉，摆在国人面前的似乎只有两种选择，是饮鸩止渴，还是坐以待毙，杜亚泉选择了前者，作《国家自卫论》以唤醒国人的血性。他说中国自古以来漠视国家主义，但欧洲战火涂炭，中国"绝无自己保存之力"，此为国家生死之问题，因此提倡"卫国"应先于"治国"。卫国之策在于"政治上、社会上，时时以国防准备之须要，悬于心目中，则所以振发其精神，鼓励其进步者，其价值实在军事的利益以上"，从而求得"卫国""治国"二者兼备，中国不亡而已。④ 但也有国人奉行托尔斯泰的不抵抗主义，表示应该维持现状，"即使吾国一时受其屈辱，而如此侵略主义之国家，势必为世界之公敌。亚历山大帝也，拿破仑第一也，其武力足以镇伏一时，然不旋踵而败？盖好战之国民，终遭破灭，吾人正可引为殷鉴者也"⑤。

　　与此同时，受日本思想界的影响，杜亚泉对战争的认识从军备之争上升为思想之争。1915 年，章锡琛节译日本杂志的文章，谓此次战争是道德

---

① 伧父：《大战争之所感》，《东方杂志》第 11 卷第 4 期，1914 年 10 月，第 5～6 页。
② 伧父：《社会协力主义》，《东方杂志》第 12 卷第 1 期，1915 年 1 月，第 1 页。
③ 伧父：《精神救国论》，《东方杂志》第 10 卷第 1 期，1913 年 7 月，第 1 页。
④ 伧父：《国家自卫论》，《东方杂志》第 12 卷第 4 期，1915 年 4 月，第 2～4 页。
⑤ 伧父：《国家自卫论》，《东方杂志》第 12 卷第 4 期，1915 年 4 月，第 4 页。

思想上的根本差异导致的结果。欧战发生后，参战各国先后在哲学、宗教、伦理三方面各执一词，以证明自己国家的正义与人道。德国的战争哲学以尼采学说为依据，认为战争是感化一切人事为进步良善高洁的主力，此为"武力即善主义"，被英国人讥讽为"弱肉强食主义"。反战者则认为生物以协助为必要条件，世界应以协力而进化。① 杜亚泉进而定性战争为"思想战"，是德国的生物生存竞争学说与英国的生物协力生存学说之间的对抗，最终以战争的形式实现其思想。② 由此认为，中国应明白对抗调和之理，以应付纷纭世变，"虽不能遽望战争之消弭，然或不至以新旧思想之歧异，而酿生无意识之冲突，促成可悲惨之战祸"③。

　　杜亚泉的折中思想逐渐确立，在战前"分化与统整"的思想基础上提倡社会协力主义。他认为此次欧洲大战为"科学主义横流时代，优胜劣败之说，深中人心，社会之苦痛与罪恶已达极点"④。在"科学"与道德之间应有"调剂平衡之道"⑤，用道德的力量制衡权力，既可避免极端国家主义的危险，又可减少极端平和主义的弊害。⑥ 它不仅涉及人类的和平问题、国家主义的改造问题，还涉及人类的道德继承问题、中西文化的差异问题等重大议题。⑦ 具体而言，杜亚泉将东西文明区别为"静的文明"和"动的文明"，二者"乃性质之异，而非程度之差"，各自占据了道德与竞争的一端。经此世界大战，"吾国固有之文明，正足以救西洋文明之弊，济西洋文明之穷者"⑧。我国固有文明之长在于统整，"西洋之断片的文明，如满地散钱，以吾固有文明为绳索，一以贯之"，"今后果能融合西洋思想以统整世界之文明，则非特吾人自身得赖以救济，全世界之救济亦在于是"⑨。因此，杜亚泉的思想看似折中，却是站在文化保守主义立场上调和"科学"与道德，二者还是有主次、优劣之分的，即便是"平和的国

① 章锡琛：《欧洲之思想战争》，《东方杂志》第12卷第2期，1915年2月，第36～37页。
② 伧父：《论思想战》，《东方杂志》第12卷第3期，1915年3月，第3页。
③ 伧父：《论思想战》，《东方杂志》第12卷第3期，1915年3月，第5页。
④ 伧父：《命运说》，《东方杂志》第12卷第7期，1915年7月，第9页。
⑤ 高劳：《爱与争》，《东方杂志》第13卷第5期，1916年5月，第2页。
⑥ 伧父：《社会协力主义》，《东方杂志》第12卷第1期，1915年1月，第6页。
⑦ 洪九来：《宽容与理性：〈东方杂志〉的公共舆论研究（1904～1932）》，第154页。
⑧ 伧父：《静的文明与动的文明》，《东方杂志》第13卷第10期，1916年10月，第1页。
⑨ 伧父：《迷乱之现代人心》，《东方杂志》第15卷第4期，1918年4月，第7页。

家主义"①，其出发点依旧是平和主义的。

李大钊同样将中西文明区别为"动"与"静"，主张调和折中，却与杜亚泉持相反立论。首先东西文明非性质之差，而是程度之异。他说："今日立于东洋文明之地位观之，吾人之静的文明，精神的生活，已处于屈败之势。彼西洋之动的文明，物质的生活，虽就其自身之重累而言，不无趋于自杀之倾向，而以临于吾侪，则实居优越之域。"李大钊亦言调和，却说中国特有的"数量之众，忍苦之强，衍殖之繁，爱重平和之切，人格品性之坚，智力之优，与夫应其最高道德观念之能力，皆足以证其民族至少亦为最终民族中之要素"，并无益于启发未来人类发展的文明形式。同时举出大量"静的精神"，不能适于"动的文明，物质的生活"的例证，以证明"苟不将静止的精神，根本扫荡，或将物质的生活，一切屏绝，长此沈延，在此矛盾现象中以为生活，其结果必蹈于自杀"，"惟以彻底之觉悟，将从来之静止的观念，怠惰的态度，根本扫荡，期与彼西洋之动的世界观相接近，与物质的生活相适应"。最终得出结论，中国民族已臻奄奄垂死之期，苟欲其复活，"即在竭力以受西洋文明之特长，以济吾静止文明之穷，而立东西文明调和之基础"②。李大钊虽祈望融合东西以创造"第三种文明"，但言语中对于固有文明却有更多责难。

陈独秀在讴歌德国精神的同时，对于军国主义的膨胀亦有警觉，曾表示"德之军国主义，则非所仰慕"。他认为代表近世文明者，推英、德、法三国，"英俗尚自由，尊习惯，其蔽也失进步之精神。德俗重人为的规律，其蔽也戕贼人间个性之自由活动力。法兰西人调和于二者之间，为可矜式。军国主义，其一端也。且国之强盛，各种事业，恒同时进步，决无百务废弛，一事独进之理。以今之中国而言，军国主义殊未得当。若夫慈悲、博爱、非战诸说，为人类最高之精神，然非不武之被征服民族，所可厚颜置诸脑、出诸口"③。他同时表示不赞成互助论，认为"社会主义，理想甚高，学派亦甚复杂。惟是说之兴，中国似可缓于欧洲。因产业未

---

① 伧父：《社会协力主义》，《东方杂志》第 12 卷第 1 期，1915 年 1 月，第 6 页。
② 李大钊：《东西文明根本之异点》，李大钊全集编委会编《李大钊全集》第 3 卷，河北教育出版社，1999，第 44～46 页。
③ 陈独秀：《答程师葛》，《新青年》第 2 卷第 1 号，1916 年 9 月，第 9～10 页。

兴，兼并未盛行也"①。认为"人类之进步，竞争与互助，二者不可缺一，犹车之两轮，鸟之双翼，其目的仍不外自我之生存与进步，特其间境地有差别，界限有广狭耳"②，表现出调和"科学"与道德的倾向。

但是，战争尽管不道德，陈独秀仍旧表现出不得不战的决心。他说："战争之于社会，犹运动之于人身。人身适当之运动，为健康之最要条件。盖新细胞之代谢，以运动而强其作用也，战争之于社会亦然。久无战争之国，其社会每呈凝滞之态。况近世文明诸国，每经一次战争，其社会其学术进步之速，每一新其面目。吾人进步之濡滞，战争之范围过小，时间过短，亦一重大之原因。倘有机缘加入欧战，不独以黄奴之血，点染庄严灿烂之欧洲，为一快举。而出征军人所得之知识及国内因战争所获学术思想之进步，必可观也。"③他不只肯定战争正面的、积极的作用和意义，而且还论证中国参战的必要性和迫切性。张宝明认为陈独秀采取的是实用主义的态度，将进化论的"优胜劣汰""强存弱亡"加以科学化和真理化，不但是一个双重道义、正义的标准问题，还有一个不惜以欧战的代价来换取国民猛醒的饮鸩止渴式的启蒙原则问题。④

如果忽略路径的差异，在战争评价的问题上，文化保守主义者与激进主义者都表现出明确的道德主义取向。在他们的表述中，"科学"一词常常变换为"力""争""文明"等字眼出现，其实质是由生物进化论引申出来的生存竞争哲学，在战争中物化为军备竞赛，体现为政治上的军国主义与国家主义，而不是具体的、纯粹的科学与技术。站在保守主义的立场上，因为否定战争，"科学"成为形而下的"力"，与功利主义、物质主义相对等，因背负战争罪责而被等而下之。在激进主义者的心目中，因为肯定战争，"科学"被鼓噪为参与竞争的精神动力，在形而上的层面被高扬之。不论公理与强权谁为先决，任何形上之维的道德判断都是对竞争哲学的某种迎合或纠偏，事实上消解了国人对实体的物质科学的关注。

---

① 陈独秀：《答褚葆衡》，《新青年》第2卷第5号，1917年1月，第5页。
② 陈独秀：《答李平》，《新青年》第1卷第2号，1915年10月，第1页。
③ 陈独秀：《对德外交》，《新青年》第3卷第1号，1917年3月，第1～2页。
④ 张宝明：《"新青年派"知识群体意识形态转换的逻辑依据》，《中州学刊》2006年第3期，第205页。

据金观涛、刘青峰研究，1918 年欧战结束时，中国知识分子欢呼"公理战胜强权"，"公理"由之前的生存竞争一变成为平等自由、社会正义的代名词。他们认为，造成"公理"意义转换的原因之一是"科学"概念在相当多的场合等同于现代常识。① 由此说明，当"科学"概念的意义发生转换，不再与竞争哲学捆绑为一个整体时，与之相配套的价值体系也随之改变，而这与留美学生输入的整体性的"科学"概念密切相关。

3. 从"建设主义"到"科学救国论"

民国之初，远在海外的留美学生是国人当中的一个特殊群体。他们的政见或许不一，但都对共和新政表示欢迎，认为"吾国既以志士仁人之心血、颈血购得世界上最完全之政体，继自今所宜集全力以薪祈者，厥惟民智、民德、民力之进步"②。"建设主义"是留美学生自我标榜的精神之一，原因在于：其一，他们认为自己身处美国这一大建设之国，其建设精神处处可见，其建设成就历历在目，不当不受其影响；其二，从历史上看，英国以商业立国，美国以工程实业立国，中国的形势地利与美国相同，有丰富的天然资源与矿产，只需多习专门工程及实学用以开发挖掘；其三，民国建立之后，中国已由晚清的"醒悟时代"进入"建设时代"，没有建设的学术、能力，以及建设精神不能成大事。因此，当时的留美学生大多选择了铁路、矿物、农工商、政法等实用之学，所占比例高达十之八九。③

"建设主义"以发展民生为根本，留美学生的观念也多是基于所学专业，围绕民生问题而展开。他们在教育上提倡实业教育，认为就中国时势而论，宜偏重"科学实业"，使中国自然之利可以致用，可以与先进国家争驱，待国富民强，而后使文章玄理、雅艺美术，率先诸学以进开明之福。④ 实业教育应提倡"精益主义"，将纯理科学运用于实践。宜仿照西方各国在陆军训练、领事制度、科学实验室、实业学校等方面精益求精的

① 金观涛、刘青峰：《"天理"、"公理"和"真理"——中国文化合理性论证以及正当性标准的思想史研究》，氏著《观念史研究：中国现代重要政治术语的形成》，第 58～60 页。
② 许先甲：《敬告同学》，《留美学生年报》第 2 年，1913 年 1 月，第 2 页。
③ 朱庭祺：《美国留学界》，《留美学生年报》第 1 年，1911 年 7 月，第 18 页。
④ 卞寿孙：《教育为社会进化之本论》，《留美学生年报》第 2 年，1913 年 1 月，第 23 页。

精神，孜孜以求化无用为有用，求至大之实效。①

1913 年以后，国内政治恶相丛生，思想界开始寻求道德救治。海外留学生虽然通过不同渠道时刻关心国家命运，但他们毕竟没有身处其中，想法时常超脱之外。杨铨认为，中国社会退化是由于兵祸连年、民失教育，与宗教迷信无涉。"处专制时代四千年，中国未尝以无宗教而亡宗国，民德未尝以无宗教而成禽兽。今政改共和，反亟亟若不可一日无宗教，岂共和之民愚于专制之民耶？"至于所谓新道德，"不外博爱平等而已，此岂孔学所无耶？"今日"社会不宁，民困衣食，不暇顾道德，而非道德失其效也"，故"当励精图治，为休养生息之计，与民反躬自省之机；忧世君子，则集合通儒，深研孔学，以其精微宏诣布诸齐民"②。朱进也认为政治革进的根本在于丰衣足食、库积仓盈、精神活泼、意志高尚，提倡民生而后才可以保障民权。因此，"政治之革进，当依国民之程序，而非一二人所能促逼之也。当遵自然之趋势，而非可以勉强出之。当以改良群治为进行之方针，而不可从事兵戈也"③。他将美国与法国做对比，认为美利坚为自然的共和国，而法国仅为勉强的共和国，二者之差距昭昭在目，足为中国激进党之鉴。朱进此论当是二次革命后有感而发，代表了一部分渐进改良者的心态。

不过，国内众说纷纭，这让留美学生意识到民生建设的局限性，虽然坚持以生财为中国最急，④ 但开始把致富与兴学相提并论。所兴之"学"已非实学，而是更为广泛意义上的"科学"。朱进说，今日共和国最忧者，在于国民无定识、乏深思、用感情、浮躁矜人、骄嚣以徒事，救亡之道不在于守旧时道德以致远时背势，而在于行"科学"教育，"与人以穷理之方，致知之术"。近年国内谈教育者虽众，但所说皆是教育的支流、方术或是艺术（工艺技术之谓——笔者注）的教育，而不是教育的本源与鹄的。"科学"教育才是超逸"五育"的根本，其价值在于世运险夷、人事无定的时候，可以"培养后生，教授训练，不以习囿，不以俗拘，锐其

---

① 〔美〕儒洛史：《中国社会之研究》，朱进摘译，《留美学生年报》第 2 年，1913 年 1 月，第 33 页。
② 杨铨：《今日之宗教问题》，《留美学生季报》第 1 卷第 2 期，1914 年 6 月，第 77~78 页。
③ 朱进：《吾国政局之解决》，《留美学生季报》第 1 卷第 1 期，1914 年 3 月，第 20 页。
④ 《民国何急》，《留美学生季报》第 1 卷第 1 期，1914 年 3 月，第 3 页。

志，精其谋。于是厄运虽至，变故无常，而人才辈出，物来顺应"①。"科学"教育的特点"不在记忆而在观察，不在泥古而在知新，不在方术而在理想，不在定式而在系理，不在艺术而在科学，不在仿效而在独创，不在感情而在真理，不在消极而在积极，不在蹈常隶书之习惯，而在标新领异之精神"②。20世纪的"科学"教育是合心理与社会诸教育而并论的广义教育，支干有四：穷理、致知、平等、进步。"与人以穷理之方，致知之术，使民人辨别既精，自勘其过，耿介独立，砥节砺行之风，自油然生矣。"③ 朱进自述其思想来源于英国科学家比尔生（皮尔逊），而他的思想在以后的几年成为留美学生的思想主流。

是年，留学美国的蒋梦麟对于"科学"有了另一番解释。9月，他在《留美学生季报》发表《教育真谛》一文。文中说儿童当受"科学"的教育，"科学无他，方法而已矣。凡以此方法而求学识办事情者，均称之曰科学。近世之法律、政治、历史、心理、教育诸科，均称之曰科学，不独物理、化学等科已也。然科学之方法用于物质学上者最精最鲜，故教授科学恒以物质的科学为基础"④。次年，他另撰一文重申此观点，谓"科学者，二十世纪求知识之方法也"⑤，凡知识非由此方法而得者不得谓之"科学"，中国向来所有无系统的知识即"非科学"。文字中，"科学"往往与道德并立，认为求学之道，必当尽弃其旧而求其新，做人之道，当新旧斟酌而调和。就知识论，中国固有知识的性质与方法已无甚价值，当全采他人，但中国特有的人伦道德不可废弃。今日中国言保存国粹者与主张新学者，往往分不清楚学术与道德，这才是中国最为危险的事。他主张在学校教授科学的同时，儿童当受经史教育，但读经可择取部分，不必读全经。⑥ 此时的蒋梦麟持道德调和论，与国内的调和论者并无大异，其特别之处在于将"科学"与方法对等。1914年的蒋梦麟正在纽约的哥伦比亚大学研究院，师从杜威从事教育学和哲学研究。据友人回忆，当时的蒋梦

①　朱进：《教育探赜》，《留美学生季报》第1卷第2期，1914年6月，第96页。
②　朱进：《教育探赜》，《留美学生季报》第1卷第2期，1914年6月，第97页。
③　朱进：《教育探赜》，《留美学生季报》第1卷第2期，1914年6月，第105页。
④　蒋梦麟：《教育真谛》，《留美学生季报》第1卷第3期，1914年9月，第8页。
⑤　蒋梦麟：《与吾国学者某公论学书》，《留美学生季报》第2卷第1期，1915年3月，第76页。
⑥　蒋梦麟：《教育真谛》，《留美学生季报》第1卷第3期，1914年9月，第9页。

麟认为东方不但缺乏科学的基础，而且也缺乏因科学与工业发展而产生的社会思想与个人行为，却主张保存发扬中国的优良文化传统。①

由上可知，同样是崇尚共和道德，留美学界与国内知识界的态度稍有不同，他们没有单纯地强调以新道德代替旧道德，而是为新旧转换构建"科学"的桥梁。这种"科学"是一整套的，包括追求知识的方法与精神在内的学术体系，也是他们教育背景下的本有之物，并紧跟西方学术的发展前沿。针对国内日益激化的新旧矛盾，他们本着建设主义的精神，主张通过科学教育，用科学方法调和嬗变。科学与道德二元并立，但"科学"的先决性毋庸置疑。

欧战爆发后，远在美国的中国留学生第一时间表达了战争观感。他们说今日全欧战祸"杀人数百万，流血数千里，莫不各持其强兵利器，虎狼相逐，举数世纪科学文物之盛，扫地以尽矣"，"吾则有鉴于近世科学战争之剧烈，杀人略地之迅速，而将来国土生命之可危也"②。当时，美国国内对于战争有两种态度："其一为向来主张和平者，以为此次欧洲战事，正食此数十年内列强竞增军备之恶果。战争以后，各国当憧憬于武装和平之言为欺人之语"；"其一则为主张军备派，谓此战事所与美人之教训，则在国无论如何文明，苟无自保护其国权之武力，凡一切和平条约皆属无用"。③二者之中，留美学生各有选择，不过后一说法似乎更能引起他们的共鸣。朱进认为战争虽然背弃道义，却是天演公例不可违背。"世界者，一永久之战场也；人类者，一好勇斗狠之动物也。""天演公例之为物，与人心不同"，人心"有是非""辨得失""明善恶""能扬公理而抑强权"，而天演公例则不辨是非、得失与善恶，"先强权而后公理"。因此，"战争实为人类之特性，人类一日不亡，则战争一日不能息"。时至今日，绝无人道可言，"吾人当先自求为人之道，而后可以讲人道，否则弱国之民将与牛马同其道，遑言人道？"④

1915年9月，日本提出灭亡中国的"二十一条"，留美学生群情激

---

① 马勇：《蒋梦麟传》，河南文艺出版社，1999，第34～35页。
② 《欧洲战祸感言》，《留美学生季报》第1卷第4期，1914年12月，第1页。
③ 任鸿隽：《美国人对于东西时局之态度》，《留美学生季报》第1卷第4期，1914年12月，第55页。
④ 朱进：《欧战感言》，《留美学生季报》第2卷第1期，1915年3月，第12～13页。

愤，十之八九的学生主张与日本开战，甚至有人要投笔从戎，胡适的"不争主义"反而惹来讥笑。欧战的爆发已清楚地表明，在国际问题上根本无道德可言，恃强凌弱恰恰是国家行为的金科玉律。日本在道义上或许与盗贼无异，但以天演论之，却又无可怨之理。"强者既不肯置议论，弱者亦唯有忍息顺受而已。是故积弱之后，外患既来，则辩理之辞，与怨恶之情，均非解决问题之道。"① 虽然，战与不战远非他们所能决定，但人为刀俎，我为鱼肉的切肤之痛与国内之人感同身受。

旁观战争，德国表现出来的强大让留学生羡慕不已。寻根求源，他们得出与国内思想界一致的结论，认为"今日之世界，科学的世界也"，"今日之战争，科学之战争也"②，"德国有今日之地位，其原因究属种种，而科学占一大部分焉"③，世界列强皆然。可悲的是，今日中国"贫也，弱也，无学也"，"今之世界相竞以学，凡欲自侪于文明之域者，莫不各有代表之学者"。但除野蛮小种族不计外，"其对于学界无所尽力者，莫吾中国"，"吾人固当愧死入地"。④ 因此，中国不幸处此列强竞争时代，若欲为挺然独立之国家，非盛修军备不为功，非振兴工业不为功，而发达科学为一切急务之根本。⑤

1914 年一战爆发前夕，风云变幻的世界形势已使留美学生意识到"科学"的重要性，《科学》杂志缘是而起。35 年后，任鸿隽回忆当初情景说，当时世界各国生存竞争剧烈，无论是战争还是和平，如果没有"科学"便休想在世界上立住脚。而环顾我们国内，"科学"十分幼稚，不但多数人不知"科学"是什么，就连一个专讲"科学"的杂志也没有。于是，十几个远在外国留学的学生怵然于"国力之发展必与其学术思想之进步为平行线，而学术荒芜之国无侪焉"，就"相与攫讲习之暇，抽日月所得，著为是报，将以激扬求是之心，引发致用之理"，于是《科学》就在

① 任鸿隽：《救亡论》，《留美学生季报》第 2 卷第 2 期，1915 年 6 月，第 3 页。
② 《英伦通信》，《留美学生季报》第 2 卷第 2 期，1915 年 6 月，第 117 页。
③ 陈炳基：《中国宜组织科学研究学会》，《留美学生季报》第 3 卷第 1 期，1916 年 3 月，第 3 页。
④ 任鸿隽：《中国于世界之位置》，《留美学生季报》第 2 卷第 1 期，1915 年 3 月，第 19～20 页。
⑤ 陈藩：《论吾国学者宜互相联结于中国科学社以促进国势》，《留美学生季报》第 3 卷第 2 期，1916 年 6 月，第 77 页。

1915 年 1 月开始与世界相见了。①

　　1915 年，科学社成员蓝兆乾明确提出"科学救国论"，② 认为唯有
"科学"可以救中国。他说，中国先后有革命立宪之说、理财练兵之说、
振兴实业发达交通之说、发扬国粹改良教育之说，但都非中国问题症结所
在。我国贫弱的症结在于无"科学"，而"科学"博大精深，一切富强之
法，所自由出。蓝兆乾自述此文因悲愤而作，他读中国近五十年外交史
后，不得不力竭声嘶以倡救国之论。如今德意志因科学发达而所以摧坚陷
阵，无敌于全欧；美利坚因科学发达，而所以油矿之盛，输出之广，国力
之富，近之发明出奇争新。今日中国唯有借"科学"战争的真相，因势利
导，引起国人研究科学的兴味。③

　　蓝兆乾最初提出"科学救国"的主张落点在转译"科学"，一是为
了引起国人研究"科学"的兴趣；二是提供国人有用之业，宜为简易
工艺以扩其生；三是欲沟通中外，以助会通。此论随即遭到反驳，认为
他的立意虽盛，而世人视之无足轻重，未切合时宜。他进而撰文解释
说，"科学"之事大别为自然与人事，小别为工艺与学术。今欲图存救
亡，当以兵工事业为唯一重要问题，而尤其急迫者，有飞机、潜艇、无
线电、汽车、枪炮制造，交通发达等事；今欲固邦本而拯生民于饥馑陷
溺，首要在于农林、水利、矿工；今欲发达诸"科学"，应以理化为
本，数学为基，实验工作为辅，提倡专门学校。今天所谓的物质文明，
数理化之变相，三者为"科学"的根本。④ 蓝兆乾所说的"科学"以纯
理科学为基础，在以民生为核心的实用科学中加入了军事技术的成分以
应对战争时局，这一内容上的补白从侧面体现出国人对于"科学"形
而下的理解与需求。

―――――――――

①　任鸿隽：《〈科学〉三十五年的回顾》，樊洪业、张久春选编《科学救国之梦：任鸿隽文
　　存》，上海科技教育出版社，2002，第 716 页。
②　据樊洪业考证，蓝兆乾是科学社中唯一一位没有留学经历的成员，他主动投稿《科学》
　　杂志，但《科学救国论》一文最终发表于《留美学生季报》而不是《科学》上。由此
　　推测蓝文水平不高，在见闻与见识等方面与留美学生存在差距，但却是由他喊出"科学
　　救国"的口号。参见樊洪业《蓝兆乾与〈科学救国论〉》，《科学》2013 年第 6 期，第 2
　　页。
③　蓝兆乾：《科学救国论》，《留美学生季报》第 2 卷第 2 期，1915 年 6 月，第 64～72 页。
④　蓝兆乾：《科学救国论二》，《留美学生季报》第 3 卷第 2 期，1916 年 6 月，第 1～7 页。

　　由此可见，欧战爆发以及国际剧烈的生存竞争是留美学生创办《科学》杂志的根本动因，蕴含了救亡图存的爱国主义情怀，其初衷与国内的爱国者并无不同。差异在于，国内思想界由欧战而推崇战争道德，或为避免战祸主张中西文明调和，留美学生选择了国内学人力所不逮的，与物质力相关的"科学"救国。这一选择源自他们特殊的教育背景提供的专业优势，也与美国建设主义的传统一脉相承。胡适的"不争主义"显然不是不争，而是对以什么方式参与竞争的不同思考。但随之而来的是，科学社输入的"科学"与国内原有的"科学"概念混淆难辨，"科学救国论"遭遇了相当大的阻力。

　　杂志创办之初，社中同人特别强调"科学"概念的学术属性，以及学术与社会功用的逻辑联系。任鸿隽曾说，因为中国无学界，从而社会"生计凋残，人相竞于私利私害"，"道德退舍，人欲横流"；又因"国人无向学之诚"，即便是留学生，"数年之课程，无他故焉，曰以谋一己之荣利而已。故方其学也，不必有登峰造极之思，唯能及格得文凭斯已耳。及其归也，挟术问世，不必适如所学，唯视得钱多者斯就之已耳"。"于此之时，而为正本清源之策，唯有建设学界。"①

　　谈及建立学界的具体办法，任鸿隽将"学"明确定义为格物致知的"科学"，它首先体现为"求真"，其旁能是"致用"。此"科学"不同于钻研故纸的"旧学"，以及冥心空想的"哲学"，甚至不是他国已成之绩，"吾人今日之从事科学者，当不特学其学，而学其为学之术，术得而学在是矣"。此术为归纳的科学方法，"东方学者，驰骛空想，渊思冥索，其哲理宗教，纯出于先民之传授，而未尝以归纳的方法实验之以求其真也。吾人欲救东方人为学之病，使其有独立不羁，发明真理之能力，唯有教以自然科学，以归纳的真理，实验的方法，简炼其官能，使得正确之智识于平昔所观察者而已"②。因此，次年出版的《科学》杂志发刊词中写道："抑欧人学术之门类亦众矣，而吾人独有取于科学。科学者，缕析以见理，会归以立例，有鳃理可寻，可应用以正德利用厚生者也。"③

---

①　任鸿隽：《建立学界论》，樊洪业、张久春选编《科学救国之梦：任鸿隽文存》，第 7~8 页。

②　任鸿隽：《建立学界再论》，樊洪业、张久春选编《科学救国之梦：任鸿隽文存》，第 10~12 页。

③　任鸿隽：《〈科学〉发刊词》，樊洪业、张久春选编《科学救国之梦：任鸿隽文存》，第 14 页。

以科学方法衡量，中国无"科学"。归纳法是"实验的"，也是"进步的"，表现为"有统系之智识"。"科学"者可分为广狭二义：就广义言，凡智识分别部居，以类相从，井然独绎一事物者，皆得谓之"科学"；自狭义言，关于某一现象的智识，其推理重实验，其察物有条贯，而又能分别关联抽举其大例者，谓之"科学"。因此，历史、美术、文学、哲理、神学之属"非科学"，天文、物理、生理、心理之属为"科学"。今世普通所谓的"科学"是狭义"科学"。至于中国那些"如神农之习草木，黄帝之创算术，以及先秦诸子墨翟、公输之明物理机巧，邓析、公孙龙之析异同，子思有天圆地方之疑，庄子有水中有火之说，扬己者或引之以明吾国固有之长，而抑他人矜饰之焰。不知凡上所云云，虽足以显吾种胄之灵明，而不足证科学之存在"，因"以智识无统系条贯故也"。① 综而论之，科学社同人提倡的"科学"是一个以自然科学为根底，以求真为目的，以正德、利用、厚生为致用，以实验归纳为方法，以建立统系为特征的完整的学术体系。

但是，《科学》杂志创办后，遂有人质疑杂志的效用。一是，一些人认为国人大多无心向学，自"辛丑改革之后，受欧洲大战之余波，寝息未遑，偷食朝夕，国内学校其仅而开校者屈指可数，而人心荒荡，未遑学问"。而且，国人"科学"程度难定，"将言其深者乎，其能读之者几何。将言其浅者乎，则未知肤末之学其为效也几何"②。总体而言，杂志偏重理论，未能与实际结合。③ 二是国人对于"科学"概念存在误解。1918年，任鸿隽归国时在寰球中国学生会做了一次演讲。他说国人对于"科学"的误解有三：一种说"科学"是玩把戏，于生活上面没有实际作用；另一种是把"科学"等同于文学，只会抄袭，不会发明；还有一种说"科学"就是"物质主义"，就是功利主义。如当时的国人就认为"物质主义、功利主义太发达了，也有点不好。如像我们乘用的代步，到了摩托车，可比人力车快上十倍，好上十倍了。但是'这摩托车不过供给那些总

---

① 任鸿隽：《说中国无科学之原因》，樊洪业、张久春选编《科学救国之梦：任鸿隽文存》，第 19～23 页。
② 任鸿隽：《解惑》，樊洪业、张久春选编《科学救国之梦：任鸿隽文存》，第 39 页。
③ 任鸿隽：《〈科学〉三十五年的回顾》，樊洪业、张久春选编《科学救国之梦：任鸿隽文存》，第 718 页。

长督车们出来，在大街上耀武扬威，横冲直撞罢了，真正能够享受他们的好处的，有几个呢？所以这物质的进步，到了现在，简直要停止一停止才是。'再说'那科学的发达，和那武器的完备，如现在的德国，可谓登峰造极了；但是终不免于一败。所以那功利主义，也不可过于发达。现在德国的失败，就是科学要倒霉的朕兆'"①。

以上观点表明，国人一方面从实用主义的角度出发，渴望"科学"能迅速地创造价值，产生效用，解决现实问题；另一方面又普遍站在道德主义的高度，谴责"科学"的功利主义特性。特别是后一种观点在当时至为普遍，并非一般国人有之，即便是有学之士也在所难免。杂志刊行之初，任鸿隽曾致信蔡元培，请求赐稿，扩大影响。蔡元培复函，表示他特别赞赏杂志不涉宗教一条，以及把与宗教宣战的伽利略列为模范，说《科学》杂志专注纯粹科学，能够"庶有以输科学之真诠，而屏宗教之阑入，此尤弟等所助为张目者也"②。但李石曾更希望《科学》杂志宣扬反对宗教迷信之主义，以与青年会一派对峙，惜其范围稍隘。蔡元培解释说，《科学》杂志"专谈物质科学，亦足以为学术界一方面之代表范围"③。其非偏重社会一方面，大约因"美国人偏重实利主义，因而偏重办事手段，留美学生不免受其影响"④。言语中仍将"科学"与实利主义、物质科学画等号，因杂志未能造成社会思想上的影响颇感遗憾。

面对如此不良环境，社中同人除了启蒙祛昧似乎别无他法，以后论学往往针对国人的误解而发，目的即是告知国人何为"科学"。任鸿隽回忆说，"当三十余年前一般人还不明了科学究竟是什么东西的时候，我们不惮烦言地指陈科学的性质是怎样，科学智识和其他智识的差别在什么地方，这些正是合乎实际的主张，不得以其是关于理论的文字而谓其脱离"⑤。其中当务之急便是要将"科学"与功利主义做意义上的切割，以表明"科学"具有形而上的价值。他说物质主义存在物质欲望与自然研究之别，国人但见前者，未闻后

---

① 任鸿隽：《何为科学家》，樊洪业、张久春选编《科学救国之梦：任鸿隽文存》，第179～186页。
② 蔡元培：《复任鸿隽函》（1915年6月），《蔡元培全集》第10卷，第249页。
③ 蔡元培：《复吴稚晖函》（1915年6月15日），《蔡元培全集》第10卷，第247页。
④ 蔡元培：《复吴稚晖函》（1915年4月6日）《蔡元培全集》第10卷，第238～239页。
⑤ 任鸿隽：《〈科学〉三十五年的回顾》，樊洪业、张久春选编《科学救国之梦：任鸿隽文存》，第718页。

者，"但看见科学的末流，不曾看见科学的根源；但看见科学的应用，不曾看见科学的本体"，是"把科学看得太轻太易了"①，"科学"宣传由此深入到科学本体的层面。但是，他的论学由于具有强烈的针对性，使得焦点集中于国人关注的层面，而显露出功利主义的启蒙倾向。

为了引发国人对于"科学"的兴味，杂志常常强调它的物质之用。任鸿隽曾"虑世人不知科学之效用，而等格物致知之功于玩物丧志之伦也"②，告诉国人"科学"在物质、智识、科学名词划一以及实业等方面的具体效用。但是，他们又担心"科学"落入实用主义窠臼，仅被理解为物质之用，不得不同时澄清"科学"乃"智理上之事，物质以外之事也。专以应用言科学，小科学矣"③。"科学"智识不仅体现为自然科学，凡"科学方法所由应用于一切人事社会之学"，或"凡文之基于事实而明条理因果之关系者，皆可以科学目之"。从事"科学"将影响个人性格，如研求真理可驱好利之心，而达高尚精神；如"科学"可导人入审美之事，而与文学并驾齐驱。"科学"与"小科学"实为学术研究与物质科学的别称，学术研究挟科学方法之力，突破了自然科学的范畴，扩展到人事社会诸学科的领域，"科学"版图由此扩张。不过，任鸿隽还是严守了"科学"与文学之界，认为"科学能影响人生，变易人生，而不能达人生之意。于此领域中，惟文字为有权"④。

随后，任鸿隽作《科学精神论》，进一步强调了"科学"效用广大。他说，"余曩作《科学与工业》，《科学与教育》，既于科学之效用于实业与智育者，有所论列矣。既其陈效之如此其大且广也，待用之周也，成材之宏也，言学者孰不欲移而措诸亲戚国人父兄昆裔之中，与今世号称文明先进之国并驱争先，岸然自雄；而其事有非甚易者"。因为"科学缘附于物质，而物质非即科学"，"科学受成于方法，而方法非即科学"。"于斯二者之外，科学别有发生之泉源。此泉源也，不可学而不可不学。不可学者，以其为学人性理中事，非摹拟仿效所能为功；而不可不学者，舍此而

---

① 任鸿隽：《何为科学家》，樊洪业、张久春选编《科学救国之梦：任鸿隽文存》，第183～184页。
② 任鸿隽：《科学与教育》，樊洪业、张久春选编《科学救国之梦：任鸿隽文存》，第61页。
③ 任鸿隽：《科学与教育》，樊洪业、张久春选编《科学救国之梦：任鸿隽文存》，第61页。
④ 任鸿隽：《科学与教育》，樊洪业、张久春选编《科学救国之梦：任鸿隽文存》，第67页。

言科学，是拔本而求木之茂，塞源而冀泉之流，不可得之数也。其物唯何，则科学精神是。""科学精神"在于求真，求真的特性表现为"崇实""贵确"。"回顾神州学风，与科学精神若两极之背驰而不相容者"有三：好虚诞而忽近理、重文章而轻实学、笃旧学而贱特思。[①]

　　比较中西学术时，任鸿隽经常将中国之"道"与西学之"真"一一对比。他说中西学术根本之别在于中学以"明道"，西学以"求真"。"道常与功利对举"，"执此以观西方学术，以其沾沾于物质而应用之博广也，则以其学为不出于功利之途亦宜。不知西方科学，固不全属物质；即其物质一部分，其大共唯在致知，其远旨唯在求真，初非有功利之心而后为学"，"是故字彼之真以道，则彼邦物质之学，亦明道之学"。同样是求"道"，"西人得其为学之术，故其学繁衍滋大浸积而益宏；吾人失其为学之术，故其学疾萎枯槁，浸衰以至于无"，此方法即归纳的方法。[②] 换言之，如果把"科学"理解为一个整体，功利主义只是西学之用，"求真"乃"科学"本体，且具备了由学达道的方法。"科学"概念的全貌大致得以呈现，它至少包括三个重要的组成部分，即物质科学、科学方法以及科学精神，三者分别对应中国文字中的"学""术""道"。如果物质科学是"小科学"，整体性的"科学"便是一个完整的、兼具形下与形上的哲学体系。

　　樊洪业说，《科学》杂志开启了"科学"传播的新时代，它突破了原来"科学"乃"分科之学"的局限，把一个完整的"科学"摆在了国人面前。"科学"一词自1897年由康有为把日文汉字转变为中国文字之后走到任鸿隽这里，才算是得以"正名"。[③] 这一完整的"科学"概念涵盖了形上与形下，颠覆了国人以形式区分"科学"的标准，它意味着"科学"从此不再是零碎与支离的，而是一个有系统、有价值的整体，也因此有可能为中国问题的解决提供一揽子的方案。尤小立认为，任鸿隽求"科学之本"合乎中国求"道"的传统，求取"科学之本"也是一种得"道"的

---

① 任鸿隽：《科学精神论》，樊洪业、张久春选编《科学救国之梦：任鸿隽文存》，第68～75页。
② 任鸿隽：《论学》，樊洪业、张久春选编《科学救国之梦：任鸿隽文存》，第85～86页。
③ 樊洪业：《编者前言》，樊洪业、张久春选编《科学救国之梦：任鸿隽文存》，第ⅹ～ⅺ页。

途径，全面输入西学的合法性即在"求真"之上得以确立。① 王东杰认为任鸿隽宣称"科学"的本质不在"物质"，而在"方法"，根本还在"精神"，恰是建立在正统的"文以载道"观念之上。②

科学社的做法显然是有的放矢，目的在于证明"科学"概念具有超功利主义的本体价值。当有人论及"吾国士夫孜孜为利"，"有心世道者，方当以道德之心压胜之"，任鸿隽解释说物质主义有"功利上之物质主义"与"学问上之物质主义"的分别，"科学以穷理，而晚近物质文明，则科学自然之结果，非科学最初之目的也。至物质发达过甚，使人沉湎于功利而忘道谊，其弊当自他方面救之不当因噎而废食也。若夫吾国今日，但见功利上之物质主义，而未见学问上之物质主义，其结果则功利上之物质主义，亦远哉遥遥而不可几"③。当国内保守与革新两大思想对抗时，有人怀疑"科学精神为危险不可近者"，任鸿隽亦言"科学精神，以言危险，诚危险矣。其为物也，具大力，能破坏，能使事前进不息"，"力为凶人所用，则危险及于善类；能为善人所用，则危险中有进步可言"。今日中国保守主义当阳日久，变动渐生，"苟不欲其一旦暴发多伤，则以科学精神之普及，为之小决使导，此其时矣"。科学精神作为革新思想"始或甚缓，然固可为之助长以底于完盛之域"，从事科学研究是"传输科学精神之唯一方法"。"所谓科学精神者无他，即凡事必加以试验，试之而善，则守之勿失；其审择所归，但以实效而不以俗情私意羼之是也。"④ 由是，"科学"概念引申为政治上的非暴力、渐进的改良主义，在保守的平和主义和激烈的国家主义之外，试图为中国指出第三条道路。

《科学》杂志自创办以来到1918年，对于"科学"的介绍大致呈现了一个从物质到方法，再到精神逐层递进的过程，这并不是科学社同人的认知过

① 尤小立：《现代中国科学派科学主义倾向的自我解构——以任鸿隽的科学理念为解读中心》，《江苏社会科学》2006年第5期，第183页。
② 王东杰：《以"明道"之眼观"求真"之学："宋学"与任鸿隽对科学的认知》，《社会科学研究》2008年第5期，第148页。
③ 任鸿隽：《吾国学术思想之未来》，樊洪业、张久春选编《科学救国之梦：任鸿隽文存》，第116～117页。
④ 任鸿隽：《科学与近世文明》，樊洪业、张久春选编《科学救国之梦：任鸿隽文存》，第164～165页。

程。据李醒民研究，当时留美学人受到皮尔逊的影响很大。① 皮尔逊思想的特点之一就是道德力量始终引导和伴随着理智力量，他具有为知识和真理献身，为思想自由而奋斗，抱持爱科学和学术的精神情操和生活信条，② 其实质就是"科学精神"的感召。这一特点清晰地体现在郑宗海的文字中，他说："科学教授，当以使学者能得科学精神为鹄。其进行之方，以图表之如下：科学事实→科学定律→科学方法→科学精神。"③ 科学方法与精神本是社中成员学识当中的自有之物，且渗透到各自专业的研习之中，浑然为一个整体。

但是，这一学术整体在不同时期针对祖国的需要而呈现不同面目。民国初期是实业建国，共和危机之下提倡科学教育，欧战爆发后体现为科学救国，遭遇误解时强调科学方法与精神为国人启蒙。纵而观之，《科学》杂志渐入形上之维的介绍次第，并非他们有意为之，多少有些身不由己地被卷入国内各种思想纷争之中。汪晖认为，民初前十年在欧战和共和危机重叠的语境之下，文化和伦理居于思想界的议论中心。④ "科学"概念裹挟其中，不得不在形而上的层面有所回应，但流弊亦生。由于过度强调科学的方法与精神的启蒙作用，这一范畴渐从概念整体当中析出。它与学术研究虽为整体，却日渐抽离为虚悬于知识本体之上的独立概念，原有的浑融状态被打破，重新回到中国传统的形上/形下的话语格局，滑向唯科学主义的边缘。科学社成员固然能够坚守学术底线，但对于大多数缺乏基本学术素养的国人而言，循着"求道"的途径取其上显得更加驾轻就熟。由于学术研究的主体性缺失，中国人事实上很难真正体会，乃至践行其超功利主义的信仰价值。

1918 年秋，中国科学社从美国迁回。当时国人的"科学"认识已有一定改观，不像 1915 年前后那样混乱。有关"科学"的书籍与文章大量出现，彭加勒的《科学与假设》《科学价值论》等名著也陆续翻译发行，《东方杂志》《新潮》《新青年》相继刊登了有关文章。科学社成员认为宣传科学的目的已经达到，他们应该重回"科学"研究的本位。⑤ 任鸿隽也总结说，"试看

---

① 李醒民：《皮尔逊思想在中国》，《自然辩证法研究》1999 年第 3 期，第 42 页。
② 李醒民主编《科学巨星》（9），陕西人民教育出版社，1998，第 172 页。
③ 郑宗海：《科学教授改进商榷》，《科学》第 4 卷第 2 期，1918 年 10 月，第 116 页。
④ 汪晖：《文化与政治的变奏——"一战"与 1910 年代的"思想战"》，《中国社会科学》2009 年第 4 期，第 119 页。
⑤ 张剑：《从科学宣传到科学研究：中国科学社科学救国方略的转变》，《自然科学史研究》2003 年第 4 期，第 309 页。

《科学》首二三卷登载的文字，以鼓吹科学效用及解释科学原理的为多；到第三四卷以后，则渐渐登载国内科学家自己研究的结果"①。

对于科学社的转变，罗家伦颇感惋惜。他在1919年表示，《科学》似乎不如前两年精彩，盼望科学社能多谈些科学方法论，少些过于专门的东西；因为科学方法论，实在是改中国人"面涂脑筋"为"科学脑筋"的利器。不但治"科学"的人应当知道，就是不治"科学"的人也应当看，而且容易看懂。② 尤小立解释二者之间的差别，认为科学派的科学理想和对科学的认识时时都在消解着他们由于对"科学"启蒙的渴望而出现的科学主义式的宣传。同样是强调观念的更新，同样是启"科学"之蒙，他们与新文化派的追求是有差异的。科学派更为务实，在他们看来，在中国发展科学事业，建立现代科学体系，才是现实的目标。这个目标使他们避免了"科学"意识形态化的可能。③ 但是，"科学"概念已无可避免地渐趋形上之维，且在新文化运动中持续发酵。新文化运动鼓动起来的国学热潮，一开始就与科学主义联袂而至，④ 成为"科学方法"最早的实验场。

第三节　民初国学研究范式的变迁

近代中国的学术转型于"戊戌生根、五四开花"⑤。在此期间，作为学术名词的"科学"概念始终与其相生相伴，前有国粹派的"吾国之言国粹也，与争科学"⑥，后有五四学人提倡的"以科学的方法整理国故"。从"保存国粹"到"整理国故"，"科学"概念一以贯之地活跃于国学研究领域，却不是以单一的面目参与其中。五四学人用科学的精神和方法研究国学看似异军突起，除了必有同一时代的其他新思想与之呼应，亦应当有传统思想的渊源与之承接。以往研究多将前一方面归于新文化运动的激

① 任鸿隽：《〈科学〉三十五年的回顾》，樊洪业、张久春选编《科学救国之梦：任鸿隽文存》，第718页。
② 罗家伦：《今日中国之杂志界》，《新潮》第1卷第4号，1919年4月，第630页。
③ 尤小立：《现代中国科学派科学主义倾向的自我解构——以任鸿隽的科学理念为解读中心》，《江苏社会科学》2006年第5期，第182页。
④ 桑兵：《晚清民国的国学研究》，第10页。
⑤ 陈平原：《中国现代学术之建立：以章太炎、胡适之为中心》，第8页。
⑥ 黄纯熙：《国粹学社起发辞》，《政艺通报》甲辰第1期，1904年3月，第39张。

荡；将后一方面追溯至重学轻术的学术传统，① 或是受到民初北大章门弟子的影响，② 又或从整理国故运动回溯，追寻其与传统考据、疑古思想的一脉相承。③ 研究者都关注到运用"科学方法"研究国学的创新意义，却忽略了晚清以来"科学"概念所发挥的铺垫作用，反而割断了学术发展的内在肌理，模糊了"整理国故"运动的转向意义。梳理民初前十年"科学"概念与国学研究之间的关系，或可寻绎"整理国故"运动发生的根源所在。

1. 分科治学与经学解体

民初十年，政治鼎革与学术纷争在国教问题上纠缠互构，针对孔教的宗教性、学术性以及伦理价值展开了一系列讨论。孔教的学术与道德互为表里，争论孔教是否集中国思想学术之大成，其实质还是为了争论孔教是否具有无可替代的道德，是否可担当共和体制的核心价值。正如时人所说，"惟今人争之者，根本上推崇孔子之心，亦实不在其为宗教之教，而在其学，以为孔子集我国数千年学术之大成，支配吾国民精神"④。由于孔教集于六经，经学的学术道德就成为争论的焦点。当时思想界的分歧大致有四种：一是认为经学的学术道德完美无缺；二是认为"孔子之学，并非集百家学说之大成，乃所以集群圣道德之大成"⑤；三是肯定了经学的学术价值，但认为其包含的道德思想存在缺陷；四是认为经学的学术道德都不适用于现代社会。不过，以上仅是观点的简单区分，通过对各自话语中"科学"概念的意义解析，可见分歧之下的思想共趋。

宋育仁是一个君宪论者。1913 年，他的名字出现在立孔教为国教的上参、众两院的请愿书当中，1914 年又因复辟言论惹祸上身。⑥ 作为一个典型的国粹保存论者，他坚持认为经学的学术道德完美无缺，同时娴熟地使

---

① 罗志田：《走向国学与史学的"赛先生"——五四前后中国人心目中的"科学"一例》，《裂变中的传承：20 世纪前期的中国文化与学术》，中华书局，2003，第 221 页。

② 陈以爱：《中国现代学术研究机构的兴起：以北大研究所国学门为中心的探讨》，江西教育出版社，2002，第 39 页。

③ 卢毅：《"整理国故"运动与中国现代学术转型》，中共中央党校出版社，2008，第 5 章。

④ 曾嵩崿：《孔子未尝集大成》，《太平洋》第 1 卷第 1 号，1917 年 3 月，第 4 页。

⑤ 徐天授：《孔道》，《太平洋》第 1 卷第 2 号，1917 年 4 月，第 12 页。

⑥ 陶菊隐：《北洋军阀统治时期史话》（上），生活·读书·新知三联书店，1983，第 325～326 页。

用了"科学"概念论证自己的观点。他从史学的角度说孔子以前的一切学术皆出于官，后及天子失官，孔子博综群学，独发经纶成天下之大经，立天下之大本，完成政教合一的"大学"，由是知"三代以前之科学，最为发达矣"。因而，孔子乃成大政治家、大教育家、大哲学家。所主之政治，"非周秦诸子之政治家"，而是"执中之政体也，所祖述而乐道者，尧舜之道也"；所主之教育，"非博授科学之教育家"，而是"宗教之教育也，所谓明有礼乐，幽有鬼神之教也"；所主之哲学，"非唯心唯物两派之哲学家"，而是"唯心唯物两派科学贯而通之，默而识之者也"，"其哲学之微言，则下学而上达也，穷理尽性以至于命也"。孔子之后，私学并起，周秦诸子从中而出。"诸子者各就其所得专门之学说，推而达于极端"，却纠枉过正，激扬失当。终而"大义裂于文句之中，圣经成为帖括之本"，"明经成为腐败之科学"，"学术失其统系"①。

　　就词义而言，宋育仁的"科学"指代的是古代的学术整体，但具体考察，他所谓的"三代之科学"、孔子的"科学教育"以及"腐败之科学"，意义都不太一样，呈现的是学术逐渐与政治、教化相脱离的发展过程。"三代之科学"乃是包含了各种学术思想的混沌状态，孔子的"科学教育"是一个以教育为平台，混合了学术、政治、教化的完整体系。随着诸子专门学的兴起，"科学"仅保留学术一项，失去了原有的道德内涵。在他看来，孔学的价值就在于以"教"统"学"，没有道德内涵的学术不足以规范人心，辅助政治。文章中，宋育仁显然是在用后发的"科学"概念解释孔学，表达的却是对于学术分科现状的不满，对经学一元的留恋。

　　1916年，署名立三的作者在《丙辰杂志》上发表文章，认为孔子集古今学术之大成，从未制礼立教，只可谓孔道，不可谓孔教，它蕴含了凌驾于"科学教育"与"宗教理说"之上的一贯之本。孔道因天演之变由合而分，"阳则有易、诗、书、礼、春秋，及德行、政治、交际、文学为科学教育，以坐言起行而利民成务"；"阴则传、黄、老、医、农、儒、墨各派之宗教理说，以专守师承而擅化齐物"，"所谓分者，以用不以形，而形固仍合"。及于今日，学术由简而繁，由道而器，日益"以民事为本位，致用为前提"，导致"科学"形分而用异，孔学仅残余"形而下之科学部

① 宋育仁：《孔学综合政教古今统系流别论》，《中国学报》第9期，1913年7月，第2～8页。

分中十百之一二"，"科学教育"之外的宗教、道德与义理，以及政术礼法无一而备。① 作者用图表的形式阐释了孔道与"科学"的关系："科学"分为"古科学""新科学"，"形而上学"与"形而下学"；孔道涵盖了"古科学"与"形而上学"全体，"新科学"与"形而下学"的部分，而与所有的学术形态都有交集。②

文章中，作者设定"孔道"为中国传统学术道德一元化的概念，"科学"仅是其中学术部分的代名词。孔道具有超越宗教的优越性，孔教论者以宗教待之，是看低了它。孔道由合而分，实际上就是一个政、教、学分离的过程。与宋育仁相比，作者不但看到了学术分科的新旧之别，还触摸到了中西学术间的差异。随着中西学术汇融，"科学"成为一个不断更新扩大的学术体系，在它的冲击下，中学正处于被拆分、被遗漏、被抹杀的进程之中。二人都是借助外来的"科学"概念诠释中国学术被解构的全过程，"科学"一词似乎已是一个无法绕过的学术术语，并提供了反思中西学术的新取径。

这种认识以中国"科学"本有为前提预设，从晚清分科设学或分科治学的意义承接而来。1902 年《新世界学报》首揭国粹主义旗帜，③ 提倡复兴古学。随着晚清新学制的颁布，事实上开启了中国分科设学的枢机。时至民国，凡可分科设学或可分类研究的学术便是"科学"，几乎成为保守者的思想共识。《中国学报》以保存国粹、论发新知为宗旨，按照"科学部类标篇"，包括书画、论著、经史、政治、小学、地理、金石、文学、目录诸学。④《文史杂志》"以阐明国学，发挥幽潜"为宗旨，"而于泰西学术新法新理足以证明国学者并加辑述，以拓理想而除畛域"，分门类十五项：社论、学说、经学、子学、政学、史学、礼俗、哲理、六书、金石、词章、美术、目录、杂俎、选录。⑤ 其中列有中国传统的经、史、子学，也有西方的哲理、政学等类别。此类"科学"并不是价值中立的学术名词，它表明经学虽然可以分而治之，但同时具有超越中/西、新/旧、形上/形下以及有用/无用的二元对立的一元价值，国学研究所承载的政治或

---

① 立三：《论尊孔道崇礼教之真伪》，《丙辰杂志》第 1 期，1916 年 12 月，第 5～6 页。
② 立三：《论尊孔道崇礼教之真伪》，《丙辰杂志》第 1 期，1916 年 12 月，第 9～10 页。
③ 马叙伦：《中国无史辨》，《新世界学报》壬寅第 9 期，1902 年 12 月，第 81 页。
④ 王式通：《中国学报发刊词三》，《中国学报》第 1 册，1912 年 11 月，第 11 页。
⑤ 《文史杂志略例》，《文史杂志》第 1 期，1913 年 3 月。

文化的关怀明显高于学术追求。① 但是，如周予同所言，经学发展到宋学已是"儒表佛里"，脱离了儒家轨道。② 晚清的经学家们又不同程度地接受了进化论这一"科学"理论，尝试系统研究经学的发生、发展以及彼此间的相互联系。③ 发展到民国，借用"科学"概念捍卫经学正统的学术努力都只能是"离经"而"卫道"。

在众多的持中论者中，梁启超秉持了晚清以来形成的渐变思想，区别对待经学的学术与道德价值，一边追求学术进化，一边回归传统道德以改良救国。"科学"概念基本保持了价值中立，与道德呈二元结构。梁启超虽然参与了"定孔教为国教"的政治活动，但与康有为的宗教思想完全二途。他区分孔学为三类：其一言性与天道，属于哲学范畴；其二言治国平天下之大法，属于政治学、社会学之范围；其三言各人立身世之道，属于伦理学、道德学、教育学之范畴。④ 三者之中，孔子哲学可为专门研究，孔子的治平之法与节文礼仪制度，当供考古者讲求，而孔子之所以为百世师者，则在于孔子养成人格之最终之鹄，使人人有士君子之行。前二者属于学术范畴，是研究对象，可增可减；唯孔子的道德学说"措诸四海而皆准，俟诸百世而不惑"⑤。此论与1903年他所说的"为学日益，为道日损"相比，本质未变，只是区分得更加细致，对于学术的理解也更为客观。吴贯因在老师梁启超的思想基础之上将读经与尊孔立为二事，经学属学术范畴，是研究古学的材料，为文科大学中的专门之学，一般学生非必读之；孔子则化身为中国历史上的道德伟人，扶植纲常，维持世道。道德、伦理又分为二事，道德亘古不变，伦理则随时代而变迁。⑥ 换言之，作为学术的经学可以"科学"地研究，作为道德的经学则有亘古不变的价值，以表明他们奉孔教为圭臬的道德立场。

---

① 桑兵：《晚清民国的国学研究》，第8页。
② 朱维铮：《中国经学史研究五十年》，周予同：《中国经学史讲义》，上海文艺出版社，1999，前言第24页。
③ 朱维铮：《中国经学史研究五十年》，周予同：《中国经学史讲义》，前言第10页。
④ 梁启超：《孔子教义实际裨益于今日国民者何在欲昌明其道何由》，《饮冰室合集·文集之三十三》，第63页。
⑤ 梁启超：《孔子教义实际裨益于今日国民者何在欲昌明其道何由》，《饮冰室合集·文集之三十三》，第65页。
⑥ 吴贯因：《尊孔与读经》，《大中华》第1卷第2号，1915年2月，第4页。

　　章太炎也是在二元结构下讨论孔子的学术与道德，所得结论却与梁启超师徒有异。民国初期，章太炎对孔子的态度渐趋平实。一方面，反对奉孔子为教主，却没有全然否定经学的道德价值，认为"以德化，则非孔子所专；以宗教，则为孔子所弃"，"盖孔子所以为中国斗杓者，在制历史、布文籍、振学术、平阶级而已"，"孔子于中国，为保民开化之宗，不为教主。世无孔子，则宪章不传，学术不起，则国沦戎狄而不复，民陷卑贱而不升，欲以名号加于宇内通达之国，难矣"①。另一方面，他办国学会讲学，将经学与史学、玄学、小学等学并立，阐明中国学术之流变。由此，孔子的学术及道德学说都已走下神坛。

　　此外，曾嵩崧的言论颇有新意。他说中国古代学术一统，周公、太公分之为二：太公长于进取，周公长于保守；太公以武，周公以文；太公之术因几窥几，急功近利，勇于有为，长于击险，周公之术宏规远度，积渐守平而易失于迂缓，孔子仅为周公一家之嫡系。因此，"汉志分学术为九家，实不过儒与道而已"，儒道之分，即"孟子所称之王霸，其末流乃有九家门户之可寻耳，孔子不过分得周以前全道之半体"，不能代表我国数千年之学术而树为宗王。汉以后，历代独夫皆假之以为羁束国民之术，使国民沉溺于半体之学而无法自拔，故而国脉屡断不振。② 在道德上，其德育主义可以施行于小国寡民之时代，不可适用于现今世界之国家主义。但孔道仍可分为刚性与柔性，"宜去其刚性而保其柔性，可通者，存之；不可以通者，弃之"。具体而言，学术中关于心性之说可为柔性，备之与老墨以供伦理哲学之考求；诸如宾服诸侯之思想，宗法系民之思想，愚民定国之思想，重本抑末之思想可全部抛弃。③

　　最后一种观点以陈独秀为代表。陈独秀的"科学"认识散落在伦理、政治、宗教、文学美术等各个方面的论说之中，那是一整套西方共和体制之下的学术体系与价值信仰。在科学一元论的前提预设下，④ 共和道德与孔教处在截然两分的道德世界里，共和道德建立在"科学"之上，是"科学"的道德，孔教的"非科学"性不言自明。

---

① 章太炎：《驳建立孔教议》，《章太炎全集》第 4 卷，第 196~197 页。
② 曾嵩崧：《孔子未尝集大成》，《太平洋》第 1 卷第 1 号，1917 年 3 月，第 4~9 页。
③ 嵩崧：《我之孔道全体观》，《太平洋》第 1 卷第 3 号，1917 年 5 月，第 1~11 页。
④ 陈独秀译《科学与基督教（未完）》，《新青年》第 3 卷第 6 号，1917 年 8 月，第 1 页。

比较以上各家言论中"科学"一词的用法，其内涵充满歧义，但审视固有学术的方法却具有同一性。中国传统学术与道德原本一元，孔子之道在六经，"大致不出论政、论德、论学三种"，三者"尝牵连而不可划分"①。随着晚清学制改革的深入，"科学"概念的分科特征延伸为分类、分解、分析等不同形式的思维方式，作用于经学的裁剪与整合。进入民国，"分"的概念被运用得更加频繁而且随意。分类的形态或有不同，但学术与道德被分而论之，"格物致知"与"修齐治平"不再直接对应。进而体现为学术上的分科或是分统系，道德上的变与不变，渐变或是全变的话语方式。1916年，黄远生曾抱怨中国有所谓公毒，致使各种改革之方无用，"一言蔽之曰，思想界之笼统而已"。"凡无统系，无实质，无个性，无差别者皆是。其所发生之现象，则为武断、专制、沉滞、腐朽、因循、柔弱。凡在今日为造国保种变化进步之公敌之病象，无一不归之。"而文明之世界，"曰科学之分科，曰社会之分业，曰个性之解放，曰人格之独立。重论理、重界限、重分画，重独立自尊"，皆"笼统主义"之公敌。于是提倡"科学主义""历史主义""自由主义"，且笼统地称之为"进步主义"。② 可见，在国人的理解中，"科学之分科"是追求进步的必经阶段。黄远生的不满或是因为现实中各种事业的分化程度远没有达到他的期待，但种种事实已经表明，中国进入了一个前所未有的分化时代。造成这一局面的原因固然有多种，政治上的混乱、信仰价值的缺失、中西文化的碰撞等，但归根结底不能不说是"科学"为国人提供了解构传统、催生进化的概念工具。

2. 科学统系与"作新旧学"

分科只是"科学"概念的基本底色，学术专门之后建立统系才可称为完整的"科学"形态。当边界模糊的"科学"概念成为中西、新旧学术的共称时，它一方面解构经学，打破传统；另一方面通过重建学术体系，连接了多重的政治经验和价值预期。同为一元化论者，宋育仁并不冬烘，也不排斥纯粹的科学技术，所欲表达的仅是分科体制之下，经学解体、中体动摇的那种无可奈何花落去的落寞；陈独秀表达了对推陈出新，整体性

① 嵩崏：《我之孔道全体观》，《太平洋》第1卷第3号，1917年5月，第2～3页。
② 远生：《国人之公毒》，《东方杂志》第13卷第1期，1916年1月，第4页。

接受西方科学价值体系的向往。但大多数人还是如梁启超一般，希望借用"科学"概念在学术与道德的二元结构下，致力于中西学术间的取舍调和，构建传统与新知二者兼备的新统系。

民国元年，马相伯提议仿照法国考文苑，即"法兰西学院"（法兰西科学院之前身），建立"函夏考文苑"，这是一个以文学为主体、多学科协同发展的高级学术研究机构。在《函夏考文苑议》中，马相伯提出"作新旧学"的方法之一即在于"使旧学有统系，则近于科学"①。马相伯解释旧学可从秦以前入手，经、史、子三者，又可分为"文学"与"道学"。所谓"科学"，"凡学问有原理之纲宗，欈言之科则，由科则而科条，咸有一贯之统系者，始得名为科学"②。马相伯取用的乃广义"科学"，在学术分科的基础之上，讲求比物连类，调贯部分。他并非不知狭义"科学"，曾说考文苑设立之后，可由后人附设科学苑，兼数理化三科。③ 但将考文苑建于科学苑之前，可见其认为学术之急在于本土学术的系统化转换，而广义"科学"提供了适合的路径。

按照马相伯的设想，建立统系应先分门别类，或以用分，或以事分，或以理分，纲宗可以不一，但须依时改变传统混沌一元的状态，更新问学论道的方式，使之适用于今人的认知水平。分门别类之后，当汇举大纲，条理贯通，不但知其然，而且知其所以然。具体而论，若使"文学"有统系，一以文法言，"字句法已见《文通》篇章及段落，大要在起、承、收；之三者，又有各寓起、承、收者焉。实即哲学家三段论之法"。二以文体言，分言事与言理两事，"有独使知者，有兼使由者，有独援往者，独策今者，又有互相兼者。其事与理，有独举大纲者，有兼举细目者，有关系德性、问学及社会、政治者，分门别类，汇举大纲。大纲以门类言，事项言，有首要，有次要。可按各级课程选别适于诵法及观览者，以趣进文学而保存之"。若使"道学"有统系，一是"离经分类"，二是"依类合经"。前者可分为关于德性者、问学者及社会政治暨农与工者，自为篇段，不按原经；后者据事据理将各类综合，如同一事理，"比兴可万不同焉，然于事理无舆也，类而合之，但可为文学之

---

① 马相伯：《函夏考文苑议》，朱维铮主编《马相伯集》，第126页。
② 马相伯：《函夏考文苑议》，朱维铮主编《马相伯集》，第124页。
③ 马相伯：《函夏考文苑议》，朱维铮主编《马相伯集》，第125页。

助。至事理之为劝为戒，必有可劝可戒之所以然，能各依类而推穷之，斯有统系矣"①。

在马相伯提名的考文苑名单中，除本人与其他发起人章炳麟、梁启超、严复之外，其余教授有沈家本（法）、杨守敬（金石、地理）、王闿运（文辞）、黄侃（小学、文辞）、钱夏（小学）、刘师培（群经）、陈汉章（群经、史）、陈庆年（礼）、华蘅芳（算）、屠寄（史）、孙毓筠（佛）、王露（音乐）、陈三之（文辞）、李瑞清（美术）、沈曾植（目录）等，皆为当时治旧学的一流学者。康有为、廖季平及夏曾佑未列入名单，因其说"近妖妄者"②。

考察这份学术名单，一方面可见考文苑继承了晚清以来学术系统化的成果。按照钱玄同的分析，国粹派的学术研究乃"国故研究之新运动"第一期，第二期始于1917年的新文化运动，③ 考文苑在时间上应属运动的第一期。黎明运动中的卓特者们，"或穷究历史社会之演变，或探索语言文字之本源，或论述前哲思想之异同，或阐演先秦道术之微言，或表彰南北剧曲之文章，或考辨上古文献之真赝，或抽绎商卜周彝之史值，或表彰节士义民之景行，或发抒经世致用之精义，或阐扬类族辨物之微旨"④。如果以1902年梁启超的"新史学"作为中学"科学化"的肇端，他们的研究趋向有殊，持论多异，但借用分科概念条理传统学术的大方向是一致的。他们当中的梁启超、章太炎、刘师培、严复等人出现在考文苑名单中，这些人于中学"科学化"已多有创获，在"作新旧学"方面有筚路蓝缕之功。

但是，与考文苑的设想相比，晚清学人的"科学"认识显得散漫、没有边界。马相伯特别推崇法国"科学"，不但因其"形而上，形而下，无不包罗"，而且所列之科必须"科科有界说，有条分，本末后先，无不丝丝入扣，而一以贯之"⑤，为"作新旧学"指出了更明确的系统化路径。按照这一标准，经、史、子三者被明确划入了"文学"与"道学"两

①　马相伯：《函夏考文苑议》，朱维铮主编《马相伯集》，第126～127页。
②　马相伯：《考文苑名单》，朱维铮主编《马相伯集》，第136～137页。
③　钱玄同：《〈刘申叔先生遗书〉序》，《钱玄同文集》第4卷，第319页。
④　钱玄同：《〈刘申叔先生遗书〉序》，《钱玄同文集》第4卷，第319～320页。
⑤　马相伯：《北京法国文术研究会开幕词》，朱维铮主编《马相伯集》，第138页。

类；每位教授的名字后面都清晰地标注了所授科目，法学、算学、美术、音乐等独立成科。方豪曾"借用今日通行名词"称考文苑拟设 13 个学术机构：哲学研究所、数学研究所、物理学研究所、艺术研究所、考古学研究所、动物学研究所、植物学研究所、中国大字典与专门字典编纂所、名词统一委员会、古物保管委员会、古籍刊行委员会、中国语文改进委员会、奖恤委员会。① 如果说从晚清开始，中国学术进入基本按照西学分类的时代，② 考文苑的主张表明国学研究将从依类而分过渡到合类推穷的发展阶段；从零星松散的个人探索向西方体制化推进。有研究者以自然科学为标准，见教授名单中仅有华蘅芳是科学家，便认为中国的学术水平较低，设立像法兰西学院那样的国家级学术机构不过是一种奢望，③ 或以为考文苑不过是搭新台唱旧戏，④ 这样的理解多少有些偏离了马相伯的初衷。

与在北京筹备考文苑的硕学鸿儒相比，较为偏远的云南学人或许无法体会法国"科学"的深意，但他们对于概念的诠释更能体现国人最基本的认知。⑤ 1916～1917 年，《云南学术批评处周刊》曾以"国学与科学其性质有无矛盾？二者同时并修其得失何如？试本思考之原理明辨之"为题目进行征文，选录的文章都是欲以"科学"条理国学，作者多为无名小辈。

征文中罗列的"科学"定义大致相同。徐嘉瑞说，"科学者何，取同一之事物，聚于一处，依一定之法则，而详究其外延内包者也"⑥。沈焕章说，"科学云者，凡关一类之事物，必完全记载，而记载又必有排列系统之方法以记载之。排列系统之纲目中，又必有一最高概念，足以统摄其纲目，于是始完成其为科学。无论何类事物，但具此三要素，即可

① 方豪：《马相伯先生筹设函夏考文苑始末》，《方豪六十自定稿》下册，台北，台湾学生书局，1969，第 1997 页。
② 罗志田：《西学冲击下近代中国学术分科的演变》，《社会科学研究》2003 年第 1 期，第 111 页。
③ 左玉河：《中国近代学术体制之创建》，四川人民出版社，2008，第 315 页。
④ 樊洪业：《马相伯与函夏考文苑》，《中国科技史料》1989 年第 4 期，第 41 页。
⑤ 根据桑兵的研究，至少到 20 世纪 20 年代，云南学界仍以旧派为主，新旧冲突并不激烈。参见氏著《晚清民国的学人与学术》，第 189 页。
⑥ 徐嘉瑞：《国学与科学其性质有无矛盾二者同时并修其得失何如试本思考之原理明辨之征文》，《云南学术批评处周刊》第 7 期，1917 年 1 月，第 9 页。

成为科学"①。孙模理解的"科学"稍微细致，认为"科学"乃"采集宇宙间种种事物，或学术思想，依类而分别之，以成一种有系统有条理之学问之谓也。因其性质之不同，又可分为二大类：第一类为天地间本无此学问，藉人创造而始有者，如文学、史学之类是，此类谓之人造学。第二类为天地间本有此学问，人不过取其天成之事实而研究之，如博物、理化之类是，此类谓之自然学。总之，科学之所以为科学，乃吾人为研究学问之便利起见，依思考之自然作用，整理一切学术思想之编辑物，并非天地间自有此区别也"②。概括而言，他们理解的"科学"概念是以分科为基本形态，在学术发展过程中自然形成的部类方式，并不涉及其他内容。

征文中的"国学"与"科学"之别仅在于有无统系。徐嘉瑞说，"国学者何，因中国学术散无友纪，片羽吉光，间见杂出，语其书则浩如烟海，语其义则碎如珠玑，（不）以一定法则绳之，不足以称为科学，然其学实吾国所固有之物，吾无以名之，名之曰国学"；"科学者，已成科学之学术，国学者，未成科学之学术"，应按照论理学的法则整齐国学，使之化为"科学"。③沈焕章认为近日浅俗者不解，谓西学为"科学"，非西学即不得为"科学"，且谓旧有之国学非"科学"。其实"西学成为科学，特经系统排列之方法以整理之耳"，国学只是未如西学经过系统排列以整齐之。因此，"谓国学尚未成为科学则可，谓之不得成为科学则非也"④。孙模亦说，"科学者，人为的学问也。学术不分古今，思想无间中外，均可依是法则而纳之科学之范围，以为研究之基础。是故天下有尚未成为科学之学问，未有不能成为科学之国学"⑤。

以上征文明确地将"科学"理解为系统之学。统系的部类方法或有不同，但都是建立在分科基础之上的学术条贯；中西学术的差别仅在于形

① 沈焕章：《国学与科学其性质有无矛盾二者同时并修其得失何如试本思考之原理明辨之征文》，《云南学术批评处周刊》第7期，1917年1月，第7页。
② 孙模：《国学与科学其性质有无矛盾二者同时并修其得失何如试本思考之原理明辨之征文》，《云南学术批评处周刊》第7期，1917年1月，第7页。
③ 徐嘉瑞：《国学与科学其性质有无矛盾二者同时并修其得失何如试本思考之原理明辨之征文》，《云南学术批评处周刊》第7期，1917年1月，第9页。
④ 沈焕章：《国学与科学其性质有无矛盾二者同时并修其得失何如试本思考之原理明辨之征文》，《云南学术批评处周刊》第7期，1917年1月，第7页。
⑤ 孙模：《国学与科学其性质有无矛盾二者同时并修其得失何如试本思考之原理明辨之征文》，《云南学术批评处周刊》第7期，1917年1月，第8页。

式，不关乎内容，更不需要形式的统一；只需取西学排列的方法，即可转化国学为"科学"。这种认识是由于国人对"科学"的理解过于笼统表浅，但国学价值的自我认同也是一个不可忽略的因素，从国学到"科学"的形式转变，毕竟还只及肌肤，不伤内里。

比较而言，考文苑的筹备者与云南征文者对于"科学"的认知深浅有别，但他们有着基本的思想共识：其一，国学不是"科学"，却可以成为"科学"，二者存在系统化上的差距；其二，国学转化可以采用西式的分科或分类形式，但其统系当是从旧学中提炼出来的固有之理，此理或与西方理论暗合，但不应偏离中国的传统学术与道德。马相伯曾强调说，"古道德即国魂也。魂寓于文，考之我国尤信。故振兴古道德，以提倡古学为宜"①。莳海比较东西学术后认为，"东方文明实与西方文明同源而异派，不可偏废，亦不能混合。泱泱黄胄之遗风，所谓明德之后，必有达人，其能以自力抽绎一种世界特别之思想与术艺，而造之乎其极，殆非偶然矣"②。青年学生周介弼说，"我中国之能永存，必国性有不可亡之故"，"国性本无形，而寄之于有形，有形者即为国学"，"我非谓我国国学完全无缺，我亦知今日诚有不可免于变革者。特所谓变革，乃由渐蜕化，非纯然弃绝之谓。因恐其弃绝也，故不容以不兢兢自守，更不容以不尊之重之矣。若尊重之心稍驰，其有不随世界潮流而波荡者几何？"③ 或言之，凡主张"作新旧学"者，大多持保存国粹或是国学与"科学"并重的观点。④

即便如此，"作新旧学"依然给传统学术带来不小冲击。既然采用了西学的分科方法，就不得不在国学系统化的同时，进行古今中外学术的比较与贯通。1913 年，名不见经传的武昌中学教师李希如在《文史杂志》上发表了《论国学研究之法式》一文，主张借鉴西人的哲学系统折中九流百家之术。⑤ 他尝试"依近世科学之眼光"重新评定"孟子社会学"的学术价值，一方面肯定"孟子社会之学说就当时论，固为圆满而无恨者矣"；

---

① 马相伯：《为函夏考文苑事致袁总统条呈》，朱维铮主编《马相伯集》，第 129 页。
② 莳海：《东方旧文明之新研究》，《进步》第 1 卷第 1 号，1911 年 11 月，第 1 页。
③ 周介弼：《学生宜尊重国学》，《学生杂志》第 3 卷第 3 号，1916 年 3 月，第 30～31 页。
④ 萧公弼：《科学国学并重论》，《学生杂志》第 2 卷第 4 号，1915 年 4 月，第 1 页。
⑤ 希如：《论国学研究之法式》，《文史杂志》第 5 期，1913 年 7 月，第 1 页。

另一方面综计其失，约有四端：其一，述近世而遗太古，未论及社会发达之顺序，疑于数典忘祖；其二，泥陈迹而昧进化，误以为社会之物乃循环的而非进化的，无以促文明之进步；其三，重责政府而轻视个人；其四，高语士类而卑视齐民。以上四类皆学术进化之阻力。① 李希如的个人之见与梁启超著《新史学》以来的学术思想一脉相承，但这种方法在民初学子看来仍显得有些另类。学生徐复观回忆说，对于周秦诸子很有研究，但一说话脸便红的李希如先生改作文时，常出富有启发性的大题目。②

　　1913 年，圣约翰大学学生古达程明确提出以"科学的眼光"研究国学。他认为"中国文弱之弊，非国学之罪，不过读书不得法之过耳"。欲振兴古学，必须将周末诸子百家、两汉之经学、唐文宋理等传统学术"分门别类，择其精深者存之，不合时宜者删之，然后参以泰西学说，互相比较，互相参考，不可有偏重之弊"，假如人人能如此考求国学，可使祖国文明复活，与泰西文明并驾齐驱。③ 所谓"科学的眼光"实包含二义：一是分类别择，二是中西参合。与《函夏考文苑议》的统系相比，虽然多了一份取舍的意味，但最终目的还是要"复活文明"。

　　皕海讨论程朱理学的是非功过时说，"自东西文明交输以来，吾人于分类辨物之才，日益精密，而知古来思想学术之流别，万不能并于一谈"。各家"所经之时代，所值之境遇，所积之阅历，有自然之变迁，初不必指程朱之异乎孔孟，遂为其劣点。所谓空堂燕蝠，各具平生，而程朱之学，其影响于社会国家者，功罪当别为定论"④ 他在这一认识上将国学二分，认为凡"学术之可以有益于国，有益于人者，谓之国粹，反乎此则非国粹也"，"大凡一国之学术必有过去的，必有现在的，过去的著之于学术史，现在的定之为学术书，而学术书之变为学术史，近或数年，远或数十年，新旧代谢，则学术之所以有进步也"。"取三千年之旧物在学术史上尊为太古时代者"，倘若为今人思想行为之窒碍，是"以学术史为学术书之谬也"⑤。"学术史"与"学术书"的称谓之别已经隐含了以进化论为前提的

---

① 希如：《孟子社会学发微（续完）》，《文史杂志》第 3 期，1913 年 5 月，第 12 页。
② 陈克艰编《中国知识分子精神》，华东师范大学出版社，2004，第 30 页。
③ 古达程：《论新教育宜注重国学（演稿）》，《约翰声》第 24 卷第 6 号，1913 年 9 月，第 4 页。
④ 皕海：《颜习斋遗书书后》，《进步》第 3 卷第 3 号，1913 年 1 月，第 2～3 页。
⑤ 皕海：《何谓国粹》，《进步》第 3 卷第 1 号，1912 年 11 月，第 3 页。

价值判断。

　　单就学术而言，民初的国学研究上承晚清余绪，"与争科学"的民粹主义色彩有所淡化，自觉或是不自觉地比附"科学"的趋势更加明显。"科学"概念被明确地纳入国学研究的范围，且被学人普遍使用。不论其表现为分类的、系统的或者是比较的，"科学"概念的工具性在国学研究中已现成效。事实表明，晚清以来中国学术"科学化"的进程从未中断，且从解构传统逐渐进阶到重建统系，但多局限于形制的变化。

　　1915 年，还是北大预科生的顾颉刚在学问上渐有系统的认识，他批评"中国的学问是向来只有一尊的观念而没有分科观念的"。休学在家时，顾颉刚为计划编辑《学览》一书写序时说，"旧时士夫之学，动称经史词章。此其所谓统系乃经籍之统系，非科学之统系也。惟其不明于科学之统系，故鄙视比较会合之事，以浅人之见，各守其家学之壁垒而不肯察事物之会通"。其学术之志在于"舍主奴之见，屏家学之习，使前人之所谓学皆成为学史，自今以后不复以学史之问题为及身之问题，而一归于科学"[1]。但是，如何将家学转化为"科学"，顾颉刚对此颇感踌躇，觉得"用历史上的趋势来分，似乎比较定了一种划一的门类而使古今观点不同的书籍悉受同一的轨范的可以好一点"[2]，最终选择以时代整齐书籍，划分目录，此说还是没有跳脱出晚清以来建立在进化观念上的系统化理路。不过，没过多久，经历了文学革命洗礼的新文化人响亮地提出了"整理国故"，国学研究中"科学"重点转移到了方法与精神之上，超越了晚清以来的分科观念，但对于国学研究而言似乎也有了更多桎梏。

3. "科学方法"与整理国故

　　目前学界把"整理国故"运动的起点定在 1919 年，认为其肇端为毛子水与张煊的论争，公开提出于傅斯年在毛子水文章后的附识，理论形成于胡适的《新思潮的意义》。此派学人往往被称为"科学派"，[3] 其特点在于以"科学方法"整理国故。但是，如果不强以"科学方法"作为专有名词来衡量，不以胡适的"八字箴言"作为治学标准，民初学人提

---

① 顾颉刚：《古史辨第一册自序》，《古史辨自序》上册，商务印书馆，2011，第 45~46 页。
② 顾颉刚：《古史辨第一册自序》，《古史辨自序》上册，第 42 页。
③ 钱穆：《国史大纲·引论》，商务印书馆，1996，第 3~4 页。

到的"科学"的眼光、法式等字眼已含有方法论的意味，作为方法的"科学"与国学研究早有联结。他们与五四时期的"科学"精神、方法有异，但都是在"科学"的范围内讨论国学，隐含着方法上的承接与转换。寻绎两种方法的差别与过渡缘由，或可提供另一种观察近代学术变迁的视角。

整理国故运动由《新潮》杂志拉开序幕。当时北大学生的"科学"认识多零星杂乱，缺乏系统，也并非原创。① 他们受到《科学》《新青年》等杂志的影响，熟知"科学方法""科学精神"等一系列新鲜字眼，并尝试运用这些词汇表达思想。在社会影响最大的《新潮》第1卷中，② 傅斯年总结《新潮》具有三大元素："批评的精神""科学的主义"以及"革新的文词"。③ 文章虽然没有给"科学的主义"下定义，但从其零碎的话语中可拼凑出大致样貌。这种主义反映在文学上是"每利用科学之理，以造其文学"的写实主义；④ 在学术研究中体现为"全以科学为单位"的分疆严明；⑤ 它是自然科学发展后的产物，就连北大哲学门也应该归属理科而非文科，因哲学是以自然科学为根据的。⑥ 这种主义的最大威力在于方法，傅斯年认为"科学方法"的作用是无限的，"'科学有限'一句话是再要不通没有的。我们只能说现日科学的所得有限，不能说科学在性质上是有限的；只能说现日的科学还不很发达，不能说科学的方法有限。我们固不能说科学的方法是唯一的方法，然而离开科学的方法以外，还不曾得更好的方法"⑦。罗家伦希望《科学》杂志能多谈些科学方法论，少些过于专门的东西；同时希望《新青年》能够多做朴实说理的文章，多介绍西

---

① 王汎森评价新文化运动期间及其后一段时间，傅斯年的思想无系统、非原创，这一特点应为《新潮》同人的共性。《傅斯年：中国近代历史与政治中的个体生命》，第37页。

② 顾颉刚：《与叶圣陶书》（1919年6月17日），《顾颉刚书信集》，中华书局，2011，第65页。

③ 傅斯年：《〈新潮〉之回顾与前瞻》，《新潮》第2卷第1号，1919年9月，第200页。

④ 傅斯年：《文学革新申义》，《新青年》第4卷第1号，1918年1月，第69页。

⑤ 傅斯年：《中国学术思想界之基本误谬》，《新青年》第4卷第4号，1918年4月，第329页。

⑥ 傅斯年：《傅君斯年致校长函：论哲学门隶属文科之流弊》，《北京大学日刊》第222期，1918年10月8日，第3版。

⑦ 傅斯年：《对于中国今日谈哲学者之感念》，《新潮》第1卷第5号，1919年5月，第730页。

洋的新学新知。① 由此可见，《新潮》同人接受的是来自英美的、一整套的“科学”概念，从知识到价值体系一元共存。

《新潮》同人最初设想将“科学”概念整体性地拿来，整体性地介绍，创办杂志是为了给“中等学校之同学”提供“修学立身之方法与径途”，期待“海内学生去遗传的科举思想，进于现世的科学思想”。杂志特辟“出版界评”“故书新评”两栏，不为评价“书籍本身之价值”，而是“借以讨论读书之方法”②。但是，一旦谈及故书，傅斯年就锋芒毕露。他表示，“故书亦未尝不可读，要必以科学方法为之条理，近代精神为之宰要，批评手段为之术御”③。在杂志首期，他批评马叙伦的《庄子札记》抄录成说，浮泛笼统，无创见之功，乃无意识之作；④ 批评蒋维乔的《论理学讲义》是部无感觉、无意义、无理性的教科书。⑤ “科学的主义”毫不迟疑地成为“批评的精神”的利器。

傅斯年的率性之语随即招致《时事新报》记者张东荪的非难。他致信《新潮》建议他们“与其评中国的出版物，不如介绍西洋新书”，因为“我们若认定中国今天既需要新道德、新思想、新文艺，我们就应该尽量充分的把他输入，不要与那旧道德、旧思想、旧文艺挑战，因为他自然而然的会消灭的”，那些只想打破旧文化的行为，“与那新陈代谢的道理，颇不相合”⑥。张东荪表达了个人的一贯主张，他在主办的《学灯》副刊上曾经公开表示：“于原有文化，主张尊重，而以科学解剖之”；“于西方文化，主张以科学与哲学调和而一并输入，排斥现在流行之浅薄科学论。”⑦由于傅斯年认为张东荪态度恶劣，于是作《破坏》一文予以反驳，其意为在旧思想积压很大的情况下，就是要破坏封建礼教、封建文化，打破一般人对它们的信仰。《时事新报》又发表《破坏与建设是一不是二》一文，

---

① 罗家伦：《今日中国之杂志界》，《新潮》第 1 卷第 4 号，1919 年 4 月，第 630～631 页。
② 傅斯年：《〈新潮〉发刊旨趣书》，《新潮》第 1 卷第 1 号，1919 年 1 月，第 3 页。
③ 傅斯年：《故书新评·引言》，《新潮》第 1 卷第 1 号，1919 年 1 月，第 139 页。
④ 傅斯年：《出版界评：〈庄子札记〉》，《新潮》第 1 卷第 1 号，1919 年 1 月，133～136 页。
⑤ 傅斯年：《出版界评：〈论理学讲义〉》，《新潮》第 1 卷第 1 号，1919 年 1 月，136～138 页。
⑥ 张东荪：《新旧》，《时事新报》1918 年 12 月 14 日，第 3 张第 1 版。
⑦ 张东荪：《学灯·本栏之提倡》，北京师范大学图书馆报刊部编《北京师范大学图书馆藏中文珍稀期刊题录（1902～2002）》，北京图书馆出版社，2002，第 59 页。

再驳傅斯年。傅斯年又著文复之。① 暂且不论这场笔墨官司的是非曲直，张东荪的确直指新文化人的软肋，认为他们未致力于学术建设，在破坏方面几乎不遗余力。

另有张奚若致信胡适，评价在新文化运动中暴得大名的各杂志，《新潮》居其一。他说："尝思将来回国作事，有两大敌：一为一味守旧的活古人，二为一知半解的维新家。二者相衡，似活古人犹不足畏。此等维新家大弊，在对于极复杂的社会现象，纯以极简单的思想去判断。换言之，即只知其一，不知其二；发为言论，仅觉讨厌，施之事实，且属危险。"并借用蒋梦麟的话评价其大多为"无源之水"②。此言指出另一个事实，《新潮》成员才疏学浅，甚至不具备建设的能力。

与此同时，《新潮》的普通读者表达了对于纯粹学术的渴望。署名史志元的读者指出杂志"多哲学及文学之新潮，于科学之新潮，尚未能充分提倡"③。社中成员顾颉刚劝解傅斯年不要意气用事，对于学问应抱有商讨、研究之诚，"我辈当知学问未充"，"于科学上尚无确实的根底，明了的观念；于历史上无精细的考索，必不立论公布于社会"④。虽然他们表达的方式相对委婉，却也道出与张东荪一样的实情。

多方压力之下，傅斯年反思自省，检讨因文科学生较多，精密的学问所知粗浅，刊中多载哲学及文学新潮，于科学新思潮未能充分提倡，忘却了新思想的本根。于是调整杂志的学术旨趣，决定从做"泥中搏斗"的生涯转向做"修业益智"的事业，逐渐增加西学比重，特别是纯粹科学的分量。他设想建立"西书研究团"，详细列出所读"新书"与"西洋故书"的比例各为四分之三与四分之一；同时组织"译书团"，期待每期杂志中"须得翻译的好文章占三分之一"⑤。在杂志的第三期，他撤除了批评谢无量《中国大文学史》的文字，改发介绍逻辑学的翻译文，以示杂志幡然醒

---

① 详情参见高波《新旧之争与新文化运动的正统问题——以张东荪与傅斯年等人的论争为中心》，《天津社会科学》2014年第4期，第139～143页。

② 张奚若：《致胡适》（1919年3月13日），中国社会科学院近代史研究所中华民国史研究室编《胡适往来书信选》（上），社会科学文献出版社，2013，第23页。

③ 史志元：《致记者》，《新潮》第1卷第3号，1919年3月，第557页。

④ 顾颉刚：《致孟真》，《新潮》第1卷第3号，1919年2月，第552页。

⑤ 傅斯年：《致同社同学读者诸君》，《新潮》第1卷第3号，1919年3月，第549～552页。

悟。但同时，傅斯年表示不能放弃"故书新评"，虽然按照道理要先研究西洋的有系统的学问，学会使唤求学问的方法，才好分点余力去读旧书，只可惜"一般的人对于故书，总有非常的爱情"，所以不得不"因利乘便"讨论读故书的方法，① 以期求得"建设"与"破坏"的两全。

不过，这个设想随即被放弃。杂志第五号上鲁迅助战《新潮》，建议纯粹的"科学文"不要太多，"最好是无论如何总要对于中国的老病刺他几针，譬如说天文忽然骂阴历，讲生理终于打医生之类"，"现在偏要发议论，而且讲科学，讲科学而仍发议论，庶几乎他们依然不得安稳，我们也可告无罪于天下了"②。在鲁迅的教导下，傅斯年取消了介绍"科学文"的计划，认为"当发挥我们的比较的所长，大可不必用上牛力补足我们天生的所短"，"此后不有科学文则已，有必不免于发议论；不这样不足以尽我们的责任"③。于是，在"建设"与"破坏"之间，傅斯年再次坚定地选择了后者，"讲科学"终仅为"发议论"而服务。

宏观而论，《新潮》杂志在学术旨趣上的辗转曲折，体现了"科学"概念进入中国以来引发的思想困惑。在近代中国这一特殊语境下，在进化观念的刺激下，整体一元的"科学"概念事实上被切割为二："建设"与"破坏"，"讲科学"与"发议论"，又或是"泥中搏斗"与"修业益智"。但终究不过是"科学"概念在学术本体与其工具价值两方面体现出的不同功能。二者呈现对立统一的矛盾性：一方面，运用者基于不同的政治理想，往往认为建设与破坏不可兼得，不得不在二者之间分辨轻重缓急，纠结于"建设"与"破坏"谁为先声；另一方面，这样的选择看似非此即彼，却又一体两面，隐含着由此及彼的必然联系。启蒙的合法性是建立在"科学"概念与生俱来的正确性之上的，温和的建设更深入地、潜移默化地改变着学术研究的规则。无论是"建设"还是"破坏"，都不过是国人在追求"科学"进程路上的同源殊途，此时因为新文化运动的激荡而衍为冲突。《新潮》最终选择以"破坏"为先导，其"科学的主义"偏离学术本位，倾向于"批评的精神"，但它具有不言自明的正确性与正当性。即便学生们掌握的西学粗浅简陋，但他们都认为自己占据了先进文化的制高

---

① 傅斯年：《故书新评·引言》，《新潮》第 1 卷第 4 号，1919 年 4 月，第 693 页。
② 鲁迅：《对〈新潮〉一部分的意见》，《新潮》第 1 卷第 5 号，1919 年 5 月，第 947 页。
③ 傅斯年：《答鲁迅》，《新潮》第 1 卷第 5 号，1919 年 5 月，第 947～948 页。

点，确信"西洋文化比起中国文化来，实在是先了几步"，"于是乎中西的问题，常常变成是非的问题了"①。正是在这种价值自信的催生下，新潮社的年轻人东冲西突挑战传统，矛头自然延伸到国学研究领域，与晚清以来形成的"科学"认识正面交锋。

　　这一年，毛子水发表的《国故和科学的精神》就是一篇战斗檄文，"科学"以挑战者的姿态向国故发起进攻，引发新潮社与国故社之间的学术论争。关于这场辩论前人论著多有提及，如果回到论争的起点，仅撷拾与"科学"概念相关的内容加以讨论，可发现当时"科学方法"一词运用得并不普遍，"科学"与"科学的精神"才是毛子水与张煊争论的焦点。

　　毛子水在《国故和科学的精神》一文中解释，"国故"就是中国古代的学术思想和中国民族过去的历史，并提出三个与"国故"相比校的概念："欧化"、"国新"以及"国故学"。"欧化"是"欧洲现在的学术思想"，与之相比，"国故是过去的已死的东西，欧化是正在生长的东西，国故是杂乱无章的零碎智识，欧化是有系统的学术"②，"欧化"也就是欧洲现在的"科学"。"国新"是现在我们中国人的学术思想，是进步后的中国学术，"欧化"则是它的知识食粮以及发展方向。"国故学"是研究国故的"科学"，是"国新"的一种。换言之，"国新"与"国故学"可以称为"科学"，"国故"是"科学"研究的材料。由是，"欧化"、"国新"以及"国故学"不过是学术线形发展时间轴上的三个具体面相，拿来与"国故"对比，以表明"国故"非科学。

　　毛子水的"国故"与"国故学"大致相当于皕诲所谓的"学术史"与"学术书"。③ 不同的是，皕诲把它们称为"国粹"，毛子水却断定它们"是已死的过去的学术思想"，"不能一定的是，亦不能一定的非"，要像"医生解剖尸体一样"研究它，"第一须把古人自己的意思理会清楚，然后再放出我们自己的眼光，是是非非，评论个透彻，就算完事"，反对现在一班研究国故的人"发扬国光"。④ 按照毛子水的逻辑，"科学"不但是有统系的学术，亦是有价值倾向的学术，其实质就是"欧洲现在的学术思

---

① 傅斯年：《答余裴山》，《新潮》第 1 卷第 3 号，1919 年 3 月，第 556 页。
② 毛子水：《国故和科学的精神》，《新潮》第 1 卷第 5 号，1919 年 5 月，第 734～736 页。
③ 皕诲：《何谓国粹》，《进步》第 3 卷第 1 号，1912 年 11 月，第 3 页。
④ 毛子水：《国故和科学的精神》，《新潮》第 1 卷第 5 号，1919 年 5 月，第 738～739 页。

想"，有着时间与空间上的限定。

张煊反对毛子水的理由也即在此。他在《驳〈新潮〉〈国故和科学的精神〉篇》中提出"历史眼光"与"世界眼光"，强调了学术的国别性与可持续性。他称"科学"是"世界各国古代学术思想所演化之物也。夫古者，过去之通称。十口相传，即成为古。科学之非创于今日今时，而为古代学者递次所发明，实不可掩之事实"①。罗志田从中看出张煊对于现代与古代和中国与世界时空关系上的转变，认为"科学"的定义体现出他的温故知新、求新不必弃旧的学术主张。②简言之，张煊的"科学"就是贯通古今中西的系统之学，与新文化运动之前国内通行的"科学"认识一脉相承，其特点在于有系统，却不需要有绳墨之规，更不必以西学标准论其短长。按照此说，旧籍尚在，国故的科学性无须辩论。

何谓"科学的精神"？毛子水在文章中说要"用科学的精神去研究国故"，因为国故里面有"各种科学的零碎材料"，却没有"现代科学的形式"。他认为章太炎研究经学使用的"重征""求是"的心习就是"科学的精神"，经其手国故才有了现代科学的形式，还提到马建中的《马氏通文》。这些文章因受欧洲的影响补旧说的缺点，能够从善服义而体现出"科学的精神"③。

张煊同样强调"科学的精神"在于从善服义，但该词对应的是道德上的谦谨、"问学之正道"，反对的是刚愎自用、偏激、蔑视、"纳人于邪"④，显然与毛子水的顺应时代潮流，以西方为"善"、为"义"的价值导向全然不同。综观民初国内的"科学"认识，张煊这种心物二元的分野才是民初，特别是一战之后思想界的主流，强调学术研究中的道德底线。

此后，在反驳张煊的文章中，毛子水补充说，"科学"就是近代欧洲的实证主义科学，为中国所本无，"科学的精神"和"科学试验室的态度"有着相近的意思。他说，"'欧化'的广义，就是全副的西洋文明"⑤，"不

①　张煊：《驳〈新潮〉〈国故和科学的精神〉篇》，《国故》第 3 期，1919 年 5 月，第 1 页。

②　罗志田：《国家与学术：清季民初关于"国学"的思想论争》，第 234 页。

③　毛子水：《国故和科学的精神》，《新潮》第 1 卷第 5 号，1919 年 5 月，第 741 页。

④　张煊：《驳〈新潮〉〈国故和科学的精神〉篇》，《国故》第 3 期，1919 年 5 月，第 5 页。

⑤　毛子水：《〈驳新潮国故和科学的精神篇〉订误》，《新潮》第 2 卷第 1 号，1920 年 10 月，第 44 页。

是曾经抄拾过欧化的人，不是用科学的方法，一定不能整理国故，——就是整理起来，对于世界的学术界，也是没有什么益处的"①。作为功利主义学说的"科学"，无害于道德上的礼义廉耻，那些宣扬"科学尊而礼义亡"的人才是国民道德的蟊贼!② 两种"从善服义"的差别昭然若揭。

傅斯年在毛文之后附有"识语"，认为研究国故有两种手段：一为整理国故；二为追摹国故。"由前一说，是我所最佩服的：把我中国已往的学术、政治、社会等等做材料，研究出些有系统的事物来，不特有益于中国学问界，或者有补于'世界的'科学。"他表示反对的只是"大国故主义"，并明确提出研究国故要用"科学的主义和方法"③，这与毛子水相比多少有了些建设的意味。

根据前文爬梳，基本可以获知，论争中张煊表达的国学与"科学"、"科学"与道德的关系，是晚清以来认识的承接。大致认为凡可条理的中外学术都可以成为"科学"，学术与道德二元并存，中西可以求同存异。反倒是毛、傅二人突破了国人的基本认知，将"欧化"作为唯一的衡量标准，推行"科学"概念承载的整体性价值。罗志田曾指出，在西方科学的标准下，中国所有的既存学术都面临着一个取得科学"资格"的问题。④不过这一"科学"概念还须有进一步的限定，至少在张煊等人的眼中，中学成为系统性的"科学"已经不是问题，当《新潮》强以"科学的主义与方法"来衡量时，才制造出新的事端。因此，二者的差距不在学术的系统化，而是系统化的价值标准如何界定。

毛、傅二人的论学标准来自他们的老师胡适。1917年9月，回国后的胡适开始在北大讲授《中国哲学史》，其对于古代经典的批判使学生震惊。1918年3月，胡适在学术讲演会上做了"墨家哲学"的系列演讲。9月，《中国上古哲学史大纲》上卷完稿，次年2月由商务印书馆出版，创造了

---

① 毛子水：《〈驳新潮国故和科学的精神篇〉订误》，《新潮》第2卷第1号，1920年10月，第48页。
② 毛子水：《〈驳新潮国故和科学的精神篇〉订误》，《新潮》第2卷第1号，1920年10月，第51页。
③ 傅斯年：《〈国故和科学的精神〉识语》，《新潮》第1卷第5号，1919年5月，第647页。
④ 罗志田：《国家与学术：清季民初关于"国学"的思想论争》，第229～230页。

新学典范。后学者解释，这是胡适潜意识中"宋学"的影子在发挥作用，其目的是调和汉宋。① 因此，胡适研究国学的"科学方法"落实在两个层面：一是论证"汉学"蕴含了科学因子，可以成为中西学术接榫的土壤；② 二是运用"西洋哲学"作为"解释演述的工具"，条理传统学术。③ 最终完成两大学术潮流的汇合，产生一种中国的新学术。

　　胡适的第一个观点并不新鲜。1904年，梁启超在《论中国学术思想变迁之大势》的近世篇中谈道，清代考据学者能够以"科学实验"论学术，考证学之价值在于"由演绎而进于归纳者也"。由此认为清代学者"以实事求是为学鹄，饶有科学的精神"④。1915年时，胡适似乎并不认同这一观点。他在日记中讨论"证"与"据"的差别，认为"据"是"据经典之言明其说也"；"根据事实，根据法理，或由前提而得结论（演绎），或由果溯因，由因推果（归纳）：是证也"。"吾国旧论理，但有据无证。证者，乃科学的方法，虽在欧美，亦为近代新产儿。"⑤ 反倒是任鸿隽认为"吾国挽近言训诂之学者，如顾亭林、戴东原、王念孙、章太炎之侪，尚左证，重参谂，其为学方法，盖少少与归纳相类，惜其所从事者不出文字言语之间，而未尝以是施之自然界现象"⑥。根据江勇振的研究，胡适考证史学的滥觞始于康奈尔大学。1916年他转入哥伦比亚大学后，对传统还持批判的态度。直至撰写博士论文《先秦名学史》，需要广泛地参考历代学者的考据和注疏时，才发现中国也有相当精密的考证学传统，中国校勘学体现出与西方校勘学的相似性，只不过西方比中国的方法更彻底、更科学。⑦ 1918年，胡适在《〈中国古代哲学史〉导言》中基本认定，清末汉学是除去西洋的新旧学说之外，发明中国学术思想的又一大源头，两大潮流汇合以后，将提供产生一种中国新哲学的绝好机会。他总结哲学史研究的目的

---

① 罗志田：《再造文明的尝试：胡适传（1891～1929）》，中华书局，2006，第163～164页。
② 胡适：《清代学者的治学方法》，《胡适文集》第2册，第288页。
③ 胡适：《〈中国古代哲学史〉导言》，《胡适文集》第6册，第182页。
④ 梁启超：《论中国学术思想变迁之大势》，《饮冰室合集·文集之七》，第87页。
⑤ 胡适：《胡适留学日记》第3册，生活·读书·新知三联书店，2014，第816页。
⑥ 任鸿隽：《建立学界再论》，樊洪业、张久春选编《科学救国之梦：任鸿隽文存》，第13页。
⑦ 〔美〕江勇振：《舍我其谁：胡适——璞玉成璧（1891～1917）》第1部，新星出版社，2011，第305页。

有三："明变""求因""评判"。"述学"研究的"根本工夫"，须用"正确的
手段，科学的方法，精密的心思从所有的史料里面，求出各位哲学家的一生行
事、思想渊源沿革和学说的真面目"①，即是一整套整理哲学史史料的方法，
具体包括校勘、训诂、贯通三种。② 《导言》中他挪用、糅杂、调和西方唯
心论与实证主义，同时融合了中西考证学的传统，其研究方法的根底是实证主
义，而不是他后来自述的实验主义。③

　　但是，胡适认为清末汉学的方法不够完满。"清代的汉学家，最精校
勘训诂，但多不肯做贯通的功夫，故流于支离碎琐"，"到章太炎方才于校
勘训诂的诸子学之外，别出一种有条理系统的诸子学"。其自言做哲学史
的最大奢望，是能够把各家的哲学融会贯通，使他们各成有头绪有条理的
学说，但若想贯通中国哲学史的史料，不可不借用别系的哲学，作为一种
解释演述的工具。④ 这一"贯通"的想法，本是他写作《先秦名学史》的
初衷，后来或是受到桑原骘藏的《中国学研究者之任务》一文的启发而确
立。⑤ 1917 年，胡适归国途经日本，购买《新青年》时读到该文，对桑原
所说的治中国学应采用的"科学的方法"，以及"重新整理古籍"之说最
为欣赏。⑥ 桑原认为"科学的方法有二，一曰分析的，一曰综合的"，分
析与综合的方法两两相全，不可偏废。但通览日本今日中国学的研究状
态，分析法似乎更为通行，综合法不大常用，因此认为"将来研究中国学
之士效法先辈，委身于一时期、一部分乃至一事件，固属要紧，而尤以尽
力于综合的方面，为不可忽。就他人已攻究之许多独立事实，仔细咀嚼
之、综合之，构成一大断案。此事决非易易，但以考求小事末节为学问，
则差矣"⑦。胡适的"贯通"与桑原的"综合"异曲同工，蔡元培认为
"汉学"与"西洋哲学史"的结合才是胡适的过人之处。⑧

① 胡适：《〈中国古代哲学史〉导言》，《胡适文集》第 6 册，第 168 页。
② 胡适：《〈中国古代哲学史〉导言》，《胡适文集》第 6 册，第 178~181 页。
③ 〔美〕江勇振：《舍我其谁：胡适——璞玉成璧（1891~1917）》第 1 部，第 312 页。
④ 胡适：《〈中国古代哲学史〉导言》，《胡适文集》第 6 册，第 181~182 页。
⑤ 徐雁平：《胡适与整理国故考论：以中国文学史研究为中心》，安徽教育出版社，2003，
　　第 42 页。
⑥ 胡适：《胡适留学日记》第 4 册，第 1144 页。
⑦ 桑原骘藏：《中国学研究者之任务》，《新青年》第 3 卷第 3 号，1917 年 5 月，第 9 页。
⑧ 蔡元培：《〈中国古代哲学史大纲〉序》，《蔡元培全集》第 3 卷，第 374 页。

　　胡适的论学方法迅速影响到他的学生。1919 年 4 月，傅斯年在《新潮》上说："清代的学问，很有点科学的意味，用的都是科学的方法，不过西洋人曾经用在窥探自然界上，我们的先辈曾经用在整理古事物上。"①与"心学"相对，清学方法的先进性表现在"注重故训""实事求是""繁琐""实用""客观""归纳""证的""经验的""怀疑的"等诸多方面，② 切合了实证主义的方法特征。是年 5 月，便有了毛子水的《国故和科学的精神》一文，强调研究国故必须具备"科学的精神"和"科学试验室的态度"。但是，毛、傅二人没能完全参透老师意图，只取了实证主义作为批评的利器。胡适因此作《论国故学》一文修正毛子水的功利观念，从正面肯定了国故研究的必要性，把"科学的主义和方法"从单纯的破坏拉到建设的轨道上来。同时，明确地把清朝汉学家的考据方法称为"不自觉的"的科学方法，③ 将清末汉学与科学方法作为一个整体加以讨论。随后，指出"中国旧有的学术，只有清代的'朴学'确有'科学'的精神"，清代的训诂学中"假设通则"的方法，已经是一套从演绎到归纳的现代的科学方法了。④ 虽然，胡适说乾嘉朴学使用"科学"的方法尚非"自觉"，但如此大张旗鼓地称之为"科学方法"却是前所未有。对于朴学的"科学"性质的认定，已经从之前的疑似发展为言之凿凿的确是。

　　1919 年 11 月，在具有纲领性的《新思潮的意义》一文中，胡适明确表达了"整理国故"的学术诉求，宣称"要用评判的态度，科学的精神，去做一番整理国故的工夫。""整理国故"需要四个步骤：第一步是条理系统的整理；第二步是要寻出每种学术思想怎样发生，发生之后有什么影响效果；第三步是要用科学的方法，做精确的考证，把古人的意义弄得明白清楚；第四步是综合前三步的研究，各家都还他一个本来真面目，各家都还他一个真价值。⑤ 胡适此说与《中国古代哲学史》导言中的"述学""明变""求因""评判"四个步骤的顺序不同，意义相同。⑥ 经胡适认

---

① 傅斯年：《清代学问的门径书几种》，《新潮》第 1 卷第 4 号，1919 年 4 月，第 703 页。
② 傅斯年：《清代学问的门径书几种》，《新潮》第 1 卷第 4 号，1919 年 4 月，第 704～705页。
③ 胡适：《论国故学（答毛子水）》，《胡适文集》第 2 册，第 327～328 页。
④ 胡适：《清代学者的治学方法》，《胡适文集》第 2 册，第 288 页。
⑤ 胡适：《新思潮的意义》，《胡适文集》第 2 册，第 556～558 页。
⑥ 胡适：《中国古代哲学史》，《胡适文集》第 6 册，第 168 页。

定，前三者在清代汉学中多少都有体现，近似于一整套从演绎到归纳的西方考据学的科学方法,[①] 唯有最后一项需借助西学理论为之整理贯通。两文对照，建设新学术的诉求是胡适思想中的本有之物，而且已经形成一整套的理论，此时不过是借用傅斯年的"整理国故"的概念推而广之；同时，从毛子水到傅斯年，再到胡适，"国故"与"科学"从对立渐趋融和，完整地体现了胡适再造"折衷调和的中国本位新文化"的学术旨趣。[②]

余英时称胡适的《中国哲学史大纲》提供了一整套关于国故整理的信仰、价值和技术系统，具有"革命性"的影响。[③] 但这一系统究竟具有多少"科学性"，直到今天争讼不断。[④] 事实上，胡适的"科学方法"是一个经过自我构建，以及后人不断解读的历史概念。如果回到1919年整理国故运动的起点，与之前国人的"科学"认识相比较，类似于"述学""明变""求因""评判"等各种研究不同程度地存在，最大的差别在于"评判"的态度与标准发生改变。这一标准建立在整体性"科学"概念之上，以西方的哲学价值体系为内核，以"科学方法和精神"作为表征，以"重估一切价值"为目的。它具有以下特点：（1）作为西方整体性"科学"概念的一部分，具有不言自明的正确性与正当性；（2）在国学领域，其话语方式完成了从破坏到建设的功能转换，预示着将更深入地改变学术规则；（3）整理国故中的"科学方法"虽然以实证考据为手段，但最终要以价值评判为指归。当时的"科学方法"往往与"科学精神"并称，指涉广义上的"科学"信仰与价值，尚未落实到具体研究而显得独大。

罗志田说，1919年发生在《新潮》与《国故》之间的并不是单纯的中西学战，而是《新潮》与主张"国故与科学并存"的另一种"大国故

---

① 胡适：《清代学者的治学方法》，《胡适文集》第2册，第290页。
② 罗志田：《国家与学术：清季民初关于"国学"的思想论争》，第244～245页。
③ 〔美〕余英时：《〈中国哲学史大纲〉与史学革命》，《重寻胡适历程：胡适生平与思想再认识》，广西师范大学出版社，2004，第230页。
④ 比较有代表性的意见有：余英时认为实验主义和科学方法并不是胡适学术的决定性因素，参见氏著《〈中国哲学史大纲〉与史学革命》，《重寻胡适历程：胡适生平与思想再认识》，第231页。罗志田认为胡适是为数不多的读懂实验主义的中国人，参见氏著《再造文明的尝试：胡适传（1891～1929）》，第179页。江勇振的最新研究认为胡适的学术思想史实验主义其表，实证主义其实，成功地会通了中西的考证学，参见氏著《舍我其谁：胡适——日正当中（1917～1927）》第2部（下），浙江人民出版社，2013，第190页。

主义"的论争。① 进而言之，他们都是在"科学"概念的范畴内探讨国学的研究方法，评定其价值，由于采用了不同的"科学"标准，所得结论才相去甚远。造成这一现象的原因有二：一是"科学"概念因时而变，引发了学术思想的整体变动；二是概念的运用因人而异，导致学术路径的多样歧出。

民初的"科学"概念上承晚清，"分科"依旧是概念的基本底色，也是中国学术界的思想共趋。学术重构的目的在于融会中西，重建信仰，但终因国人理想不同，又缺乏基本的西学素养，无法跳脱固有的思维模式，无论是分科，还是建立统系，都只是在传统言说内辗转，陷入"只缘身在此山中"的认识困境，无法提供统摄全局的价值体系。

欧洲战争是促成中国"科学"概念转型的重要因素。科学社输入了全新的整体性的"科学"概念，它与之前的"科学"一词同名异质，强调"科学"与"科学方法与精神"是整体一元的价值体系。极力推崇"科学方法与精神"的新潮社成员以"一览众山小"的俯视心态放言整理国故，才与晚清以降的"科学"认识发生碰撞。《新潮》与《国故》之间的论争是两种"科学"概念之间的冲突，其本质是在不同的西学话语中自我体认的差异。如艾尔曼所言，激进主义者用知识革命挑战古典学问，是把中国政治革命的必要性和科学革命的紧迫性更加紧密地联系在了一起。②

"整理国故"最终发展成为一场运动，表明概念的意义转换开启了新的学术范式。"科学"从一个宽泛的、以分科为特征的学术概念，向整体性的、以科学方法和精神为核心的思维范式转移，它落实在国学研究领域体现为：从分科条理到实证考据的方法上的演进；从中西参合到以西证中的理论上的转变；从"保存国粹"到"整理国故"的价值观念上的更替。

变化之中亦有不变的情怀。分科之"科学"看似不再是学术主流，但作为学术转型的起点，系统地整理传统学术是转化的必要前提。任何形式的分科条理都暗藏着趋向于"合"的思想潜流：一方面，无论分化的方式

---

① 罗志田：《国家与学术：清季民初关于"国学"的思想论争》，第 264 页。
② 〔美〕本杰明·艾尔曼：《中国近代科学的文化史》，第 212 页。

多么繁复，以"科学"为学术归属注定了中国学术转型是一个与传统"分"、与西学"合"的总体走向，预示着一个必然的西化的方向；另一方面，从"国粹派"到"整理国故"都是中国学人主观上借用"科学"作为概念工具，致力于中西学术间的迎拒取舍，最终目的是要在分科体系之内妥善安置中西新旧，调和的主张一脉相承。皕诲曾说："自欧风美雨输入神州，与接为构之余将变化而日新，而吾人回首先民之遗泽，往圣之宏业，对于此旧文明之源流本末，固不可不一（一）施其研究也。"① 正是在欧风美雨的冲击下中学产生了自新的契机，"温故知新"与"推陈出新"或标准不一，有态度之别，② 不过都是进化道路上的思想错落。

　　但是，有研究表明，胡适的《新思潮的意义》立意过高，推行效果并不理想。1920 年，北大出台《国立北京大学研究所整理国学计划书》，一方面接受了胡适的判断，认为朴学之法近似于"近世治科学之方法"；另一方面却采用之前的"科学"标准，将学术整理的范围限定于"将古人学说以科学方法为之分析，使有明白之疆界，纯一之系统，而后各见古人之面目，无浑沌紊乱之弊"，目的是"扬吾国文化之精神"③。1923 年，在《国学季刊》发刊词中，胡适最有创意的"评判"的态度未能充分表达，因为顾及国学门同人对于固有学术的肯定，不得已提出以价值中立的态度整理国故，"科学方法"事实上向追求真相的方向发展。④ 1926 年前后，"整理国故"运动发展得风生水起，"科学"概念的整体价值却在不断丧失。"科学"从注重精神与方法的单数、抽象、普遍的概念下降到复数的具体的"一切科学"，"科学与科学的方法"不再神圣，而成为整理国故的辅助工具，⑤ 胡适不得不用"捉妖"与"打鬼"重新诠释整理国故的意义。⑥ 种种迹象表明，整体性的"科学"概念并不能整体地落实到国学研究当中，"科学"概念的发展与流变仍在进程之中。

---

① 皕诲：《东方旧文明之新研究》，《进步》第 1 卷第 1 号，1911 年 11 月，第 1 页。
② 罗志田：《国家与学术：清季民初关于"国学"的思想论争》，第 225 页。
③ 《国立北京大学研究所整理国学计划书》，《北京大学日刊》第 720 期，1920 年 10 月 19 日，第 2～3 版。
④ 陈以爱：《中国现代学术研究机构的兴起：以北大研究所国学门为中心的探讨》，第 185 页。
⑤ 罗志田：《国家与学术：清季民初关于"国学"的思想论争》，第 344 页。
⑥ 胡适：《整理国故与"打鬼"：给浩徐先生信》，《胡适文集》第 4 册，第 105 页。

结　语　未完成的正名

晚清以来，中国经历了千年未有之大变局，"科学"概念既是变局中之生成物，亦是变革社会的参与者。"科学"一词从日本进入中国以来，经过一系列的摄取、别择、叠加、整合，最终生成中国语境下的言人人殊的"科学"概念。

19世纪末至民国前十年，中国的"科学"概念从无到有，大致经历了四个阶段：19世纪末到1901年前后为简单模仿期；1902年到1905年是移植期；1904年前后出现调整态势，辛亥革命前概念基本成形；民国初期，各种"科学"意义浮出水面，而呈千汇万状，欧战爆发后，开始了新一轮的"科学"概念的范式转移。在此期间，"科学"一词逐渐拓展出三个意义空间：一是作为学术名词多歧与流变的语义空间；二是作为学术概念参与社会实践的政治空间；三是泛化为信仰，构建道德体系的价值空间。三者在具体时空下纵横交贯，呈现学术思想与社会变革双向互构的立体图景，提供了观察近代中国社会整体变迁的历史镜像。

近代中国"科学"概念的意义多歧首先来自它的思想源头。现代学人多拿"科学"与Science对译，表明它的西学源头。但梅尔茨的研究显示，欧洲各国的"科学"并非一物，存在英、法、德之间的差异。① 美国科学史家戴维·林德伯格在《西方科学的起源》一书的开篇，罗列出八种关于"科学"的不同观点，并说"我们必须承认，'科学'一词具有不同的含

---

① 〔英〕梅尔茨：《19世纪欧洲思想史》第1卷，第79~80页。

义，每一种都合乎情理"①。汉语借词"科学"乃日本西化的产物，从
Science 发展到日本"科学"，其间经过怎样的演化尚不清晰。② 沈国威推
测发明"科学"一词的西周，与编辑《哲学字汇》的井上哲次郎在使用
该词时意义有异。《哲学字汇》前后出过三个版本，1881 年与 1884 年的
Science 分别对应"理学""科学"，1912 年被解释为"学""理学""科
学"，③ 各词之间的关系亦有待澄清。因此，无论是西方直接进入中国的
Science，还是借道而来的日本"科学"，其与生俱来的不自明性都昭示了
中国"科学"概念的复杂性。

　　晚清之际，Science 先于"科学"一词进入中国，与"格致"对译，
从 Science 到"格致学"，再到严复翻译的"西学格致"曾是国人输入西
学的主要路径。"科学"一词进入后，引导出另外一条从 Science 到日本
"科学"，再到中国"科学"的东学路径。"格致学"与"科学"一度并
存，各有界域。"格致学"以近代实证科学为主体，固守"中体西用"的
格局，与本土学术有所抵牾；日本"科学"另辟蹊径，体现为以分科为特
征，多元共存的学术集合体。近代日本作为成功转型的范例，以及东文东
学在地理、语言、功能上提供的便利，使得西学东来衍成主流，"格致"
一词逐渐淡出，"科学"概念后来居上。

　　对东学多有抵触的严复顺时应势，借用"科学"一词置换"西学格
致"，在"科学"范畴内形成日本"科学"与严译"科学"的竞争，"科
学"概念的内涵变得丰富多歧。以今人的眼光看，严复的实证主义科学体
系比日本"科学"更接近 Science 的本相，结果却是，不仅严译词汇在与
日语新词的生存竞争中被打败，④ 即便是借助日译"科学"传达的西学体
系也遭遇滑铁卢。究其原因，在于日本"科学"蕴含了严译"科学"所
不可企及的社会实践转化力。

　　日本"科学"概念的模糊性为中国学术提供了近代化转型的路径。日

---

① 〔美〕戴维·林德伯格：《西方科学的起源》，王珺译，中国对外翻译出版公司，2001，
　　第 1~3 页。
② 周程：《新文化运动兴起前的"科学"——"科学"的起源及其在清末的传播与发展》，
　　《哲学门》第 16 卷第 2 册，第 223 页。
③ 冯天瑜：《新语探源：中西日文化互动与近代汉字术语生成》，中华书局，2004，第 352
　　页。
④ 史华兹：《寻求富强：严复与西方》，第 88 页。

本作为后发展国家，先后移植各种西方学术，西学与汉学在日本"科学"内部杂糅淬砺，不但呈现进步性，也体现出与传统的亲近，以及转化传统的包容性。自然科学与分科治学是日本"科学"概念的基本含义。自然科学是"科学"概念的学术源头与根基，却不构成"科学"话语的核心内容，它提供的是一整套建立在生物进化论之上的价值体系，进化与竞争与生俱来地附着于概念之上。分科是"科学"的基本形态，狭义上言，"科学"仅指符合实证科学标准的学科，但不限于自然科学范畴；广义上言，凡分科之学均可称为"科学"。日本"科学"合形上形下之学为一炉，打通了自然科学与其他分科学术间的阻隔。由于自然科学具有不言自明的正确性，形上之学也因此有了成为真理的可能。以之衡量中国学术，狭义"科学"差之天壤，中国可径取东西；广义"科学"模糊了学术界域，留下格义的空间。国人以分科治学作为学术发展的必然进路，不同程度地套用西学框架系统条理本国学术，中国学术的"科学化"进程由此拉开序幕。

日本"科学"提供了包括社会达尔文主义在内的多元政治的转化路径。日本"科学"不是 Science 的直接对译，它具备移植性、启蒙性以及本土性等多重特点，承载了从西方而来的自由主义、国家主义、社会主义，以及本土衍生的国粹主义等多元的政治思想，比严译"科学"提供的单一的政治路径有着更大的想象空间。当"科学"作为近代国家发展的必要条件出现时，国人普遍缺乏学术能力辨别它与 Science 的关系，更多的是囫囵吞枣地拿来以应对时势。他们或因理想不同各循进路，又或因学识所囿曲解附会，使得"科学"概念往往同名异质，源流不清，疆界不明，并延伸为政治思想上的同源殊途，甚至互为冲突。

日本"科学"在撕裂与重构的过程中渐呈中国特色，意义多歧的样态恰是各种矛盾冲突与调适的结果。此一时期，围绕着"科学"概念发生的思想冲突主要体现为三个方面。

其一，何为"科学"？日本"科学"以分科作为基本形态，体现为专门化与系统化两大特性。由专门化衍生的分类、分解和分析的科学法则，成为解构中国传统学术的概念工具；系统化是学术分化之后的必然趋势，西学分科的成例为中学重构提供了参照轨辙。以二者为目标，学术界先后经历了中国是否有"科学"，中学是否可以成为"科学"，以及中学如何成为"科学"等一系列渐进式的讨论。随着清政府整体移植日本教育，传统学术首先在教育领域完成从经史子集到西学分科的形制转换。拆解后的中学散落在西学分科的框架之内，以史学为中轴的分科学术渐次独立，政教一元的学术格局被逐步打破，"中学之体"丧失原来的安身立命之所。

"科学"概念形上/形下的二元结构为安顿中体留下了空间，但形式各异的系统化设计使得"科学"概念进一步泛化生歧。曾经发生的"有学""无学"之辨、"国粹"与"欧化"之争，以及"国故"与"科学"的讨争，其共性是在"科学"范畴内，即学术专门的基础上讨论中体的命运，回答科学时代"文何以载道"的思想命题；其异相体现为形而上价值结构的"一元论"或是"二元论"。一元论中的价值主体存在民粹主义与"科学主义"的直接对立，发展趋势渐从晚清国粹派的"两大文明结婚"（邓实语），流向民国时期的像"医生解剖尸体一样"（顾颉刚语）的评判态度。二元论试图在形上之维调和中西道德，但随着"科学化"程度的加深，中学改造从形式转化渐进于价值的取舍，中学之体的生存空间日益狭窄。康有为借助宗教，梁启超拆分伦理与道德，都是为了固守中体的最后一道防线。近代关于中国固有学术的变与不变、渐变或是全变的讨论，大体是传统道德的进与不进、渐进与激进的话语映射。学术上的中西新旧几经分化、整合，最终融汇成不同配比，充满争议的"科学"样态，上升到意识形态就是传统道德与西方价值以不同方式进行的组合重构。"科学"一词也在这一过程中开枝散叶，成为一个包含格致之"科学"、教科之"科学"、常识之"科学"等诸多歧义，边界模糊、内容庞杂的学术混合体。

其二，"学"与"术"，谁为先决？日人西周创造"科学"一词时，将"学"与"术"分别诠释为求真与致用。但在近代中国，由于自身缺乏求真的学术传统，也由于晚清盛行的社会有机体理论将学术转型与社会变革自然勾连，"科学"概念自输入以来，其致用的功能被特别放大，求真的学术空间相对狭窄。虽有王国维提倡"知力上之贵族主义"[①]，科学社强调"科学"主体为求真，其旁能才是致用，但都显得曲高和寡，学术求真并不是国人的普遍追求。在国人的认知当中，"学"与"术"应分别

---

① 王国维：《教育小言十二则》，姚淦铭、王燕编《王国维文集》第3卷，第78页。

指涉东西各国已成体系的知识实体，与基于这些学术实体的治国之术，讨论的主题则是在致用的层面，二者孰先孰后，孰重孰轻。

作为学术实体的"科学"曾在形上/形下两方面发挥作用。形下之学主要指自然科学与技术的发展，洋务派的"中体西用"、康有为的"物质救国论"，以及留美学生的"建设主义"，都是停留在物质层面的救国主张，"科学"一词恪守价值中立，意义相对固定。形上之学包括今人所谓的人文社会科学，其蕴含的政治理念为造就国家民族的整体进步提供了更为直观的理论指导，搭建起了学术改造与政治实践互通的桥梁，"科学"概念得以在学术与政治两个范畴内发挥作用。一系列发生在学术领域的思想论争，背后都有着明确的政治指向。如"艺学"与"政学"，谁为主义，谁为附庸；译著的学术性与通俗性，如何兼顾；教育改革应先行普通，还是专门；常识与学问，谁为本末；又或是学术的破与立，谁为先声。论争中的一方坚持借学问为政治培基以用世，另一方趋向于学问为现实服务以应时。在政学一体的前提下，"科学"概念中知识实体与政治功能之间的主从关系成为争论的焦点。

在晚清救亡的语境之下，无穷、繁难与支离的分科治学难以提供一揽子的救国方案，一点一滴的学术改造显得缓不济急，"科学"概念的主体渐由学术范畴流向政治言说。清政府改革学制，将"科学"等同于教科，弱化概念的西方价值属性，嫁接"中体"与"西用"；拥趸西学者全采"科学"弃旧学，"科学"与"公理"并为一词，以暴力革命为落点；复兴古学者笃信旧学就是"科学"，旨在为国族革命张目；改良者试图在"科学"框架内妥善安置中西新旧，求得进化与守成间的平衡。"科学"概念多维度地向政治思想领域延伸，以表达国人投身社会变革所着意的方式，同时拓展了自身的意义空间。民国初期，学术研究虽有回潮，但在内外交困之下，概念再次卷入政治旋涡。近代中国以输入"科学"，发动"学战"作为社会变革的起点，"科学"一词却逐渐衍化成各种政治思想之护符，知识实体的社会普及进展缓慢。

其三，"力"与"理"，谁为公理？"科学"概念负载着进化与竞争的双重价值属性，它们一体两面，互为因果。历史进化主义是推动中国社会变革的基本动力，确定了整个时代的思想基调。以"科学"作为学术归属，进化作为政治目的，近代中国的社会转型注定是一个不可逆转的，背离传统、追慕西方的总体走向。竞争指国与国之间的生存竞争，"力"与"理"分别指涉国家的竞争实力与生存权利，国家主义的竞争法则在枪炮的裹挟下席卷世界，中国被迫置于"力"即"理"的霸权主义的话语体系之下。救亡争存成为中国人无法逃避的现实命运。

如罗志田所言，近代中国每一次中外冲突中的失败或隐或显地增加了国人注重物质的言说力量，但产生"力"的"科学"在 20 世纪 20 年代之前却始终没有落在物质之上，[①] 反而走向形上之维，形成中西文明论争。论争的本质并不是中西文明的直接对抗，而是在承认竞争的前提下，对西方制定的规则进行考辨，是中国人对西方霸权的集体抗争。分歧在于，一方主张接受规则，承认生存竞争是人类社会的公理，并主动参与国际竞争，认为除此之外别无出路，1902 年前后的梁启超、欧战时期的新文化派即是如此；另一方认为生存竞争违背传统伦理，有必要汲取东方道德为竞争立界说，从而求得更为公平、合理与正义的生存环境，章太炎的"俱分进化论"、杜亚泉的"精神救国论"则是在这一层面上的探讨。但是，两种路径都无法切实改变中国羸弱的现实处境，深刻的无力感幻化为高远的乌托邦想象，文化保守主义者期待大同世界，自由主义者向往社会主义，科学主义者宣扬无政府主义。他们不约而同地祈望"科学万能"，最终能引领人类社会进入不争的世界。论争中，"科学"概念或沦为"物质主义"被道德制约，或诠释为"科学主义"以颠覆传统，又或是上升为"方法与精神"，规避道德桎梏。在近代中国，创造物质力的学术研究始终与国人的认知体系存在距离，但对于"力"的崇信与渴望却充塞在国家民族整体的价值理念当中。

总体而言，近代中国的"科学"概念看似错综复杂，却是渊源有自，有着可寻绎的内在肌理。概念在生成的过程中始终游移于两个思想坐标之间，一个是世界科技发展水平提供的全球性的先进/落后的评价体系，一个是传统学术道德的思维体系。学术专门、致用、进化等特征构成概念的基本底色，也奠定了现代思想体系的话语基石，表明国人普遍接受，且顺应了世界全球化的发展潮流。学术系统化、政治化以及道德调适等各个层

---

① 罗志田：《走向国学与史学的"赛先生"——五四前后中国人心目中的"科学"一例》，《裂变中的传承：20 世纪前期的中国文化与学术》，第 223 页。

面的多样性则是在概念底色上叠加的中国颜色，国人借助西方视角以获得方向感，同时结合具体语境下中国的现实需要，接榫具有个体差异的知识结构，掺杂着与传统文化亲疏远近的个人情感，不断调整行进的路线，在动态实践中塑造着"科学"的中国，也创造着中国的"科学"。

　　19、20 世纪之交，以及五四运动前后是中国近代思想转型的两个关键时期。在前一阶段，中国"科学"形成以分科为特征的基本样态。五四时期，随着整体性"科学"概念的输入，开始了"科学精神与方法"对中国学术思想新一轮的涤荡。发生在 20 世纪二三十年代的重大思想论争，"科学"概念无不参与其中，且"做到了无上尊严的地位"[1]。整体性"科学"逐渐取代以分科为特征的早期形态，到了 20 年代，"对于科学的概念不明了，即视科学为名词与分类的事体"[2]，甚至成为导致科学教育不良的因素之一。如今，凡接受过现代教育的人，无不知晓学问是分科的，人们在稔熟地使用"科学"一词时，已不再将它与分科直接对应。"科学"一词成功地把传统学术解构为专门化的知识，其内含的分科之义也消解成为概念中无关紧要的基底。一百多年前形形色色的"科学"认识已混合积淀，烙刻于人们的观念之中。

　　考察"科学"一词的定义在词典中的变化，可以感受到历史的沉淀与变化的轨迹。在 1915 年商务印书馆出版的《辞源》中，关于"科学"的定义还有着明显的分科痕迹，如"以一定之对象为研究之范围，而于其间求统一确实之知识者，谓之科学。从广义言，则凡知识有统系，而能归纳之于原理者，皆谓之科学。故哲学、史学等，皆科学也。从狭义言，则科学与哲学、史学三者对举；科学究其所当然；而哲学明其所以然；史学述其所以然者也。又某派学者，并谓研究之材料，或散漫、或变动，非具一定体系者，皆不得称科学。如谓教育学，政治学之类，今尚不能成一科学是也"[3]。编纂于 1915～1935 年，1936 年正式出版的《辞海》将"科学"与 Science 直接对应，解释"科学"为"广义，凡有组织有系统之知识，均可称为科学；狭义则专指自然科学"[4]。在 1996 年版的《现代汉语词

---

①　胡适：《〈科学与人生观〉序》，《胡适文集》第 3 册，第 152 页。
②　舒新城：《近代中国教育思想史》，第 410 页。
③　商务印书馆编辑部编《辞源》，商务印书馆，1915，午集第 211 页。
④　舒新城等主编《辞海》，中华书局，1936，午集第 107 页。

典》中，"科学"作为名词被解释为"反映自然、社会、思维等的客观规律的分科的知识体系"；作为形容词，表达为"合乎科学的"。① 顺时梳理，分科依然是"科学"概念的基本形态，但内涵逐渐狭窄，知识的客观性成为衡量的标准之一，被特别强调；"科学"蕴含了全然正面、积极的价值属性。工具书通过抽象精确的语言统一着人们的认识，减少了因概念的不自明性而产生的误解与分歧。如果说晚清民初的"科学"还存在程度上的差异，"科学"与"非科学"之间还有着相当广阔的灰色地带，按照现代"科学"的定义，二者也并非截然对立，之前的种种论争或将不复存在。

但是，事实似乎并非如此。五四以来，虽然"科学"的地位一路走高，但整体性的"科学"并没有在中国整体性地普及开来。直到今日，学术界仍在不断追问和百多年前同样的问题：求真尚实的"科学方法与精神"为什么没有能够深入人心？② 个中缘由，有必要回到民国的历史语境重新考察，本书对于"科学"的正名其实只过半程。问题还不止于此，在后现代主义的冲击下，"科学"自身遭到质疑，"客观中立性"的神话被打碎。近代以来，中国人矢志不移地追逐"科学"，一部分人至今还在为没能建立起西方式完整的"科学"扼腕叹息，一部分人已经试图超越"科学"反思现代性。历史的尘埃还没有落定，新的论争风云再起，在说者的言语中依稀可以看见先辈学人的思想痕迹。

以相对客观的自然科学领域的研究为例，出现于 20 世纪 30 年代的"李约瑟难题"至今仍被争论。研究者认为，由于李约瑟没有定义什么是"科学"，进行抉择时缺乏客观标准，较难划定统一的范围，才使得越来越多的学人陷入争论之中。③ 在由"李约瑟难题"引申出来的"中国古代是否有科学"的讨论中，"科学"的定义与范围甚至成为被质疑的对象。田松认为中国古代科技史研究一直存在两个潜在的策略：一是尽量采用宽泛的"科学"定义，使研究者拥有更多可供研究的内容；二是拿古代科技与

① 中国社会科学院语言研究所词典编辑室编《现代汉语词典》，商务印书馆，1996，第711页。
② 饶毅：《缺乏科学精神是我们文化的重大缺陷》，《新华每日电讯》2015 年 12 月 18 日，第 13 版。
③ 江晓原：《交界上的对话》，江苏人民出版社，2004，第 67 页。

中心的科学进行比较，显示在研究者的内心深处，仍是以西方科学为正统。因此，中国科学技术史的主要编史程式是，参照现代科学从古代典籍中离析出科学知识和实用技术知识，并就之与西方科学中间类知识进行印证。这样可以证明我们不仅有很多科学，而且还有很高明的科学。而这恰恰表明，中国古代即使有科学，也不是处于中心，而是处于边缘。[①] 但席泽宗认为，规范科学史，区分什么是科学史，规定如何研究科学史，都没有必要。我们无法跳出我们现在所处的环境，无法对自己洗脑，也就无法放弃既定的眼光。比如研究古代天文学史，自然要用到我们学到的现代天文学知识。[②] 可见，看似定型的"科学"概念，依然会因为言说主体的不同而存在差异，试图通过定义来统一认识几乎不可能。以上情形与一百多年前中国是否"有学"的追问有着惊人的相似，概念本身并不是造成争论的根本原因，叙述主体的文化立场才是分歧所在。

与此同时，一些研究者试图扩展"科学"概念的空间向度以涵盖传统学术。袁江洋提出"小写的复数的科学"（sciences）这一概念，与之对应的是共相的大写的单数科学 SCIENCE，[③] 中国古代学术作为一种独立的知识体系被纳入 sciences 之中。吴国盛列出"科学"的三种定义。一是定义"科学"为人类与自然界打交道的方式，此类定义不区分"科学"和技术，与"文明"相近。按照这个定义，一个有着五千年辉煌文明的中国是绝不可能没有"科学"的。二是定义"科学"为由希腊思想发端的，西方人对待存在的一种特殊的理论态度。德文的 Wissenschaft，胡塞尔所称的欧洲"科学"的危机，黑格尔的哲学"科学"等，都是在这个意义上使用的。这一"科学"相当于西方特有的哲学、形而上学，是西学的核心学科，是所有非西方文明没有的东西，包括中国在内。三是定义"科学"为"近代科学"，即在近代欧洲诞生的一种看待自然、"处理自然"的知识形式和社会建制，是人们普遍使用的科学定义。严格按照这个定义，中国是没有"科学"的，就连西方古代也没有"科学"。[④] 以上观点赋予了

① 田松：《科学话语权的争夺与策略》，《堂吉诃德的长矛：穿过科学话语的迷雾》，上海科技教育出版社，2003，第236页。
② 席泽宗：《我不同意杨振宁的"文化决定论"》，李军、李俊彦编选《2006中国文化年报》，兰州大学出版社，2006，第98页。
③ 袁江洋：《科学史的向度》，湖北教育出版社，2003，第110页。
④ 吴国盛：《边缘与哲学之争》，《自由的科学》，福建教育出版社，2002，第216～217页。

"科学"一词更广阔的全球化视野,与日益窄化的"科学"定义背道而驰。但也有学者认为,无论是从 SCIENCE 还是从 sciences 的角度评价中国传统学术,都没有摆脱西方中心主义的束缚,选择"科学"一词就意味着研究者在爱国心态和科学主义之间反复权衡之后,向科学中心的一方倾斜了。科学史的研究除了把传统的"珍珠镶嵌在现代知识框架之中",亦有"回到传统思想的语境,将珠粒还原为珠链"的其他选择。①

但是,摒弃"科学"一词,回归传统词汇以表述传统几乎是一种奢望。当代学人的民族主体意识在近代已有体现,1908 年的章太炎坦承中学不必为"科学"②。1931 年,陈寅恪说:"今日之谈中国古代哲学者,大抵即谈其今日自身之哲学者也;所著之中国哲学史者,即其今日自身之哲学史者也。其言论愈有条理统系,则去古人学说之真相愈远。"③ 20 世纪 40 年代的傅斯年认为中国没有严格意义上的哲学,否定了中国存在现代人文社会科学分化的源头。尴尬的是,在经历了长时间的"科学化"洗礼之后,一整套的西学术语已然占据了中国的学术思想领域。1983 年,钱穆在《现代中国学术论衡》中明确地说中国无"哲学"之名词,也无独立"科学"之名称,却不得不用"中国哲学""中国科学"等类似的字眼与西方的"哲学"与"科学"进行区分,④ 一百多前的中西"格致"辨义一变而成中西"科学"的异同。在浩浩汤汤的全球化进程中,中国学术整体西化已是不争的事实,即便研究者有回到传统语境的自觉,却已经无法将"科学"一词排除在外,仅使用传统词汇与现代知识体系进行对话了。

历史往复,出现何其相像的一幕。回望晚清时期的西学东渐,传教士苦于没有合适的词汇传达西学,不得不在"格致"一词的意义上叠床架屋。如今,越来越多的研究者意识到中西学术的根本异质,虽在"科学"一词的意义上大做文章,但依然感觉到用"科学"一词表述传统的窒碍。纵观近代中国,这种窒碍几乎无时不在,用他国语言诠释本国学术总会有挂一漏万的疑虑。但恰恰是为了超越语言上的隔膜,"格致"与"科学"

---

① 田松:《科学话语权的争夺与策略》,《堂吉诃德的长矛:穿过科学话语的迷雾》,第 239~240 页。
② 太炎:《四惑论》,《章太炎全集》第 4 卷,第 443 页。
③ 陈寅恪:《冯友兰中国哲学史上册审查报告》,陈美延编《金明馆丛稿二编》,生活·读书·新知三联书店,2001,第 280 页。
④ 钱穆:《现代中国学术论衡》,生活·读书·新知三联书店,2001,第 23~44 页。

才被选择、被创造，从而承载了更广阔的学术内涵。或许可以把一百多年来所生成的中国"科学"概念看作一个附属于现代学术、独立于 science 的学术体系，传统学术被纳入这一体系之中，且与东西学术不断融合。它脱胎于西方中心主义，却也是一种摆脱西方中心主义话语束缚的主体性再现。把"科学"一词与西方中心主义对等，反而凝固了"科学"的西学属性，否定了概念的可变性与能动性。在现代学术的语境下，"躲进小楼成一统"未免消极，不如在时间的维度上重新串联起中国"科学"意义的绳索，理解先辈学人在概念受容过程中的坚守与创见，继续他们调和中西新旧的学术努力。在"科学"范畴内，开拓以中学"新世界学"（陈黻宸语）的复兴之路，不啻一种积极的心态。概念史的研究价值，在兹而已；为"科学"概念正名的前路漫漫，仍可期矣。

参考文献

一 近代报刊

《北京大学月刊》《丙辰杂志》《大陆报》《大中华》《东方杂志》《格致汇编》《广益丛报》《国粹学报》《国学杂志》《河南白话科学报》《湖北学生界》《华美教保》《寰球中国学生报》《汇报》《汇报科学杂志》《科学》《科学世界》《留美学生季报》《留美学生年报》《鹭江报》《集成报》《甲寅》《教育世界》《教育杂志》《江苏》《进步杂志》《京报》《民报》《女子世界》《普通学报》《清议报》《尚志》《申报》《实学报》《时务报》《四川学报》《每周评论》《太平洋》《童子世界》《万国公报》《文史杂志》《新潮》《新民丛报》《新青年》（《青年杂志》）《新小说》《新世纪》《新世界学报》《新学月报》《选报》《学报》《学报汇编》《学部官报》《学衡》《学生杂志》《雁来红丛报》《译书公会报》《译书汇编》《庸言》《游学译编》《约翰声》《云南学术批评处周刊》《浙江潮》《政艺通报》《中国白话报》《中国学报》《直隶教育杂志》

二 研究论著

〔英〕艾约瑟：《格致总学启蒙》，上海图书集成印书局，光绪二十四年（1898）。

〔英〕艾约瑟：《西学略述》，上海图书集成印书局，光绪二十四年（1898）。

艾儒略：《职方外纪》，中华书局，1985。

安徽省政协安徽著名历史人物丛书编委会编《科坛名流》，中国文史出版社，1991。

白吉庵：《章士钊传》，作家出版社，2004。

宝成关：《西方文化与中国社会：西学东渐史论》，吉林教育出版社，1994。

北京师范大学图书馆报刊部编《北京师范大学图书馆馆藏中文珍稀期刊题录（1902～2002）》，北京图书馆出版社，2002。

〔美〕本杰明·艾尔曼：《中国近代科学的文化史》，王红霞等译，上海古籍出版社，2009。

毕苑：《建造常识：教科书与近代中国文化转型》，福建教育出版社，2010。

陈德溥编《陈黻宸集》上、下册，中华书局，1995。

陈方竞：《多重对话：中国新文学的发生》，人民文学出版社，2003。

陈谷嘉、邓洪波主编《中国书院史资料》下册，浙江教育出版社，1998。

陈焕章：《孔教论》，商务印书馆，1912。

陈焕章：《孔门理财学》，商务印书馆，2015。

陈建华：《"革命"的现代性：中国革命话语考论》，上海古籍出版社，2000。

陈美延编《金明馆丛稿二编》，三联书店，2001。

陈平原：《中国现代学术之建立——以章太炎、胡适之为中心》，北京大学出版社，1998。

陈平原、杜玲玲编《追忆章太炎》，中国广播电视出版社，1997。

陈平原选编《章太炎的白话文》，贵州教育出版社，2001。

陈学恂主编《中国近代教育史教学参考资料》，人民教育出版社，1986～1987。

陈以爱：《中国现代学术研究机构的兴起：以北大研究所国学门为中心的探讨》，江西教育出版社，2002。

陈元晖主编《中国近代教育史资料汇编·教育思想》，上海教育出版社，2007。

陈铮编《黄遵宪全集》，中华书局，2005。

〔美〕戴维·林德伯格：《西方科学的起源》，王珺译，中国对外翻译出版公司，2001。

丁守和主编《辛亥革命时期期刊介绍》，人民出版社，1982。

丁文江、赵丰田编《梁启超年谱长编》，上海人民出版社，1983。

杜衡：《偶读南海物质救国论书后》，《剑璧楼诗纂》，广州诗学社，1949。

樊炳清编《科学丛书》（全2集），教育世界出版社，1901~1902。

樊洪业、张久春选编《科学救国之梦：任鸿隽文存》，上海科技教育出版社，2002。

方豪：《方豪六十自定稿》，台北，台湾学生书局，1969。

〔美〕费正清、〔美〕刘广京编《剑桥中国晚清史1800~1911》，中国社会科学院历史研究所编译室译，中国社会科学出版社，1985。

冯桂芬：《校邠庐抗议》，中州古籍出版社，1998。

冯天瑜：《新语探源：中西日文化互动与近代汉字术语生成》，中华书局，2004。

〔日〕浮田和民：《史学通论》，罗大维译，进化译社，1903。

〔日〕福泽谕吉：《福泽谕吉自传》，马斌译，商务印书馆，1980。

〔日〕福泽谕吉：《劝学》，黄玉燕译，联合文学出版社，2003。

〔日〕福泽谕吉：《文明论之概略》，北京编译社译，商务印书馆，1959。

复旦大学中文系、上海师范大学中文系选编《鲁迅书信选》，上海人民出版社，1973。

干春松：《制度儒学》，上海人民出版社，2006。

高力克：《杜亚泉思想研究》，浙江人民出版社，1998。

高瑞泉主编《中国近代社会思潮》，华东师范大学出版社，1996。

辜鸿铭、孟森等：《清代野史》第1卷，巴蜀书社，1998。

顾颉刚：《古史辨自序》（上），商务印书馆，2011。

顾颉刚：《顾颉刚书信集》，中华书局，2011。

广东省社会科学院历史研究所编《孙中山全集》第2卷，中华书局，1982。

广东省社会科学院历史研究所编《孙中山全集》第6卷，中华书局，1985。

〔美〕郭颖颐：《中国现代思想中的唯科学主义（1900～1950）》，雷颐译，江苏人民出版社，1989。

韩华：《民初孔教会与国教运动研究》，北京图书馆出版社，2007。

贺觉非、冯天瑜：《辛亥武昌首义史》，湖北人民出版社，1985。

洪九来：《宽容与理性：〈东方杂志〉的公共舆论研究（1904～1932）》，上海人民出版社，2006。

侯外庐：《中国近代启蒙思想史》，人民出版社，1993。

胡适：《胡适留学日记》，三联书店，2014。

胡珠生编《宋恕集》，中华书局，1993。

〔德〕花之安：《自西徂东》，上海书店出版社，2002。

华勒斯坦等：《开放社会科学》，刘锋译，三联书店，1997。

黄爱梅编选《雪堂自述》，江苏人民出版社，1999。

黄克剑、吴小龙：《张君劢集》，群言出版社，1993。

黄克武：《一个被放弃的选择：梁启超调适思想之研究》，新星出版社，2006。

黄岭峻：《激情与迷思：中国现代自由派民主思想的三个误区》，华中科技大学出版社，2001。

翦伯赞、刘启戈、段昌同主编《戊戌变法》（四），上海人民出版社，2000。

〔美〕江勇振：《舍我其谁：胡适——璞玉成璧（1891～1917）》第1部，新星出版社，2011。

〔美〕江勇振：《舍我其谁：胡适——日正当中（1917～1927）》第2部，浙江人民出版社，2013。

江晓原：《交界上的对话》，江苏人民出版社，2004。

姜玢编选《革故鼎新的哲理：章太炎文选》，上海远东出版社，1996。

姜义华、张荣华编校《康有为全集》，中国人民大学出版社，2007。

焦润明：《梁启超启蒙思想研究》，辽宁大学出版社，2006。

康有为：《长兴学记》，广东高等教育出版社，1991。

康有为：《欧洲十一国游记》，钟叔河校点，湖南人民出版社，1980。

李帆：《刘师培与中西学术：以其中西交融之学和学术史研究为核心》，北京师范大学出版社，2003。

李桂林等编《中国近代教育史资料汇编·普通教育》,上海教育出版社,1995。

李建主编《儒家宗教思想研究》,中华书局,2003。

李培林等:《20世纪的中国学术与社会·社会学卷》,山东人民出版社,2001。

李天纲编《万国公报文选》,三联书店,1998。

李喜所:《近代中国的留学生》,人民出版社,1987。

李醒民:《皮尔逊思想在中国》,《中国现代科学思潮》,科学出版社,2004。

李醒民主编《科学巨星》(9),陕西人民教育出版社,1998。

梁冰弦编《吴稚晖学术论著》,出版合作社,1925。

梁启超:《饮冰室合集》,中华书局,1989。

梁柱、王世儒:《蔡元培与北京大学》,山西教育出版社,1995。

刘禾:《语际书写:现代思想史写作批判纲要》,上海三联书店,1999。

刘仁航:《孔子辨惑》,中华书局,1914。

刘声木:《苌楚斋随笔续笔三笔四笔五笔》下册,中华书局,1998。

刘师培:《经学教科书》,上海古籍出版社,2006。

刘师培:《刘申叔遗书》,江苏古籍出版社,1997。

刘锡鸿:《英轺私记》,岳麓书社,1986。

鲁迅:《鲁迅全集》第1卷,人民文学出版社,1981。

罗继祖:《庭闻忆略:回忆祖父罗振玉的一生》,吉林文史出版社,1987。

罗志田:《国家与学术:清季民初关于"国学"的思想论争》,三联书店,2003。

罗志田:《裂变中的传承:20世纪前期的中国文化与学术》,中华书局,2003。

罗志田:《权势转移:近代中国的思想、社会与学术》,湖北人民出版社,1999。

罗志田:《再造文明的尝试:胡适传(1891~1929)》,中华书局,2006。

罗志田主编《20世纪的中国:学术与社会·史学卷》,山东人民出版社,2001。

〔意〕马西尼:《现代汉语词汇的形成:19世纪汉语外来词研究》,黄河清译，汉语大词典出版社，1997。

马勇：《蒋梦麟传》，河南文艺出版社，1999。

〔英〕梅尔茨：《19世纪欧洲思想史》第1卷，周昌忠译，商务出版社，1999。

莫世祥编《马君武集（1900～1919)》，华中师范大学出版社，1991。

欧阳哲生主编《傅斯年全集》，湖南教育出版社，2003。

欧阳哲生主编《胡适文集》，北京大学出版社，1998。

彭国兴、刘晴波编《秦力山集》，中华书局，1987。

钱穆：《国史大纲》，商务印书馆，1996。

钱穆：《现代中国学术论衡》，三联书店，2001。

钱玄同：《钱玄同文集》第4卷，中国人民大学出版社，1999。

璩鑫圭、唐良炎编《中国近代教育史资料汇编·学制演变》，上海教育出版社，1991。

〔美〕任达：《新政革命与日本——中国，1898～1912》，李仲贤译，江苏人民出版社，1998。

任建树等编《陈独秀著作选》第1卷，上海人民出版社，1993。

桑兵：《清末新知识界的社团与活动》，三联书店，1995。

桑兵：《晚清民国的国学研究》，上海古籍出版社，2001。

桑兵：《晚清学堂学生与社会变迁》，学林出版社，1995。

〔日〕杉本勋编《日本科学史》，郑彭年译，商务印书馆，1999。

沈云龙：《近代中国史料丛刊续编》(44)，台北，文海出版社，1979。

盛成：《盛成文集》，北京语言文化大学出版社，1997。

〔日〕实藤惠秀：《中国人留学日本史》，谭汝谦、林启彦译，三联书店，1983。

〔美〕史砥尔：《格物质学》，潘慎文译，谢洪赍笔述，上海英华书馆，1898。

舒新城：《近代中国教育思想史》（民国丛书第四编43），上海书店出版社，1992。

〔日〕水田广志：《日本哲学思想史》，陈应年、姜晚成、尚永清等译，商务印书馆，1983。

水如编《陈独秀书信集》，新华出版社，1987。

〔英〕斯宾塞：《群学肄言》，严复译，商务印书馆，1981。

孙宝瑄：《忘山庐日记》（上），上海古籍出版社，1983。

孙培青主编《中国教育史》，华东师范大学出版社，2000。

孙应祥、皮后锋编《〈严复集〉补编》，福建人民出版社，2004。

孙之梅：《南社研究》，人民文学出版社，2003。

汤志钧、陈祖恩编《中国近代教育史资料汇编——戊戌时期教育》，上海教育出版社，1993。

汤志钧编《康有为政论集》，中华书局，1981。

汤志钧编《章太炎年谱长编》，中华书局，1979。

汤志钧编《章太炎政论选集》，中华书局，1977。

唐文权、罗福惠：《章太炎思想研究》，华中师范大学出版社，1986。

陶菊隐：《北洋军阀统治时期史话》，三联书店，1983。

田松：《堂吉诃德的长矛：穿过科学话语的迷雾》，上海科技教育出版社，2003。

滕复：《马一浮思想研究》，中华书局，2001。

汪晖：《现代中国思想的兴起》第1部下卷，三联书店，2004。

汪原放：《亚东图书馆与陈独秀》，学林出版社，2006。

王汎森：《傅斯年：中国近代历史与政治中的个体生命》，王晓冰译，三联书店，2012。

姚淦铭、王燕编《王国维文集》，中国文史出版社，1997。

王国维：《王国维先生全集》，大通书局有限公司，1976。

王克非：《中日近代对西方政治哲学思想的摄取：严复与日本启蒙学者》，中国社会科学出版社，1996。

王克非编著《翻译文化史论》，上海外语教育出版社，1997。

王栻主编《严复集》（全五册），中华书局，1986。

王韬：《弢园文录外编》，上海书店出版社，2002。

王韬编《格致课艺汇编》，上海书局，光绪二十三年（1897）。

王先明：《近代新学：中国传统学术文化的嬗变与重构》，商务印书馆，2000。

王晓秋：《近代中日启示录》，北京出版社，1987。

王兴国编注《杨昌济文集》，湖南教育出版社，2008。

王扬宗：《傅兰雅与近代中国的科学启蒙》，科学出版社，2000。

吴宓：《吴宓自编年谱》，三联书店，1995。

吴汝纶：《吴汝纶全集》（全四册），施培毅、徐寿凯校点，黄山书社，2002。

吴义雄：《在宗教与世俗之间：基督教新教传教士在华南沿海的早期活动研究》，广东教育出版社，2000。

吴振清等编校整理《黄遵宪集》（下），天津人民出版社，2003。

〔日〕狭间直树编《梁启超·明治日本·西方：日本京都大学人文科学研究所共同研究报告》，社会科学文献出版社，2001。

夏东元编《郑观应集》，上海人民出版社，1982。

夏晓虹：《梁启超：在政治与学术之间》，东方出版社，2014。

夏晓虹：《晚清女性与近代中国》，北京大学出版社，2004。

夏晓虹辑《〈饮冰室合集〉集外文》，北京大学出版社，2005。

〔美〕萧公权编著《近代中国与新世界：康有为变法与大同思想研究》，汪荣祖译，江苏人民出版社，1997。

谢樱宁：《章太炎年谱摭遗》，中国社会科学出版社，1987。

徐复观著、陈克艰编《中国知识分子精神》，华东师范大学出版社，2004。

徐雁平：《胡适与整理国故考论：以中国文学史研究为中心》，安徽教育出版社，2003。

徐一平、〔日〕佐藤公彦主编，北京日本学研究中心编《日本学研究》（12），世界知识出版社，2003。

徐宗泽：《明清间耶稣会士译著提要》，上海书店出版社，2006。

许冠三：《新史学九十年》，岳麓书社，2003。

许纪霖、田建业编《一溪集：杜亚泉的生平与思想》，三联书店，1999。

许纪霖、田建业编著《杜亚泉文存》，上海教育出版社，2003。

许啸天编辑《国故学讨论集》上册，上海书店，1991。

薛毓良编《钟天纬传》，上海社会科学院出版社，2011。

〔英〕亚当·斯密：《原富》下册，严复译，商务印书馆，1981。

杨国荣：《科学的形上之维——中国近代科学主义的形成与衍化》，上海人民出版社，1999。

杨齐福：《科举制度与近代文化》，人民出版社，2003。

姚纯安：《社会学在近代中国的进程：1895～1919》，三联书店，2006。

伊文成、汤重南、贾玉芹编《日本历史人物传·古代中世篇》，黑龙江人民出版社，1984。

〔日〕永井道雄：《近代化与教育》，王振宇、张葆春译，吉林人民出版社，1984。

〔美〕余英时：《重寻胡适历程：胡适生平与思想再认识》，广西师范大学出版社，2004。

袁江洋：《科学史的向度》，湖北教育出版社，2003。

苑书义等主编《张之洞全集》（6册），河北人民出版社，1998。

张静庐辑注《中国近代出版史料补编》，中华书局，1957。

张静庐辑注《中国近代出版史料二编》，中华书局，1957。

张枬、王忍之编《辛亥革命前十年间时论选集》，三联书店，1978。

张树年主编《张元济年谱》，商务印书馆，1991。

张之洞：《劝学篇》，上海书店出版社，2002。

张志春编著《王韬年谱》，河北教育出版社，1994。

章炳麟：《訄书详注》，徐复注，上海古籍出版社，2000。

章炳麟：《章太炎全集》（全四册），上海人民出版社，1982～2000。

章炳麒：《訄书原刻手写底本》，上海古籍出版社，1985。

章含之、白吉庵主编《章士钊全集》，文汇出版社，2000。

赵晓阳：《基督教青年会在中国：本土和现代的探索》，社会科学文献出版社，2008。

浙江大学日本文化研究所编著《日本历史》，高等教育出版社，2003。

郑匡民：《梁启超启蒙思想的东学背景》，上海书店出版社，2003。

郑彭年：《日本西方文化摄取史》，杭州大学出版社，1996。

中国蔡元培研究会编《蔡元培全集》，浙江教育出版社，1998。

中国第二历史档案馆编《中华民国史档案资料汇编》第2辑，江苏人民出版社，1981。

中国实学研究会主编《实学文化与当代思潮》，首都师范大学出版社，2002。

中华民国教育部编《第一次中国教育年鉴》戊编，开明出版社，1934。

中央档案馆等编《恽代英日记》，中共中央党校出版社，1981。

钟少华：《中文概念史论》，中国国际广播出版社，2012。

〔美〕周明之：《胡适与中国现代知识分子的选择》，雷颐译，广西师范大学出版社，2005。

周德昌编《康南海教育文选》，广东高等教育出版社，1989。

周俊旗、汪丹：《民国初年的动荡：转型期的中国社会》，天津人民出版社，1996。

周予同著、朱维铮编校《经学和经学史》，上海人民出版社，2012。

朱维铮、姜义华等编注《章太炎选集》（注释本），上海人民出版社，1981。

朱维铮编《周予同经学史论著选集》，上海人民出版社，1996。

朱维铮等：《马相伯传略》，复旦大学出版社，2005。

朱维铮主编《马相伯集》，复旦大学出版社，1996。

朱有瓛主编《中国近代学制史料》，华东师范大学出版社，1983～1987。

邹振环：《译林旧踪》，江西教育出版社，2000。

邹振环：《影响中国近代社会的一百种译作》，中国对外翻译出版公司，1996。

左玉河：《从四部之学到七科之学：学术分科与近代中国知识系统之创建》，上海书店出版社，2004。

左玉河：《张东荪传》，山东人民出版社，1998。

左玉河：《中国近代学术体制之创建》，四川人民出版社，2008。

左玉河编著《张东荪年谱》，群言出版社，2014。

三　研究论文

〔美〕本杰明·艾尔曼：《从前现代的格致学到现代的科学》，刘东主编《中国学术》第2辑，商务印书馆，2000。

〔美〕本杰明·艾尔曼：《科学史，1600～1900——北美学者中国科学史研究成果综述》，张海惠主编《北美中国学——研究概述与文献资源》，中华书局，2010。

〔美〕本杰明·艾尔曼：《为什么Mr. Science中文叫"科学"》，《浙江社会科学》2012年第5期。

蔡铁权：《"物理"流变考》，《浙江师范大学学报》2001 年第 1 期。

〔韩〕曹世铉：《20 世纪初的"反对国粹"和"保存国粹"——以吴稚晖、刘师培两人为中心》，《文史知识》1999 年第 11 期。

陈峰：《唯物史观与二十世纪中国古代铁器研究》，《历史研究》2010年第 6 期。

陈汉玉：《章太炎手稿用纸》，国家图书馆善本特藏部、国图文化经典文化推广中心主办《文津流觞》第 10 期。

陈启伟：《"哲学"译名考》，《哲学译丛》2001 年第 3 期。

陈寿祖：《关于"科学"一词的考证》，《山东工业大学学报》1996年第 1 期。

崔志海：《论戊戌前后梁启超保教思想的肯定与否定》，《史林》2003年第 6 期。

〔日〕村田雄二郎：《康有为的日本研究及其特点——〈日本变政考〉、〈日本书目志〉管见》，《近代史研究》1993 年第 1 期。

邓晓芒：《从文化偏至论看鲁迅早期思想的矛盾》，王文章、侯样祥主编《中国学者心中的科学·人文》人文卷，云南教育出版社，2002。

樊洪业：《从"格致"到"科学"》，《自然辩证法通讯》1988 年第 3期。

樊洪业：《蓝兆乾与〈科学救国论〉》，《科学》2013 年第 6 期。

樊洪业：《马相伯与函夏考文苑》，《中国科技史料》1989 年第 4 期。

方维规：《概念史研究方法要旨——兼谈中国研究中存在的问题》，黄兴涛主编《新史学》第 3 卷，中华书局，2009。

方维规：《历史语义学与概念史——关于定义和方法以及相关问题的若干思考》，冯天瑜等主编《语义的文化变迁》，武汉大学出版社，2007。

冯天瑜、余来明：《历史文化语义学：从概念史到文化史》，《中华读书报》2007 年 3 月 14 日。

干春松：《"虚君共和"：一九一一年之后康有为对于国家政治体制的构想》，《东吴学术》2015 年第 2 期。

干春松：《从康有为到陈焕章——从孔教会看儒教在近代中国的发展》，载王中江主编《新哲学》第 5 辑，大象出版社，2006。

高瑞泉：《论"进步"及其历史——对现代性核心观念的反省》，潘德荣主编《知识与智慧：华东师范大学哲学系建系 20 周年纪念论文集》，上海人民出版社，2006。

龚颖：《"哲学"、"真理"、"权利"在日本的定译及其他》，《哲学译丛》2001 年第 3 期。

郭秀文：《也论陈独秀与基督教》，《福建论坛》（人文社会科学版）2005 年第 7 期。

韩华：《论民初孔教是否宗教之争》，《中州学刊》2005 年第 6 期。

贺照田：《橘逾淮而为枳？——警惕把概念史研究引入中国近代史》，《中华读书报》2008 年 9 月 3 日。

侯外庐：《章太炎的科学成就及其对于今文经学的批判》，章念弛编《章太炎的生平与学术》，三联书店，1988。

〔日〕后藤延子：《蔡元培〈佛教护国论〉探源》，中国蔡元培研究会编《蔡元培研究集：纪念蔡元培先生诞辰 130 周年国际学术讨论会文集》，北京大学出版社，1999。

黄克武：《近代中国英华字典中翻译语汇的变迁：以"科学"、"哲学"、"宗教"、"迷信"为例》，第三届"近代文化与近代中国"国际学术研讨会，北京，2015 年 10 月 23～25 日。

黄克武：《梁启超与儒家传统：以清末王学为中心之考察》，《历史教学》2004 年第 3 期。

黄克武：《欧洲思想与 20 世纪初年中国的精英文化》，《近代中国史研究通讯》（台北）第 21 期，1996 年。

黄克武：《新名词之战：清末严复译语与和制汉语的竞赛》，《中央研究院近代史研究所集刊》（台北）第 62 期，2008 年。

黄克武：《严复与梁启超》，张广敏主编《严复与中国近代文化》，海风出版社，2003。

黄敏兰：《梁启超"新史学"的真实意义及历史学的误解》，《近代史研究》1994 年第 2 期。

黄兴涛：《近代中国新名词的思想史意义发微——兼谈对于"一般思想史"之认识》，《开放时代》2003 年第 4 期。

黄彰健：《戊戌变法史研究》，《中央研究院历史语言研究所专刊》（54），1970。

贾纯：《试论近代日本哲学家西周》，《外国哲学》第 2 辑，商务印书馆，1982。

蒋俊：《梁启超早期史学思想与浮田和民的〈史学通论〉》，《文史哲》1993 年第 5 期。

金观涛、刘青峰：《"科举"和"科学"：重大社会事件和观念转化的案例研究》，《科学文化评论》2005 年第 3 期。

金观涛、刘青峰：《从"格物致知"到"科学"、"生产力"——知识体系和文化关系的思想史研究》，《中央研究院近代史研究所集刊》（台北）第 46 期，2004 年。

金观涛、刘青峰：《天理、公理和真理——中国文化"合理性"论证以及"正当性"标准的思想史研究》，《中国文化研究所学报》（香港）第 10 期，2001 年。

李宏图等：《概念史笔谈》，《史学理论研究》2012 年第 1 期。

李里峰：《概念史研究在中国：回顾与展望》，《福建论坛》（人文社会科学版）2012 年第 5 期。

李晓东：《立宪政治与国民资格——笕克彦对〈民报〉与〈新民丛报〉论战的影响》，《二十一世纪》（网络版）总第 66 辑，2007 年 9 月。

刘纪蕙：《"心的治理"与生理化伦理主体：以〈东方杂志〉杜亚泉之论述为例》，《中国文哲研究集刊》（台北）第 29 期，2006 年。

刘俐娜：《20 世纪初期中国史学的转型》，博士学位论文，中国社会科学院，2003。

卢毅：《"整理国故运动"与中国现代学术转型》，博士学位论文，北京师范大学，2006。

吕明涛：《〈青年〉杂志与〈青年杂志〉》，《书屋》2005 年第 8 期。

罗志田：《温故知新：清季包容欧化的国粹观》，李国章、赵昌平主编《中华文史论丛》，上海古籍出版社，2001。

罗志田：《西学冲击下近代中国学术分科的演变》，《社会科学研究》2003 年第 1 期。

罗志田：《原来张之洞》，《南方周末》2004 年 6 月 17 日。

牛贯杰：《试论清末革命党人政治暗杀活动的文化根源》，《燕山大学学报》（哲学社会科学版）2002 年第 4 期。

欧阳哲生：《中国近代思想史上的〈天演论〉》，《广东社会科学》
2006 年第 2 期。

潘光哲：《伯伦知理与梁启超：思想脉络的考察》，李喜所主编《梁
启超与近代中国社会文化》，天津古籍出版社，2005。

潘光哲：《画定"国族精神"的疆界：关于梁启超〈论中国学术思想
变迁的大势〉的思考》，《中央研究院近代史研究集刊》（台北）第 53 期，
2006 年。

潘世圣：《鲁迅的思想构筑与明治日本思想文化界流行走向的结构关
系—关于日本留学期鲁迅思想形态形成的考察之一》，《鲁迅研究月刊》
2002 年第 4 期。

饶毅：《缺乏科学精神是我们文化的重大缺陷》，《新华每日电讯》
2015 年 12 月 18 日。

散木：《关于刘仁航先生》，《晋阳学刊》1999 年第 6 号。

桑兵：《近代中国"哲学"发源》，《学术研究》2010 年第 11 期。

桑兵：《近代中国的新史学及其流变》，《史学月刊》2007 年第 11 期。

桑兵：《论清末民初传播业的民间化》，胡伟希编《辛亥革命与中国
近代思想文化》，中国人民大学出版社，1991。

桑兵：《求其古与求其是：傅斯年〈性命古训辨证〉的方法启示》，
桑兵、赵立彬主编《转型中的近代中国：近代中国的知识与制度转型学术
研讨会论文选》上卷，社会科学文献出版社，2001。

沈国威：《康有为及其〈日本书目志〉》，《或问》2003 年第 5 期。

沈国威：《严复与"科学"》，《东アジア文化交涉研究》2009 年第 4
号。

沈国威：《原创性、学术规范与"躬试亲验"》，郑培凯主编《九州学
林》，复旦大学出版社，2005。

沈寂：《论陈独秀的伦理思想革命》，沈寂主编《陈独秀研究》第 1
辑，东方出版社，1999。

盛邦和：《文化民族主义的三大理论——民族史学的视野》，《江苏社
会科学》2003 年第 4 期。

宋德华：《〈戊戌奏稿〉考略》，《华南师范大学学报》1988 年第 1
期。

孙邦华：《评德国新教传教士花之安的中国研究》，《史学月刊》2003年第2期。

孙江：《概念、概念史与中国语境》，《史学月刊》2012年第9期。

孙江：《切入民国史的两个视角：概念史与社会史》，《南京大学学报》2013年第1期。

汤志钧：《梁启超的〈说常识〉及其台湾之行》，《文史知识》2008年第2期。

汪家熔：《"鞠躬尽瘁寻常事"——杜亚泉和商务印书馆与文学初阶》，《商务印书馆一百年：1897~1997》，商务印书馆，1998。

王冰：《明清时代（1610~1910）物理学译著书目考》，《中国科技史料》第7卷第5期，1986年。

王彩芹：《"理科""理学"在中日词汇中的意义变迁与交流研究》，《东アジア文化交涉研究》2010年第3号。

王彩芹：《试论〈德国学校论略〉学科术语及其对日影响的可能》，《东アジア文化研究科纪要》2012年创刊号。

王东杰：《以"明道"之眼观"求真"之学："宋学"与任鸿隽对科学的认知》，《社会科学研究》2008年第5期。

王尔敏：《晚清实学所表现的学术转型的过渡》，《中央研究院近代史研究集刊》（台北）第52期，2006年。

王奇生：《新文化是如何"运动"起来的》，《近代史研究》2007年第1期。

王晴佳：《中国史学的科学化——专科化与跨学科》，罗志田主编《20世纪的中国：学术与社会·史学卷》，山东人民出版社，2001。

王天根：《严复与近代学科》，《清史研究》2007年第1期。

王天根、朱从兵：《严复译著时间考析三题》，黄瑞霖主编《中国近代启蒙思想家——严复诞辰150周年纪念论文集》，方志出版社，2004。

王扬宗：《赫胥黎〈科学导论〉的两个中译本——兼论清末科学译著的准确性》，《中国科技史料》2000年第3期。

王中江：《进化论在中国的传播与日本的中介作用》，《中国青年政治学院学报》1995年第3期。

王中江：《进化主义原理、价值及世界秩序观——梁启超精神世界的基本观念》，《浙江学刊》2002 年第 4 期。

王中江：《中日文化关系的一个侧面——从严译术语到日译术语的转换及其缘由》，《近代史研究》1995 年第 4 期。

韦莹：《陈独秀早期思想与法兰西文明》，《清华大学学报》1999 年第 3 期。

吴国盛：《中国人对科学的误读》，《基础教育论坛》2015 年第 4 期。

吴义雄：《王学与梁启超新民学说的演变》，《中山大学学报》2004 年第 1 期。

席泽宗：《关于"科学"一词的来历》，《历史教学》2005 年第 11 期。

席泽宗：《我不同意杨振宁的"文化决定论"》，李军、李俊彦编选《2006 中国文化年报》，兰州大学出版社，2006。

夏晓虹：《中国学术史上的垂范之作——读梁启超〈论中国学术思想变迁之大势〉》，《天津社会科学》2001 年第 5 期。

肖朗：《〈西学考略〉与中国近代教育》，《华东师范大学学报》1999 年第 1 期。

肖朗：《花之安〈德国学校论略〉初探》，《华东师范大学学报》2000 年第 2 期。

徐光台：《借"格物穷理"之名：明末清初西学的传入》，哈佛燕京学社、三联书店主编《理性主义及其限制》，三联书店，2003。

徐国利：《"伦理革命"思想的再认识——兼论新文化运动的首要目标和中心内容》，《安徽史学》2005 年第 4 期。

严昌洪：《辛亥革命中的暗杀活动及其评价》，《纪念辛亥革命七十周年学术讨论会论文集》（上），中华书局，1981。

严绍璗：《20 世纪早期日本中国学学派及其特征》，汤一介主编《中国文化与中国哲学 1988》，三联书店，1990。

杨念群：《"文质"之辩与中国历史观之构造》，《史林》2009 年第 5 期。

〔日〕伊藤虎丸：《早期鲁迅的宗教观》，孙猛译，《鲁迅研究动态》1989 年第 11 期。

〔美〕伊芙林·罗斯基：《19 世纪基督教在华传教事业中的基础教

育》，尹琳译，《学术研究》2003 年第 9 期。

尤小立：《现代中国科学派科学主义倾向的自我解构——以任鸿隽的科学理念为解读中心》，《江苏社会科学》2006 年第 5 期。

张宝明：《"新青年派"知识群体意识形态转换的逻辑依据》，《中州学刊》2006 年第 3 期。

张剑：《从科学宣传到科学研究——中国科学社科学救国方略的转变》，《自然科学史研究》2003 年第 4 期。

张剑：《近代科学名词术语审定统一中的合作、冲突与科学发展》，《史林》2007 年第 2 期。

张龙平：《益智书会与晚清时期的教科书事业》，桑兵、赵立彬主编《转型中的近代中国：近代中国的知识与制度转型学术研讨会论文选》上卷，社会科学文献出版社，2001。

章可：《论晚清经世文编中"学术"的边缘化》，《史林》2009 年第 3 期。

章清：《"采西学"：学科次第之论辩及其意义——略论晚清对"西学门径"的探讨》，《历史研究》2007 年第 3 期。

赵晓阳：《中国基督教青年会与公民教育》，《基督宗教研究》第 8 辑，宗教出版社，2005。

赵晓阳：《中国基督教青年会早期创建概述》，《陕西省行政学院学报》2003 年第 1 期。

周程：《福沢諭吉の科学概念——"窮理学""物理学""数理学"を中心にして》，《科学史研究》1999 年第 11 期。

朱发建：《最早引进"科学"一词的中国人辨析》，《吉首大学学报》（社会科学版）2005 年第 2 期。

朱贞：《晚清学堂读经与日本》，《学术研究》2015 年第 5 期。

祝安顺：《从张之洞、吴汝纶经学课程观看清末儒学传统的中断》，《孔子研究》2003 年第 1 期。

四　英文文献

Adam Smith, *The Wealth of Nations* (London : J. M. Dent and Sons Ltd. , 1975) .

图书在版编目（CIP）数据

近代中国"科学"概念的生成与歧变：1896—1919/
张帆著. -- 北京：社会科学文献出版社，2018.8
　国家社科基金后期资助项目
　ISBN 978 - 7 - 5201 - 2369 - 3

　Ⅰ. ①近…　Ⅱ. ①张…　Ⅲ. ①科学史学 - 研究 - 中国
- 近代　Ⅳ. ①N092

中国版本图书馆 CIP 数据核字（2018）第 044326 号

· 国家社科基金后期资助项目 ·

近代中国"科学"概念的生成与歧变（1896~1919）

著　　者/张　帆

出 版 人/谢寿光
项目统筹/宋荣欣
责任编辑/李丽丽　汪延平

出　　版/社会科学文献出版社·近代史编辑室（010）59367256
　　　　　地址：北京市北三环中路甲 29 号院华龙大厦　邮编：100029
　　　　　网址：www. ssap. com. cn
发　　行/市场营销中心（010）59367081　59367018
印　　装/三河市龙林印务有限公司

规　　格/开　本：787mm × 1092mm　1/16
　　　　　印　张：21.25　字　数：338 千字
版　　次/2018 年 8 月第 1 版　2018 年 8 月第 1 次印刷
书　　号/ISBN 978 - 7 - 5201 - 2369 - 3
定　　价/89.00 元

本书如有印装质量问题，请与读者服务中心（010 - 59367028）联系